高等学校信息工程类专业“十三五”规划教材

电磁场与电磁波
学习指导

高　军　曹祥玉
李　桐　李思佳　　编　著
冯奎胜　刘　涛

西安电子科技大学出版社

内容简介

本书是作者编写的面向21世纪高等学校信息工程类专业“十三五”规划教材《电磁场与电磁波》(西安电子科技大学出版社出版)的配套辅导书。根据教材排序，本书对教材各章节主要内容和重点问题进行了总结与归纳，对易混淆的概念进行了梳理，结合典型例题归纳各类题型的解题思路和方法，并给出教材中各章习题的解答。本书有助于读者加深对基本概念、基本公式、定理的理解、运用和掌握，同时有助于读者掌握一定的解题技巧。

本书可供电子信息与通信等电子工程类相关专业“电磁场与电磁波”课程本科教学和学习使用，也可作为其他讲授或学习电磁基础知识的教师、学生的参考书，特别适合作为报考电磁类专业硕士研究生的考前复习参考书。

图书在版编目(CIP)数据

电磁场与电磁波学习指导/高军等编著. —西安：西安电子科技大学出版社，2018.2

ISBN 978-7-5606-4795-1

① 电… Ⅱ. ① 高… Ⅲ. ① 电磁场—高等学校—教学参考资料 ② 电磁波—高等学校—教学参考资料 Ⅳ. ① O441.4

中国版本图书馆 CIP 数据核字(2017)第 315820 号

策　　划　臧延新
责任编辑　于　洋　阎　彬
出版发行　西安电子科技大学出版社(西安市太白南路2号)
电　　话　(029)88242885　88201467　　邮　　编　710071
网　　址　www.xduph.com　　电子邮箱　xdupfxb001@163.com
经　　销　新华书店
印刷单位　陕西大江印务有限公司
版　　次　2018年2月第1版　2018年2月第1次印刷
开　　本　787毫米×1092毫米　1/16　印张　14.5
字　　数　344千字
印　　数　1～2000册
定　　价　35.00元

ISBN 978-7-5606-4795-1/O

XDUP　5097001-1

前　言

电磁知识浩瀚，新的内容层出不穷，可以发展的方向不可胜数。有关电磁知识的“电磁场与电磁波”课程已成为高等院校电子信息类专业不可或缺的专业基础课。为了紧扣信息与通信技术，使学生更好地通晓和掌握电磁场与电磁波的基本特性、分析方法及其应用，帮助学生理顺基本概念、寻求解题思路、提高分析问题和解决问题的实践能力，我们特编写了本学习指导书。

本书与作者编写的，由西安电子科技大学出版社出版的面向21世纪高等学校信息工程类专业“十三五”规划教材《电磁场与电磁波》相配套，全书与教材相对应共分9章，每章都由主要内容与复习要点、典型题解和课后题解三部分构成。此外，书中还给出了自测试题及参考答案，便于学生对学习效果进行自我检查。

本书作者长期从事“电磁场与电磁波”教学，编写本书的初衷是力求帮助学生在学习过程中理清思路，对一些易混淆的概念予以梳理，对主要公式的构成规律、物理意义及使用要点给予汇编，并通过例题加以运用以提高解决实际问题的能力。

本书由高军、曹祥玉、李桐、李思佳、冯奎胜、刘涛共同编写。在编写过程中编者参阅了有关高校的教材和参考书，吸收了很多有益的经验，受到了不少启发，在此向这些教材的作者致以诚挚的谢意。衷心感谢空军工程大学信息与导航学院各级领导和许多同事的支持与帮助。感谢西安电子科技大学出版社的编辑为编者提供了难得的机会，并为本书的出版付出了大量辛勤的劳动。

由于编者学识有限，书中难免有不足之处，殷切希望读者批评指正。

编　者

2017年10月于西安

目　录

第 1 章　矢量分析及场论

1.1　主要内容与复习要点

主要内容：矢量代数运算，矢量的点乘和叉乘运算以及物理意义；三种常用正交曲面坐标系及其变换关系；标量场的梯度、拉普拉斯算子；矢量场的散度和旋度相关概念及运算方法；高斯散度定理、斯托克斯定理、亥姆霍兹定理。

图 1.1 所示为本章主要内容结构图。

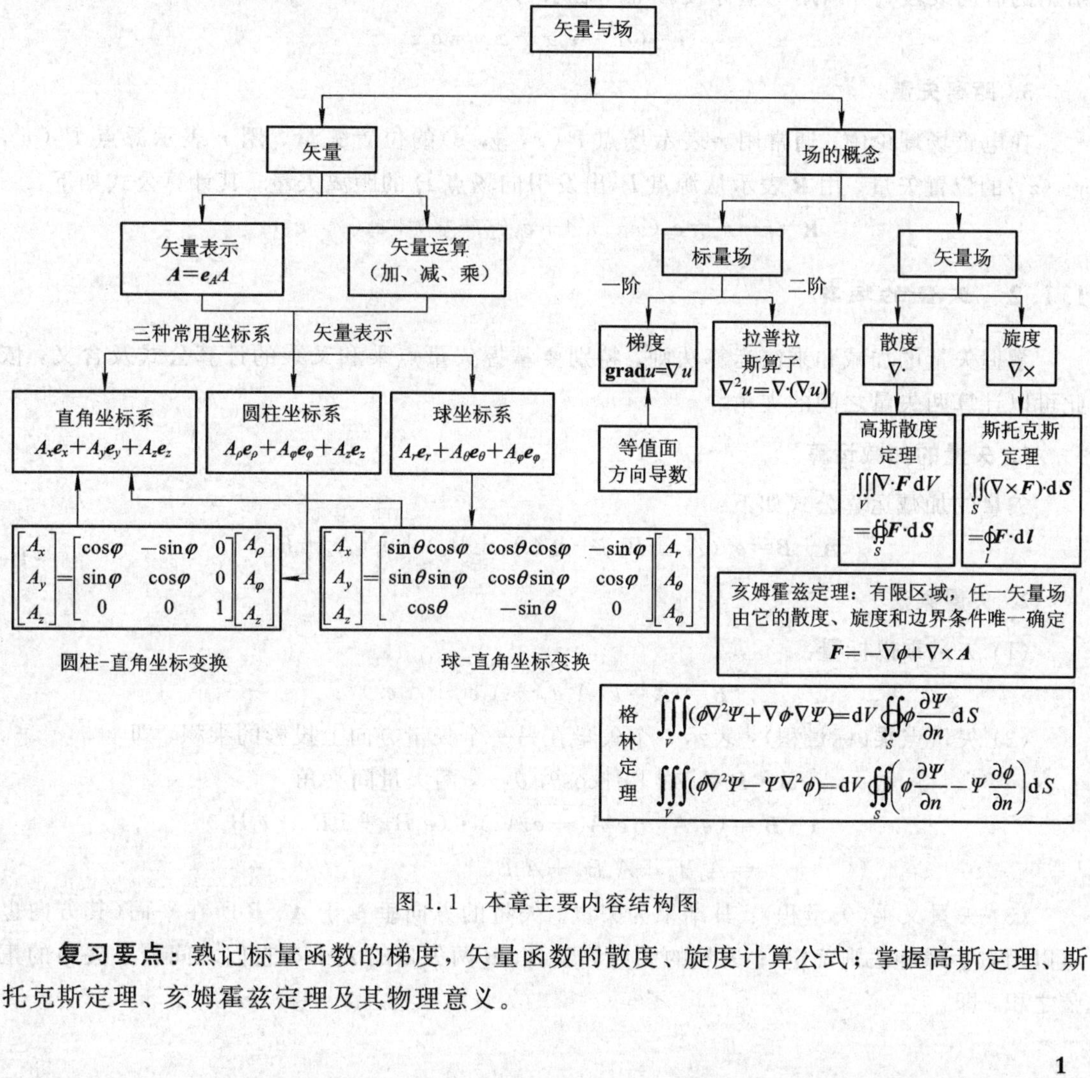

矢量与场

矢量

矢量表示 $\boldsymbol{A}=\boldsymbol{e}_A A$

矢量运算（加、减、乘）

三种常用坐标系　矢量表示

直角坐标系 $A_x\boldsymbol{e}_x+A_y\boldsymbol{e}_y+A_z\boldsymbol{e}_z$

圆柱坐标系 $A_\rho\boldsymbol{e}_\rho+A_\varphi\boldsymbol{e}_\varphi+A_z\boldsymbol{e}_z$

球坐标系 $A_r\boldsymbol{e}_r+A_\theta\boldsymbol{e}_\theta+A_\varphi\boldsymbol{e}_\varphi$

$$\begin{bmatrix}A_x\\A_y\\A_z\end{bmatrix}=\begin{bmatrix}\cos\varphi & -\sin\varphi & 0\\ \sin\varphi & \cos\varphi & 0\\ 0 & 0 & 1\end{bmatrix}\begin{bmatrix}A_\rho\\A_\varphi\\A_z\end{bmatrix}$$

圆柱-直角坐标变换

$$\begin{bmatrix}A_x\\A_y\\A_z\end{bmatrix}=\begin{bmatrix}\sin\theta\cos\varphi & \cos\theta\cos\varphi & -\sin\varphi\\ \sin\theta\sin\varphi & \cos\theta\sin\varphi & \cos\varphi\\ \cos\theta & -\sin\theta & 0\end{bmatrix}\begin{bmatrix}A_r\\A_\theta\\A_\varphi\end{bmatrix}$$

球-直角坐标变换

场的概念

标量场

一阶　梯度 $\mathbf{grad}u=\nabla u$

等值面方向导数

二阶　拉普拉斯算子 $\nabla^2 u=\nabla\cdot(\nabla u)$

矢量场

散度 $\nabla\cdot$

高斯散度定理 $\iiint_V \nabla\cdot\boldsymbol{F}\,\mathrm{d}V=\oint_S \boldsymbol{F}\cdot\mathrm{d}\boldsymbol{S}$

旋度 $\nabla\times$

斯托克斯定理 $\iint_S(\nabla\times\boldsymbol{F})\cdot\mathrm{d}\boldsymbol{S}=\oint_l \boldsymbol{F}\cdot\mathrm{d}\boldsymbol{l}$

亥姆霍兹定理：有限区域，任一矢量场由它的散度、旋度和边界条件唯一确定 $\boldsymbol{F}=-\nabla\phi+\nabla\times\boldsymbol{A}$

格林定理

$$\iiint_V(\phi\nabla^2\Psi+\nabla\phi\nabla\Psi)=\mathrm{d}V\oint_S\phi\frac{\partial\Psi}{\partial n}\mathrm{d}S$$

$$\iiint_V(\phi\nabla^2\Psi-\Psi\nabla^2\phi)=\mathrm{d}V\oint_S\left(\phi\frac{\partial\Psi}{\partial n}-\Psi\frac{\partial\phi}{\partial n}\right)\mathrm{d}S$$

图 1.1　本章主要内容结构图

复习要点：熟记标量函数的梯度，矢量函数的散度、旋度计算公式；掌握高斯定理、斯托克斯定理、亥姆霍兹定理及其物理意义。

1.1.1 矢量

1. 矢量的表示

矢量的几何表示为一条有向线段，线段长度表示矢量的模，线段的方向表示矢量的方向。

引入坐标系后矢量可以定量表示为

$$\boldsymbol{A}=\boldsymbol{e}_A A$$

其中：$\boldsymbol{e}_A=\dfrac{\boldsymbol{A}}{|\boldsymbol{A}|}$表示其方向，$A=|\boldsymbol{A}|=\sqrt{A_x^2+A_y^2+A_z^2}$表示其大小。

矢量的定量计算用坐标表示，如$\boldsymbol{A}$，在直角坐标系中可表示为

$$\boldsymbol{A}=\boldsymbol{e}_x A_x+\boldsymbol{e}_y A_y+\boldsymbol{e}_z A_z$$

2. 空间位置矢量

空间位置矢量简称位矢，用$\boldsymbol{r}$表示，它是指从坐标原点出发向空间任意点$P(x, y, z)$引出的有向线段，可以用三坐标投影唯一表示为

$$\boldsymbol{r}=\overrightarrow{OP}=\boldsymbol{e}_x x+\boldsymbol{e}_y y+\boldsymbol{e}_z z$$

3. 距离矢量

在电磁场理论中，通常用$\boldsymbol{r}$表示场点$P(x, y, z)$的位置矢量，用$\boldsymbol{r}'$表示源点$P'(x', y', z')$的位置矢量，用$\boldsymbol{R}$表示从源点P'出发引向场点P的距离矢量，其计算公式如下：

$$\boldsymbol{R}=\boldsymbol{r}-\boldsymbol{r}'=\boldsymbol{e}_x(x-x')+\boldsymbol{e}_y(y-y')+\boldsymbol{e}_z(z-z')$$

1.1.2 矢量的运算

掌握矢量的加减和乘法运算法则，特别要掌握矢量点乘和叉乘的计算公式及含义，依此可以计算两矢量之间的夹角。

1. 矢量的加减运算

矢量的加减运算公式如下：

$$\boldsymbol{A}\pm\boldsymbol{B}=\boldsymbol{e}_x(A_x\pm B_x)+\boldsymbol{e}_y(A_y\pm B_y)+\boldsymbol{e}_z(A_z\pm B_z)$$

2. 矢量乘法

(1) 矢量乘以标量：

$$\boldsymbol{B}=k\boldsymbol{A}=k(A_x\boldsymbol{e}_x+A_y\boldsymbol{e}_y+A_z\boldsymbol{e}_z)$$

(2) 矢量点乘(标量积)：表示一个矢量在另一个矢量方向上投影的乘积，即

$$\boldsymbol{A}\cdot\boldsymbol{B}=|\boldsymbol{A}||\boldsymbol{B}|\cos\theta,\ \theta\text{——两矢量间夹角}$$

$$\begin{aligned}\boldsymbol{A}\cdot\boldsymbol{B}&=(\boldsymbol{e}_x A_x+\boldsymbol{e}_y A_y+\boldsymbol{e}_z A_z)\cdot(\boldsymbol{e}_x B_x+\boldsymbol{e}_y B_y+\boldsymbol{e}_z B_z)\\&=A_x B_x+A_y B_y+A_z B_z\end{aligned}$$

(3) 矢量叉乘(矢量积)：其结果为矢量。矢量的方向垂直于$\boldsymbol{A}$、$\boldsymbol{B}$所在平面(其方向也可以用右手螺旋法则确定)；矢量的模值等于$\boldsymbol{A}$、$\boldsymbol{B}$两矢量的大小与它们之间较小夹角的正弦之积，即

$$\boldsymbol{A}\times\boldsymbol{B}=\boldsymbol{e}_n AB\sin\theta$$

矢量叉乘采用行列式计算，在直角坐标系下，有

$$\begin{aligned}\boldsymbol{A}\times\boldsymbol{B}&=\begin{vmatrix}\boldsymbol{e}_x & \boldsymbol{e}_y & \boldsymbol{e}_z\\ A_x & A_y & A_z\\ B_x & B_y & B_z\end{vmatrix}\\ &=\boldsymbol{e}_x(A_yB_z-A_zB_y)+\boldsymbol{e}_y(A_zB_x-A_xB_z)+\boldsymbol{e}_z(A_xB_y-A_yB_x)\end{aligned}$$

1.1.3　正交曲面坐标系

理解拉梅系数的含义，掌握矢量长度元、矢量面积元、体积元的定义和计算公式，特别要注意矢量长度元和矢量面积元是矢量，并注意其方向；掌握不同坐标系之间的变换关系，特别是直角坐标系和圆柱坐标系、球坐标系之间的变换关系。

1. 拉梅系数

在正交坐标系中，坐标变换的微分元可能并非都有长度量纲，需要将它们分别乘以一个变换因子，才能构成沿坐标单位矢量的微分长度元。这个变换因子称为拉梅系数，用 h_1、h_2、h_3 表示。拉梅系数的引入可使不同正交坐标系的矢量运算用统一的表达式表示。

(1) 直角坐标系：$h_1=1$，$h_2=1$，$h_3=1$。

(2) 圆柱坐标系：$h_1=1$，$h_2=\rho$，$h_3=1$。

(3) 球坐标系：$h_1=1$，$h_2=r$，$h_3=r\sin\theta$。

2. 正交坐标系矢量运算

正交坐标系坐标矢量运算关系满足右手螺旋法则。例如，在图 1.2 中，沿箭头所指方向，单位矢量叉乘的结果为顺序第三矢量，如果逆向则方向相反。如 $\boldsymbol{e}_x\times\boldsymbol{e}_y=\boldsymbol{e}_z$，而 $\boldsymbol{e}_y\times\boldsymbol{e}_x=-\boldsymbol{e}_z$，其余类同。

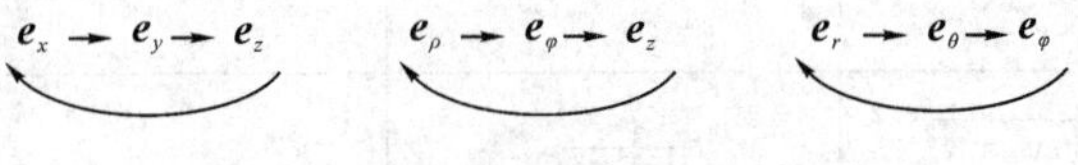

$\boldsymbol{e}_x\rightarrow\boldsymbol{e}_y\rightarrow\boldsymbol{e}_z$　　$\boldsymbol{e}_\rho\rightarrow\boldsymbol{e}_\varphi\rightarrow\boldsymbol{e}_z$　　$\boldsymbol{e}_r\rightarrow\boldsymbol{e}_\theta\rightarrow\boldsymbol{e}_\varphi$

图 1.2　单位坐标矢量循环关系

记住图 1.2 所示的关系非常重要，特别是在复杂的矢量运算中，可以避免由于方向混淆而造成运算错误！

3. 不同坐标系之间的变换

不同坐标系之间的变换可以采用矢量点乘的概念，也可以采用矩阵变换的方法。三种常用坐标系参数比较见表 1.1，三种常用坐标系中坐标变量的转换关系见表 1.2。

表 1.1　三种常用坐标系参数比较

坐标系名称		直角坐标系	圆柱坐标系	球坐标系
坐标变量	u_1	$-\infty<x<+\infty$	$0\leqslant\rho<+\infty$	$0\leqslant r<+\infty$
	u_2	$-\infty<y<+\infty$	$0\leqslant\varphi<2\pi$	$0\leqslant\theta<\pi$
	u_3	$-\infty<z<+\infty$	$-\infty<z<+\infty$	$0\leqslant\varphi<2\pi$

续表

坐标系名称	直角坐标系	圆柱坐标系	球坐标系
坐标单位矢量 $\boldsymbol{e}_1$ $\boldsymbol{e}_2$ $\boldsymbol{e}_3$	$\boldsymbol{e}_x$（常矢量） $\boldsymbol{e}_y$（常矢量） $\boldsymbol{e}_z$（常矢量）	$\boldsymbol{e}_\rho$（为 φ 的函数） $\boldsymbol{e}_\varphi$（为 φ 的函数） $\boldsymbol{e}_z$（常矢量）	$\boldsymbol{e}_r$（为 θ、φ 的函数） $\boldsymbol{e}_\theta$（为 θ、φ 的函数） $\boldsymbol{e}_\varphi$（为 φ 的函数）
拉梅系数 h_1 h_2 h_3	1 1 1	1 ρ 1	1 r $r\sin\theta$
矢量长度元 d$\boldsymbol{l}$	$d\boldsymbol{l}=\boldsymbol{e}_x dx+\boldsymbol{e}_y dy+\boldsymbol{e}_z dz$	$d\boldsymbol{l}=\boldsymbol{e}_\rho d\rho+\boldsymbol{e}_\varphi \rho d\varphi+\boldsymbol{e}_z dz$	$d\boldsymbol{l}=\boldsymbol{e}_r dr+\boldsymbol{e}_\theta r d\theta+\boldsymbol{e}_\varphi r\sin\theta d\varphi$
矢量面积元 d$\boldsymbol{S}$	$d\boldsymbol{S}=\boldsymbol{e}_x dydz+\boldsymbol{e}_y dzdx+\boldsymbol{e}_z dxdy$	$d\boldsymbol{S}=\boldsymbol{e}_\rho \rho d\varphi dz+\boldsymbol{e}_\varphi dzd\rho+\boldsymbol{e}_z \rho d\rho d\varphi$	$d\boldsymbol{S}=\boldsymbol{e}_r r^2\sin\theta d\theta d\varphi+\boldsymbol{e}_\theta r\sin\theta d\varphi dr+\boldsymbol{e}_\varphi r dr d\theta$
体积元 dV	$dV=dxdydz$	$dV=\rho d\rho d\varphi dz$	$dV=r^2\sin\theta dr d\theta d\varphi$

表 1.2　三种常用坐标系中坐标变量的转换关系

	直角坐标系	圆柱坐标系	球坐标系
直角坐标系		$x=\rho\cos\varphi$ $y=\rho\sin\varphi$ $z=z$	$x=r\sin\theta\cos\varphi$ $y=r\sin\theta\sin\varphi$ $z=r\cos\theta$
圆柱坐标系	$\rho=\sqrt{x^2+y^2}$ $\varphi=\arctan\dfrac{y}{x}$ $z=z$		$\rho=r\sin\theta$ $\varphi=\varphi$ $z=r\cos\theta$
球坐标系	$r=\sqrt{x^2+y^2+z^2}$ $\theta=\arctan\dfrac{\sqrt{x^2+y^2}}{z}$ $\varphi=\arctan\dfrac{y}{x}$	$r=\sqrt{\rho^2+z^2}$ $\theta=\arcsin\dfrac{\rho}{\sqrt{\rho^2+z^2}}$ $\varphi=\varphi$	

(1) 圆柱坐标→直角坐标。

采用矢量点积的概念，相当于求 $\boldsymbol{e}_\rho A_\rho$、$\boldsymbol{e}_\varphi A_\varphi$、$\boldsymbol{e}_z A_z$ 三矢量在 $\boldsymbol{e}_x$、$\boldsymbol{e}_y$、$\boldsymbol{e}_z$ 方向上的投影：

$$\begin{aligned}A_x&=\boldsymbol{A}\cdot\boldsymbol{e}_x=(A_\rho\boldsymbol{e}_\rho+A_\varphi\boldsymbol{e}_\varphi+A_z\boldsymbol{e}_z)\cdot\boldsymbol{e}_x\\&=A_\rho\boldsymbol{e}_\rho\cdot\boldsymbol{e}_x+A_\varphi\boldsymbol{e}_\varphi\cdot\boldsymbol{e}_x+A_z\boldsymbol{e}_z\cdot\boldsymbol{e}_x\\&=A_\rho\cos\varphi-A_\varphi\sin\varphi\\A_y&=\boldsymbol{A}\cdot\boldsymbol{e}_y=(A_\rho\boldsymbol{e}_\rho+A_\varphi\boldsymbol{e}_\varphi+A_z\boldsymbol{e}_z)\cdot\boldsymbol{e}_y\\&=A_\rho\boldsymbol{e}_\rho\cdot\boldsymbol{e}_y+A_\varphi\boldsymbol{e}_\varphi\cdot\boldsymbol{e}_y+A_z\boldsymbol{e}_z\cdot\boldsymbol{e}_y\\&=A_\rho\sin\varphi+A_\varphi\cos\varphi\end{aligned}$$

$$
\begin{aligned}
A_z &= \boldsymbol{A}\cdot\boldsymbol{e}_z=(A_\rho\boldsymbol{e}_\rho+A_\varphi\boldsymbol{e}_\varphi+A_z\boldsymbol{e}_z)\cdot\boldsymbol{e}_z\\
&=A_\rho\boldsymbol{e}_\rho\cdot\boldsymbol{e}_z+A_\varphi\boldsymbol{e}_\varphi\cdot\boldsymbol{e}_z+A_z\boldsymbol{e}_z\cdot\boldsymbol{e}_z\\
&=A_z
\end{aligned}
$$

写成矩阵形式，即

$$
\begin{bmatrix}A_x\\A_y\\A_z\end{bmatrix}=\begin{bmatrix}\cos\varphi & -\sin\varphi & 0\\ \sin\varphi & \cos\varphi & 0\\ 0 & 0 & 1\end{bmatrix}\begin{bmatrix}A_\rho\\A_\varphi\\A_z\end{bmatrix}=[\boldsymbol{M}]\begin{bmatrix}A_\rho\\A_\varphi\\A_z\end{bmatrix}
$$

根据矩阵运算，直角坐标→圆柱坐标的变换矩阵为上述变换矩阵的逆矩阵，即

$$
\begin{bmatrix}A_\rho\\A_\varphi\\A_z\end{bmatrix}=[\boldsymbol{M}]^{\mathrm{T}}\begin{bmatrix}A_x\\A_y\\A_z\end{bmatrix}
$$

(2) 球坐标→直角坐标。

球坐标系到直角坐标系变换关系如下：

$$
\begin{aligned}
A_x&=(A_r\boldsymbol{e}_r+A_\theta\boldsymbol{e}_\theta+A_\varphi\boldsymbol{e}_\varphi)\cdot\boldsymbol{e}_x=A_r\sin\theta\cos\varphi+A_\theta\cos\theta\cos\varphi-A_\varphi\sin\varphi\\
A_y&=(A_r\boldsymbol{e}_r+A_\theta\boldsymbol{e}_\theta+A_\varphi\boldsymbol{e}_\varphi)\cdot\boldsymbol{e}_y=A_r\sin\theta\sin\varphi+A_\theta\cos\theta\sin\varphi+A_\varphi\cos\varphi\\
A_z&=(A_r\boldsymbol{e}_r+A_\theta\boldsymbol{e}_\theta+A_\varphi\boldsymbol{e}_\varphi)\cdot\boldsymbol{e}_z=A_r\cos\theta-A_\theta\sin\theta
\end{aligned}
$$

写成矩阵形式，即

$$
\begin{bmatrix}\boldsymbol{e}_r\\\boldsymbol{e}_\theta\\\boldsymbol{e}_\varphi\end{bmatrix}=\begin{bmatrix}\sin\theta\cos\varphi & \sin\theta\sin\varphi & \cos\theta\\ \cos\theta\cos\varphi & \cos\theta\sin\varphi & -\sin\theta\\ -\sin\varphi & \cos\varphi & 0\end{bmatrix}\begin{bmatrix}\boldsymbol{e}_x\\\boldsymbol{e}_y\\\boldsymbol{e}_z\end{bmatrix}=[\boldsymbol{M}]\begin{bmatrix}\boldsymbol{e}_x\\\boldsymbol{e}_y\\\boldsymbol{e}_z\end{bmatrix}
$$

(3) 直角坐标→球坐标。

直角坐标系到球坐标系变换关系如下：

$$
\begin{bmatrix}\boldsymbol{e}_x\\\boldsymbol{e}_y\\\boldsymbol{e}_z\end{bmatrix}=[\boldsymbol{M}]^{\mathrm{T}}\begin{bmatrix}\boldsymbol{e}_r\\\boldsymbol{e}_\theta\\\boldsymbol{e}_\varphi\end{bmatrix}
$$

1.1.4　场论

熟悉标量场的方向导数、梯度，矢量场的散度、旋度的概念；掌握直角坐标系下标量场的方向导数、梯度以及矢量场的散度、旋度的运算方法；掌握高斯散度定理、斯托克斯定理、亥姆霍兹定理的物理含义和运算方法。

1. 标量场

(1) 等值面：标量场中量值相等的点构成的面称为标量场 $u(x, y, z)$ 的等值面，用方程表示如下：

$$
u(x, y, z)=c
$$

(2) 方向导数：函数 $u(x, y, z)$ 在给定点 M 沿某个方向对距离的变化率，在直角坐标系中用公式表示如下：

$$
\frac{\partial u}{\partial l}=\lim_{\Delta l\to 0}\frac{u(M_0)-u(M)}{\Delta l}=\frac{\partial u}{\partial x}\cos\alpha+\frac{\partial u}{\partial y}\cos\beta+\frac{\partial u}{\partial z}\cos\gamma
$$

(3) 梯度：函数 $u(x, y, z)$在(x, y, z)点处最大的方向导数，通常用 $\boldsymbol{G}$ 表示。

任意正交坐标系下梯度的计算公式：

$$\boldsymbol{G}=\textbf{grad}\ u=\boldsymbol{e}_{v1}\frac{1}{h_1}\frac{\partial u}{\partial v_1}+\boldsymbol{e}_{v2}\frac{1}{h_2}\frac{\partial u}{\partial v_2}+\boldsymbol{e}_{v3}\frac{1}{h_3}\frac{\partial u}{\partial v_3}$$

直角坐标系中，拉梅系数 $h_1=1$、$h_2=1$、$h_3=1$，则

$$\boldsymbol{G}=\textbf{grad}\ u=\boldsymbol{e}_x\frac{\partial u}{\partial x}+\boldsymbol{e}_y\frac{\partial u}{\partial y}+\boldsymbol{e}_z\frac{\partial u}{\partial z}$$

(4) 哈密顿(Hamilton)算子：为了计算表达方便引入的一个矢性微分算子，即

$$\nabla=\boldsymbol{e}_x\frac{\partial}{\partial x}+\boldsymbol{e}_y\frac{\partial}{\partial y}+\boldsymbol{e}_z\frac{\partial}{\partial z}$$

这样标量场 $u(x, y, z)$的梯度 $\textbf{grad}\ u(x, y, z)$可以表示为

$$\nabla u=\left(\boldsymbol{e}_x\frac{\partial}{\partial x}+\boldsymbol{e}_y\frac{\partial}{\partial y}+\boldsymbol{e}_z\frac{\partial}{\partial z}\right)u=\boldsymbol{e}_x\frac{\partial u}{\partial x}+\boldsymbol{e}_y\frac{\partial u}{\partial y}+\boldsymbol{e}_z\frac{\partial u}{\partial z}$$

2. 矢量场

(1) 矢量线。

矢量线是这样一些曲线，线上每一点的切线方向都代表该点的矢量场的方向。矢量场中每一点均有唯一的一条矢量线通过，所以矢量线充满了整个矢量场所在的空间。

(2) 散度(矢量场的散度是标量)。

散度表示穿过闭合曲面矢量线的通量密度，用 $\text{div}\boldsymbol{F}$ 或$\nabla\cdot\boldsymbol{F}$ 表示为

$$\nabla\cdot\boldsymbol{F}=\lim_{\Delta V\to 0}\frac{\oint\!\!\!\oint_S \boldsymbol{F}\cdot\boldsymbol{e}_n\mathrm{d}S}{\Delta V}$$

任意正交坐标系下，矢量场 $\boldsymbol{F}$ 的散度计算公式为

$$\nabla\cdot\boldsymbol{F}=\frac{1}{h_1h_2h_3}\left[\frac{\partial u}{\partial v_1}(h_2h_3\boldsymbol{F}_1)+\frac{\partial u}{\partial v_2}(h_3h_1\boldsymbol{F}_2)+\frac{\partial u}{\partial v_3}(h_1h_2\boldsymbol{F}_3)\right]$$

直角坐标系中，拉梅系数 $h_1=1$、$h_2=1$、$h_3=1$，则

$$\nabla\cdot\boldsymbol{F}=\frac{\partial F_x}{\partial x}+\frac{\partial F_y}{\partial y}+\frac{\partial F_z}{\partial z}$$

散度不为零，必有通量源。散度表示矢量沿各自方向的变化率之和。

高斯(Gauss)散度定理：

$$\iiint_V \nabla\cdot\boldsymbol{F}\mathrm{d}V=\oint\!\!\!\oint_S \boldsymbol{F}\cdot\mathrm{d}\boldsymbol{S}$$

高斯定理说明任意矢量场的法向分量在闭合曲面上的积分等于该矢量场的散度在该闭合曲面所包围体积上的积分。这种矢量场中的积分变换关系，架起了面积分和体积分之间相互转化的桥梁，将体积分转化为面积分，这一变换关系在电磁场理论中经常用到。

(3) 旋度(矢量场的旋度是矢量)。

环量是指矢量 $\boldsymbol{F}$ 沿某一闭合曲线(路径)的线积分，用公式表示为

$$\Gamma=\oint_l \boldsymbol{F}\cdot\mathrm{d}\boldsymbol{l}=\oint_l F\cos\theta\mathrm{d}l$$

最大的环量密度即为旋度，显然它是矢量，用 $\textbf{rot}\boldsymbol{F}$、$\nabla\times\boldsymbol{F}$ 或 $\textbf{curl}\boldsymbol{F}$ 表示。

任意正交坐标系下，旋度计算公式为

$$\nabla\times\boldsymbol{F}=\frac{1}{h_1h_2h_3}\begin{vmatrix}h_1\boldsymbol{e}_{v1} & h_2\boldsymbol{e}_{v2} & h_3\boldsymbol{e}_{v3}\\ \dfrac{\partial}{\partial v_1} & \dfrac{\partial}{\partial v_2} & \dfrac{\partial}{\partial v_3}\\ h_1F_{v1} & h_2F_{v2} & h_3F_{v3}\end{vmatrix}$$

直角坐标系中旋度的表示式为

$$\mathbf{rot}\boldsymbol{F}=\nabla\times\boldsymbol{F}=\begin{vmatrix}\boldsymbol{e}_x & \boldsymbol{e}_y & \boldsymbol{e}_z\\ \dfrac{\partial}{\partial x} & \dfrac{\partial}{\partial y} & \dfrac{\partial}{\partial z}\\ F_x & F_y & F_z\end{vmatrix}$$

$$=\boldsymbol{e}_x\left(\frac{\partial F_z}{\partial y}-\frac{\partial F_y}{\partial z}\right)-\boldsymbol{e}_y\left(\frac{\partial F_z}{\partial x}-\frac{\partial F_x}{\partial z}\right)+\boldsymbol{e}_z\left(\frac{\partial F_y}{\partial x}-\frac{\partial F_x}{\partial y}\right)$$

斯托克斯(STOKES)定理：

$$\iint_S(\nabla\times\boldsymbol{F})\cdot\mathrm{d}\boldsymbol{S}=\oint_l\boldsymbol{F}\cdot\mathrm{d}\boldsymbol{l}$$

物理意义：$\nabla\times\boldsymbol{F}$ 在任意曲面 S 的通量等于 $\boldsymbol{F}$ 沿该曲面的周界 $\boldsymbol{l}$ 的环量。斯托克斯定理将面积分转化为线积分，这一变换关系在电磁场理论中也经常用到。

(4) 散度和旋度的区别。

散度表示通过有向曲面 $\boldsymbol{S}$ 的通量密度，是标量，表示包围闭合面矢量线的多少；而旋度表示场的涡旋程度，是最大的环量密度，是矢量。对于任意矢量场，不仅要知道它的散度，还要知道它的旋度，这样才能得到矢量场的全解(即数学中的通解)。散度和旋度的比较如表 1.3 所示。

表 1.3　散度和旋度的比较

	相同点	不同点		
散度	都是关于矢量场性质的描写	标量	场与通量源的关系	矢量场各分量沿各自方向的变化率
旋度		矢量	场与涡旋源的关系	矢量场各分量沿正交方向的变化率

(5) 重要的矢量公式：

$$\nabla\times\nabla\times\boldsymbol{F}=\nabla\nabla\cdot\boldsymbol{F}-\nabla^2\boldsymbol{F}$$

$$\nabla\cdot\nabla\times\boldsymbol{F}\equiv 0$$

$$\nabla\times\nabla u\equiv\boldsymbol{0}$$

$$\int_V\nabla\cdot\boldsymbol{F}\mathrm{d}V=\oint_S\boldsymbol{F}\cdot\mathrm{d}\boldsymbol{S}$$ (高斯散度定理)——体积分和面积分的转换

$$\int_S\nabla\times\boldsymbol{F}\cdot\mathrm{d}\boldsymbol{S}=\oint_l\boldsymbol{F}\cdot\mathrm{d}\boldsymbol{l}$$ (斯托克斯定理)——面积分和线积分的转换

3. 亥姆霍兹定理

有限区域 V 内的矢量场 $\boldsymbol{F}$ 由它的散度、旋度和区域边界面 S 上的分布(边界条件)唯一确定。

亥姆霍兹定理非常重要，它总结了矢量场的基本性质，是研究电磁场理论的一条主线。

4. 拉普拉斯算子

拉普拉斯算子是二阶微分算子，又称标量算子，它是标量函数梯度的散度：

$$\nabla^2 u=\nabla\cdot(\nabla u)$$

在直角坐标系下

$$\nabla^2 u=\nabla\cdot(\nabla u)=\frac{\partial^2 u}{\partial x^2}+\frac{\partial^2 u}{\partial y^2}+\frac{\partial^2 u}{\partial z^2}$$

该方程常用于无旋场的求解。由于无旋场 $\boldsymbol{F}=-\nabla\phi$，故 $\nabla\cdot\boldsymbol{F}=-\nabla\cdot\nabla\phi=-\nabla^2\phi$，所以

$$\nabla^2\phi=-\nabla\cdot\boldsymbol{F}\begin{cases}\text{泊松方程}(\nabla\cdot\boldsymbol{F}\neq 0)\\ \text{拉普拉斯方程}(\nabla\cdot\boldsymbol{F}=0)\end{cases}$$

1.2 典型题解

例 1-1 已知 $\boldsymbol{A}=\boldsymbol{e}_x-2\boldsymbol{e}_y+3\boldsymbol{e}_z$，$\boldsymbol{B}=-3\boldsymbol{e}_x+5\boldsymbol{e}_y-4\boldsymbol{e}_z$，$\boldsymbol{C}=2\boldsymbol{e}_x+\boldsymbol{e}_z$，求：(1) $\boldsymbol{A}\cdot\boldsymbol{B}$；(2) $\boldsymbol{A}\times\boldsymbol{B}$；(3) $(\boldsymbol{A}\times\boldsymbol{B})\cdot\boldsymbol{C}$；(4) $(\boldsymbol{A}\times\boldsymbol{B})\times\boldsymbol{C}$。

解 (1) $\boldsymbol{A}\cdot\boldsymbol{B}=-25$

(2) $\boldsymbol{A}\times\boldsymbol{B}=-7\boldsymbol{e}_x-5\boldsymbol{e}_y-\boldsymbol{e}_z$

(3) $(\boldsymbol{A}\times\boldsymbol{B})\cdot\boldsymbol{C}=-15$

(4) $(\boldsymbol{A}\times\boldsymbol{B})\times\boldsymbol{C}=-5\boldsymbol{e}_x+5\boldsymbol{e}_y+10\boldsymbol{e}_z$

例 1-2 求标量场 $u=x^2z+y^2$ 在点 $M(1,1,2)$ 处沿 $\boldsymbol{l}=\boldsymbol{e}_x+2\boldsymbol{e}_y+2\boldsymbol{e}_z$ 方向的方向导数及梯度。

解 $\boldsymbol{l}$ 在点 $M(1,1,2)$ 处的方向余弦为

$$\cos\alpha=\frac{1}{\sqrt{1^2+2^2+2^2}}=\frac{1}{3}$$

$$\cos\beta=\frac{2}{\sqrt{1^2+2^2+2^2}}=\frac{2}{3}$$

$$\cos\gamma=\frac{2}{\sqrt{1^2+2^2+2^2}}=\frac{2}{3}$$

由梯度公式可求得该点的梯度为

$$\nabla u=\left(\frac{\partial u}{\partial x}\boldsymbol{e}_x+\frac{\partial u}{\partial y}\boldsymbol{e}_y+\frac{\partial u}{\partial z}\boldsymbol{e}_z\right)\bigg|_M=(2xz\boldsymbol{e}_x+2y\boldsymbol{e}_y+x^2\boldsymbol{e}_z)\,|_M=4\boldsymbol{e}_x+2\boldsymbol{e}_y+\boldsymbol{e}_z$$

根据梯度的性质该点的方向导数可以表示为

$$\frac{\partial u}{\partial l}\Big|_M=\nabla u\cdot\boldsymbol{e}_l\,|_M=\frac{\partial u}{\partial x}\cos\alpha+\frac{\partial u}{\partial y}\cos\beta+\frac{\partial u}{\partial z}\cos\gamma=\frac{10}{3}$$

注：标量场的梯度函数建立了标量场与矢量场的联系，这一联系使得某一类矢量场可以通过标量函数来研究，反之也可以通过矢量场来研究标量场。

例 1-3 在直角坐标系下验证 $\nabla\times\nabla\times\boldsymbol{A}=\nabla(\nabla\cdot\boldsymbol{A})-\nabla^2\boldsymbol{A}$。

解 设 $\boldsymbol{A}=A_x(x,y,z)\boldsymbol{e}_x+A_y(x,y,z)\boldsymbol{e}_y+A_z(x,y,z)\boldsymbol{e}_z$，则

$$\nabla\times\boldsymbol{A}=\begin{vmatrix}\boldsymbol{e}_x & \boldsymbol{e}_y & \boldsymbol{e}_z\\ \dfrac{\partial}{\partial x} & \dfrac{\partial}{\partial y} & \dfrac{\partial}{\partial z}\\ A_x & A_y & A_z\end{vmatrix}=\left(\frac{\partial A_z}{\partial y}-\frac{\partial A_y}{\partial z}\right)\boldsymbol{e}_x+\left(\frac{\partial A_x}{\partial z}-\frac{\partial A_z}{\partial x}\right)\boldsymbol{e}_y+\left(\frac{\partial A_y}{\partial x}-\frac{\partial A_x}{\partial y}\right)\boldsymbol{e}_z$$

$$\nabla\times\nabla\times\boldsymbol{A}=\begin{vmatrix}\boldsymbol{e}_x & \boldsymbol{e}_y & \boldsymbol{e}_z\\ \dfrac{\partial}{\partial x} & \dfrac{\partial}{\partial y} & \dfrac{\partial}{\partial z}\\ \left(\dfrac{\partial A_z}{\partial y}-\dfrac{\partial A_y}{\partial z}\right) & \left(\dfrac{\partial A_x}{\partial z}-\dfrac{\partial A_z}{\partial x}\right) & \left(\dfrac{\partial A_y}{\partial x}-\dfrac{\partial A_x}{\partial y}\right)\end{vmatrix}$$

$$=\left(\frac{\partial^2 A_y}{\partial x\partial y}-\frac{\partial^2 A_x}{\partial y^2}\right)\boldsymbol{e}_x+\left(\frac{\partial^2 A_z}{\partial y\partial z}-\frac{\partial^2 A_y}{\partial z^2}\right)\boldsymbol{e}_y$$

$$+\left(\frac{\partial^2 A_x}{\partial z\partial x}-\frac{\partial^2 A_z}{\partial^2 x}\right)\boldsymbol{e}_z-\left(\frac{\partial^2 A_z}{\partial^2 y}-\frac{\partial^2 A_y}{\partial y\partial z}\right)\boldsymbol{e}_z$$

$$-\left(\frac{\partial^2 A_x}{\partial^2 z}-\frac{\partial^2 A_z}{\partial x\partial z}\right)\boldsymbol{e}_x-\left(\frac{\partial^2 A_y}{\partial^2 x}-\frac{\partial^2 A_x}{\partial x\partial y}\right)\boldsymbol{e}_y$$

$$\nabla(\nabla\cdot\boldsymbol{A})-\nabla^2\boldsymbol{A}=\left(\frac{\partial}{\partial x}\boldsymbol{e}_x+\frac{\partial}{\partial y}\boldsymbol{e}_y+\frac{\partial}{\partial z}\boldsymbol{e}_z\right)\left(\frac{\partial \boldsymbol{A}_x}{\partial x}+\frac{\partial \boldsymbol{A}_y}{\partial y}+\frac{\partial \boldsymbol{A}_z}{\partial z}\right)$$

$$-\left(\frac{\partial^2}{\partial x^2}+\frac{\partial^2}{\partial y^2}+\frac{\partial^2}{\partial z^2}\right)(\boldsymbol{A}_x\boldsymbol{e}_x+\boldsymbol{A}_y\boldsymbol{e}_y+\boldsymbol{A}_z\boldsymbol{e}_z)$$

$$\nabla\times\nabla\times\boldsymbol{A}=\nabla(\nabla\cdot\boldsymbol{A})-\nabla^2\boldsymbol{A}$$

例 1－4　已知矢量场 $\boldsymbol{F}(r,\theta,z)=\dfrac{k_0}{r^3}\boldsymbol{e}_r$，求：(1) 矢量的散度；(2) 矢量由内向外穿过圆柱面 $x^2+y^2=a$ 与平面 $z=h_1$ 和平面 $z=h_2$ 所围封闭曲面的通量，其中 a、k_0、h_1、h_2 均为大于零的常数，且 $h_1<h_2$。

解　(1) 由圆柱坐标系散度公式可知

$$\nabla\cdot\boldsymbol{F}=\frac{1}{r}\frac{\partial}{\partial r}(rF_r)=\frac{1}{r}\frac{\mathrm{d}}{\mathrm{d}r}\left(\frac{k_0}{r^2}\right)=-\frac{2k_0}{r^4}$$

(2) 设圆柱侧面为 S_1，上下底面分别为 S_2、S_3，由通量公式可知

$$\psi=\iint_{S_1}\boldsymbol{F}\cdot\mathrm{d}\boldsymbol{S}_1+\iint_{S_2}\boldsymbol{F}\cdot\mathrm{d}\boldsymbol{S}_2+\iint_{S_3}\boldsymbol{F}\cdot\mathrm{d}\boldsymbol{S}_3$$

由于矢量 $\boldsymbol{F}$ 只有半径方向的分量，即矢量垂直于圆柱侧面 S_1，平行于上下底面 S_2、S_3，因此上式中只有第一项存在，故其矢量积分可以简化为标量积分，即

$$\psi=\iint_{S_1}\frac{k_0}{r^3}\boldsymbol{e}_r\cdot\mathrm{d}S_1\boldsymbol{e}_r=\iint_{S_1}\frac{k_0}{r^3}\mathrm{d}s_1=\frac{k_0}{a^3}[2\pi a(h_2-h_1)]=\frac{2\pi k_0(h_2-h_1)}{a^2}$$

例 1－5　已知矢量场 $\boldsymbol{F}=3y\boldsymbol{e}_x+(3x-2z)\boldsymbol{e}_y-(Cy+z)\boldsymbol{e}_z$ 为无旋场，求系数 C。

解　矢量场为无旋场，必有 $\nabla\times\boldsymbol{F}=0$，即

$$\nabla\times\boldsymbol{F}=\begin{vmatrix}\boldsymbol{e}_x & \boldsymbol{e}_y & \boldsymbol{e}_z\\ \dfrac{\partial}{\partial x} & \dfrac{\partial}{\partial y} & \dfrac{\partial}{\partial z}\\ 3y & 3x-2z & -(Cy+z)\end{vmatrix}=(-C+2)\boldsymbol{e}_x=0$$

得系数 $C=2$。

1.3 课后题解

1.1 已知 $\boldsymbol{A}=\boldsymbol{e}_x+2\boldsymbol{e}_y-3\boldsymbol{e}_z$，$\boldsymbol{B}=-4\boldsymbol{e}_y+\boldsymbol{e}_z$，$\boldsymbol{C}=5\boldsymbol{e}_x-2\boldsymbol{e}_z$，求：

(1) $\boldsymbol{e}_A$；(2) $|\boldsymbol{A}-\boldsymbol{B}|$；(3) $\boldsymbol{A}\cdot\boldsymbol{B}$；(4) θ_{AB}；(5) $\boldsymbol{A}\times\boldsymbol{C}$；(6) $\boldsymbol{A}\cdot(\boldsymbol{B}\times\boldsymbol{C})$和$(\boldsymbol{A}\times\boldsymbol{B})\cdot\boldsymbol{C}$；(7) $(\boldsymbol{A}\times\boldsymbol{B})\times\boldsymbol{C}$ 和 $\boldsymbol{A}\times(\boldsymbol{B}\times\boldsymbol{C})$。

解 (1) $|\boldsymbol{A}|=\sqrt{1+4+9}=\sqrt{14}$，$\boldsymbol{e}_A=\dfrac{1}{\sqrt{14}}\boldsymbol{e}_x+\dfrac{2}{\sqrt{14}}\boldsymbol{e}_y-\dfrac{3}{\sqrt{14}}\boldsymbol{e}_z$

(2) $\boldsymbol{A}-\boldsymbol{B}=\boldsymbol{e}_x+6\boldsymbol{e}_y-4\boldsymbol{e}_z$，$|\boldsymbol{A}-\boldsymbol{B}|=\sqrt{1+36+16}=\sqrt{53}$

(3) $\boldsymbol{A}\cdot\boldsymbol{B}=-8-3=-11$

(4) 因为

$$|\boldsymbol{A}|=\sqrt{14},\ |\boldsymbol{B}|=\sqrt{17},\ \boldsymbol{A}\cdot\boldsymbol{B}=-11$$

所以

$$\cos\theta_{AB}=\frac{\boldsymbol{A}\cdot\boldsymbol{B}}{|\boldsymbol{A}|\times|\boldsymbol{B}|}=\frac{-11}{\sqrt{17}\times\sqrt{14}}=-\frac{11}{\sqrt{238}}$$

$$\theta_{AB}=\pi-\arccos\frac{11}{\sqrt{238}}$$

(5) $\boldsymbol{A}\times\boldsymbol{C}=\begin{vmatrix}\boldsymbol{e}_x & \boldsymbol{e}_y & \boldsymbol{e}_z\\ 1 & 2 & -3\\ 5 & 0 & -2\end{vmatrix}=-4\boldsymbol{e}_x-6\boldsymbol{e}_y-10\boldsymbol{e}_z$

(6) $\boldsymbol{B}\times\boldsymbol{C}=\begin{vmatrix}\boldsymbol{e}_x & \boldsymbol{e}_y & \boldsymbol{e}_z\\ 0 & -4 & 1\\ 5 & 0 & -2\end{vmatrix}=8\boldsymbol{e}_x+5\boldsymbol{e}_y+20\boldsymbol{e}_z$

$$\boldsymbol{A}\cdot(\boldsymbol{B}\times\boldsymbol{C})=(\boldsymbol{e}_x+2\boldsymbol{e}_y-3\boldsymbol{e}_z)\cdot(8\boldsymbol{e}_x+5\boldsymbol{e}_y+20\boldsymbol{e}_z)=8+10-60=-42$$

$$\boldsymbol{A}\times\boldsymbol{B}=\begin{vmatrix}\boldsymbol{e}_x & \boldsymbol{e}_y & \boldsymbol{e}_z\\ 1 & 2 & -3\\ 0 & -4 & 1\end{vmatrix}=-10\boldsymbol{e}_x-\boldsymbol{e}_y-4\boldsymbol{e}_z$$

$$(\boldsymbol{A}\times\boldsymbol{B})\cdot\boldsymbol{C}=(-10\boldsymbol{e}_x-\boldsymbol{e}_y-4\boldsymbol{e}_z)\cdot(5\boldsymbol{e}_x-2\boldsymbol{e}_z)=-50+8=-42$$

(7) $(\boldsymbol{A}\times\boldsymbol{B})\times\boldsymbol{C}=\begin{vmatrix}\boldsymbol{e}_x & \boldsymbol{e}_y & \boldsymbol{e}_z\\ -10 & -1 & -4\\ 5 & 0 & -2\end{vmatrix}=2\boldsymbol{e}_x-40\boldsymbol{e}_y+5\boldsymbol{e}_z$

$$\boldsymbol{A}\times(\boldsymbol{B}\times\boldsymbol{C})=\begin{vmatrix}\boldsymbol{e}_x & \boldsymbol{e}_y & \boldsymbol{e}_z\\ 1 & 2 & -3\\ 8 & 5 & 20\end{vmatrix}=55\boldsymbol{e}_x-44\boldsymbol{e}_y-11\boldsymbol{e}_z$$

1.2 如果向量 $\boldsymbol{A}$、$\boldsymbol{B}$ 和 $\boldsymbol{C}$ 在同一平面上，证明 $\boldsymbol{A}\cdot(\boldsymbol{B}\times\boldsymbol{C})=0$。

证明 由定义知，$\boldsymbol{B}\times\boldsymbol{C}$ 的方向必然垂直于 $\boldsymbol{B}$ 和 $\boldsymbol{C}$ 所共同决定的平面，而由条件知，$\boldsymbol{A}$ 也位于这一平面上。所以，$\boldsymbol{B}\times\boldsymbol{C}$ 的方向必然垂直于 $\boldsymbol{A}$ 的方向，即 $\boldsymbol{A}\cdot(\boldsymbol{B}\times\boldsymbol{C})=0$。

1.3 已知 $\boldsymbol{A}=\boldsymbol{e}_x\cos\alpha+\boldsymbol{e}_y\sin\alpha$，$\boldsymbol{B}=\boldsymbol{e}_x\cos\beta-\boldsymbol{e}_y\sin\beta$，$\boldsymbol{C}=\boldsymbol{e}_x\cos\beta+\boldsymbol{e}_y\sin\beta$，证明这三个向量都是单位向量，这三个向量是共面的。

证明　因为 $\boldsymbol{A}$、$\boldsymbol{B}$、$\boldsymbol{C}$ 都是单位向量，所以 $|\boldsymbol{A}|=|\boldsymbol{B}|=|\boldsymbol{C}|=1$。

$$\begin{aligned}\boldsymbol{A}\times\boldsymbol{B}&=(\boldsymbol{e}_x\cos\alpha+\boldsymbol{e}_y\sin\alpha)\times(\boldsymbol{e}_x\cos\beta-\boldsymbol{e}_y\sin\beta)\\&=-\boldsymbol{e}_z(\cos\alpha\sin\beta+\sin\alpha\cos\beta)\end{aligned}$$

而 $(\boldsymbol{A}\times\boldsymbol{B})\cdot\boldsymbol{C}=0$，因为 $(\boldsymbol{A}\times\boldsymbol{B})\perp\boldsymbol{C}$，所以 $\boldsymbol{A}$、$\boldsymbol{B}$、$\boldsymbol{C}$ 是共面的。

1.4　$\boldsymbol{A}=\boldsymbol{e}_x+2\boldsymbol{e}_y-\boldsymbol{e}_z$，$\boldsymbol{B}=\alpha\boldsymbol{e}_x+\boldsymbol{e}_y-3\boldsymbol{e}_z$，当 $\boldsymbol{A}\perp\boldsymbol{B}$ 时，求 α。

解
$$\boldsymbol{A}\perp\boldsymbol{B},\ \boldsymbol{A}\cdot\boldsymbol{B}=0;\ \alpha+2+3=0,\ \alpha=-5$$

1.5　已知 $\boldsymbol{r}=\boldsymbol{e}_x x+\boldsymbol{e}_y y+\boldsymbol{e}_z z$，$A$ 为一常量，$r=|\boldsymbol{r}|$，求：

(1) $\nabla\cdot\boldsymbol{r}$；(2) $\nabla\times\boldsymbol{r}$；(3) $\nabla\times\dfrac{\boldsymbol{r}}{r}$；(4) $\nabla\cdot(A\boldsymbol{r})$。

解　(1) $\nabla\cdot\boldsymbol{r}=1+1+1=3$

(2)
$$\nabla\times\boldsymbol{r}=\begin{vmatrix}\boldsymbol{e}_x & \boldsymbol{e}_y & \boldsymbol{e}_z\\ \dfrac{\partial}{\partial x} & \dfrac{\partial}{\partial y} & \dfrac{\partial}{\partial z}\\ x & y & z\end{vmatrix}=\boldsymbol{e}_x(0-0)-\boldsymbol{e}_y(0-0)+\boldsymbol{e}_z(0-0)=0$$

(3) 因为

$$\frac{\boldsymbol{r}}{r}=\frac{1}{\sqrt{x^2+y^2+z^2}}(\boldsymbol{e}_x x+\boldsymbol{e}_y y+\boldsymbol{e}_z z)$$

所以
$$\nabla\times\frac{\boldsymbol{r}}{r}=\begin{vmatrix}\boldsymbol{e}_x & \boldsymbol{e}_y & \boldsymbol{e}_z\\ \dfrac{\partial}{\partial x} & \dfrac{\partial}{\partial y} & \dfrac{\partial}{\partial z}\\ \dfrac{x}{\sqrt{x^2+y^2+z^2}} & \dfrac{y}{\sqrt{x^2+y^2+z^2}} & \dfrac{z}{\sqrt{x^2+y^2+z^2}}\end{vmatrix}=0$$

(4) $\nabla\cdot(A\boldsymbol{r})=A(\nabla\cdot\boldsymbol{r})=3A$

1.6　证明三个向量 $\boldsymbol{A}=5\boldsymbol{e}_x-5\boldsymbol{e}_y$，$\boldsymbol{B}=3\boldsymbol{e}_x-7\boldsymbol{e}_y-\boldsymbol{e}_z$ 和 $\boldsymbol{C}=-2\boldsymbol{e}_x-2\boldsymbol{e}_y-\boldsymbol{e}_z$，形成一个三角形的三条边，并利用矢积求此三角形的面积。

证明　$\boldsymbol{B}-\boldsymbol{A}=-2\boldsymbol{e}_x-2\boldsymbol{e}_y-\boldsymbol{e}_z=\boldsymbol{C}$，$\boldsymbol{A}$、$\boldsymbol{B}$、$\boldsymbol{C}$ 组成三角形

$$\boldsymbol{A}\times\boldsymbol{B}=(5\boldsymbol{e}_x-5\boldsymbol{e}_y)\times(3\boldsymbol{e}_x-7\boldsymbol{e}_y-\boldsymbol{e}_z)=5\boldsymbol{e}_x+5\boldsymbol{e}_y-20\boldsymbol{e}_z$$

$$S_{\Delta ABC}=\frac{1}{2}\times|\boldsymbol{A}\times\boldsymbol{B}|=\frac{1}{2}\times\sqrt{90}=\frac{3}{2}\sqrt{10}$$

1.7　点 P 和点 Q 的位置向量分别为 $5\boldsymbol{e}_x+12\boldsymbol{e}_y+\boldsymbol{e}_z$ 和 $2\boldsymbol{e}_x-3\boldsymbol{e}_y+\boldsymbol{e}_z$，求从点 P 到点 Q 的距离向量及其长度。

解
$$\boldsymbol{PQ}=(2\boldsymbol{e}_x-3\boldsymbol{e}_y+\boldsymbol{e}_z)-(5\boldsymbol{e}_x+12\boldsymbol{e}_y+\boldsymbol{e}_z)=-3\boldsymbol{e}_x-15\boldsymbol{e}_y$$

$$|\boldsymbol{PQ}|=\sqrt{9+225}=\sqrt{234}=3\sqrt{26}$$

1.8　求与两向量 $\boldsymbol{A}=4\boldsymbol{e}_x-3\boldsymbol{e}_y+\boldsymbol{e}_z$ 和 $\boldsymbol{B}=2\boldsymbol{e}_x+\boldsymbol{e}_y-\boldsymbol{e}_z$ 都正交的单位向量。

解
$$\boldsymbol{A}\times\boldsymbol{B}=\begin{vmatrix}\boldsymbol{e}_x & \boldsymbol{e}_y & \boldsymbol{e}_z\\ 4 & -3 & 1\\ 2 & 1 & -1\end{vmatrix}=2\boldsymbol{e}_x+6\boldsymbol{e}_y+10\boldsymbol{e}_z$$

$$|\boldsymbol{A}\times\boldsymbol{B}|=\sqrt{4+36+100}=\sqrt{140}=2\sqrt{35}$$

所以

$$e_n=\frac{1}{\sqrt{35}}e_x+\frac{3}{\sqrt{35}}e_y+\frac{5}{\sqrt{35}}e_z$$

1.9 将直角坐标系中的向量场 $\boldsymbol{F}_1=(x, y, z)=\boldsymbol{e}_x$ 和 $\boldsymbol{F}_2(x, y, z)=\boldsymbol{e}_y$ 分别用圆柱坐标系和球坐标系中的坐标分量表示。

解

$$\begin{bmatrix}A_\rho\\A_\varphi\\A_z\end{bmatrix}=\begin{bmatrix}\cos\varphi & \sin\varphi & 0\\-\sin\varphi & \cos\varphi & 0\\0 & 0 & 1\end{bmatrix}\begin{bmatrix}A_x\\A_y\\A_z\end{bmatrix}=\begin{bmatrix}\cos\varphi & \sin\varphi & 0\\-\sin\varphi & \cos\varphi & 0\\0 & 0 & 1\end{bmatrix}\begin{bmatrix}1\\0\\0\end{bmatrix}=\begin{bmatrix}\cos\varphi\\-\sin\varphi\\0\end{bmatrix}\ （代入\ \varphi=0）=\begin{bmatrix}1\\0\\0\end{bmatrix}$$

所以 $\boldsymbol{F}_1$ 在圆柱坐标系上表示为 $\boldsymbol{F}_1=\boldsymbol{e}_\rho$。

$$\begin{bmatrix}A_r\\A_\theta\\A_\varphi\end{bmatrix}=\begin{bmatrix}\sin\theta\cos\varphi & \sin\theta\sin\varphi & \cos\theta\\\cos\theta\cos\varphi & \cos\theta\sin\varphi & -\sin\theta\\-\sin\varphi & \cos\varphi & 0\end{bmatrix}\begin{bmatrix}A_x\\A_y\\A_z\end{bmatrix}=\begin{bmatrix}\sin\theta\cos\varphi & \sin\theta\sin\varphi & \cos\theta\\\cos\theta\cos\varphi & \cos\theta\sin\varphi & -\sin\theta\\-\sin\varphi & \cos\varphi & 0\end{bmatrix}\begin{bmatrix}1\\0\\0\end{bmatrix}=\begin{bmatrix}\sin\theta\cos\varphi\\\cos\theta\cos\varphi\\-\sin\varphi\end{bmatrix}\ （代入\ \varphi=0,\ \theta=\frac{\pi}{2}）=\begin{bmatrix}1\\0\\0\end{bmatrix}$$

所以 $\boldsymbol{F}_1$ 在球坐标系中表示为 $\boldsymbol{F}_1=\boldsymbol{e}_r$。

$$\begin{bmatrix}A_\rho\\A_\varphi\\A_z\end{bmatrix}=\begin{bmatrix}\cos\varphi & \sin\varphi & 0\\-\sin\varphi & \cos\varphi & 0\\0 & 0 & 1\end{bmatrix}\begin{bmatrix}0\\1\\0\end{bmatrix}=\begin{bmatrix}\sin\varphi\\\cos\varphi\\0\end{bmatrix}\ （代入\ \varphi=\frac{\pi}{2}）=\begin{bmatrix}1\\0\\0\end{bmatrix}$$

所以 $\boldsymbol{F}_2$ 在圆柱坐标系中表示为 $\boldsymbol{F}_2=\boldsymbol{e}_\rho$。

$$\begin{bmatrix}A_r\\A_\theta\\A_\varphi\end{bmatrix}=\begin{bmatrix}\sin\theta\cos\varphi & \sin\theta\sin\varphi & \cos\theta\\ \cos\theta\cos\varphi & \cos\theta\sin\varphi & -\sin\theta\\ -\sin\varphi & \cos\varphi & 0\end{bmatrix}\begin{bmatrix}0\\1\\0\end{bmatrix}$$

$$=\begin{bmatrix}\sin\theta\sin\varphi\\ \cos\theta\sin\varphi\\ \cos\theta\end{bmatrix}\quad\text{（代入 }\varphi=\frac{\pi}{2},\ \theta=\frac{\pi}{2}\text{）}$$

$$=\begin{bmatrix}1\\0\\0\end{bmatrix}$$

所以 $\boldsymbol{F}_2$ 在球坐标系中表示为 $\boldsymbol{F}_2=\boldsymbol{e}_r$。

1.10 计算在圆柱坐标系中两点 $P\left(5,\ \frac{\pi}{6},\ 5\right)$ 和 $Q\left(2,\ \frac{\pi}{3},\ 4\right)$ 之间的距离。

解 将 P、Q 两点转化为直角坐标点：

由公式 $x=\rho\cos\varphi$，$y=\rho\sin\varphi$ 可知 P、Q 两点在直角坐标系下坐标为 $P\left(\frac{5\sqrt{3}}{2},\ \frac{5}{2},\ 5\right)$、$Q(1,\ \sqrt{3},\ 4)$。所以

$$|\overrightarrow{PQ}|=\sqrt{\left(\frac{5\sqrt{3}}{2}-1\right)^2+\left(\frac{5}{2}-\sqrt{3}\right)^2+1}=\sqrt{30-10\sqrt{3}}$$

1.11 空间坐标中同一点的两个向量，取圆柱坐标系 $\boldsymbol{A}=3\boldsymbol{e}_\rho+5\boldsymbol{e}_\varphi-4\boldsymbol{e}_z$，$\boldsymbol{B}=2\boldsymbol{e}_\rho+4\boldsymbol{e}_\varphi+3\boldsymbol{e}_z$，求：

(1) $\boldsymbol{A}+\boldsymbol{B}$；(2) $\boldsymbol{A}\times\boldsymbol{B}$；(3) $\boldsymbol{A}$ 和 $\boldsymbol{B}$ 的单位向量；(4) $\boldsymbol{A}$ 和 $\boldsymbol{B}$ 之间的夹角；(5) $\boldsymbol{A}$ 和 $\boldsymbol{B}$ 的大小；(6) $\boldsymbol{A}$ 在 $\boldsymbol{B}$ 上投影。

解 (1) $\boldsymbol{A}+\boldsymbol{B}=5\boldsymbol{e}_\rho+9\boldsymbol{e}_\varphi-\boldsymbol{e}_z$

(2) $\boldsymbol{A}\times\boldsymbol{B}=(3\boldsymbol{e}_\rho+5\boldsymbol{e}_\varphi-4\boldsymbol{e}_z)\times(2\boldsymbol{e}_\rho+4\boldsymbol{e}_\varphi+3\boldsymbol{e}_z)=31\boldsymbol{e}_\rho-17\boldsymbol{e}_\varphi+2\boldsymbol{e}_z$

(3) $\boldsymbol{e}_A=\dfrac{1}{\sqrt{9+25+16}}(3\boldsymbol{e}_\rho+5\boldsymbol{e}_\varphi-4\boldsymbol{e}_z)=\dfrac{1}{5\sqrt{2}}(3\boldsymbol{e}_\rho+5\boldsymbol{e}_\varphi-4\boldsymbol{e}_z)$

$$\boldsymbol{e}_B=\frac{1}{\sqrt{4+16+9}}(2\boldsymbol{e}_\rho+4\boldsymbol{e}_\varphi+3\boldsymbol{e}_z)=\frac{1}{\sqrt{29}}(2\boldsymbol{e}_\rho+4\boldsymbol{e}_\varphi+3\boldsymbol{e}_z)$$

(4) $\boldsymbol{A}\cdot\boldsymbol{B}=6+20-12=14$

$$\cos\theta=\frac{\boldsymbol{A}\cdot\boldsymbol{B}}{|\boldsymbol{A}|\cdot|\boldsymbol{B}|}=\frac{14}{5\sqrt{2}\cdot\sqrt{29}}=\frac{14}{5\sqrt{58}}$$

所以

$$\theta=\arctan\frac{14}{5\sqrt{58}}$$

(5) $|\boldsymbol{A}|=5\sqrt{2}$，$|\boldsymbol{B}|=\sqrt{29}$

(6) $\boldsymbol{A}\cdot\boldsymbol{B}=|\boldsymbol{A}|\,|\boldsymbol{B}|\cos\theta$，$|\boldsymbol{A}|\cos\theta=\dfrac{\boldsymbol{A}\cdot\boldsymbol{B}}{|\boldsymbol{B}|}=\dfrac{14}{\sqrt{29}}$

1.12 向量场中，取柱坐标系，已知点 $P\left(1,\ \frac{\pi}{2},\ 2\right)$ 处的向量为 $\boldsymbol{A}=2\boldsymbol{e}_\rho+3\boldsymbol{e}_\varphi$，在点

$Q(2,\pi,3)$处的向量为$\boldsymbol{B}=-3\boldsymbol{e}_\rho+10\boldsymbol{e}_\varphi$。求：

(1) $\boldsymbol{A}+\boldsymbol{B}$；(2) $\boldsymbol{A}\cdot\boldsymbol{B}$；(3) $\boldsymbol{A}$和$\boldsymbol{B}$之间的夹角。

解 (1) 将$\boldsymbol{A}$, $\boldsymbol{B}$转换到直角坐标系下。

$$\begin{bmatrix}A_x\\A_y\\A_z\end{bmatrix}=\begin{bmatrix}\cos\varphi & -\sin\varphi & 0\\ \sin\varphi & \cos\varphi & 0\\ 0 & 0 & 1\end{bmatrix}\begin{bmatrix}A_\rho\\A_\varphi\\A_z\end{bmatrix}=\begin{bmatrix}0 & -1 & 0\\ 1 & 0 & 0\\ 0 & 0 & 1\end{bmatrix}\begin{bmatrix}2\\3\\0\end{bmatrix}=\begin{bmatrix}2\\3\\0\end{bmatrix}$$

所以

$$\boldsymbol{A}=-3\boldsymbol{e}_x+2\boldsymbol{e}_y$$

$$\begin{bmatrix}B_x\\B_y\\B_z\end{bmatrix}=\begin{bmatrix}\cos\varphi & -\sin\varphi & 0\\ \sin\varphi & \cos\varphi & 0\\ 0 & 0 & 1\end{bmatrix}\begin{bmatrix}B_\rho\\B_\varphi\\B_z\end{bmatrix}=\begin{bmatrix}-1 & 0 & 0\\ 0 & -1 & 0\\ 0 & 0 & 1\end{bmatrix}\begin{bmatrix}-3\\0\\10\end{bmatrix}$$

$$=\begin{bmatrix}3\\0\\10\end{bmatrix}$$

所以

$$\boldsymbol{B}=3\boldsymbol{e}_x+10\boldsymbol{e}_z$$

$$\boldsymbol{A}+\boldsymbol{B}=2\boldsymbol{e}_y+10\boldsymbol{e}_z$$

$$\boldsymbol{A}\cdot\boldsymbol{B}=-9$$

$$|\boldsymbol{A}|=\sqrt{13},\ |\boldsymbol{B}|=\sqrt{109}$$

所以

$$\cos\theta=\frac{\boldsymbol{A}\cdot\boldsymbol{B}}{|\boldsymbol{A}||\boldsymbol{B}|}=\frac{-9}{\sqrt{1417}}$$

$$\theta=\pi-\arctan\frac{9}{\sqrt{1417}}$$

1.13 计算在球坐标系中两点$P\left(10,\frac{\pi}{4},\frac{\pi}{3}\right)$和$Q\left(2,\frac{\pi}{2},\pi\right)$之间的距离及从点$P$到点$Q$的距离向量。

解 将P、Q两点转化为直角坐标分量：

$$x=r\sin\theta\cos\varphi,\ y=r\sin\theta\sin\varphi,\ z=r\cos\theta$$

所以

$$P\left(\frac{5\sqrt{2}}{2},\frac{5\sqrt{6}}{2},5\sqrt{2}\right)\quad Q(-2,0,0)$$

所以

$$|\overrightarrow{PQ}|=\sqrt{\left(\frac{5\sqrt{2}}{2}+2\right)^2+\left(\frac{5\sqrt{6}}{2}\right)^2+(5\sqrt{2})^2}=\sqrt{104+10\sqrt{2}}$$

$$\boldsymbol{PQ}=\left(-2-\frac{5\sqrt{2}}{2}\right)\boldsymbol{e}_x-\frac{5\sqrt{6}}{2}\boldsymbol{e}_y-5\sqrt{2}\,\boldsymbol{e}_z$$

1.14 已知一标量函数$\phi=\sin\left(\frac{\pi x}{2}\right)\sin\left(\frac{\pi y}{3}\right)\mathrm{e}^{-z}$，求：

(1) 在点$P(1,2,3)$处ϕ的速率增加最快的方向及大小。

(2) 点 P 向坐标原点方向 ϕ 增加率(方向导数)的大小。

解　(1) $\text{grad}\phi=\boldsymbol{e}_x\dfrac{\partial\phi}{\partial x}+\boldsymbol{e}_y\dfrac{\partial\phi}{\partial y}+\boldsymbol{e}_z\dfrac{\partial\phi}{\partial z}$

$$=\boldsymbol{e}_x\left[\frac{\pi}{2}\cos\left(\frac{\pi x}{2}\right)\sin\left(\frac{\pi y}{3}\right)\mathrm{e}^{-z}\right]+\boldsymbol{e}_y\left[\frac{\pi}{3}\cos\left(\frac{\pi y}{3}\right)\sin\left(\frac{\pi x}{2}\right)\mathrm{e}^{-z}\right]$$

$$+\boldsymbol{e}_z\left[-\sin\left(\frac{\pi x}{2}\right)\sin\left(\frac{\pi y}{3}\right)\mathrm{e}^{-z}\right]$$

$$=\boldsymbol{e}_y\frac{\pi\mathrm{e}^{-3}}{6}+\boldsymbol{e}_z\frac{\sqrt{3}\,\mathrm{e}^{-3}}{2}$$

$$|\text{grad}\phi|=\sqrt{\frac{\pi^2}{36}\mathrm{e}^{-6}+\frac{3}{4}\mathrm{e}^{-6}}$$

(2) 点 P 向坐标原点的方向向量为

$$\overrightarrow{PQ}=\boldsymbol{e}_x+2\boldsymbol{e}_y+3\boldsymbol{e}_z$$

$$\cos\alpha=\frac{1}{\sqrt{14}},\quad \cos\beta=\frac{2}{\sqrt{14}},\quad \cos\gamma=\frac{3}{\sqrt{14}}$$

所以

$$\frac{\partial\phi}{\partial l}=0\cdot\frac{1}{\sqrt{14}}+\frac{\pi\mathrm{e}^{-3}}{6}\cdot\frac{2}{\sqrt{14}}+\frac{\sqrt{3}\,\mathrm{e}^{-3}}{2}\cdot\frac{3}{\sqrt{14}}=\frac{\pi\mathrm{e}^{-3}}{3\sqrt{14}}+\frac{3\sqrt{3}\,\mathrm{e}^{-3}}{2\sqrt{14}}$$

1.15　求 $f(x,y,z)=x^3y^2z$ 的梯度。

解　$\textbf{grad}f(x,y,z)=\boldsymbol{e}_x\dfrac{\partial f}{\partial x}+\boldsymbol{e}_y\dfrac{\partial f}{\partial y}+\boldsymbol{e}_z\dfrac{\partial f}{\partial z}=\boldsymbol{e}_x(3x^2y^2z)+\boldsymbol{e}_y(2x^3yz)+\boldsymbol{e}_z(x^3y^2)$

1.16　求标量场 $f(x,y,z)=xy+2z^2$ 在点(1, 1, 1)处沿 $\boldsymbol{l}=x\boldsymbol{e}_x-2\boldsymbol{e}_y+\boldsymbol{e}_z$ 的变化率。

解

$$\frac{\partial f}{\partial x}=y=1,\ \frac{\partial f}{\partial y}=x=1,\ \frac{\partial f}{\partial z}=4z=4$$

$$\cos\alpha=\frac{1}{\sqrt{1+1+4}}=\frac{1}{\sqrt{6}},\ \cos\beta=-\frac{2}{\sqrt{6}},\ \cos\gamma=\frac{1}{\sqrt{6}}$$

所以

$$\frac{\partial f}{\partial l}=\frac{\partial f}{\partial x}\cos\alpha+\frac{\partial f}{\partial y}\cos\beta+\frac{\partial f}{\partial z}\cos\gamma=\frac{3}{\sqrt{6}}$$

1.17　由 $\nabla\Phi=\boldsymbol{e}_x\dfrac{\partial\Phi}{\partial x}+\boldsymbol{e}_y\dfrac{\partial\Phi}{\partial y}+\boldsymbol{e}_z\dfrac{\partial\Phi}{\partial z}$，利用圆柱坐标系和直角坐标系的关系，推导：

$$\nabla\Phi=\boldsymbol{e}_\rho\frac{\partial\Phi}{\partial\rho}+\boldsymbol{e}_\varphi\frac{1}{\rho}\frac{\partial\Phi}{\partial\varphi}+\boldsymbol{e}_z\frac{\partial\Phi}{\partial z}$$

解　圆柱坐标系和直角坐标系变换关系，写成矩阵形式：

$$\begin{pmatrix}\boldsymbol{e}_x\\ \boldsymbol{e}_y\\ \boldsymbol{e}_z\end{pmatrix}=\begin{pmatrix}\cos\varphi & -\sin\varphi & 0\\ \sin\varphi & \cos\varphi & 0\\ 0 & 0 & 1\end{pmatrix}\begin{pmatrix}\boldsymbol{e}_\rho\\ \boldsymbol{e}_\varphi\\ \boldsymbol{e}_z\end{pmatrix}$$

写成代数形式：

$$\boldsymbol{e}_x=\boldsymbol{e}_\rho\cos\varphi-\boldsymbol{e}_\varphi\sin\varphi$$

$$\boldsymbol{e}_y=\boldsymbol{e}_\rho\sin\varphi+\boldsymbol{e}_\varphi\cos\varphi$$

$$\boldsymbol{e}_z=\boldsymbol{e}_z$$

代入$\nabla\Phi=\boldsymbol{e}_x\dfrac{\partial\Phi}{\partial x}+\boldsymbol{e}_y\dfrac{\partial\Phi}{\partial y}+\boldsymbol{e}_z\dfrac{\partial\Phi}{\partial z}$得

$$\begin{aligned}\nabla\Phi&=\boldsymbol{e}_\rho\left(\frac{\partial\Phi}{\partial x}\cos\varphi+\frac{\partial\Phi}{\partial y}\sin\varphi\right)+\boldsymbol{e}_\varphi\left(-\frac{\partial\Phi}{\partial x}\sin\varphi+\frac{\partial\Phi}{\partial y}\cos\varphi\right)+\boldsymbol{e}_z\frac{\partial\Phi}{\partial z}\\&=\boldsymbol{e}_\rho\left(\frac{\partial\Phi}{\partial\rho}\frac{\partial\rho}{\partial x}\cos\varphi+\frac{\partial\Phi}{\partial\rho}\frac{\partial\rho}{\partial y}\sin\varphi\right)+\boldsymbol{e}_\varphi\left(-\frac{\partial\Phi}{\rho\partial\varphi}\frac{\rho\partial\varphi}{\partial x}\sin\varphi+\frac{\partial\Phi}{\rho\partial\varphi}\frac{\rho\partial\varphi}{\partial y}\cos\varphi\right)+\boldsymbol{e}_z\frac{\partial\Phi}{\partial z}\\&=\boldsymbol{e}_\rho\frac{\partial\Phi}{\partial\rho}+\boldsymbol{e}_\varphi\frac{\partial\Phi}{\rho\partial\varphi}+\boldsymbol{e}_z\frac{\partial\Phi}{\partial z}\end{aligned}$$

1.18 求 $f(\rho,\varphi,z)=\rho\cos\varphi$ 的梯度。

解
$$\nabla f=\boldsymbol{e}_\rho\cos\varphi+\boldsymbol{e}_\varphi\frac{1}{\rho}\rho(-\sin\varphi)=\boldsymbol{e}_\rho\cos\varphi-\boldsymbol{e}_\varphi\sin\varphi$$

1.19 由$\nabla\Phi=\boldsymbol{e}_x\dfrac{\partial\Phi}{\partial x}+\boldsymbol{e}_y\dfrac{\partial\Phi}{\partial y}+\boldsymbol{e}_z\dfrac{\partial\Phi}{\partial z}$，利用球坐标系和直角坐标系的关系，推导：

$$\nabla\Phi=\boldsymbol{e}_r\frac{\partial\Phi}{\partial r}+\boldsymbol{e}_\theta\frac{1}{r}\frac{\partial\Phi}{\partial\theta}+\boldsymbol{e}_\varphi\frac{1}{r\sin\theta}\frac{\partial\Phi}{\partial\varphi}$$

解 球坐标系和直角坐标系变换关系，矩阵形式：

$$\begin{pmatrix}\boldsymbol{e}_x\\\boldsymbol{e}_y\\\boldsymbol{e}_z\end{pmatrix}=\begin{pmatrix}\sin\theta\cos\varphi&\cos\theta\cos\varphi&-\sin\varphi\\\sin\theta\sin\varphi&\cos\theta\sin\varphi&\cos\varphi\\\cos\theta&-\sin\theta&0\end{pmatrix}\begin{pmatrix}\boldsymbol{e}_r\\\boldsymbol{e}_\theta\\\boldsymbol{e}_\varphi\end{pmatrix}$$

写成代数形式：

$$\begin{aligned}\boldsymbol{e}_x&=\boldsymbol{e}_r\sin\theta\cos\varphi+\boldsymbol{e}_\theta\cos\theta\cos\varphi-\boldsymbol{e}_\varphi\sin\varphi\\\boldsymbol{e}_y&=\boldsymbol{e}_r\sin\theta\sin\varphi+\boldsymbol{e}_\theta\cos\theta\sin\varphi+\boldsymbol{e}_\varphi\cos\varphi\\\boldsymbol{e}_z&=\boldsymbol{e}_r\cos\theta-\boldsymbol{e}_\theta\sin\theta\end{aligned}$$

代入$\nabla\Phi=\boldsymbol{e}_x\dfrac{\partial\Phi}{\partial x}+\boldsymbol{e}_y\dfrac{\partial\Phi}{\partial y}+\boldsymbol{e}_z\dfrac{\partial\Phi}{\partial z}$得，

$$\begin{aligned}\nabla\Phi&=\boldsymbol{e}_r\left(\frac{\partial\Phi}{\partial x}\sin\theta\cos\varphi+\frac{\partial\Phi}{\partial y}\sin\theta\sin\varphi+\frac{\partial\Phi}{\partial z}\cos\theta\right)\\&\quad+\boldsymbol{e}_\theta\left(\frac{\partial\Phi}{\partial x}\cos\theta\cos\varphi+\frac{\partial\Phi}{\partial y}\cos\theta\sin\varphi-\frac{\partial\Phi}{\partial z}\sin\theta\right)\\&\quad+\boldsymbol{e}_\varphi\left(-\frac{\partial\Phi}{\partial x}\sin\varphi+\frac{\partial\Phi}{\partial y}\cos\varphi\right)\\&=\boldsymbol{e}_r\left(\frac{\partial\Phi}{\partial r}\cdot\frac{\partial r}{\partial x}\sin\theta\cos\varphi+\frac{\partial\Phi}{\partial r}\frac{\partial r}{\partial y}\sin\theta\sin\varphi+\frac{\partial\Phi}{\partial r}\frac{\partial r}{\partial z}\cos\theta\right)\\&\quad+\boldsymbol{e}_\theta\left(\frac{\partial\Phi}{r\partial\theta}\frac{r\partial\theta}{\partial x}\cos\theta\cos\varphi+\frac{\partial\Phi}{r\partial\theta}\frac{r\partial\theta}{\partial y}\cos\theta\sin\varphi-\frac{\partial\Phi}{r\partial\theta}\frac{r\partial\theta}{\partial z}\sin\theta\right)\\&\quad+\boldsymbol{e}_\varphi\left(-\frac{\partial\Phi}{r\sin\theta\partial\varphi}\frac{r\sin\theta\partial\varphi}{\partial x}\sin\varphi+\frac{\partial\Phi}{r\sin\theta\partial\varphi}\frac{r\sin\theta\partial\varphi}{\partial y}\cos\varphi\right)\end{aligned}$$

1.20 求 $f(r,\theta,\varphi)=r^2\sin\theta\cos\varphi$ 的梯度。

解
$$\frac{\partial f}{\partial r}=2r\sin\theta\cos\varphi\qquad\frac{1}{r}\frac{\partial f}{\partial\theta}=\frac{1}{r}r^2\cos\theta\cos\varphi=r\cos\theta\cos\varphi$$

$$\frac{1}{r\sin\theta}\frac{\partial f}{\partial\varphi}=\frac{1}{r\sin\theta}(-r^2\sin\theta\sin\varphi)=-r\sin\varphi$$

所以

$$\nabla \cdot f = 2r\sin\theta\cos\varphi\, \boldsymbol{e}_r + r\cos\theta\cos\varphi\, \boldsymbol{e}_\theta - r\sin\varphi\, \boldsymbol{e}_\varphi$$

1.21　计算下列向量场的散度：

(1) $\boldsymbol{F} = yz\boldsymbol{e}_x + zy\boldsymbol{e}_y + xz\boldsymbol{e}_z$；

(2) $\boldsymbol{F} = \boldsymbol{e}_\rho + \rho\boldsymbol{e}_\varphi + \boldsymbol{e}_z$；

(3) $\boldsymbol{F} = 2\boldsymbol{e}_r + r\cos\theta\boldsymbol{e}_\theta + r\boldsymbol{e}_\varphi$。

解　(1) $\nabla \cdot \boldsymbol{F} = \dfrac{\partial F_x}{\partial x} + \dfrac{\partial F_y}{\partial y} + \dfrac{\partial F_z}{\partial z} = 0 + z + x = x + z$

(2) $\nabla \cdot \boldsymbol{F} = \dfrac{1}{\rho}\dfrac{\partial}{\partial \rho}(\rho F_\rho) + \dfrac{1}{\rho}\dfrac{\partial F_\varphi}{\partial \varphi} + \dfrac{\partial F_z}{\partial z} = \dfrac{1}{\rho}\dfrac{\partial \rho}{\partial \rho} + 0 = \dfrac{1}{\rho}$

(3)
$$\begin{aligned}\nabla \cdot \boldsymbol{F} &= \frac{1}{r^2}\frac{\partial}{\partial r}(r^2 F_r) + \frac{1}{r\sin\theta}\frac{\partial}{\partial \theta}(F_\theta \sin\theta) + \frac{1}{r\sin\theta}\frac{\partial F_\varphi}{\partial \varphi} \\ &= \frac{1}{r^2}\frac{\partial}{\partial r}(2r^2) + \frac{1}{r\sin\theta}\frac{\partial}{\partial \theta}\left(\frac{1}{2}r\sin 2\theta\right) + \frac{1}{r\sin\theta}\frac{\partial r}{\partial \varphi} \\ &= \frac{4}{r} + \frac{\cos 2\theta}{\sin\theta}\end{aligned}$$

1.22　由 $\nabla^2 \Phi = \dfrac{\partial^2 \Phi}{\partial x^2} + \dfrac{\partial^2 \Phi}{\partial y^2}$ 推导 $\nabla^2 \Phi = \dfrac{1}{\rho}\dfrac{\partial}{\partial \rho}\left(\rho\dfrac{\partial \Phi}{\partial \rho}\right) + \dfrac{1}{\rho^2}\dfrac{\partial^2 \Phi}{\partial \varphi^2}$。

解　$x = \rho\cos\varphi$，$y = \rho\sin\varphi$，$\rho = \sqrt{x^2 + y^2}$，$\varphi = \arctan\dfrac{y}{x}$

$$\frac{\partial \Phi}{\partial x} = \frac{\partial \Phi}{\partial \rho} \cdot \frac{\partial \rho}{\partial x} + \frac{\partial \Phi}{\partial \varphi} \cdot \frac{\partial \varphi}{\partial x} = \cos\varphi\frac{\partial \Phi}{\partial \rho} - \frac{\sin\varphi}{\rho}\frac{\partial \Phi}{\partial \varphi}$$

$$\begin{aligned}\frac{\partial^2 \Phi}{\partial x^2} &= \frac{\partial}{\partial x}\left(\frac{\partial \Phi}{\partial x}\right) = \frac{\partial}{\partial \rho}\left(\frac{\partial \Phi}{\partial x}\right) \cdot \frac{\partial \rho}{\partial x} + \frac{\partial}{\partial \varphi}\left(\frac{\partial \Phi}{\partial x}\right) \cdot \frac{\partial \varphi}{\partial x} \\ &= \cos^2\varphi\frac{\partial^2 \Phi}{\partial \rho^2} + \frac{\sin 2\varphi}{\rho^2}\frac{\partial \Phi}{\partial \varphi} - \frac{\sin 2\varphi}{\rho}\frac{\partial^2 \Phi}{\partial \varphi \partial \rho} + \frac{\sin^2\varphi}{\rho}\frac{\partial \Phi}{\partial \rho} + \frac{\sin^2\varphi}{\rho^2}\frac{\partial^2 \Phi}{\partial \varphi^2}\end{aligned}$$

同理
$$\frac{\partial \Phi}{\partial y} = \frac{\partial \Phi}{\partial \rho}\frac{\partial \rho}{\partial y} + \frac{\partial \Phi}{\partial \varphi}\frac{\partial \varphi}{\partial y} = \sin\varphi\frac{\partial \Phi}{\partial \rho} + \frac{\cos\varphi}{\rho}\frac{\partial \Phi}{\partial \varphi}$$

$$\begin{aligned}\frac{\partial^2 \Phi}{\partial x^2} &= \frac{\partial}{\partial x}\left(\frac{\partial \Phi}{\partial x}\right) = \frac{\partial}{\partial \rho}\left(\frac{\partial \Phi}{\partial x}\right)\frac{\partial \rho}{\partial x} + \frac{\partial}{\partial \varphi}\left(\frac{\partial \Phi}{\partial x}\right)\frac{\partial \varphi}{\partial x} \\ &= \sin^2\varphi\frac{\partial^2 \Phi}{\partial \rho^2} - \frac{\sin 2\varphi}{\rho^2}\frac{\partial \Phi}{\partial \varphi} + \frac{\sin 2\varphi}{\rho}\frac{\partial^2 \Phi}{\partial \varphi \partial \rho} + \frac{\cos^2\varphi}{\rho}\frac{\partial \Phi}{\partial \rho} + \frac{\cos^2\varphi}{\rho^2}\frac{\partial^2 \Phi}{\partial \varphi^2}\end{aligned}$$

所以，$\nabla^2 \Phi = \dfrac{\partial^2 \Phi}{\partial x^2} + \dfrac{\partial^2 \Phi}{\partial y^2} = \dfrac{\partial^2 \Phi}{\partial \rho^2} + \dfrac{1}{\rho}\dfrac{\partial \Phi}{\partial \rho} + \dfrac{1}{\rho^2}\dfrac{\partial^2 \Phi}{\partial \varphi^2} = \dfrac{1}{\rho}\dfrac{\partial}{\partial \rho}\left(\rho\dfrac{\partial \Phi}{\partial \rho}\right) + \dfrac{1}{\rho^2}\dfrac{\partial^2 \Phi}{\partial \varphi^2}$

1.23　已知：(1) $f(x, y, z) = x^2 z$；(2) $f(r) = r$。求 $\nabla^2 f$。

解　(1) $\nabla^2 f = \dfrac{\partial^2 f}{\partial x^2} + \dfrac{\partial^2 f}{\partial y^2} + \dfrac{\partial^2 f}{\partial z^2} = 2z + 0 + 0 = 2z$

(2)
$$\begin{aligned}\nabla^2 f &= \frac{1}{r^2}\frac{\partial}{\partial r}\left(r^2\frac{\partial f}{\partial r}\right) + \frac{1}{r^2\sin\theta}\frac{\partial}{\partial \theta}\left(\sin\theta\frac{\partial f}{\partial \theta}\right) + \frac{1}{r^2\sin^2\theta}\frac{\partial^2 f}{\partial \varphi^2} \\ &= \frac{1}{r^2}\frac{\partial}{\partial r}(r^2) = \frac{2}{r}\end{aligned}$$

1.24　求向量场 $\boldsymbol{F} = r\boldsymbol{e}_r + \boldsymbol{e}_\varphi + z\boldsymbol{e}_z$ 穿过由 $r \leqslant 1$，$0 \leqslant \varphi \leqslant \pi$ 及 $0 \leqslant z \leqslant 1$ 所确定的区域的封闭面的通量。

解
$$\nabla\cdot\boldsymbol{F}=\frac{1}{\rho}\frac{\partial}{\partial\rho}(\rho F_\rho)+\frac{1}{\rho}\frac{\partial}{\partial\varphi}F_\varphi+\frac{\partial F_z}{\partial z}=2+0+1=3$$

所以

$$\iint_S\boldsymbol{F}\cdot\mathrm{d}\boldsymbol{S}=\iiint_V\nabla\cdot\boldsymbol{F}\mathrm{d}V=3\iiint_V\mathrm{d}V=\frac{3}{2}\pi$$

1.25 计算向量场 $\boldsymbol{F}=xy\boldsymbol{e}_x+2yz\boldsymbol{e}_y-\boldsymbol{e}_z$ 的旋度。

解
$$\nabla\times\boldsymbol{F}=\begin{bmatrix}\boldsymbol{e}_x & \boldsymbol{e}_y & \boldsymbol{e}_z\\ \dfrac{\partial}{\partial x} & \dfrac{\partial}{\partial y} & \dfrac{\partial}{\partial z}\\ xy & 2yz & -1\end{bmatrix}=-2y\boldsymbol{e}_x-x\boldsymbol{e}_z$$

1.26 计算$\nabla\times\boldsymbol{r}$，$\nabla\times(z\boldsymbol{e}_\rho)$，$\nabla\times\boldsymbol{e}_\varphi$。

解 因为

$$\boldsymbol{r}=\boldsymbol{e}_x x+\boldsymbol{e}_y y+\boldsymbol{e}_z z$$

所以

$$\nabla\times\boldsymbol{r}=\begin{bmatrix}\boldsymbol{e}_x & \boldsymbol{e}_y & \boldsymbol{e}_z\\ \dfrac{\partial}{\partial x} & \dfrac{\partial}{\partial y} & \dfrac{\partial}{\partial z}\\ x & y & z\end{bmatrix}=0$$

$$\nabla\times(z\boldsymbol{e}_\rho)=\frac{1}{\rho}\begin{bmatrix}\boldsymbol{e}_\rho & \rho\boldsymbol{e}_\varphi & \boldsymbol{e}_z\\ \dfrac{\partial}{\partial\rho} & \dfrac{\partial}{\partial\varphi} & \dfrac{\partial}{\partial z}\\ z & 0 & 0\end{bmatrix}=\boldsymbol{e}_\varphi$$

$$\nabla\times\boldsymbol{e}_\varphi=\frac{1}{r^2\sin\theta}\begin{bmatrix}\boldsymbol{e}_r & r\boldsymbol{e}_\theta & r\sin\theta\boldsymbol{e}_\varphi\\ \dfrac{\partial}{\partial r} & \dfrac{\partial}{\partial\theta} & \dfrac{\partial}{\partial\varphi}\\ 0 & 0 & r\sin\theta\end{bmatrix}=\boldsymbol{e}_r\frac{\cos\theta}{r\sin\theta}-\boldsymbol{e}_\theta\frac{2}{r}$$

1.27 已知 $\boldsymbol{A}=y\boldsymbol{e}_x-x\boldsymbol{e}_y$，计算 $\boldsymbol{A}\cdot(\nabla\times\boldsymbol{A})$。

解
$$\nabla\times\boldsymbol{A}=\begin{vmatrix}\boldsymbol{e}_x & \boldsymbol{e}_y & \boldsymbol{e}_z\\ \dfrac{\partial}{\partial x} & \dfrac{\partial}{\partial y} & \dfrac{\partial}{\partial z}\\ y & -x & 0\end{vmatrix}=-2\boldsymbol{e}_z$$

$$\boldsymbol{A}\cdot(\nabla\times\boldsymbol{A})=(y\boldsymbol{e}_x-x\boldsymbol{e}_y)\cdot(-2\boldsymbol{e}_z)=0$$

1.28 证明向量场 $\boldsymbol{E}=yz\boldsymbol{e}_x+xz\boldsymbol{e}_y+xy\boldsymbol{e}_z$ 既是无散场又是无旋场。

解
$$\nabla\cdot\boldsymbol{E}=\frac{\partial E_x}{\partial x}+\frac{\partial E_y}{\partial y}+\frac{\partial E_z}{\partial z}=0+0+0=0$$

$$\nabla\times\boldsymbol{E}=\begin{vmatrix}\boldsymbol{e}_x & \boldsymbol{e}_y & \boldsymbol{e}_z\\ \dfrac{\partial}{\partial x} & \dfrac{\partial}{\partial y} & \dfrac{\partial}{\partial z}\\ yz & xz & xy\end{vmatrix}=\boldsymbol{e}_x(x-x)-\boldsymbol{e}_y(y-y)+\boldsymbol{e}_z(z-z)=0$$

显然，$\boldsymbol{E}=yz\boldsymbol{e}_x+xz\boldsymbol{e}_y+xy\boldsymbol{e}_z$ 既是无散场又是无旋场。

1.29　已知 $\boldsymbol{E}=E_0\cos\theta\boldsymbol{e}_r-E_0\sin\theta\boldsymbol{e}_\theta$，求 $\nabla\cdot\boldsymbol{E}$ 和 $\nabla\times\boldsymbol{E}$。

解

$$\begin{aligned}\nabla\cdot\boldsymbol{E}&=\frac{1}{r^2}\frac{\partial}{\partial r}(r^2E_r)+\frac{1}{r\sin\theta}\frac{\partial}{\partial\theta}(E_\theta\sin\theta)+\frac{1}{r\sin\theta}\frac{\partial E_\varphi}{\partial\varphi}\\&=\frac{1}{r^2}\frac{\partial}{\partial r}(r^2E_0\cos\theta)+\frac{1}{r\sin\theta}\frac{\partial}{\partial\theta}(-E_0\ \sin^2\theta)+0\\&=\frac{2E_0}{r}\cos\theta-\frac{2E_0}{r}\cos\theta=0\end{aligned}$$

$$\begin{aligned}\nabla\times\boldsymbol{E}&=\frac{1}{r^2\sin\theta}\begin{bmatrix}\boldsymbol{e}_r & r\boldsymbol{e}_\theta & r\sin\theta\boldsymbol{e}_\varphi\\ \dfrac{\partial}{\partial r} & \dfrac{\partial}{\partial\theta} & \dfrac{\partial}{\partial\varphi}\\ E_0\cos\theta & -rE_0\sin\theta & 0\end{bmatrix}\\&=\frac{1}{r^2\sin\theta}[\boldsymbol{e}_r(0-0)-r\boldsymbol{e}_\theta(0-0)+r\sin\theta\boldsymbol{e}_\varphi(-E_0\sin\theta+E_0\sin\theta)]\\&=0\end{aligned}$$

1.30　已知 $\nabla\cdot\boldsymbol{F}=0$，$\nabla\times\boldsymbol{F}=\boldsymbol{e}_z\delta(x)\delta(y)\delta(z)$，计算 $\boldsymbol{F}$。

解　根据亥姆霍兹定理，因为 $\nabla\cdot\boldsymbol{F}=0$，所以 $\varphi=0$。

$$\boldsymbol{A}=\frac{1}{4\pi}\iiint_V\frac{\nabla'\times\boldsymbol{F}}{R}\mathrm{d}V'=\frac{1}{4\pi}\iiint_V\frac{\delta(x')\delta(y')\delta(z')\boldsymbol{e}_z}{R}\mathrm{d}x'\mathrm{d}y'\mathrm{d}z'=\frac{\boldsymbol{e}_z}{4\pi r}$$

$$\boldsymbol{F}=\nabla\times\boldsymbol{A}=\frac{1}{4\pi}\nabla\times\frac{\boldsymbol{e}_z}{r}=\frac{1}{4\pi}\left(\nabla\frac{1}{r}\times\boldsymbol{e}_z+\frac{1}{r}\nabla\times\boldsymbol{e}_z\right)=\frac{\boldsymbol{e}_z\times\boldsymbol{r}}{4\pi r^2}$$

第2章 静 电 场

2.1 主要内容与复习要点

主要内容：静电场基本方程，高斯定理及其应用；静电场边界条件，特别是理想导体表面和理想介质表面边界条件的矢量表示；静电场中的导体特性；电偶极子的概念，电偶极矩的计算；极化强度的定义，极化面电荷密度、极化体电荷密度的定义及计算，电容的计算。

如图 2.1 所示为本章主要内容结构图。

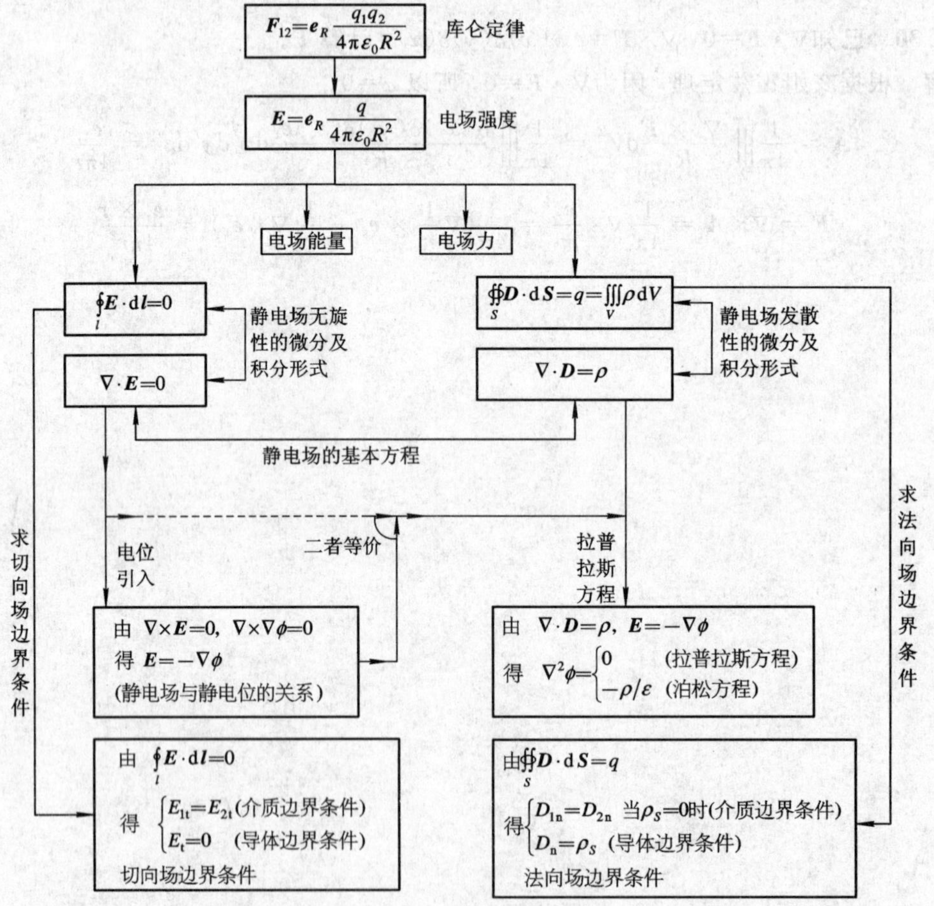

图 2.1 本章主要内容结构图

复习要点：熟记静电场方程及边界条件，掌握高斯定理及其应用。能够应用高斯定理及已知电荷(电荷密度)分布，求电场分布，电场的散度、旋度和电荷密度分布等。

2.1.1　电场强度

1. 电场强度定义

电场强度是指带电电荷在周围空间产生的场，用 $\boldsymbol{E}$ 表示，$\boldsymbol{E}=\dfrac{\boldsymbol{F}}{q_0}$(V/m)。其中，电场强度的大小等于单位电荷所受的电场力的大小，电场强度的方向与正电荷的受力方向一致。

2. 电场强度计算

与位于源点 $\boldsymbol{r}'$ 的点电荷 q 相距 $\boldsymbol{R}=\boldsymbol{r}-\boldsymbol{r}'$ 的场点 $\boldsymbol{r}$ 处的电场强度为

$$\boldsymbol{E}=\frac{q}{4\pi\varepsilon_0 R^2}\boldsymbol{e}_R=\frac{q}{4\pi\varepsilon_0 R^3}\boldsymbol{R}\ (\text{V/m})$$

式中 ε_0 为真空中的介电常数，其值为

$$\varepsilon_0=8.854\times10^{-12}=\frac{1}{36\pi}\times10^{-9}(\text{F/m})$$

电场强度是矢量，在计算过程中满足叠加原理，根据电荷性质的不同，电场强度的计算公式如下：

(1) 离散电荷分布：

$$\boldsymbol{E}=\frac{1}{4\pi\varepsilon_0}\sum_{i=1}^{N}\frac{q_i}{R_i^2}\boldsymbol{e}_{R_i},\ R_i=|\boldsymbol{R}_i|=|\boldsymbol{r}-\boldsymbol{r}_i'|$$

(2) 连续电荷分布：

以电荷密度为 ρ 的带电体的电场强度计算为例：

$$\boldsymbol{E}=\frac{1}{4\pi\varepsilon_0}\int_{\tau'}\frac{\rho}{R^2}\boldsymbol{e}_R\mathrm{d}\tau'\ (\text{V/m})$$

3. 电场强度的表示

可以用电力线来描述电场强度 $\boldsymbol{E}$ 的空间分布，电力线每点的切线方向就是该点 $\boldsymbol{E}$ 的方向，电力线的密度正比于 $\boldsymbol{E}$ 的大小。静电场的电力线从正电荷出发，终止于负电荷。

2.1.2　电位与电位梯度

1. 电位的定义

电位：电场力移动单位正电荷从 P 点到参考点 P_0 所作的功。

当参考点 P_0 选择在无限远处 $\phi_{P_0}=0$ 时，P 点电位为

$$\phi_P=\int_P^{P_0}\boldsymbol{E}\cdot\mathrm{d}\boldsymbol{l}\ (\text{V})$$

2. 电位的计算

(1) 以无限远点为参考点时，点电荷的电位计算公式为

$$\phi=\sum_{i=1}^{N}\frac{q_i}{4\pi\varepsilon_0 R_i}$$

(2) 当点电荷位于坐标原点时，距离点电荷 r 处的电位计算公式为

$$\phi=\frac{q}{4\pi\varepsilon_0 r}$$

此时，点电荷的等电位面为球面 $r=\dfrac{q}{4\pi\varepsilon_0\phi}$。

(3) 电荷密度为 ρ 的带电体的电位计算公式为

$$\phi=\frac{1}{4\pi\varepsilon_0}\int_\tau \frac{\rho}{R}\mathrm{d}\tau'$$

因为电位为标量，所以计算电位比计算电场要简单。

3. 电场强度与电位的关系

电场强度与电位间的换算公式为

$$\boldsymbol{E}=-\nabla\phi$$

电压的含义：以 A、B 两点间的电压(电位差)为例，A、B 两点之间的电压为从 A 点移动单位正电荷到 B 点的过程中电场力所作的功，用公式表示为

$$U_{AB}=\int_A^B \boldsymbol{E}\cdot\mathrm{d}\boldsymbol{l}=\phi_A-\phi_B\ (\mathrm{V})$$

需注意，静电场力作功与路径无关，只与起点和终点有关。所以，静电场是保守场，也是无旋场。用公式说明即可写成

$$\oint_L \boldsymbol{E}\cdot\mathrm{d}\boldsymbol{l}=0\quad \nabla\times\boldsymbol{E}=0$$

已知电场求电位时，可利用公式：

$$\boldsymbol{E}=-\nabla\phi$$

已知电位求电场时，可利用公式：

$$\phi(P)-\phi(P_0)=-\int_{P_0}^P \boldsymbol{E}\cdot\mathrm{d}\boldsymbol{l}$$

2.1.3 介质的极化及高斯定理

1. 介质的极化

介质在静电场中会产生极化现象，极化由极化强度矢量 $\boldsymbol{P}$ 来描述，$\boldsymbol{P}$ 是电介质极化后单位体积内的电偶极矩，单位为($\mathrm{C/m^2}$)。由于极化作用，在介质内和介质表面会产生极化(束缚)电荷。极化体电荷和极化面电荷可分别表示为

极化体电荷：$\rho_P=-\nabla\cdot\boldsymbol{P}$；　极化面电荷：$\rho_{SP}=\boldsymbol{P}\cdot\boldsymbol{e}_n$

极化电荷的产生，会导致周围电场发生变化。为了描述这种变化，引入了电位移矢量 $\boldsymbol{D}$，它与电场强度和极化强度的关系为

$$\boldsymbol{D}=\varepsilon_0\boldsymbol{E}+\boldsymbol{P}\ (\mathrm{C/m^2})$$

可见，电位移矢量是描述电场的物理量，它包含了物质的极化特性，适用于任意媒质。

在各向同性、均匀、线性介质中：

$$\boldsymbol{P}=\varepsilon_0\chi_e\boldsymbol{E}$$

$$\varepsilon=\varepsilon_0\varepsilon_r$$

$$\boldsymbol{D}=\varepsilon_0\varepsilon_r\boldsymbol{E}=\varepsilon\boldsymbol{E}\ (\mathrm{C/m^2})$$

其中，电位移矢量 $\boldsymbol{D}$ 的发散源密度是自由电荷密度，ε_r 是介质的相对介电常数，当媒质确定后 ε_r 便也是确定的，在真空中，相对介电常数 $\varepsilon_r=1$。

2. 高斯定理

高斯定理描述的是穿出封闭面 S 的电位移矢量 $\boldsymbol{D}$ 的通量等于该封闭面包围的自由电荷的代数和，其积分、微分形式表示如下：

$$\text{积分形式：}\oint_S \boldsymbol{D}\cdot d\boldsymbol{S}=\sum q=\int_\tau \rho d\tau\text{；　微分形式：}\nabla\cdot\boldsymbol{D}=\rho$$

该表达式与媒质无关，适用于任意媒质。

无论积分形式还是微分形式，均是对同一物理现象的两种不同表示形式，积分形式是宏观描述，用于计算；微分形式属于微观描述，更便于解释物理意义。

真空中的高斯定理为

$$\oint_S \boldsymbol{E}\cdot d\boldsymbol{S}=\frac{\sum q}{\varepsilon_0}=\frac{1}{\varepsilon_0}\int_\tau \rho d\tau$$

其特殊形式为

$$\nabla\cdot\boldsymbol{E}=\frac{\rho}{\varepsilon_0}$$

2.1.4　静电场的基本方程

静电场的基本方程为

$$\oint \boldsymbol{E}\cdot d\boldsymbol{l}=0\text{，}\nabla\times\boldsymbol{E}=0$$

$$\oint_S \boldsymbol{D}\cdot d\boldsymbol{S}=\sum q=\int_\tau \rho d\tau\text{，}\nabla\cdot\boldsymbol{D}=\rho$$

$$\text{本构关系：}\boldsymbol{D}=\varepsilon_0\varepsilon_r\boldsymbol{E}=\varepsilon\boldsymbol{E}$$

静电场的基本方程适合任意媒质，真空中 $\varepsilon_r=1$。

引入电位移矢量后，静电场问题求解过程如下：

先采用$\oint_S \boldsymbol{D}\cdot d\boldsymbol{S}=\sum q=\int_\tau \rho d\tau$求得电位移矢量 $\boldsymbol{D}$，通过 $\boldsymbol{D}=\varepsilon_0\varepsilon_r\boldsymbol{E}=\varepsilon\boldsymbol{E}$ 求得电场强度 $\boldsymbol{E}$，在求出 $\boldsymbol{D}$、$\boldsymbol{E}$ 后，再通过 $\boldsymbol{D}=\varepsilon_0\boldsymbol{E}+\boldsymbol{P}$ 可以求得 $\boldsymbol{P}$，进而得到极化体电荷 $\rho_p=-\nabla\cdot\boldsymbol{P}$，极化面电荷 $\rho_{Sp}=\boldsymbol{P}\cdot\boldsymbol{n}$ 等。这样便不必考虑介质内部复杂的极化过程以及由此带来电场的变化，大大简化了问题的求解。但需注意：电场强度是原始量，而电位移矢量只是为了分析方便引入的物理量。

2.1.5　静电场的边界条件

静电场的边界条件如表 2.1 所示。

表 2.1　静电场的边界条件

	一般表示式	介质—介质	理想导体—介质
$\boldsymbol{E}$	$\boldsymbol{n}\times\boldsymbol{E}_1=\boldsymbol{n}\times\boldsymbol{E}_2$ $E_{1t}=E_{2t}$	同一般式	$\boldsymbol{n}\times\boldsymbol{E}=0$ $E_t=0$
$\boldsymbol{D}$	$\boldsymbol{n}\cdot(\boldsymbol{D}_1-\boldsymbol{D}_2)=\rho_s$ $D_{1n}-D_{2n}=\rho_s$	$\boldsymbol{n}\cdot\boldsymbol{D}_1=\boldsymbol{n}\cdot\boldsymbol{D}_2$ $D_{1n}=D_{2n}$	$\boldsymbol{n}\cdot\boldsymbol{D}=\rho_s$ $D_n=\rho_s$

通过表中表达式可以知道：

(1) 理想导体与理想介质交界面上介质中的电力线垂直于理想导体表面；

(2) 理想导体内部没有自由电荷分布，其电荷分布在表面，电荷密度为电位移矢量的法向分量；

(3) 理想导体是等电位体，其表面是等电位面。

2.1.6 电位的泊松方程和拉普拉斯方程

由于静电场为有源、无旋场，将 $\boldsymbol{E}=-\nabla\phi$ 代入高斯定理的微分形式 $\nabla\cdot\boldsymbol{E}=\dfrac{\rho}{\varepsilon_0}$ 即可得到电位的泊松方程：

$$\nabla\cdot\nabla\phi=\nabla^2\phi=-\frac{\rho}{\varepsilon_0}$$

若讨论的区域 $\rho=0$，则可得到拉普拉斯方程：

$$\nabla^2\phi=0$$

其中，∇^2 在直角坐标系中为

$$\nabla^2=\frac{\partial^2}{\partial x^2}+\frac{\partial^2}{\partial y^2}+\frac{\partial^2}{\partial z^2}$$

2.1.7 电容

电容器：通常由两个导体构成，它是储存电能的元件，单位是法拉。

计算电容的步骤：

(1) 假定两导体上分别带电 $+q$，$-q$，计算电位移矢量 $\boldsymbol{D}$；

(2) 根据电位移矢量 $\boldsymbol{D}$，计算导体间的电场 $\boldsymbol{D}=\varepsilon\boldsymbol{E}$；

(3) 根据电场，计算两导体间电压 $U=\int_a^b\boldsymbol{E}\cdot\mathrm{d}\boldsymbol{l}$；

(4) 根据带电量和电压，计算电容 $C=\dfrac{q}{U}$。

2.1.8 静电场的能量

在不同的情况下，静电场能量的计算公式有所不同，具体表述如下：

(1) 对于离散分布的电荷系统，电场能量为

$$W_{\mathrm{e}}=\frac{1}{2}\sum_{i=1}^{N}q_i\phi_i$$

电容的储能为

$$W_{\mathrm{e}}=\frac{1}{2}qU=\frac{1}{2}CU^2=\frac{1}{2}\frac{q^2}{C}$$

(2) 对于以密度 ρ 连续分布的电荷系统，电场能量为

$$W_{\mathrm{e}}=\frac{1}{2}\int_{\tau}\phi\rho\,\mathrm{d}\tau$$

这里的电荷密度 ρ 可以代表体电荷密度、面电荷密度和线电荷密度。

(3) 用场量表示的电场能量为

$$W_e = \frac{1}{2}\iiint_V \boldsymbol{D} \cdot \boldsymbol{E} \mathrm{d}V$$

$$w_e = \frac{1}{2}\boldsymbol{D} \cdot \boldsymbol{E}$$

积分是在整个电场存在的空间进行的，需要从场的观点看存在于整个空间的静电能，静电能的单位为焦耳(J)。被积函数可认为是场空间任意点的静电能量密度(其单位为 $\mathrm{J/m^3}$)。

(4) 对于均匀、线性、各向同性线性介质

$$w_e = \frac{1}{2}\varepsilon E^2$$

2.2 典型题解

2.2.1 基本方程汇总

静电场中涉及的基本方程如下：

$$\nabla \times \boldsymbol{E} = 0 \qquad \oint_l \boldsymbol{E} \cdot \mathrm{d}\boldsymbol{l} = 0$$

$$\nabla \cdot \boldsymbol{D} = \rho \qquad \oiint_S \boldsymbol{D} \cdot \mathrm{d}\boldsymbol{S} = q$$

$$\nabla^2 \phi = -\frac{\rho}{\varepsilon} \qquad \phi = \int_P^{P_0} \boldsymbol{E} \cdot \mathrm{d}\boldsymbol{l} \quad \varphi_{P_0} = 0$$

本构关系：$\boldsymbol{D} = \varepsilon \boldsymbol{E}$

2.2.2 解题思路

静电场中的解题思路主要有以下三种：

(1) 对称问题(球对称、轴对称、面对称)：使用高斯定理或解电位方程(注意边界条件的使用)。

(2) 电场计算：假设电荷 q→利用高斯定理 $\oiint_S \boldsymbol{D} \cdot \mathrm{d}\boldsymbol{S} = q$ 计算电位移矢量 $\boldsymbol{D}$→计算电场强度 $\boldsymbol{D} = \varepsilon \boldsymbol{E}$→计算电场能量密度 $w_e = \frac{1}{2}\boldsymbol{D} \cdot \boldsymbol{E}$。

(3) 电容计算：假设电荷 q→利用高斯定理 $\oiint_S \boldsymbol{D} \cdot \mathrm{d}\boldsymbol{S} = q$ 计算电位移矢量 $\boldsymbol{D}$→计算电场强度 $\boldsymbol{D} = \varepsilon \boldsymbol{E}$→计算电位 $U = \phi(P) - \phi(P_0) = -\int_{P_0}^{P} \boldsymbol{E} \cdot \mathrm{d}\boldsymbol{l}$→计算电容 $C = q/U$。

2.2.3 典型问题

静电场中的典型问题有以下五种：

(1) 导体球(包括实心球、空心球、多层介质)的电场、电位计算；

(2) 长直导体柱的电场、电位计算；

(3) 平行导体板(包括双导体板、单导体板)的电场、电位计算；

(4) 电荷导线环的电场、电位计算；

(5) 电容和能量的计算。

例 2-1 电场中有一半径为 a 的圆柱体，已知圆柱体内、外的电位函数为

$$\phi=\begin{cases}0, & \rho<a\\ A\left(\rho-\dfrac{a^2}{\rho}\right)\cos\varphi, & \rho\geqslant a\end{cases}$$

求：(1) 圆柱体内、外的电场强度；(2) 柱表面电荷密度。

注：柱坐标中$\nabla\phi=\boldsymbol{e}_\rho\dfrac{\partial\phi}{\partial\rho}+\boldsymbol{e}_\phi\dfrac{1}{\rho}\dfrac{\partial\phi}{\partial\varphi}+\boldsymbol{e}_z\dfrac{\partial\phi}{\partial z}$

解 (1) 由 $\boldsymbol{E}=-\nabla\phi$ 可得

$$\boldsymbol{E}=\begin{cases}0, & \rho<a\\ -\boldsymbol{e}_\rho A\left(1+\dfrac{a^2}{\rho^2}\right)\cos\varphi+\boldsymbol{e}_\varphi\left(1-\dfrac{a^2}{\rho^2}\right)\sin\varphi, & \rho\geqslant a\end{cases}$$

(2) 因为 $\rho_S=\boldsymbol{e}_n\cdot(\boldsymbol{D}_1-\boldsymbol{D}_2)_S$，所以

$$\rho_S=\boldsymbol{e}_\rho\cdot(\varepsilon\boldsymbol{E}_1-0)_{\rho=a}=-2\varepsilon A\cos\varphi$$

例 2-2 同心球形电容器的内导体半径为 a，外导体半径为 b，其间填充介电常数为 ε 的均匀介质。已知内导体球均匀携带电荷 q。求：(1) 介质球内的电场强度 $\boldsymbol{E}$；(2) 该球形电容器的电容。

解 (1) 由高斯定理 $\oiint_S\boldsymbol{E}\cdot\mathrm{d}\boldsymbol{S}=\dfrac{q}{\varepsilon}$，可得

$$E_r4\pi r^2=\frac{q}{\varepsilon}\Rightarrow E_r=\frac{q}{4\pi\varepsilon r^2}$$

所以

$$\boldsymbol{E}=\boldsymbol{e}_r\frac{q}{4\pi\varepsilon r^2}$$

(2) 因为内外导体球壳间的电压为

$$U=\int_{内}^{外}\boldsymbol{E}\cdot\mathrm{d}\boldsymbol{l}=\int_a^b\frac{q}{4\pi\varepsilon r^2}\mathrm{d}r=\frac{q}{4\pi\varepsilon}\left(\frac{1}{a}-\frac{1}{b}\right)$$

所以电容量

$$C=\frac{q}{U}=\frac{4\pi\varepsilon ab}{(b-a)}$$

例 2-3 已知一个柱状分布的带电系统，电荷分布为 $\rho_v=\begin{cases}A, & 0\leqslant\rho\leqslant a\\ 0, & \rho>a\end{cases}$，求空间各点的电场强度。

解 (1) 分析电场：如图 2.2 所示，建立圆柱坐标系，电场一定沿柱坐标的 $\boldsymbol{e}_\rho$ 方向所以

$$\boldsymbol{E}=\boldsymbol{E}(\rho)\boldsymbol{e}_\rho$$

(2) 作半径为 r、高度为 h 的柱形高斯面(封闭曲面)如图 2.2 所示，则空间电场分布分为以下两种情况：

① $0<r<a$：

$$\oiint_S \boldsymbol{E}\cdot \mathrm{d}\boldsymbol{S} = E(r)2\pi\rho h = \frac{1}{\varepsilon_0}\pi r^2 h\rho_v$$

$$\boldsymbol{E}=\frac{\rho_V}{2\varepsilon_0}r\boldsymbol{e}_\rho=\frac{A}{2\varepsilon_0}r\boldsymbol{e}_\rho$$

② $r>a$：

$$\oiint_S \boldsymbol{E}\cdot \mathrm{d}\boldsymbol{S} = E(r)2\pi rh$$

$$\boldsymbol{E}=\frac{A}{2\varepsilon_0 r}a^2\boldsymbol{e}_\rho$$

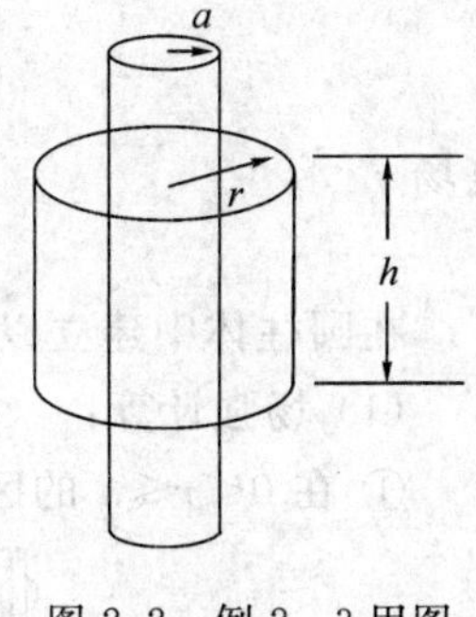

图 2.2　例 2-3 用图

例 2-4　如图 2.3 所示，两同心导体球壳半径分别为 a，b，两导体之间有两层介质，介电常数为 ε_1，ε_2，介质界面半径为 c，求两导体球壳之间的电容。

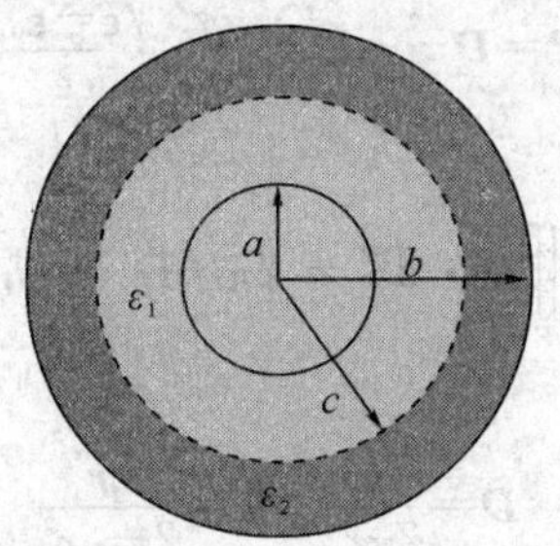

图 2.3　例 2-4 用图

解　设内球壳所带电量为 q，取同心球面为高斯面，则

$$\oiint_S \boldsymbol{D}\cdot \mathrm{d}\boldsymbol{S} = q = 4\pi r^2 \boldsymbol{e}_r\cdot D\boldsymbol{e}_r \quad (a\leqslant r\leqslant b)$$

可得

$$\boldsymbol{D}=\frac{q}{4\pi r^2}\boldsymbol{e}_r$$

$$\boldsymbol{E}=\begin{cases}\dfrac{q}{4\pi\varepsilon_1 r^2}\ \boldsymbol{e}_r, & (a<r<c)\\[2ex] \dfrac{q}{4\pi\varepsilon_2 r^2}\ \boldsymbol{e}_r, & (c<r<b)\end{cases}$$

$$\begin{aligned}U &= \int_a^c \frac{q}{4\pi\varepsilon_1 r^2}\mathrm{d}r + \int_c^b \frac{q}{4\pi\varepsilon_2 r^2}\mathrm{d}r = \frac{q}{4\pi\varepsilon_1}\left(-\frac{1}{r}\right)\Bigg|_a^c + \frac{q}{4\pi\varepsilon_2}\left(-\frac{1}{r}\right)\Bigg|_c^b \\ &= q\,\frac{\varepsilon_2 b(c-a)+\varepsilon_1 a(b-c)}{4\pi\varepsilon_1\varepsilon_2 abc}\end{aligned}$$

所以

$$C=\frac{q}{U}=\frac{4\pi\varepsilon_1\varepsilon_2 abc}{\varepsilon_2 b(c-a)+\varepsilon_1 a(b-c)}$$

例 2-5　已知半径为 a，介电常数为 ε 的无限长直圆柱体，单位长度带电荷量为 q，电荷均匀分布于圆柱体内，求空间各点的电场、极化电荷分布和单位长度内总的极化电荷。

解　如图 2.4 所示，因为电荷均匀分布在圆柱内，所以单位长度电荷密度

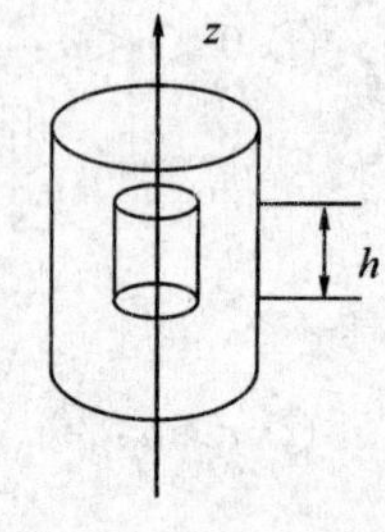

图 2.4 例 2-5 用图

$$\rho=\frac{q}{\pi a^2}$$

电场

$$\boldsymbol{D}=D(r)\boldsymbol{e}_r$$

在圆柱体中建立以 z 轴为轴，r 为半径、高度为 h 的圆柱面为高斯面

(1) 场强计算：

① 在 $0<r\leqslant a$ 的区域中，由

$$\oiint_S \boldsymbol{D}\cdot \mathrm{d}\boldsymbol{S}=2\pi rhD=\frac{q}{\pi a^2}h\pi r^2$$

可得

$$\boldsymbol{D}=\frac{q\boldsymbol{r}}{2\pi a^2},\ \boldsymbol{E}=\frac{q\boldsymbol{r}}{2\pi\varepsilon a^2}$$

$$\boldsymbol{P}=\boldsymbol{D}-\varepsilon_0\boldsymbol{E}=\frac{q\boldsymbol{r}}{2\pi a^2}\left(\frac{\varepsilon-\varepsilon_0}{\varepsilon}\right)$$

② 在 $a<r$ 的区域中，由

$$\oiint_S \boldsymbol{D}\cdot \mathrm{d}\boldsymbol{S}=2\pi rhD=qh$$

可得

$$\boldsymbol{D}=\frac{q\boldsymbol{r}}{2\pi r^2},\ \boldsymbol{E}=\frac{q\boldsymbol{r}}{2\pi\varepsilon_0 r^2}$$

(2) 极化电荷分布：

$$\rho_{SP}=\boldsymbol{e}_r\cdot\boldsymbol{P}\big|_{r=a}=\frac{q}{2\pi a}\left(\frac{\varepsilon-\varepsilon_0}{\varepsilon}\right)$$

$$\rho_P=-\nabla\cdot\boldsymbol{P}=\frac{q[\nabla\cdot(x\boldsymbol{e}_x+y\boldsymbol{e}_y)]}{2\pi a^2}\left(\frac{\varepsilon-\varepsilon_0}{\varepsilon}\right)$$

$$=-\frac{q}{\pi a^2}\left(\frac{\varepsilon-\varepsilon_0}{\varepsilon}\right)$$

注意：在柱坐标下 $\boldsymbol{r}=x\boldsymbol{e}_x+y\boldsymbol{e}_y$。

由于电场作用，介质内部极化，产生极化电荷。极化电荷是否满足电荷守恒定理呢，下面进行验证。高度为 h 的介质柱上的极化电荷：

极化面电荷：$Q=\int_s\rho_{SP}\,\mathrm{d}s=\frac{q}{2\pi a}\left(\frac{\varepsilon-\varepsilon_0}{\varepsilon}\right)\times 2\pi ah=qh\left(\frac{\varepsilon-\varepsilon_0}{\varepsilon}\right)$

极化体电荷：$Q=\int_v\rho_P\,\mathrm{d}v=-\frac{q}{\pi a^2}\left(\frac{\varepsilon-\varepsilon_0}{\varepsilon}\right)\times\pi a^2h=-qh\left(\frac{\varepsilon-\varepsilon_0}{\varepsilon}\right)$

即单位长度内总的极化电荷量为零，满足电荷守恒定理。

2.3 课后题解

2.1 已知真空中有 4 个点电荷 $q_1=1$ C, $q_2=2$ C, $q_3=4$ C, $q_4=8$ C。分别位于(1, 0, 0)、(0, 1, 0)、(−1, 0, 0)、(0, −1, 0)四个点，求(0, 0, 1)点的电场强度。

解 q_1 在(0, 0, 1)处产生的场强大小为

$$E=\frac{q_1}{4\pi\varepsilon_0 r_1^2}=\frac{1}{4\pi\varepsilon_0\cdot 2}$$

沿 x 轴方向：

$$\boldsymbol{E}_{1x}=-\frac{1}{4\pi\varepsilon_0\cdot 2}\cdot\frac{\sqrt{2}}{2}\boldsymbol{e}_x$$

沿 z 轴方向：

$$\boldsymbol{E}_{1z}=\frac{1}{4\pi\varepsilon_0\cdot 2}\cdot\frac{\sqrt{2}}{2}\boldsymbol{e}_z$$

同理，q_2 电荷产生的电场：

沿 y 轴方向：

$$\boldsymbol{E}_{2y}=-\frac{2}{4\pi\varepsilon_0\cdot 2}\cdot\frac{\sqrt{2}}{2}\boldsymbol{e}_y$$

沿 z 轴方向：

$$\boldsymbol{E}_{2z}=\frac{2}{4\pi\varepsilon_0\cdot 2}\cdot\frac{\sqrt{2}}{2}\boldsymbol{e}_z$$

q_3 产生的电场：

沿 x 轴方向：

$$\boldsymbol{E}_{3x}=\frac{4}{4\pi\varepsilon_0\cdot 2}\cdot\frac{\sqrt{2}}{2}\boldsymbol{e}_x$$

沿 z 轴方向：

$$\boldsymbol{E}_{3z}=\frac{4}{4\pi\varepsilon_0\cdot 2}\cdot\frac{\sqrt{2}}{2}\boldsymbol{e}_z$$

q_4 产生的电场：

沿 y 轴方向：

$$\boldsymbol{E}_{4y}=\frac{8}{4\pi\varepsilon_0\cdot 2}\cdot\frac{\sqrt{2}}{2}\boldsymbol{e}_y$$

沿 z 轴方向：

$$\boldsymbol{E}_{4z}=\frac{8}{4\pi\varepsilon_0\cdot 2}\cdot\frac{\sqrt{2}}{2}\boldsymbol{e}_z$$

所以

$$\begin{aligned}\boldsymbol{E}&=\boldsymbol{E}_{1x}+\boldsymbol{E}_{1y}+\boldsymbol{E}_{2y}+\boldsymbol{E}_{2z}+\boldsymbol{E}_{3x}+\boldsymbol{E}_{3z}+\boldsymbol{E}_{4y}+\boldsymbol{E}_{4z}\\&=\frac{3}{4\pi\varepsilon_0\cdot 2}\cdot\frac{\sqrt{2}}{2}\boldsymbol{e}_x+\frac{6}{4\pi\varepsilon_0\cdot 2}\cdot\frac{\sqrt{2}}{2}\boldsymbol{e}_y+\frac{15}{4\pi\varepsilon_0\cdot 2}\cdot\frac{\sqrt{2}}{2}\boldsymbol{e}_z\\&=\frac{3\sqrt{2}}{16\pi\varepsilon_0}\boldsymbol{e}_x+\frac{3\sqrt{2}}{8\pi\varepsilon_0}\boldsymbol{e}_y+\frac{15\sqrt{2}}{16\pi\varepsilon_0}\boldsymbol{e}_z\end{aligned}$$

2.2　有两根长度为 l 且相互平行的均匀带电直线，分别带有等量异号的电荷 $\pm q$，它们相隔距离为 d，试求该带电系统中心处的电场强度。

解　显然，每根带电直线的电荷密度为

$$\rho_l=\frac{q}{l}$$

$$dq=\rho_l dl$$

按图 2.5 建系，对带 $-q$ 的电棒进行求解：

$$\cos\theta=\frac{\frac{d}{2}}{\sqrt{x^2+\frac{d^2}{4}}}$$

$$E=\int_{-\frac{l}{2}}^{\frac{l}{2}}\frac{\frac{d}{2}\rho}{4\pi\varepsilon_0\left(x^2+\frac{d^2}{4}\right)^{\frac{3}{2}}}dx=\frac{\rho}{\pi\varepsilon_0 d}\cdot\frac{l}{\sqrt{l^2+d^2}}=\frac{q}{\pi\varepsilon_0 d\sqrt{l^2+d^2}}$$

所以 $\boldsymbol{E}=-\frac{2q}{\pi\varepsilon_0 d\sqrt{l^2+d^2}}\boldsymbol{e}_y$。

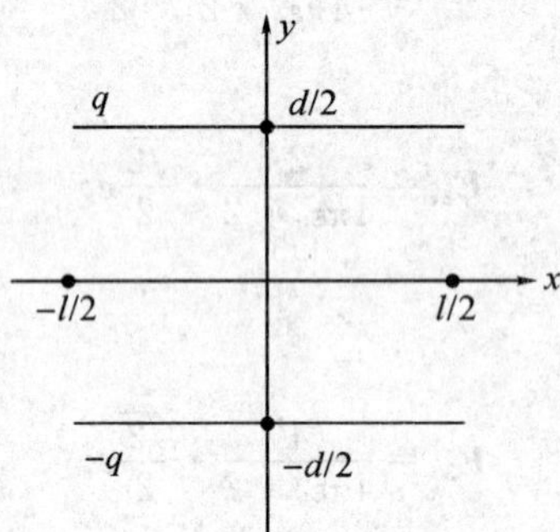

图 2.5　题 2.2 用图

2.3　半径为 a 的圆面上均匀带电，电荷面密度为 σ，试求：

(1) 轴线离圆心为 z 处的场强。

(2) 在保持 σ 不变的情况下，当 $a\to0$ 和 $a\to\infty$ 时结果如何。

(3) 在保持总电量 $q=\pi a^2\sigma$ 不变的情况下，$a\to0$ 和 $a\to\infty$ 结果又如何？

解　(1) 按图 2.6 建立坐标系。

首先计算半径为 r、线密度为 ρ 的带电圆环上，处于圆心轴线上的场强：

$$\boldsymbol{E}=\int_0^{2\pi}\frac{\rho\cdot r\cdot z}{4\pi\varepsilon_0\ (z^2+r^2)^{\frac{3}{2}}}d\theta\cdot\boldsymbol{e}_z$$

$$=\frac{\rho\cdot r\cdot z}{4\pi\varepsilon_0\ (z^2+r^2)^{\frac{3}{2}}}\cdot2\pi\cdot\boldsymbol{e}_z$$

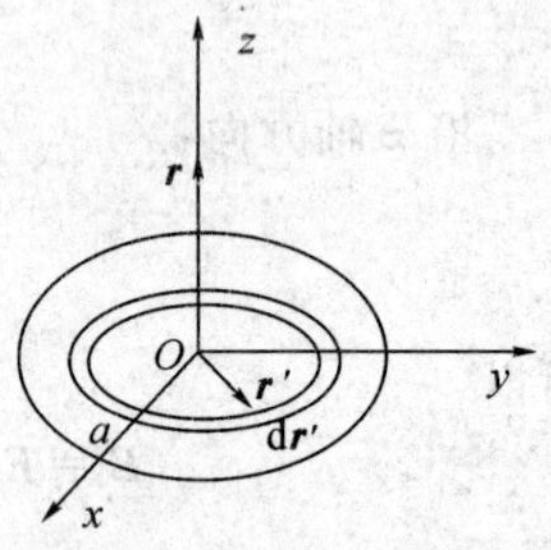

图 2.6　题 2.3 用图

由此可知，可将圆盘看作由无数小圆环构成的。

$$\boldsymbol{E}=\int_0^a\frac{\sigma\cdot z\cdot2\pi}{4\pi\varepsilon_0\ (z^2+r^2)^{\frac{3}{2}}}dr\cdot\boldsymbol{e}_z$$

$$=\boldsymbol{e}_z\cdot\frac{\sigma}{2\varepsilon_0}z\left[\frac{1}{|z|}-(a^2+z^2)^{-\frac{1}{2}}\right]$$

(2) 当 σ 不变时，有

$$a\to0,\quad \boldsymbol{E}=0$$

$$a\to\infty,\quad \boldsymbol{E}=\frac{\sigma}{2\varepsilon_0}z\cdot\frac{1}{|z|}\boldsymbol{e}_z$$

当 $z>0$ 时

$$\boldsymbol{E}=\frac{\sigma}{2\varepsilon_0}\boldsymbol{e}_z$$

当 $z<0$ 时

$$\boldsymbol{E}=-\frac{\sigma}{2\varepsilon_0}\boldsymbol{e}_z$$

(3) 当总电量保持不变时，

当 $a\to 0$ 时

$$\boldsymbol{E}=\frac{q}{4\pi\varepsilon_0 z^2}$$

当 $a\to\infty$时

$$\boldsymbol{E}=0$$

2.4　真空中无限长、半径为 a 的半边圆桶上电荷密度为 ρ_s，求轴线上的电场强度。

解　在无限长的半边圆筒上取宽度为 $a\mathrm{d}\varphi$ 的窄条，此窄条可看作无限长的线电荷，电荷线密度为 $\rho_l=\rho_s a\,\mathrm{d}\varphi$。对 φ 积分，可得真空中无限长的半径为 a 的半边圆筒在轴线上的电场强度为

$$\boldsymbol{E}=\int_0^{\pi}\frac{\rho_s a\boldsymbol{r}\,\mathrm{d}\varphi}{2\pi\varepsilon_0 a}=\frac{\rho_s}{2\pi\varepsilon_0}\int_0^{\pi}(-\sin\varphi\boldsymbol{e}_y-\cos\varphi\boldsymbol{e}_x)\mathrm{d}\varphi=-\frac{\rho_s}{\pi\varepsilon_0}\boldsymbol{e}_y$$

2.5　真空中无限长的宽度为 a 的平板上电荷密度为 ρ_s，求空间中任意一点上的电场强度。

解　在平板上 x'处取宽度为 $\mathrm{d}x'$的无限长窄条，可将其看成无限长的线电荷，电荷线密度为 $\rho_l=\rho_s\mathrm{d}x'$。在点$(x,y)$处产生的电场为

$$\mathrm{d}\boldsymbol{E}(x,y)=\frac{1}{2\pi\varepsilon_0}\frac{\rho_s\boldsymbol{\rho}\,\mathrm{d}x'}{\rho}$$

其中

$$\rho=\sqrt{(x-x')^2+y^2},\quad \boldsymbol{\rho}=\frac{(x-x')\boldsymbol{e}_x+y\boldsymbol{e}_y}{\sqrt{(x-x')^2+y^2}}$$

对 x'积分可得无限长的宽度为 a 的平板上的电荷在点(x,y)处产生的电场为

$$\boldsymbol{E}(x,y)=\frac{\rho_s}{4\pi\varepsilon_0}\left[\boldsymbol{e}_x\ln\frac{(x+a/2)^2+y^2}{(x-a/2)^2+y^2}+\boldsymbol{e}_y 2(\arctan\frac{x+a/2}{y}-\arctan\frac{x-a/2}{y})\right]$$

2.6　已知半径为 a 的均匀带电球体带有总电量为 Q，试求该球内某点处电场强度 $\boldsymbol{E}$ 的散度和旋度。

解　因为总的带电量为 Q，所以可知球体密度为

$$\rho=\frac{Q}{\frac{4}{3}\pi a^3}$$

所以

$$\nabla\cdot\boldsymbol{E}=\frac{\rho}{\varepsilon_0}=\frac{3Q}{4\pi\varepsilon_0 a^3}$$

$$\nabla\times\boldsymbol{E}=0$$

2.7 在直角坐标系中电荷分布为

$$\rho(x,\ y,\ z)=\begin{cases}\rho_0, & |x|\leqslant a\\ 0, & |x|>a\end{cases}$$

求电场强度。

解 将空间分为三个区域：(1) $x>a$，(2) $-a<x<a$，(3) $x<-a$，设电势为 ϕ_1，ϕ_2，ϕ_3。

显然，它们是关于 x 的一维函数

$$\nabla^2\phi_1=0$$

$$\nabla^2\phi_2=-\frac{\rho_0}{\varepsilon}$$

$$\nabla^2\phi_3=0$$

所以

$$\phi_1=Ax+B$$

$$\phi_2=-\frac{\rho_0}{2\varepsilon_0}x^2+Cx+D$$

$$\phi_3=Ex+F$$

设当 $x=0$ 时，电位为 0，则 $D=0$，显然电位关于 x 对称，所以

$$C=0$$

$$\phi_2=-\frac{\rho_0}{2\varepsilon_0}x^2$$

$$Ax+B=-Ex+F$$

所以

$$B=F$$

$$A=-E$$

$$A\cdot a+B=-\frac{\rho_0}{2\varepsilon_0}\cdot a^2$$

(1) $\boldsymbol{D}$ 的法向分量相等，所以

$$\varepsilon_0\frac{\partial\phi_1}{\partial x}=\varepsilon_0\frac{\partial\phi_2}{\partial x}$$

$$A=-\frac{\rho_0}{\varepsilon_0}\cdot a$$

并将其代入(1)，可得

$$B=\frac{\rho_0}{2\varepsilon_0}a^2$$

所以

$$\phi_1=-\frac{\rho_0}{\varepsilon_0}a\cdot x+\frac{\rho_0}{2\varepsilon_0}a^2$$

$$\phi_2=-\frac{\rho_0}{2\varepsilon_0}x^2$$

$$\phi_3=\frac{\rho_0}{\varepsilon_0}a\cdot x+\frac{\rho_0}{2\varepsilon_0}a^2$$

所以

$$E_1=-\frac{\rho_0}{\varepsilon_0}a$$

$$E_2=-\frac{\rho_0}{\varepsilon_0}x$$

$$E_3=\frac{\rho_0}{\varepsilon_0}a$$

所以

$$\boldsymbol{E}=\begin{cases}-\dfrac{\rho_0}{\varepsilon_0}a,\ x>a\\ -\dfrac{\rho_0}{\varepsilon_0}x,\ -a<x<a\\ \dfrac{\rho_0}{\varepsilon_0}a,\ x<-a\end{cases}$$

2.8 已知半径为 a，体电荷密度为 $\rho=\rho_0\left[1-\left(\dfrac{R^2}{a^2}\right)\right]$的带电体被一个内径为 b，($b>a$)，外半径为 c 的同心导体球壳所包围，求空间各点处的电场强度和电位。

解　各点处场强分情况讨论如下：

(1) 当 $R<a$ 时，

$$\oint\!\!\!\oint_S \boldsymbol{D}\cdot \mathrm{d}\boldsymbol{S}=q=\iiint_V \rho \mathrm{d}V$$

$$4\pi R^2\varepsilon_0 E_r=\int_0^{\pi}\mathrm{d}\theta\int_0^{2\pi}\mathrm{d}\varphi\int_0^{R}\rho_0\left(1-\frac{R^2}{a^2}\right)R^2\sin\theta\mathrm{d}R\mathrm{d}\theta\mathrm{d}\varphi=4\pi\rho_0\left(\frac{R^3}{3}-\frac{R^5}{5a^2}\right)$$

$$E_r=\frac{\rho_0}{\varepsilon_0}\left(\frac{R}{3}-\frac{R^3}{5a^2}\right)$$

$$\boldsymbol{E}=\frac{\rho_0}{\varepsilon_0}\left(\frac{R}{3}-\frac{R^3}{5a^2}\right)\boldsymbol{e}_r$$

(2) 当 $a\leqslant R\leqslant b$ 时，

$$\oint\!\!\!\oint_S \boldsymbol{D}\cdot \mathrm{d}\boldsymbol{S}=q=\iiint_V \rho \mathrm{d}V$$

$$4\pi R^2\varepsilon_0 E_r=\int_0^{\pi}\mathrm{d}\theta\int_0^{2\pi}\mathrm{d}\varphi\int_0^{a}\rho_0\left(1-\frac{R^2}{a^2}\right)R^2\sin\theta\mathrm{d}R\mathrm{d}\theta\mathrm{d}\varphi=4\pi\rho_0\left(\frac{a^3}{3}-\frac{a^5}{5a^2}\right)=\frac{2a^2}{15}4\pi\rho_0$$

$$E_r=\frac{2\rho_0 a^3}{15\varepsilon_0 R^2}$$

$$\boldsymbol{E}=\frac{2\rho_0 a^3}{15\varepsilon_0 R^2}\boldsymbol{e}_r$$

(3) 当 $b\leqslant R<c$ 时，

$$\boldsymbol{E}=0$$

(4) 当 $R\geqslant c$ 时，

$$\boldsymbol{E}=\frac{2\rho_0 a^3}{15\varepsilon_0 R^2}\boldsymbol{e}_r$$

所以

$$\boldsymbol{E}=\begin{cases}\dfrac{\rho_0}{\varepsilon_0}\left(\dfrac{R}{3}-\dfrac{R^3}{5a^2}\right)\boldsymbol{e}_r, & R<a \\ 0, & b\leqslant R<c \\ \dfrac{2\rho_0 a^3}{15\varepsilon_0 R^2}\boldsymbol{e}_r, & a\leqslant R\leqslant b,\ R\geqslant c\end{cases}$$

各点处电位分情况讨论如下：

选择无穷远处为参考电位零点，则 R 处电位为

$$\Phi=\int_R^{\infty}\boldsymbol{E}\cdot\mathrm{d}\boldsymbol{R}$$

(1) 当 $R<a$ 时，

$$\begin{aligned}\Phi&=\int_R^a\frac{\rho_0}{\varepsilon_0}\left(\frac{R}{3}-\frac{R^3}{5a^2}\right)\mathrm{d}R+\int_a^b\frac{2\rho_0 a^3}{15\varepsilon_0 R^2}\mathrm{d}R+\int_b^c 0\mathrm{d}R+\int_c^{\infty}\frac{2\rho_0 a^3}{15\varepsilon_0 R^2}\mathrm{d}R\\&=\frac{\rho_0 a^2}{\varepsilon_0}\left(\frac{1}{4}-\frac{2a}{15b}+\frac{2a}{15c}\right)-\frac{\rho_0}{\varepsilon_0}\left(\frac{R^2}{6}-\frac{R^4}{20a^2}\right)\end{aligned}$$

(2) 当 $a\leqslant R<b$ 时，

$$\begin{aligned}\Phi&=\int_R^b\frac{2\rho_0 a^3}{15\varepsilon_0 R^2}\mathrm{d}R+\int_b^c 0+\int_c^{\infty}\frac{2\rho_0 a^3}{15\varepsilon_0 R^2}\mathrm{d}R\\&=\frac{2\rho_0 a^3}{15\varepsilon_0}\left(\frac{1}{R}-\frac{1}{b}+\frac{1}{c}\right)\end{aligned}$$

(3) 当 $b\leqslant R<c$ 时，Φ 为恒定值。

(4) 当 $R\geqslant c$ 时，

$$\Phi=\int_R^{\infty}\frac{2\rho_0 a^3}{15\varepsilon_0 R^2}\mathrm{d}R=\frac{2\rho_0 a^3}{15\varepsilon_0 R}$$

$$\Phi=\begin{cases}\dfrac{\rho_0 a^2}{\varepsilon_0}\left(\dfrac{1}{4}-\dfrac{2a}{15b}+\dfrac{2a}{15c}\right)-\dfrac{\rho_0}{\varepsilon_0}\left(\dfrac{R^2}{6}-\dfrac{R^4}{20a^2}\right), & R<a \\ \dfrac{2\rho_0 a^3}{15\varepsilon_0}\left(\dfrac{1}{R}-\dfrac{1}{b}+\dfrac{1}{c}\right), & a\leqslant R<b \\ \dfrac{2\rho_0 a^3}{15\varepsilon_0 c}, & b\leqslant R<c \\ \dfrac{2\rho_0 a^3}{15\varepsilon_0 R}, & R\geqslant c\end{cases}$$

电位连续，边界上的电位应该是相等的，导体球壳为等位体 $\Phi(b)=\Phi(c)$。

2.9 在电荷密度为 ρ(常数)，半径为 a 的带电球中挖一个半径为 b 的球形空腔，空腔中心到带电球中心的距离为 $c(b+c<a)$，求空腔中的电场强度。

解 应用叠加定理：假设整个带电球电荷密度为 ρ，球内部有电荷密度为 $-\rho$ 的小球，空腔中任意点 A 的电场可以看成是挖空的大球(电荷密度为 ρ)在 A 点形成的场强 E_1 与电荷密度为 $-\rho$ 的小球在 A 点形成的场强 E_2 的叠加，即：$\boldsymbol{E}_A=\boldsymbol{E}_1+\boldsymbol{E}_2$。

(1) 以 O 点为中心，作高斯面包围 A 点，则

$$\oint\!\!\!\oint_S\boldsymbol{D}\cdot\mathrm{d}\boldsymbol{S}=q=\iiint_V\rho\mathrm{d}V$$

$$4\pi r_a^2\varepsilon_0 E_1=\frac{4\pi}{3}r_a^3\rho$$

$$\boldsymbol{E}_1=\frac{\rho}{3\varepsilon_0}\boldsymbol{r}_a$$

(2) 以 O' 点为中心，作高斯面包围 A 点，则

$$\oiint_S \boldsymbol{D}\cdot \mathrm{d}\boldsymbol{S}=q=\iiint_V \rho \mathrm{d}V$$

$$4\pi r_b^2\varepsilon_0 E_2=\frac{4\pi}{3}r_a^3\ (-\rho)$$

$$\boldsymbol{E}_2=-\frac{\rho}{3\varepsilon_0}\boldsymbol{r}_b$$

$$\boldsymbol{E}_A=\boldsymbol{E}_1+\boldsymbol{E}_2=\frac{\rho}{3\varepsilon_0}(\boldsymbol{r}_a-\boldsymbol{r}_b)=\frac{\rho}{3\varepsilon_0}\boldsymbol{r}_c$$

2.10 已知电场分布为

$$\boldsymbol{E}=\begin{cases}\dfrac{2x}{b}\boldsymbol{e}_x,\ -\dfrac{b}{2}<x<\dfrac{b}{2}\\ \boldsymbol{e}_x,\ x>\dfrac{b}{2}\\ -\boldsymbol{e}_x,\ x<-\dfrac{b}{2}\end{cases}$$

求电荷分布。

解

$$\nabla\cdot\boldsymbol{E}=\frac{\rho}{\varepsilon_0}$$

所以当 $-\frac{b}{2}<x<\frac{b}{2}$ 时，

$$\nabla\cdot E=\frac{2}{b}=\frac{\rho}{\varepsilon_0}$$

$$\rho=\frac{2\varepsilon_0}{b}$$

当 $x<-\frac{b}{2}$ 或 $x>\frac{b}{2}$ 时，

$$\nabla\cdot E=0$$

$$\rho=0$$

所以

$$\rho=\begin{cases}\dfrac{2\varepsilon_0}{b},\ -\dfrac{b}{2}<x<\dfrac{b}{2}\\ 0,\ x>\dfrac{b}{2}\\ 0,\ x<-\dfrac{b}{2}\end{cases}$$

2.11 已知电场强度为 $\boldsymbol{E}=3\boldsymbol{e}_x-3\boldsymbol{e}_y-5\boldsymbol{e}_z$，试求点(0, 0, 0)与点(1, 2, 1)之间的电压。

解 $U=\int E\cdot \mathrm{d}x=\int_0^1 3\mathrm{d}x+\int_0^2(-3)\mathrm{d}y+\int_0^1(-5)\mathrm{d}z=3-6-5=-8\ \mathrm{V}$

2.12 已知球坐标系中电场强度为 $\boldsymbol{E}=\frac{3}{r^2}\boldsymbol{e}_r$，试求点$(a,\theta_1,\varphi_1)$与点$(b,\theta_2,\varphi_2)$之间

的电压。

解
$$U=\int E\cdot \mathrm{d}r=\int_a^b \frac{3}{r^2}\mathrm{d}r=\frac{3}{a}-\frac{3}{b}$$

2.13 已知在圆柱坐标系中电场强度为$\boldsymbol{E}=\dfrac{2}{r}\boldsymbol{e}_r$，试求点$(a,\varphi_1,0)$与点$(b,\varphi_2,0)$之间的电压。

解 空间两点的电位差只与起点和终点有关，而与积分路径无关，所以

$$\Phi_{ab}=\int_{(a,\varphi_1,0)}^{(b,\varphi_2,0)}\boldsymbol{E}\cdot \mathrm{d}\boldsymbol{e}=\int_{(a,\varphi_1,0)}^{(b,\varphi_2,0)}\frac{2}{r}\boldsymbol{e}_r(\boldsymbol{e}_r\mathrm{d}r+\boldsymbol{e}_\varphi r\mathrm{d}\varphi+\boldsymbol{e}_z\mathrm{d}z)=2\ln\frac{b}{a}$$

2.14 半径为a，长度为l的圆柱介质棒均匀极化，极化方向为轴向，极化强度为$\boldsymbol{P}=P_0\boldsymbol{e}_z$($P_0$为常数)，求介质中的束缚电荷，并求束缚电荷在轴线上产生的电场。

(1) 介质中的束缚电荷体密度为

$$\rho'=-\nabla\cdot\boldsymbol{P}=0$$

(2) 介质表面的束缚电荷面密度为

$$\rho'_s=\boldsymbol{e}_n\cdot\boldsymbol{P}$$

在圆柱介质棒的侧面上束缚电荷面密度为零；在上、下端面上束缚电荷面密度分别为$\rho'_s=\pm P_0$。

(3) 由例 2-2 可知，圆盘形电荷产生的电场为

$$E_z(z')=\begin{cases}\dfrac{\rho_s}{2\varepsilon_0}\left(1-\dfrac{z'}{\sqrt{z'^2+a^2}}\right), & z'>0\\[2ex] -\dfrac{\rho_s}{2\varepsilon_0}\left(1+\dfrac{z'}{\sqrt{z'^2+a^2}}\right), & z'<0\end{cases}$$

式中，a为圆盘半径。将坐标原点放在圆柱介质棒中心。

对上式做变换，$z'=z-L/2$，$\rho_s=P_0$，可得上端面上束缚电荷产生的电场为

$$E_{z1}(z)=\begin{cases}\dfrac{P_0}{2\varepsilon_0}\left(1-\dfrac{z-L/2}{\sqrt{(z-L/2)^2+a^2}}\right), & z>L/2\\[2ex] -\dfrac{P_0}{2\varepsilon_0}\left(1+\dfrac{z-L/2}{\sqrt{(z-L/2)^2+a^2}}\right), & z<L/2\end{cases}$$

同理，做变换，$z'=z+L/2$，$\rho_s=-P_0$，可得下端面上束缚电荷产生的电场为

$$E_{z2}(z)=\begin{cases}\dfrac{-P_0}{2\varepsilon_0}\left(1-\dfrac{z+L/2}{\sqrt{(z+L/2)^2+a^2}}\right), & z>-L/2\\[2ex] \dfrac{P_0}{2\varepsilon_0}\left(1+\dfrac{z+L/2}{\sqrt{(z+L/2)^2+a^2}}\right), & z<-L/2\end{cases}$$

上、下端面上束缚电荷产生的总电场为

$$E_z=\begin{cases}\dfrac{P_0}{2\varepsilon_0}\left(\dfrac{z+L/2}{\sqrt{(z+L/2)^2+a^2}}-\dfrac{z-L/2}{\sqrt{(z-L/2)^2+a^2}}\right), & z>L/2\\[2ex] \dfrac{P_0}{2\varepsilon_0}\left(-2+\dfrac{z+L/2}{\sqrt{(z+L/2)^2+a^2}}-\dfrac{z-L/2}{\sqrt{(z-L/2)^2+a^2}}\right), & -L/2<z<L/2\\[2ex] \dfrac{P_0}{2\varepsilon_0}\left(\dfrac{z+L/2}{\sqrt{(z+L/2)^2+a^2}}-\dfrac{z-L/2}{\sqrt{(z-L/2)^2+a^2}}\right), & z<-L/2\end{cases}$$

2.15 半径为 a 的介质均匀极化，$\boldsymbol{P}=P_0\boldsymbol{e}_z$，求束缚电荷分布以及束缚电荷在球中心产生的电场。

解 (1) 介质中的束缚电荷体密度为

$$\rho'=-\nabla\cdot\boldsymbol{P}=0$$

(2) 介质表面的束缚电荷面密度为

$$\rho'_s=\boldsymbol{e}_n\cdot\boldsymbol{P}=\boldsymbol{e}_z\cdot\boldsymbol{e}_rP_0=P_0\cos\theta$$

(3) 在介质球表面取半径为 $r=a\sin\theta$，宽度为 $\mathrm{d}l=a\mathrm{d}\theta$ 的环带，可看成半径为 $r=a\sin\theta$，$z=-a\cos\theta$，电荷线密度为 $\rho_l=aP_0\cos\theta\mathrm{d}\theta$ 的线电荷圆环，对 θ 积分，可得介质表面的束缚电荷在球心产生的电场为

$$E_z=\frac{P_0}{2\varepsilon_0}\int_0^{\pi}\frac{a^3\sin\theta\cos^2\theta\mathrm{d}\theta}{[(a\sin\theta)^2+(a\cos\theta)^2]^{3/2}}=-\frac{P_0}{2\varepsilon_0}\int_0^{\pi}\cos^2\theta\mathrm{d}\cos\theta=\frac{P_0}{3\varepsilon_0}$$

2.16 无限长的线电荷位于介电常数为 ε 的均匀介质中，线电荷密度 ρ_l 为常数，求介质中的电场强度。

解 取 Δl 长的导线，则有

$$\oiint_S\boldsymbol{D}\cdot\mathrm{d}\boldsymbol{S}=q=\Delta l\cdot\rho_l$$

$$\boldsymbol{D}\cdot2\pi R\cdot\Delta l\boldsymbol{e}_n=\Delta l\cdot\rho_l$$

所以

$$\boldsymbol{D}=\frac{\rho_l\boldsymbol{e}_n}{2\pi R},\quad E=\frac{\rho_l\boldsymbol{e}_n}{2\pi R\varepsilon}$$

2.17 半径为 a 的均匀带电球壳，电荷面密度 ρ_s 为常数，外包一层厚度为 d，介电常数为 ε 的介质，求介质内外的电场强度。

解 在介质外，当 $r>a+d$ 时

$$\oiint_S\boldsymbol{E}\cdot\mathrm{d}\boldsymbol{S}=\frac{\sum q}{\varepsilon_0}$$

$$E\cdot4\pi r^2=\frac{\rho_s\cdot4\pi a^2}{\varepsilon_0}$$

$$E=\frac{\rho_sa^2}{\varepsilon_0r^2}$$

方向由球心指向球外，即

$$\boldsymbol{E}=\frac{\rho_sa^2}{\varepsilon_0r^2}\boldsymbol{e}_r$$

在介质内，当 $a<r<a+d$ 时

$$\rho_s\cdot4\pi a^2=\oiint_S\boldsymbol{D}\cdot\mathrm{d}\boldsymbol{S}=\varepsilon E4\pi r^2$$

$$\boldsymbol{E}=\frac{\rho_sa^2}{\varepsilon r^2}\boldsymbol{e}_r$$

2.18 两同心导体球壳半径分别为 a，b，两导体之间介质的介电常数为 ε，内外导体球壳电位分别为 U，0，求导体球壳之间的电场和球壳面上的电荷面密度。

解 当 $a<r<b$ 时，同心球壳电容为

$$C=\frac{4\pi\varepsilon ba}{b-a}$$

$$Q=CU=\frac{4\pi\varepsilon baU}{b-a}$$

$$\oiint_S \boldsymbol{D}\cdot \mathrm{d}\boldsymbol{S}=Q \Rightarrow \boldsymbol{E}=\frac{Q}{4\pi\varepsilon r^2}\cdot \boldsymbol{e}_r=\frac{baU}{(b-a)r^2}\boldsymbol{e}_r$$

$$\rho_{ra}=\frac{Q}{4\pi a^2}=\frac{\varepsilon bU}{a(b-a)}$$

$$\rho_{rb}=\frac{Q}{4\pi b^2}=\frac{\varepsilon aU}{b(b-a)}$$

2.19 两同心导体球壳半径分别为 a，b，两导体之间有两层介质，介电常数为 ε_1、ε_2，介质界面半径为 c，内外导体球壳电位分别为 U、0，求两导体球壳之间的电场和球壳面上的电荷面密度，以及介质分界面上的束缚电荷面密度。

解 当 $a<r<c$ 时，取同心球面为高斯面，则

$$\oiint_S \boldsymbol{D}\cdot \mathrm{d}\boldsymbol{S}=q$$

$$D_1\cdot 4\pi R^2=q$$

所以

$$\boldsymbol{D}_1=\frac{q}{4\pi R^2}\boldsymbol{e}_r,\quad \boldsymbol{E}_1=\frac{q}{4\pi R^2\varepsilon_1}\boldsymbol{e}_r$$

当 $c<r<b$ 时，取同心球面为高斯面，则

$$\oiint_S \boldsymbol{D}\cdot \mathrm{d}\boldsymbol{S}=q$$

$$D_2\cdot 4\pi R^2=q$$

所以

$$\boldsymbol{D}_2=\frac{q}{4\pi R^2}\boldsymbol{e}_r,\quad \boldsymbol{E}_2=\frac{q}{4\pi R^2\varepsilon_2}\boldsymbol{e}_r$$

因为

$$D_{1n}-D_{2n}=\rho_s$$

所以

$$\rho_s=0$$

$$\boldsymbol{E}_{r=c}=\frac{q}{4\pi\varepsilon_1 c^2}\boldsymbol{e}_r$$

$$\boldsymbol{P}=\boldsymbol{D}-\varepsilon_0\boldsymbol{E}=\frac{q}{4\pi c^2}\left(1-\frac{\varepsilon_0}{\varepsilon_1}\right)\boldsymbol{e}_r$$

所以

$$\rho_{SP}=\boldsymbol{P}\cdot \boldsymbol{e}_n=\boldsymbol{P}\cdot \boldsymbol{e}_r=\frac{q}{4\pi c^2}\left(1-\frac{\varepsilon_0}{\varepsilon_1}\right)$$

$$\phi_{r=a}=\int_a^c \boldsymbol{E}_1\cdot \mathrm{d}\boldsymbol{r}+\int_c^b \boldsymbol{E}_2\cdot \mathrm{d}\boldsymbol{r}=\frac{q}{4\pi\varepsilon_1}\left(\frac{1}{a}-\frac{1}{c}\right)+\frac{q}{4\pi\varepsilon_2}\left(\frac{1}{c}-\frac{1}{b}\right)=U$$

所以

$$q=\frac{4\pi U}{\frac{1}{\varepsilon_1}\left(\frac{1}{a}-\frac{1}{c}\right)+\frac{1}{\varepsilon_2}\left(\frac{1}{c}-\frac{1}{b}\right)}$$

所以

$$\rho_{SP}=\frac{U}{c^2}\cdot\frac{1}{\frac{1}{\varepsilon_1}\left(\frac{1}{a}-\frac{1}{c}\right)+\frac{1}{\varepsilon_2}\left(\frac{1}{c}-\frac{1}{b}\right)}\left(1-\frac{\varepsilon_0}{\varepsilon_1}\right)$$

$$\boldsymbol{E}_1=\frac{U}{R^2\varepsilon_1}\cdot\frac{1}{\frac{1}{\varepsilon_1}\left(\frac{1}{a}-\frac{1}{c}\right)+\frac{1}{\varepsilon_2}\left(\frac{1}{c}-\frac{1}{b}\right)}\boldsymbol{e}_r\quad(a<r<c)$$

$$\boldsymbol{E}_2=\frac{U}{R^2\varepsilon_2}\cdot\frac{1}{\frac{1}{\varepsilon_1}\left(\frac{1}{a}-\frac{1}{c}\right)+\frac{1}{\varepsilon_2}\left(\frac{1}{c}-\frac{1}{b}\right)}\boldsymbol{e}_r\quad(c<r<b)$$

2.20　已知真空中一内外半径分别为 a，b 的介质球壳，如图 2.7 所示，介电常数为 ε，在球心处放一电量为 q 的点电荷：

(1) 用介质中的高斯定理求电场强度；

(2) 求介质中的极化强度和束缚电荷。

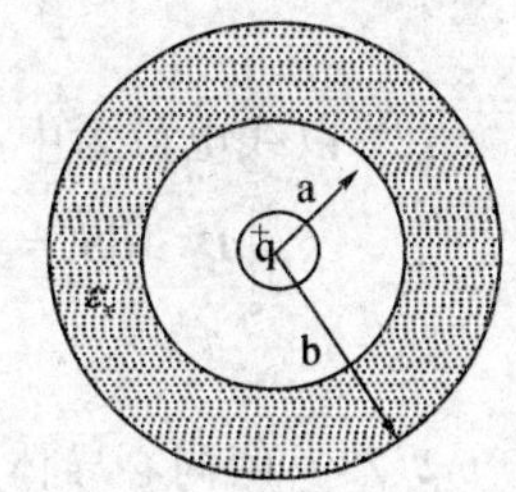

图 2.7　课后题 2.20 用图

解　(1) 当 $a<r<b$ 时，

$$\oiint_S \boldsymbol{D}\cdot \mathrm{d}\boldsymbol{S}=q\Rightarrow D\cdot 4\pi r^2=q\Rightarrow \boldsymbol{E}=\frac{q}{4\pi r^2\varepsilon}\boldsymbol{e}_r$$

(2)
$$\boldsymbol{P}=\boldsymbol{D}-\varepsilon_0\boldsymbol{E}=\frac{q}{4\pi r^2}\cdot\frac{\varepsilon-\varepsilon_0}{\varepsilon}\boldsymbol{e}_r$$

束缚电荷面密度为

$$\rho_{SP}=\boldsymbol{P}|_{r=a}\cdot(-\boldsymbol{e}_r)=-\frac{q}{4\pi a^2}\frac{\varepsilon-\varepsilon_0}{\varepsilon}$$

所以束缚电荷为

$$Q=-q\frac{\varepsilon-\varepsilon_0}{\varepsilon}$$

2.21　有 3 层均匀介质，介电常数分别为 ε_1，ε_2，ε_3，取坐标系使分界面均平行于 xy 面。已知 3 层介质中均为匀强场，且 $\boldsymbol{E}_1=3\boldsymbol{e}_x+2\boldsymbol{e}_z$，求 $\boldsymbol{E}_2$、$\boldsymbol{E}_3$。

解
$$\boldsymbol{D}_n=\varepsilon_n\boldsymbol{E}_n,\ \boldsymbol{D}_{1n}-\boldsymbol{D}_{2n}=\rho_{s_{12}},\ \boldsymbol{D}_{2n}-\boldsymbol{D}_{3n}=\rho_{s_{23}}$$
$$\boldsymbol{E}_{1t}=\boldsymbol{E}_{2t}=\boldsymbol{E}_{3t}$$

因为

$$\rho_{s_{12}}=\rho_{s_{23}}=0$$

所以

$$\boldsymbol{D}_{1n}-\boldsymbol{D}_{2n}=0,\ \boldsymbol{D}_{2n}-\boldsymbol{D}_{3n}=0$$

所以

$$\varepsilon_1\boldsymbol{E}_{1n}=\varepsilon_2\boldsymbol{E}_{2n}=\varepsilon_3\boldsymbol{E}_{3n}=2\varepsilon_1\boldsymbol{e}_z$$

所以

$$\boldsymbol{E}_{2n}=2\frac{\varepsilon_1}{\varepsilon_2}\boldsymbol{e}_z$$

$$\boldsymbol{E}_{3n}=2\frac{\varepsilon_1}{\varepsilon_3}\boldsymbol{e}_z$$

$$\boldsymbol{E}_{1t}=\boldsymbol{E}_{2t}=\boldsymbol{E}_{3t}=3\boldsymbol{e}_x$$

所以

$$\boldsymbol{E}_2=3\boldsymbol{e}_x+2\ \frac{\varepsilon_1}{\varepsilon_2}\boldsymbol{e}_z$$

$$\boldsymbol{E}_3=3\boldsymbol{e}_x+2\ \frac{\varepsilon_1}{\varepsilon_2}\boldsymbol{e}_z$$

2.22 $z>0$ 的半空间填充介电常数为 ε_1 的介质，$z<0$ 的半空间填充介电常数为 ε_2 的介质，当：

(1) 电量为 q 的点电荷放在介质分界面上时，求电场强度；

(2) 电荷线密度为 ρ_l 的均匀线电荷放在介质分界面上时，求电场强度。

解 (1) 在边界处做球形高斯面，则有

$$\left.\begin{array}{r}\oint\!\!\!\oint_S \boldsymbol{D}\cdot \mathrm{d}\boldsymbol{S}=\varepsilon_1 E_1\cdot 2\pi r^2+\varepsilon_2 E_2\cdot 2\pi r^2=q\\ E_1=E_2\end{array}\right\}\Rightarrow \boldsymbol{E}_1=\boldsymbol{E}_2=\frac{q}{2\pi r^2(\varepsilon_1+\varepsilon_2)}\boldsymbol{e}_r$$

(2) 以线电荷为中心作柱坐标，取柱坐标系，则有

$$\left.\begin{array}{r}\oint\!\!\!\oint_S \boldsymbol{D}\cdot \mathrm{d}\boldsymbol{S}=\varepsilon_1 E_1\pi rl+\varepsilon_2 E_2\pi rl=\rho_l\cdot l\\ E_1=E_2\end{array}\right\}\Rightarrow \boldsymbol{E}_1=\boldsymbol{E}_2=\frac{\rho_l}{\pi r(\varepsilon_1+\varepsilon_2)}\boldsymbol{e}_r$$

2.23 两同心导体球壳半径分别为 a，b，两导体之间介质的介电常数为 ε，求两导体球壳之间的电容。

解 取同心球面为高斯面，设内球壳所带电量为 q，则有

$$\oint\!\!\!\oint_S \boldsymbol{D}\cdot \mathrm{d}\boldsymbol{S}=q=4\pi r^2 D\ (a\leqslant r\leqslant b)$$

所以

$$\boldsymbol{D}=\frac{q}{4\pi r^2}\boldsymbol{e}_r$$

$$\boldsymbol{E}=\frac{\boldsymbol{D}}{\varepsilon}=\frac{q}{4\pi\varepsilon r^2}\boldsymbol{e}_r$$

$$U=\int_a^b \frac{q}{4\pi\varepsilon r^2}\mathrm{d}r=\frac{q}{4\pi\varepsilon}-\frac{1}{r}\Big|_a^b=\frac{q}{4\pi\varepsilon}\left(\frac{1}{a}-\frac{1}{b}\right)=\frac{q}{4\pi\varepsilon}\ \frac{(b-a)}{ab}$$

$$C=\frac{Q}{U}=\frac{4\pi\varepsilon ab}{b-a}$$

2.24 两同心导体球壳半径分别为 a，b，两导体之间有两层介质，介电常数为 ε_1，ε_2，介质界面半径为 c，求两导体球壳之间的电容。

解 设内球壳所带电量为 q，取同心球面为高斯面，则有

$$\oint\!\!\!\oint_S \boldsymbol{D}_1\cdot \mathrm{d}\boldsymbol{S}=q=4\pi r^2 D\ (a\leqslant r\leqslant c)$$

所以

$$\boldsymbol{D}=\frac{q}{4\pi r^2}\boldsymbol{e}_r$$

$$\boldsymbol{E}=\begin{cases}\dfrac{q}{4\pi\varepsilon_1 r^2}\boldsymbol{e}_r,\ (a<r<c)\\[2ex] \dfrac{q}{4\pi\varepsilon_2 r^2}\boldsymbol{e}_r,\ (c<r<b)\end{cases}$$

$$U=\int_a^c \frac{q}{4\pi\varepsilon_1 r^2}\mathrm{d}r+\int_c^b \frac{q}{4\pi\varepsilon_2 r^2}\mathrm{d}r=-\frac{q}{4\pi\varepsilon_1}\frac{1}{r}\bigg|_a^c-\frac{q}{4\pi\varepsilon_2}\frac{1}{r}\bigg|_c^b$$

$$=q\frac{\varepsilon_2 b(c-a)+\varepsilon_1 a(b-c)}{4\pi\varepsilon_1\varepsilon_2 ab}$$

所以

$$C=\frac{Q}{U}=\frac{4\pi\varepsilon_1\varepsilon_2 ab}{\varepsilon_2 b(c-a)+\varepsilon_1 a(b-c)}$$

2.25　真空中半径为 a 的导体球电位为 U，求电场能量。

解　设导体球所带电量为 q，取同心球面为高斯面，则有

$$\oint\!\!\!\oint_S \boldsymbol{E}\cdot\mathrm{d}\boldsymbol{S}=\frac{q}{\varepsilon_0}$$

所以

$$E=\frac{q}{4\pi\varepsilon_0 r^2}$$

$$U=\int_a^\infty \boldsymbol{E}\cdot\mathrm{d}\boldsymbol{l}=\frac{q}{4\pi\varepsilon_0 a}$$

所以

$$\boldsymbol{E}=\frac{Ua}{r^2}\boldsymbol{e}_r$$

所以

$$w_e=\frac{1}{2}\varepsilon_0 E^2=\frac{1}{2}\varepsilon_0\ \frac{U^2a^2}{r^4}$$

$$E=\iiint_V w_e\mathrm{d}v=\frac{1}{2}\varepsilon_0\int_a^\infty\left(\frac{aV}{r^2}\right)^2 4\pi r^2\mathrm{d}r=2\pi\varepsilon_0 aV^2$$

2.26　圆球形电容器内导体的半径为 a，外导体半径为 b，内外导体之间填充两层介电常数分别为 ε_1，ε_2 的介质，界面半径为 c，电压为 U，求电容器中的电场能量。

解　解法一：设内导体带电为 q，外导体带电为 $-q$，则

$$\oint\!\!\!\oint_S \boldsymbol{D}\cdot\mathrm{d}\boldsymbol{S}=q$$

当 $a<r\leqslant c$ 时，

$$4\pi r^2\boldsymbol{e}_r\cdot\varepsilon_1 E_1\boldsymbol{e}_r=q$$

$$\boldsymbol{E}_1=\frac{q}{4\pi\varepsilon_1 r^2}\boldsymbol{e}_r$$

当 $c<r\leqslant b$ 时，

$$4\pi r^2\boldsymbol{e}_r\cdot\varepsilon_2 E_2\boldsymbol{e}_r=q$$

$$\boldsymbol{E}_2=\frac{q}{4\pi\varepsilon_2 r^2}\boldsymbol{e}_r$$

$$U=\int_a^b \boldsymbol{E}\cdot\mathrm{d}\boldsymbol{l}=\int_a^c \boldsymbol{E}_1\cdot\mathrm{d}\boldsymbol{r}+\int_c^b \boldsymbol{E}_2\cdot\mathrm{d}\boldsymbol{r}$$

$$=\int_a^c \frac{q}{4\pi\varepsilon_1 r^2}\mathrm{d}\boldsymbol{r}+\int_c^b \frac{q}{4\pi\varepsilon_2 r^2}\mathrm{d}\boldsymbol{r}$$

$$=\frac{q(c-a)}{4\pi\varepsilon_1 ac}+\frac{q(b-c)}{4\pi\varepsilon_2 bc}$$

所以

$$q=\frac{4\pi U}{\dfrac{(c-a)}{\varepsilon_1 ac}+\dfrac{(b-c)}{\varepsilon_2 bc}}$$

因此

$$w=\frac{1}{2}qU=\frac{2\pi U^2}{\dfrac{(c-a)}{\varepsilon_1 ac}+\dfrac{(b-c)}{\varepsilon_2 bc}}$$

或者利用公式：

$$w=\iiint_V \frac{1}{2}\boldsymbol{D}\cdot\boldsymbol{E}\mathrm{d}v=\iiint_V \frac{1}{2}\varepsilon E^2\mathrm{d}v=\int_a^c \frac{1}{2}\varepsilon_1 E_1^2 4\pi r^2\mathrm{d}r+\int_c^b \frac{1}{2}\varepsilon_2 E_2^2 4\pi r^2\mathrm{d}r$$

$$=\frac{q^2}{8\pi}\left[\frac{(c-a)}{\varepsilon_1 ac}+\frac{(b-c)}{\varepsilon_2 bc}\right]=\frac{2\pi U^2}{\dfrac{(c-a)}{\varepsilon_1 ac}+\dfrac{(b-c)}{\varepsilon_2 bc}}$$

解法二：选球坐标系，设 $a<r<c$ 时电势为 ϕ_1，设 $c<r<b$ 时电势为 ϕ_2。

在球坐标系中，有

$$\nabla^2\phi_1(r)=0$$

$$\nabla^2\phi_2(r)=0$$

所以

$$\nabla^2\phi(r)=\frac{1}{r^2}\frac{\partial}{\partial r}\left(r^2\frac{\partial\phi}{\partial r}\right)=0$$

所以

$$\phi_1(r)=-\frac{A_1}{r}+B_1$$

$$\phi_2(r)=-\frac{A_2}{r}+B_2$$

其中 A_1，B_1，A_2，B_2 为待定系数，根据电位的边界条件有如下关系式成立：

$$\begin{cases}\phi_1(a)=U\\ \phi_2(b)=0\\ \phi_1(c)=\phi_2(c)\\ \varepsilon_1\dfrac{\partial\phi_1}{\partial r}=\varepsilon_2\dfrac{\partial\phi_2}{\partial r}\end{cases}\Rightarrow\begin{cases}A_1=\dfrac{U\varepsilon_2}{\varepsilon_2\dfrac{a-c}{ac}+\varepsilon_1\dfrac{c-b}{bc}}\\ A_2=\dfrac{U\varepsilon_1}{\varepsilon_2\dfrac{a-c}{ac}+\varepsilon_1\dfrac{c-b}{bc}}\end{cases}$$

$$\boldsymbol{E}=-\nabla\phi=\begin{cases}\boldsymbol{E}_1=-\dfrac{A_1}{r^2}\boldsymbol{e}_r=\dfrac{U\varepsilon_2}{\varepsilon_2\dfrac{c-a}{ac}+\varepsilon_1\dfrac{b-c}{bc}}\cdot\dfrac{1}{r^2}\boldsymbol{e}_r\\ \boldsymbol{E}_2=-\dfrac{A_2}{r^2}\boldsymbol{e}_r=\dfrac{U\varepsilon_1}{\varepsilon_2\dfrac{c-a}{ac}+\varepsilon_1\dfrac{b-c}{bc}}\cdot\dfrac{1}{r^2}\boldsymbol{e}_r\end{cases}$$

$$w=\iiint_V \frac{1}{2}\boldsymbol{D}\cdot\boldsymbol{E}\mathrm{d}v=\iiint_V \frac{1}{2}\varepsilon E^2\mathrm{d}v=\int_a^c \frac{1}{2}\varepsilon_1 E_1^2\cdot 4\pi r^2\mathrm{d}r+\int_c^b \frac{1}{2}\varepsilon_2 E_2^2\cdot 4\pi r^2\mathrm{d}r$$

$$=\frac{2\pi\varepsilon_1\varepsilon_2 U^2}{\varepsilon_2\dfrac{(c-a)}{ac}+\varepsilon_1\dfrac{(b-c)}{bc}}=\frac{2\pi U^2}{\dfrac{(c-a)}{\varepsilon_1 ac}+\dfrac{(b-c)}{\varepsilon_2 bc}}$$

2.27 长度为 d 的圆柱形电容器内导体的外半径为 a，外导体的内半径为 b，内外导体之间填充两层介电常数分别为 ε_1，ε_2 的介质，横截面半径为 c，电压为 U，求电容器中的电场能量。

解 设电容器内壳电量为 q，取圆柱面为高斯面。

$$\oint\!\!\!\oint_S \boldsymbol{D}\cdot \mathrm{d}\boldsymbol{S}=q=D\cdot 2\pi rd$$

所以

$$\boldsymbol{D}=\frac{q}{2\pi rd}\cdot \boldsymbol{e}_r \quad (a\leqslant r\leqslant c)$$

内外导体之间的电压为

$$U=\int_a^b E_r\mathrm{d}r=\int_a^c\left(\frac{D_r}{\varepsilon_1}\right)\mathrm{d}r+\int_c^b\left(\frac{D_r}{\varepsilon_2}\right)\mathrm{d}r=\frac{q}{2\pi d}\left(\frac{1}{\varepsilon_1}\ln\frac{c}{a}+\frac{1}{\varepsilon_2}\ln\frac{b}{c}\right)$$

内外导体之间的电容为

$$C=\frac{q}{U}=\frac{2\pi\varepsilon_1\varepsilon_2 d}{\varepsilon_2\ln\dfrac{c}{a}+\varepsilon_1\ln\dfrac{b}{c}}$$

电场能量为

$$W_\mathrm{e}=\frac{1}{2}V^2C=\frac{\pi\varepsilon_1\varepsilon_2 \mathrm{d}V^2}{\varepsilon_2\ln\dfrac{c}{a}+\varepsilon_1\ln\dfrac{b}{c}}$$

第3章 恒定电场

3.1 主要内容与复习要点

主要内容：恒定电场基本方程，欧姆定理，恒定电场边界条件。

如图 3.1 所示为本章主要内容结构图。

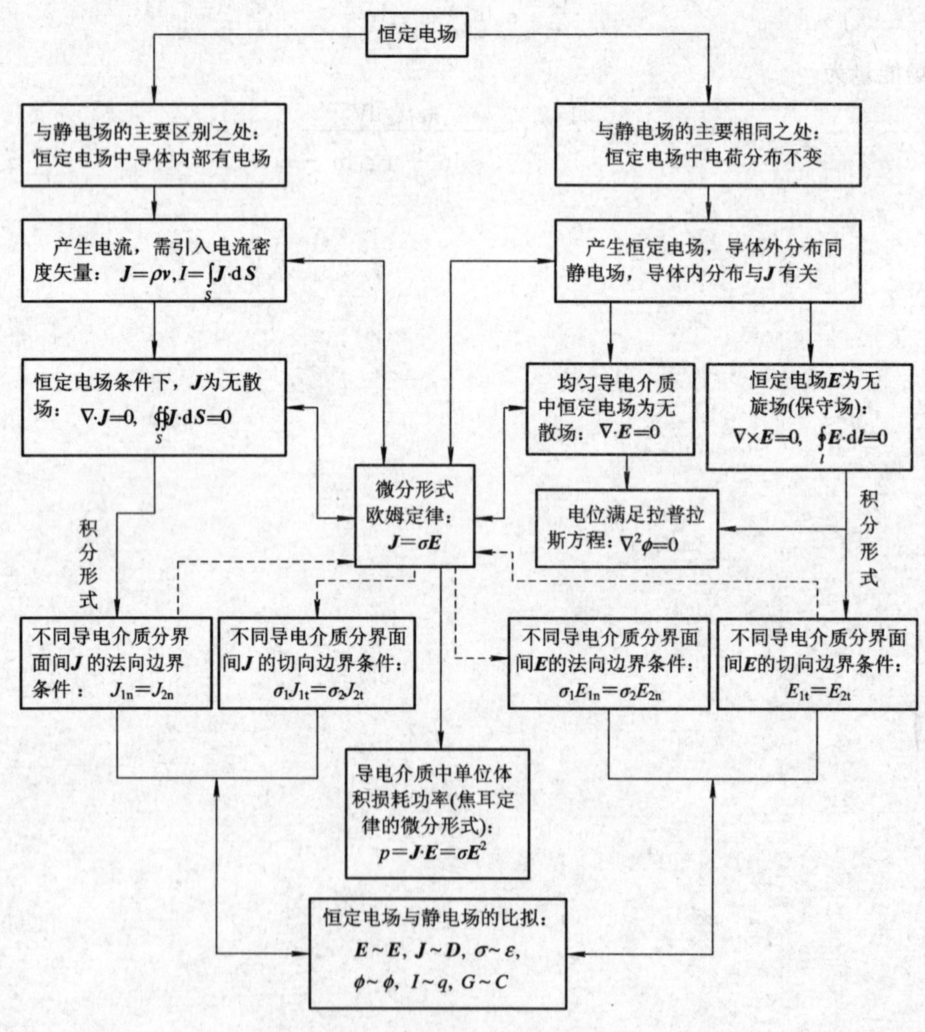

图 3.1　本章主要内容结构图

复习要点：恒定电场基本方程，电流连续性方程。

3.1.1　恒定电场

1. 电流

电流是电荷的定向运动形成的，电流是矢量。不随时间变化的电流称为恒定电流，描述电流分布的物理量为 $\boldsymbol{J}$(A/m^2)和 $\boldsymbol{J}_S$(A/m)。导体内部有恒定电流时便说明导体内部有恒定电场。

2. 欧姆定律的微分形式

在各向同性导电媒质中，欧姆定律的微分形式为

$$\boldsymbol{J}=\sigma\boldsymbol{E}\ (\mathrm{A/m^2})$$

其中，电导率 σ(S/m)是线性的，即与恒定电场无关，同时，σ 也是均匀，即为固定常数。

3. 焦耳定理的微分形式

单位体积损耗的焦耳热功率

$$P=\boldsymbol{J}\cdot\boldsymbol{E}=\sigma E^2\ (\mathrm{W/m^3})$$

4. 电流连续性方程

电流连续性方程的含义：从一个闭合面流出的传导电流等于该闭合面内自由电荷随时间的减少率。

$$\oint_S \boldsymbol{J}\cdot \mathrm{d}\boldsymbol{S}=-\frac{\partial q}{\partial t}=-\frac{\partial}{\partial t}\int_\tau \rho\,\mathrm{d}\tau,\ \nabla\cdot\boldsymbol{J}=-\frac{\partial \rho}{\partial t}$$

对于恒定电流有：

$$\oint_S \boldsymbol{J}\cdot \mathrm{d}\boldsymbol{S}=-\frac{\partial q}{\partial t}=0,\ \nabla\cdot\boldsymbol{J}=-\frac{\partial \rho}{\partial t}=0$$

3.1.2　恒定电场基本方程

对恒定电场基本方程的描述分为以下两种情况。

(1) 对于恒定电流场$\left(\dfrac{\partial}{\partial t}=0\right)$。

虽然带电质点在不停地运动，但从宏观来看可以将其运动过程看作是一个带电质点离开后立即由相邻的带电质点来补充的过程，其间电荷密度的分布不随时间改变。

恒定电流的场是无散度源场

$$\nabla\cdot\boldsymbol{J}=0\qquad(\text{微分方程})$$

传导电流的基尔霍夫定律为

$$\oint_S \boldsymbol{J}\cdot \mathrm{d}\boldsymbol{S}=0\Rightarrow\sum I=0\qquad(\text{积分方程})$$

(2) 恒定电流的场是保守场(积分路径不经过源)。

$$\oint_l \boldsymbol{E}\cdot \mathrm{d}\boldsymbol{l}=0\qquad(\text{积分方程})$$

$$\nabla^2\phi=0\leftarrow\boldsymbol{E}=-\nabla\phi\leftarrow\nabla\times\boldsymbol{E}=0\qquad(\text{微分方程})$$

3.1.3 恒定电场边界条件

恒定电场的边界条件如下：

法向电流密度连续 $J_{1n}=J_{2n}$

切向电场强度连续 $E_{1t}=E_{2t}$

3.1.4 恒定电场与静电场比较

恒定电场与静电场的比较如表 3.1 所示。

表 3.1 恒定电场与静电场的比较

比较内容 \ 两种场	导电媒质中的恒定电场（电源外）	电介质中的静电场（$\rho=\mathbf{0}$）
基本方程	$\nabla\times\boldsymbol{E}=0$ $\nabla\cdot\boldsymbol{J}=0$ $\boldsymbol{J}=\sigma\boldsymbol{E}$	$\nabla\times\boldsymbol{E}=0$ $\nabla\cdot\boldsymbol{D}=0$ $\boldsymbol{D}=\sigma\boldsymbol{E}$
导出方程	$\boldsymbol{E}=-\nabla\phi$ $\nabla^2\phi=\mathbf{0}$ $\phi=\int_l\boldsymbol{E}\cdot\mathrm{d}\boldsymbol{l}$ $I=\int_S\boldsymbol{J}\cdot\mathrm{d}\boldsymbol{S}$	$\boldsymbol{E}=-\nabla\phi$ $\nabla^2\phi=\mathbf{0}$ $\phi=\int_l\boldsymbol{E}\cdot\mathrm{d}\boldsymbol{l}$ $q=\int_v\rho\mathrm{d}v=\int_S\boldsymbol{D}\cdot\mathrm{d}\boldsymbol{S}$
边界条件	$\boldsymbol{E}_{1t}=\boldsymbol{E}_{2t}$ $\phi_1=\phi_2$ $\boldsymbol{J}_{1n}=\boldsymbol{J}_{2n}$ $\sigma_1\dfrac{\partial\phi_1}{\partial n}=\sigma_2\dfrac{\partial\phi_2}{\partial n}$	$\boldsymbol{E}_{1t}=\boldsymbol{E}_{2t}$ $\phi_1=\phi_2$ $\boldsymbol{D}_{1n}=\boldsymbol{D}_{2n}$ $\varepsilon_1\dfrac{\partial\phi_1}{\partial n}=\varepsilon_2\dfrac{\partial\phi_2}{\partial n}$
物理量的对应关系	电场强度矢量 $\boldsymbol{E}$ 电流密度矢量 $\boldsymbol{J}$ 电位 ϕ 电流强度 I 电导率 σ	电场强度矢量 $\boldsymbol{E}$ 电位移矢量 $\boldsymbol{D}$ 电位 ϕ 电量 q 介电常数 ε

由表 3.1 可以看出，两种场的基本方程是相似的，只要把 $\boldsymbol{J}$ 与 $\boldsymbol{D}$，σ 与 ε 相互置换，一个场的基本方程就变为另一个场的基本方程了。(在相同的边界条件下，如果已经得到了一种场的解，只要按表 3.1 将对应的物理量置换一下，就能得到另一种场的解)。这种方法称为类比法，类比法在电磁场计算中应用较广。

3.2 典型题解

3.2.1 基本方程汇总

$$\nabla\times\boldsymbol{E}=0 \qquad \oint_l \boldsymbol{E}\cdot\mathrm{d}\boldsymbol{l}=0$$

$$\nabla\cdot\boldsymbol{J}=0 \qquad \oint_S \boldsymbol{J}\cdot\mathrm{d}\boldsymbol{S}=0$$

$$\nabla^2\phi=0 \qquad \phi=\int_p^{p_0}\boldsymbol{E}\cdot\mathrm{d}\boldsymbol{l}\phi_{p_0}=0$$

本构关系：

$$\boldsymbol{J}=\sigma\boldsymbol{E}$$

3.2.2 解题思路

恒定电场相关计算问题的解题思路如下：

(1) 利用静电比拟或者解电位方程的方法(要注意边界条件的使用)。

(2) 通过假设电荷 q 来计算电场 $\boldsymbol{D}=\varepsilon\boldsymbol{E}$。将电荷换成电流($q\to I$)，介电常数换成电导率($\varepsilon\to\sigma$)，采用静电比拟法得到恒定电场的解，然后再计算电位 $\phi=\int_l \boldsymbol{E}\cdot\mathrm{d}\boldsymbol{l}$ 和电阻 R 或电导 G。

例 3-1 面积为 S 的平行板电容器两端施加的电压为 U，平行板间填充两种厚度分别为 d_1 和 d_2，介电常数为 ε_1 和 ε_2，电导率分别为 σ_1 和 σ_2 的有损电介质，求

(1) 平行板间的电流密度；

(2) 两种电介质中的电场强度。

解 各矢量方向如图 3.2 所示。

(1) 因为 J 的法向分量的连续性可保证两种介质中的电流密度一致，电流方向相同。由基尔霍夫电压定律得

$$U=(R_1+R_2)I=\left(\frac{d_1}{\sigma_1 S}+\frac{d_2}{\sigma_2 S}\right)I$$

图 3.2 例 3-1 用图

所以

$$J=\frac{I}{S}=\frac{U}{\left(\frac{d_1}{\sigma_1}\right)+\left(\frac{d_2}{\sigma_2}\right)}=\frac{\sigma_1\sigma_2 U}{\sigma_2 d_1+\sigma_1 d_2}\ (\mathrm{A/m^2})$$

(2) 为了求两种介质中的电场强度 E_1 和 E_2，需要列两个方程。忽略两板的边缘效应有

$$U=E_1 d_1+E_2 d_2$$

由 $J_1=J_2$ 可以得出

$$E_1\sigma_1=E_2\sigma_2$$

求解这两个方程得

$$E_1=\frac{U\sigma_2}{\sigma_2 d_1+\sigma_1 d_2}$$

$$E_2=\frac{U\sigma_1}{\sigma_2 d_1+\sigma_1 d_2}$$

例 3-2 电导率为 σ 的无界均匀电介质内，有两个半径分别为 R_1 和 R_2 的理想导体小球，两球之间的距离为 $d(d\gg R_1,\ d\gg R_2)$，试求两小导体球面间的电阻。

解 此题可采用静电比拟的方法求解。假设两小球分别带电荷 q 和 $-q$，由于两球间的距离 $d\gg R_1$，$d\gg R_2$，可近似认为小球上的电荷均匀分布在球面上。由电荷 q 和 $-q$ 的电位叠加求出两小球表面的电位差，即可求得两小导体球面间的电容，再由静电比拟求出两小导体球面间的电阻。

设两小球分别带电荷 q 和 $-q$，由于 $d\gg R_1$，$d\gg R_2$，可得到两小球表面的电位为

$$\phi_1=\frac{q}{4\pi\varepsilon}\left(\frac{1}{R_1}-\frac{1}{d-R_2}\right)$$

$$\phi_2=-\frac{q}{4\pi\varepsilon}\left(\frac{1}{R_2}-\frac{1}{d-R_1}\right)$$

所以两小导体球面间的电容为

$$C=\frac{q}{\phi_1-\phi_2}=-\frac{4\pi\varepsilon}{\dfrac{1}{R_1}+\dfrac{1}{R_2}-\dfrac{1}{d-R_1}-\dfrac{1}{d-R_2}}$$

由静电比拟，得到两小导体球面间的电导为

$$G=\frac{I}{\phi_1-\phi_2}=-\frac{4\pi\sigma}{\dfrac{1}{R_1}+\dfrac{1}{R_2}-\dfrac{1}{d-R_1}-\dfrac{1}{d-R_2}}$$

故两个小导体球面间的电阻为

$$R=\frac{1}{G}=\frac{1}{4\pi\sigma}\left(\frac{1}{R_1}+\frac{1}{R_2}-\frac{1}{d-R_1}-\frac{1}{d-R_2}\right)$$

例 3-3 同轴线内外半径分别为 a 和 b，填充的介质 $\sigma\neq 0$，具有漏电现象，同轴线外加电压 U，如图 3.3 所示，求(1) 漏电介质内的 ϕ；(2) 漏电介质内的 $\boldsymbol{E}$、$\boldsymbol{J}$；(3) 单位长度上的漏电电导。

解 建立圆柱坐标系，同轴线的轴向与坐标 Z 轴重合。因为同轴线的内外导体中有轴向流动的电流，由 $\boldsymbol{J}=\sigma\boldsymbol{E}$ 可知，对于良导体构成的同轴线，$\sigma\to\infty$，所以导体内的电场 $\boldsymbol{E}_z$ 很小。由于内外导体表面有面电荷分布，内导体表面为正的面电荷，外导体内表面为负的面电荷，它们是电源充电时扩散而稳定分布在导体表面的，故在漏电介质中存在径向电场分量 $\boldsymbol{E}_r$，由此设内外导体是理想导体，则 $\boldsymbol{E}_z=0$，内外导体表面是等位面，漏电介质中的电位只是 $\boldsymbol{r}$ 的函数，满足拉普拉斯方程。

(1) 电位所满足的拉普拉斯方程为

$$\frac{1}{r}\frac{\mathrm{d}}{\mathrm{d}r}\left(\frac{\mathrm{d}\phi}{\mathrm{d}r}\right)=0$$

由边界条件 $r=a$，$\phi=U$；$r=b$，$\phi=0$ 所得解为

$$\phi(r)=\frac{U}{\ln\dfrac{b}{a}}\times\ln\frac{b}{r}$$

(2) 电场强度变量为

$$\boldsymbol{E}(r)=-\boldsymbol{e}_r\frac{\mathrm{d}\varphi}{\mathrm{d}r}=\frac{U}{r\ln\frac{b}{a}}\boldsymbol{e}_r$$

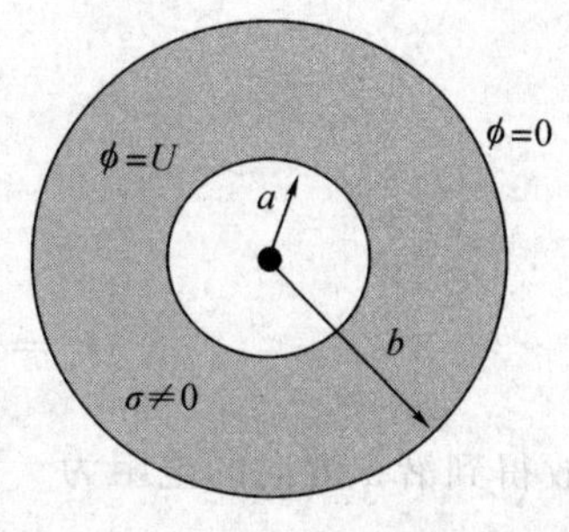

图 3.3　例 3-3 用图

漏电媒质的电流密度为

$$\boldsymbol{J}=\sigma\boldsymbol{E}(r)=\frac{\sigma U}{r\ln\frac{b}{a}}\boldsymbol{e}_r$$

(3) 单位长度的漏电流为

$$I_0=2\pi r\cdot\frac{\sigma U}{r\ln\frac{b}{a}}=\frac{2\pi\sigma U}{\ln\frac{b}{a}}$$

单位长度的漏电导为

$$G_0=\frac{I_0}{U}=\frac{2\pi\sigma}{\ln\frac{b}{a}}$$

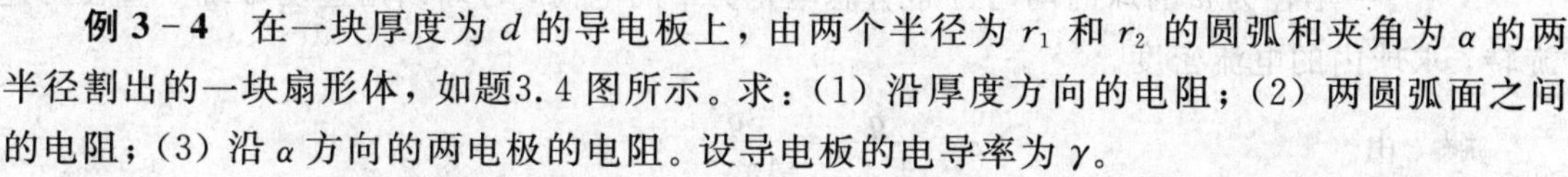

例 3-4　在一块厚度为 d 的导电板上，由两个半径为 r_1 和 r_2 的圆弧和夹角为 α 的两半径割出的一块扇形体，如题3.4 图所示。求：(1) 沿厚度方向的电阻；(2) 两圆弧面之间的电阻；(3) 沿 α 方向的两电极的电阻。设导电板的电导率为 γ。

解　(1) 设沿厚度方向的两电极的电压为 U_1，则有

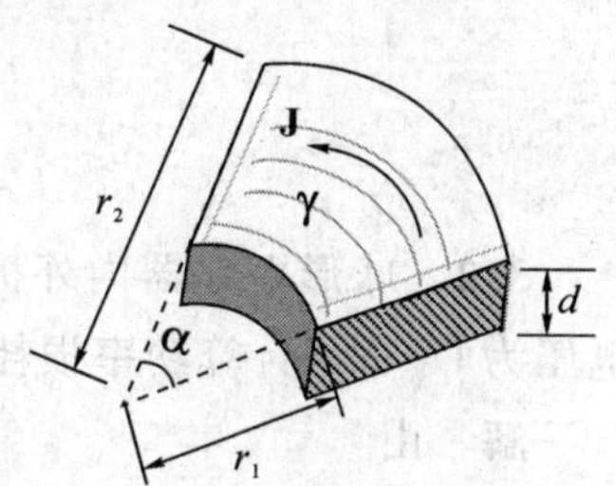

图 3.4　例 3-4 用图

$$E_1=\frac{U_1}{d}$$

$$J_1=\gamma E_1=\frac{\gamma U_1}{d}$$

$$I_1=J_1S_1=\frac{\gamma U_1}{d}\times\frac{\alpha}{2}(r_2^2-r_1^2)$$

故得到沿厚度方向的电阻为

$$R_1=\frac{U_1}{I_1}=\frac{2d}{\alpha\gamma(r_2^2-r_1^2)}$$

(2) 设内外两圆弧面电极之间的电流为 I_2，则

$$J_2=\frac{I_2}{S_2}=\frac{I_2}{\mathrm{d}r\alpha}$$

$$E_2=\frac{J_2}{\gamma}=\frac{I_2}{\gamma\mathrm{d}r\alpha}$$

则两圆弧面电极之间的电压为

$$U_2=\int_{r_1}^{r_2}E_2\,\mathrm{d}r=\frac{I_2}{\mathrm{d}r\alpha}\ln\frac{r_2}{r_1}$$

故得到两圆弧面之间的电阻为

$$R=\frac{U_2}{I_2}=\frac{1}{\mathrm{d}r\alpha}\ln\frac{r_2}{r_1}$$

(3) 设沿 α 方向的两电极的电压为 U_3，则有

$$U_3=\int_0^{\alpha}E_3r\,\mathrm{d}\varphi$$

由于 E_3 与 φ 无关，所以得到

$$\boldsymbol{E}_3=\boldsymbol{e}_\varphi \frac{E_3}{\alpha r}$$

$$\boldsymbol{J}_3=\gamma \boldsymbol{E}_3=\boldsymbol{e}_\varphi \frac{\gamma U_3}{\alpha r}$$

$$\boldsymbol{I}_3=\iint_{S_3} \boldsymbol{J}_3 \cdot \boldsymbol{e}_\varphi \mathrm{dS}=\int_{r_1}^{r_2} \frac{\gamma d U_3}{\alpha r} \mathrm{d} r=\frac{\gamma d U_3}{\alpha} \ln \frac{r_2}{r_1}$$

故得到沿 α 方向的电阻为

$$R_3=\frac{U_3}{I_3}=\frac{\alpha}{\gamma d \ln \left(\frac{r_2}{r_1}\right)}$$

3.3 课后题解

3.1 一半径为 a 的球内均匀分布有总电量为 q 的电荷，若球以角速度 ω 绕一直径匀速旋转，求球内的电流密度。

解 由

$$\rho=\frac{q}{\frac{4}{3}\pi a^3}=\frac{3q}{4\pi a^3},\ v=\omega a$$

$$\Rightarrow \boldsymbol{J}=\frac{3q}{4\pi a^3}\cdot \omega a \sin\theta \boldsymbol{e}_\varphi$$

3.2 球形电容器内外极板的半径分别为 a 和 b，两极板间媒质的电导率为 σ，当外加电压为 U_0 时，计算功率损耗并求电阻。

解 由

$$\boldsymbol{J}=\frac{I}{4\pi r^2}\boldsymbol{e}_r \Rightarrow \boldsymbol{E}=\frac{\boldsymbol{J}}{\sigma}=\frac{I}{4\pi\sigma r^2}\boldsymbol{e}_r$$

$$U_0=\int_a^b \frac{I}{4\pi\sigma r^2}\mathrm{d}r=\frac{I}{4\pi\sigma}-\frac{1}{r}\bigg|_a^b=\frac{I}{4\pi\sigma}\left(\frac{1}{a}-\frac{1}{b}\right)\Rightarrow I=\frac{4\pi\sigma a b U_0}{b-a}$$

$$p=\boldsymbol{E}\cdot\boldsymbol{J}=\sigma E^2=\sigma\cdot\frac{1}{16\pi^2\sigma^2 r^4}\cdot\frac{16\pi^2\sigma^2 a^2 b^2 U_0^2}{(b-a)^2}=\sigma\frac{a^2 b^2 U_0^2}{(b-a)^2 r^4}$$

$$P=\iiint_V p\cdot \mathrm{dV}=\int_a^b \sigma\frac{a^2 b^2 U_0^2}{(b-a)^2 r^4}4\pi r^2\mathrm{d}r=\frac{4\pi\sigma U_0^2}{\frac{1}{a}-\frac{1}{b}}$$

$$P=\frac{U^2}{R}\Rightarrow R=\frac{U^2}{P}=\frac{1}{4\pi\sigma}\left(\frac{1}{a}-\frac{1}{b}\right)$$

3.3 线性各向同性的非均匀媒质的介电常数和电导率分别为 ε 和 σ，若其中有电流密度为 $\boldsymbol{J}$ 的恒定电流，试证明媒质中将有密度 $\rho=\boldsymbol{J}\cdot\nabla\left(\frac{\varepsilon}{\sigma}\right)$ 的电荷存在。

解 因为 $\boldsymbol{E}=\frac{\boldsymbol{J}}{\sigma}$，所以

$$\nabla\cdot\boldsymbol{E}=\frac{\rho}{\varepsilon},\quad \nabla\cdot(\varepsilon\boldsymbol{E})=\rho$$

从而可得到

$$\rho=\nabla\cdot(\varepsilon\boldsymbol{E})=\nabla\cdot\left(\boldsymbol{J}\frac{\varepsilon}{\sigma}\right)=\boldsymbol{J}\cdot\nabla\left(\frac{\varepsilon}{\sigma}\right)+\frac{\varepsilon}{\sigma}\cdot\nabla\boldsymbol{J}$$

又由于$\nabla\cdot\boldsymbol{J}=0$，$\rho=\boldsymbol{J}\cdot\nabla\left(\frac{\varepsilon}{\sigma}\right)$得证。

3.4　平行板电容器两极板间由两种媒质完全填充，介电常数和电导率分别为 ε_1，ε_2 和 σ_1，σ_2，两种媒质的平面接口到两极板间的距离分别为 d_1，d_2，两极板间的电压为 U，求两媒质中的电场强度 $\boldsymbol{E}$、电位移向量 $\boldsymbol{D}$、电流密度 $\boldsymbol{J}$ 和介质分接口上的自由电荷密度 ρ_s。

解　显然，在平行板电容器中电场 $\boldsymbol{E}_1$、$\boldsymbol{E}_2$ 的方向均垂直于两平行板和介质分界面。所以由

$$\begin{cases}E_1d_1+E_2d_2=U\\J_1=J_2\Rightarrow\sigma_1E_1=\sigma_2E_2\end{cases}$$

可得到

$$\begin{cases}\boldsymbol{E}_1=-\dfrac{U\sigma_2}{\sigma_2d_1+\sigma_1d_2}\cdot\boldsymbol{e}_y\\\boldsymbol{E}_2=-\dfrac{U\sigma_1}{\sigma_2d_1+\sigma_1d_2}\cdot\boldsymbol{e}_y\end{cases}$$

$$\begin{cases}\boldsymbol{D}_1=\varepsilon_1\boldsymbol{E}_1=-\dfrac{\varepsilon_1\sigma_2U}{\sigma_2d_1+\sigma_1d_2}\cdot\boldsymbol{e}_y\\\boldsymbol{D}_2=\varepsilon_2\boldsymbol{E}_2=-\dfrac{\varepsilon_2\sigma_1U}{\sigma_2d_1+\sigma_1d_2}\cdot\boldsymbol{e}_y\end{cases}$$

$$\begin{cases}\boldsymbol{J}=\sigma_1\boldsymbol{E}_1=-\dfrac{\sigma_1\sigma_2U}{\sigma_2d_1+\sigma_1d_2}\cdot\boldsymbol{e}_y\\\boldsymbol{J}=\sigma_2\boldsymbol{E}_2=-\dfrac{\sigma_1\sigma_2U}{\sigma_2d_1+\sigma_1d_2}\cdot\boldsymbol{e}_y\end{cases}$$

$$\rho_s=D_1-D_2=\frac{\varepsilon_2\sigma_1U}{\sigma_2d_1+\sigma_1d_2}-\frac{\varepsilon_1\sigma_2U}{\sigma_2d_1+\sigma_1d_2}=\frac{(\varepsilon_2\sigma_1-\varepsilon_1\sigma_2)U}{\sigma_2d_1+\sigma_1d_2}$$

3.5　内外导体半径分别为 a，c 的同轴线，其间由两层导电媒质完全填充，媒质接口是半径为 b 的圆柱面，轴线与同轴线重合。介电常数分别为 $\varepsilon_1(a<r<b)$ 和 $\varepsilon_2(b<r<c)$，电导率分别为 $\sigma_1(a<r<b)$ 和 $\sigma_2(b<r<c)$，若同轴线内外导体间加电压 U，求媒质界面上的自由面电荷密度。

解　作一同轴圆柱面，设圆柱长为 l。由

$$\oiint_S\boldsymbol{J}\cdot\mathrm{d}\boldsymbol{S}=I\Rightarrow J\cdot2\pi r\cdot l=I\Rightarrow J=\frac{I}{2\pi rl}$$

所以

$$E_1=\frac{J}{\sigma_1}=\frac{I}{2\pi\sigma_1rl}$$

$$E_2=\frac{J}{\sigma_2}=\frac{I}{2\pi\sigma_2rl}$$

$$D_1=\varepsilon_1E_1=\frac{I\varepsilon_1}{2\pi\sigma_1rl}$$

$$D_2=\varepsilon_2E_2=\frac{I\varepsilon_2}{2\pi\sigma_2rl}$$

$$U=\int E\cdot \mathrm{d}l=\int_a^b \frac{I}{2\pi\sigma_1 rl}\cdot \mathrm{d}r+\int_b^c \frac{I}{2\pi\sigma_2 rl}\cdot \mathrm{d}r=I\cdot \frac{\sigma_2\ln\frac{b}{a}+\sigma_2\ln\frac{c}{b}}{2\pi\sigma_1\sigma_2 l}$$

解得

$$I=\frac{2\pi\sigma_1\sigma_2 lU}{\sigma_2\ln\frac{b}{a}+\sigma_1\ln\frac{c}{b}}$$

所以

$$\rho_s=D_1-D_2=\frac{I\varepsilon_1}{2\pi\sigma_1 bl}-\frac{I\varepsilon_2}{2\pi\sigma_2 bl}=\frac{I(\sigma_2\varepsilon_1-\sigma_1\varepsilon_2)}{2\pi\sigma_1\sigma_2 bl}$$

$$=\frac{U}{\sigma_2\ln\frac{b}{a}+\sigma_1\ln\frac{c}{b}}\cdot\frac{\sigma_2\varepsilon_1-\sigma_1\varepsilon_2}{b}=\frac{U\cdot(\sigma_2\varepsilon_1-\sigma_1\varepsilon_2)}{b(\sigma_2\ln\frac{b}{a}+\sigma_1\ln\frac{c}{b})}$$

3.6 一个半径为 a 的导体球当作接地电极深埋地下，土壤的电导率为 σ，若略去地面的影响，求接地电阻。

解 当不考虑地面影响时，这个问题就相当于计算位于无限大均匀导电媒质中的导体球的恒定电流问题。设导体球的电流为 I，则任意点的电流密度为

$$\boldsymbol{J}=\boldsymbol{e}_r\frac{I}{4\pi r^2}$$

电场强度为

$$\boldsymbol{E}=\boldsymbol{e}_r\frac{I}{4\pi\sigma r^2}$$

导体球面的电位为(选取无穷远处为电位零点)

$$U=\int_a^\infty \frac{I}{4\pi\sigma r^2}\mathrm{d}r=\frac{I}{4\pi\sigma a}$$

则可得接地电阻为

$$R=\frac{U}{I}=\frac{1}{4\pi\sigma a}$$

3.7 在电导率为 σ 的均匀电媒质中有两个导体小球，半径分别为 a 和 b，两小球球心相距为 $d(d\gg a+b)$，求两球之间的电阻。

解 设两小球分别带电荷 q 和 $-q$，由于 $d\gg a$，$d\gg b$，近似认为小球上的电荷均匀分布在球面上，两小球表面的电位为

$$\phi_1=\frac{q}{4\pi\varepsilon}\left(\frac{1}{a}-\frac{1}{d-b}\right)$$

$$\phi_2=-\frac{q}{4\pi\varepsilon}\left(\frac{1}{b}-\frac{1}{d-a}\right)$$

所以

$$U=\phi_1-\phi_2=\frac{q}{4\pi\varepsilon}\left(\frac{1}{a}+\frac{1}{b}-\frac{1}{d-a}-\frac{1}{d-b}\right)$$

两小导体球面间电容为

$$C=\frac{q}{U}=\frac{4\pi\varepsilon}{\frac{1}{a}+\frac{1}{b}-\frac{1}{d-a}-\frac{1}{d-b}}$$

利用静电比拟法，得出

$$G=\frac{C\sigma}{\varepsilon}\Rightarrow R=\frac{\varepsilon}{\sigma C}=\frac{1}{4\pi\sigma}\left(\frac{1}{a}+\frac{1}{b}-\frac{1}{d-a}-\frac{1}{d-b}\right)$$

3.8　高度为 h 且内外半径分别为 a 和 b 的导体圆环(空心圆柱)的电导率为 σ，试证明内外柱面间的电阻为 $R=(2\pi\sigma h)\ln\frac{b}{a}$。

证明　因为

$$\mathrm{d}R=\frac{\mathrm{d}l}{\sigma S}=\frac{\mathrm{d}r}{\sigma\cdot 2\pi r\cdot h}$$

所以

$$R=\int_a^b\frac{\mathrm{d}r}{\sigma\cdot 2\pi r\cdot h}=\frac{1}{2\pi\sigma h}\ln\frac{b}{a}$$

3.9　在介电常数 ε，电导率 σ 均与坐标有关的无界非均匀媒质中，若有恒定电流存在，试证明媒质中的自由电荷密度为

$$\rho=\boldsymbol{E}\cdot\left(\nabla\varepsilon-\frac{\varepsilon}{\sigma}\nabla\sigma\right)$$

式中 $\boldsymbol{E}$ 为媒质中的电场强度。

证明　由方程 $\nabla\cdot\boldsymbol{J}=0$ 得

$$\nabla\cdot\boldsymbol{J}=\nabla\cdot(\sigma\boldsymbol{E})=\boldsymbol{E}\cdot\nabla\sigma+\sigma\nabla\cdot\boldsymbol{E}=0$$

即

$$\nabla\cdot\boldsymbol{E}=-\frac{\nabla\sigma}{\sigma}\cdot\boldsymbol{E}$$

故有

$$\begin{aligned}\rho&=\nabla\cdot\boldsymbol{D}=\nabla\cdot(\varepsilon\boldsymbol{E})=\boldsymbol{E}\cdot\nabla\varepsilon+\varepsilon\nabla\cdot\boldsymbol{E}\\&=\boldsymbol{E}\cdot\nabla\varepsilon-\varepsilon\frac{\nabla\sigma}{\sigma}\cdot\boldsymbol{E}\\&=\boldsymbol{E}\cdot\left(\nabla\varepsilon-\frac{\varepsilon}{\sigma}\nabla\sigma\right)\end{aligned}$$

第4章 恒定磁场

4.1 主要内容与复习要点

主要内容：恒定磁场基本方程及边界条件，磁通连续性原理，安培环路定律，磁偶极子及磁偶极矩的计算，磁化强度、磁场强度和磁感应强度的关系，磁化面电流密度、磁化体电流密度的计算。

图 4.1 所示为本章主要内容结构图。

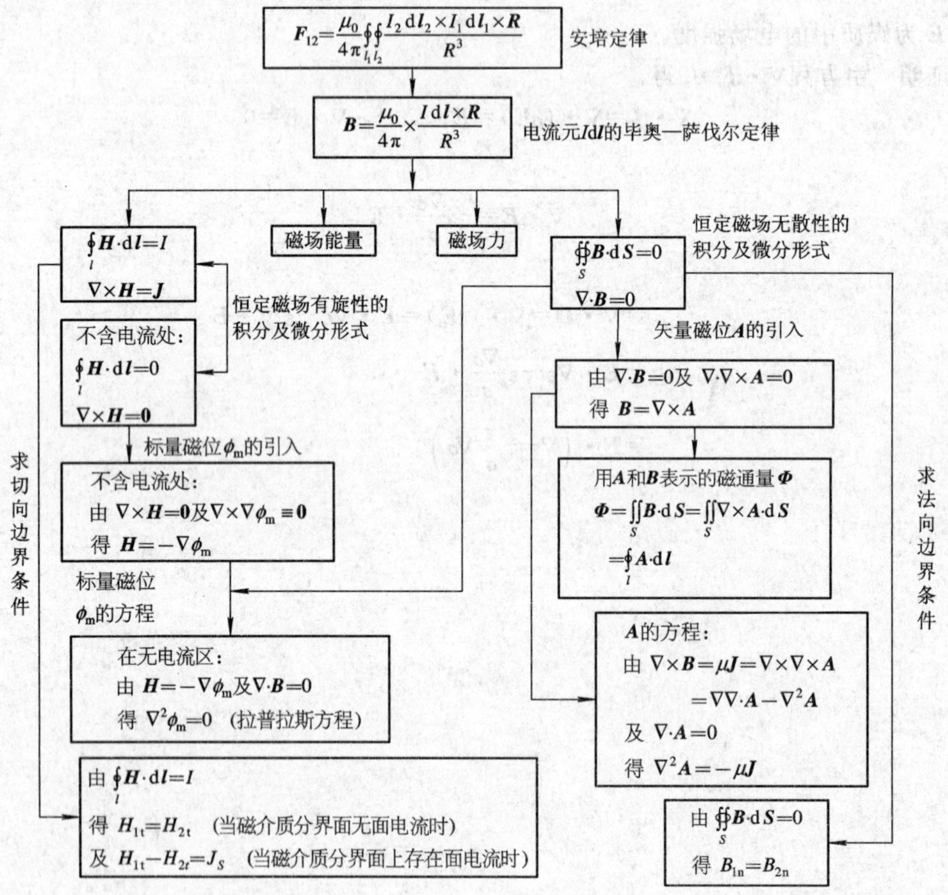

图 4.1 本章主要内容结构图

复习要点：恒定磁场基本方程及边界条件、磁化面电流密度、磁化体电流密度。

4.1.1 磁感应强度及磁场力

1. 磁感应强度

磁感应强度(磁通密度矢量)可理解为磁场对单位电流所产生的作用力。根据毕奥-沙伐尔定律，电流环 C 在空间某点产生的磁感应强度为

$$\boldsymbol{B} = \frac{\mu_0}{4\pi}\oint_l \frac{I\mathrm{d}\boldsymbol{l}\times\boldsymbol{e}_r}{R^2} \quad (\mathrm{T},\ \mathrm{Wb/m^2})$$

体积 V 内电流密度为 $\boldsymbol{J}$ 的电流产生的磁感应强度为

$$\boldsymbol{B} = \frac{\mu_0}{4\pi}\iiint_V \frac{\boldsymbol{J}\times\boldsymbol{e}_r}{R^2}\mathrm{d}V$$

其中，$\mu_0=4\pi\times10^{-7}$(H/m)为真空中的磁导率。

2. 磁场力

磁场对电流元 $I\mathrm{d}\boldsymbol{l}$ 的作用力为

$$\mathrm{d}\boldsymbol{F}=I\mathrm{d}\boldsymbol{l}\times\boldsymbol{B}$$

对以速度 $\boldsymbol{v}$ 运动的电荷 $\boldsymbol{q}$ 的作用力(洛仑兹力)为

$$\boldsymbol{F}=q\boldsymbol{v}\times\boldsymbol{B}$$

4.1.2 磁通连续性原理

1. 磁通量

磁通量表示式为

$$\Phi = \iint_S \boldsymbol{B}\cdot\mathrm{d}\boldsymbol{S}$$

无限长载流 I 直导线的磁感应强度为

$$\boldsymbol{B}=\frac{\mu_0 I}{2\pi R}\boldsymbol{e}_\varphi$$

2. 磁通连续性原理

$$\oint\!\!\!\!\oint_S \boldsymbol{B}\cdot\mathrm{d}\boldsymbol{S} = 0,\ \nabla\cdot\boldsymbol{B} = 0$$

积分方程物理意义：穿过任意闭合面的通量为零，磁力线是无头无尾的闭合曲线。

微分方程物理意义：磁场是无散场，自然界中不存在磁荷。

点电荷位于坐标原点 $r'=0$，$\boldsymbol{R}=\boldsymbol{r}$ 处的电位 $\phi=\frac{q}{4\pi\varepsilon_0 r}$，原点电荷的等电位面为球面，其中 $r=\frac{q}{4\pi\varepsilon_0\phi}$。

4.1.3 安培环路定律

1. 真空中的安培环路定律

在真空中，磁感应强度沿任意闭合回路的线积分(环量)等于真空中的磁导率乘以与该

回路交链的电流的代数和，电流的正方向与积分回路的绕行方向呈右手螺旋关系，即

$$\oint_l \boldsymbol{B}\cdot \mathrm{d}\boldsymbol{l} = \mu_0 \sum I = \mu_0 \iint_S \boldsymbol{J}\cdot \mathrm{d}\boldsymbol{S}$$

$$\nabla\times\boldsymbol{B}=\mu_0\boldsymbol{J}$$

磁场是有旋无散场。

2. 介质中的安培环路定律

介质在恒定磁场中会产生磁化，磁化由磁化强度矢量 $\boldsymbol{M}$ 来描述，$\boldsymbol{M}$ 是介质磁化后单位体积内的磁矩。由于磁化，在介质内和介质表面会产生磁化(束缚)电流：

$$\boldsymbol{J}_{\mathrm{m}}=\nabla\times\boldsymbol{M}$$

$$\boldsymbol{J}_{\mathrm{sm}}=\boldsymbol{M}\times\boldsymbol{n}$$

磁场强度矢量：

$$\boldsymbol{H}=\frac{\boldsymbol{B}}{\mu_0}-\boldsymbol{M}\ (\mathrm{A/m})$$

在各向同性、线性介质中，

$$\boldsymbol{M}=\chi_{\mathrm{m}}\boldsymbol{H}$$

$$\boldsymbol{B}=\mu_0\mu_{\mathrm{r}}\boldsymbol{H}=\mu\boldsymbol{H}$$

μ_{r} 是介质的相对磁导率，对于非铁磁/弱磁磁介质 $\mu_{\mathrm{r}}\approx1$。铁磁磁介质 μ_{r} 很大且有非线性性质。

介质中的安培环路定律：

$$\oint_l \boldsymbol{H}\cdot \mathrm{d}\boldsymbol{l} = \sum I = \iint_S \boldsymbol{J}\cdot \mathrm{d}\boldsymbol{S}$$

$$\nabla\times\boldsymbol{H}=\boldsymbol{J}$$

做计算题时应注意：一般在柱坐标系下进行计算的过程中，当 $J(r)\boldsymbol{e}_z$ 是 r 的函数时(不均匀分布电流)，$\mathrm{d}s=r\mathrm{d}r\mathrm{d}\phi$。

4.1.4 矢量磁位

1. 矢量磁位的引入

利用矢量恒等式$\nabla\cdot\nabla\times\boldsymbol{F}\equiv0$ 及$\nabla\cdot\boldsymbol{B}=0$ 定义矢量磁位 $\boldsymbol{A}$：

$$\boldsymbol{B}=\nabla\times\boldsymbol{A}$$

唯一确定 $\boldsymbol{A}$ 还需引入库仑规范

$$\nabla\cdot\boldsymbol{A}=0$$

2. 矢量磁位的泊松方程

$$\nabla^2\boldsymbol{A}=-\mu_0\boldsymbol{J}$$

3. 线电流的矢量磁位

$$\boldsymbol{A}(\boldsymbol{r})=\frac{\mu_0}{4\pi}\int_{\tau}\frac{I}{R}\mathrm{d}\boldsymbol{l}$$

4. 矢量磁位与磁通的关系

$$\Phi = \iint_S \boldsymbol{B} \cdot \mathrm{d}\boldsymbol{S} = \iint_S (\nabla \times \boldsymbol{A}) \cdot \mathrm{d}\boldsymbol{S} = \oint_l \boldsymbol{A} \cdot \mathrm{d}\boldsymbol{l}$$

4.1.5 恒定磁场的基本方程

恒定磁场的基本方程为

$$\oiint_S \boldsymbol{B} \cdot \mathrm{d}\boldsymbol{S} = 0, \ \nabla \cdot \boldsymbol{B} = 0$$

$$\oint_l \boldsymbol{H} \cdot \mathrm{d}\boldsymbol{l} = \sum I = \iint_S \boldsymbol{J} \cdot \mathrm{d}\boldsymbol{S}, \ \nabla \times \boldsymbol{H} = \boldsymbol{J}$$

$$\boldsymbol{B} = \mu_0 \mu_r \boldsymbol{H} = \mu \boldsymbol{H}$$

4.1.6 恒定磁场的边界条件

恒定磁场的边界条件如表4.1所示。

表4.1 恒定磁场的边界条件

	一般表示式	介质—介质	介质—理想导体
$\boldsymbol{B}$	$\boldsymbol{n} \cdot \boldsymbol{B}_1 = \boldsymbol{n} \cdot \boldsymbol{B}_2$ $B_{1n} = B_{2n}$	同一般式	同一般式
$\boldsymbol{H}$	$\boldsymbol{n} \times (\boldsymbol{H}_1 - \boldsymbol{H}_2) = \boldsymbol{J}_S$ $H_{1t} - H_{2t} = J_S$	$\boldsymbol{n} \times \boldsymbol{H}_1 = \boldsymbol{n} \times \boldsymbol{H}_2$ $H_{1t} = H_{2t}$	同一般式

由 $B_{1n} = B_{2n}$、$H_{1t} = H_{2t}$ 可导出 $\dfrac{\tan\theta_1}{\tan\theta_2} = \dfrac{\mu_1}{\mu_2}$，对于铁磁介质与非铁磁介质的交界面，非铁磁介质中的磁力线几乎垂直于铁磁介质表面。

4.1.7 电感

计算电感的步骤如下：

(1) 假设回路电流为 I_1。

(2) 根据 I_1 求 $\boldsymbol{B}_1$。

(3) 由 $\boldsymbol{B}$ 求磁通 $\Phi_{11} = \iint_{S_1} \boldsymbol{B}_1 \cdot \mathrm{d}\boldsymbol{S}$，$\Phi_{12} = \iint_{S_2} \boldsymbol{B}_1 \cdot \mathrm{d}\boldsymbol{S}$。

(4) 求磁链 $\Psi_{11} = N_1 \Phi_{11}$，$\Psi_{12} = N_2 \Phi_{12}$（穿过 N 匝回路的总磁通）。

(5) 求自感和互感 $L_{11} = \dfrac{\Psi_{11}}{I_1}$，$M_{12} = \dfrac{\Psi_{12}}{I_1}$。

4.1.8 磁场能量

磁场能量的计算公式如下：

$$W_m = \frac{1}{2}\sum_{i=1}^{N} I_i \Psi_i$$

$$W_m = \frac{1}{2}\int_\tau \boldsymbol{B} \cdot \boldsymbol{H} d\tau$$

磁场能量密度的计算公式为

$$w_m = \frac{1}{2}\boldsymbol{B} \cdot \boldsymbol{H}$$

对于各向同性线性介质还可以写成：

$$w_m = \frac{1}{2}\mu H^2$$

4.2 典型题解

1. 基本方程

$$\nabla \times \boldsymbol{H} = \boldsymbol{J} \qquad \oint_l \boldsymbol{H} \cdot d\boldsymbol{l} = I$$

$$\nabla \cdot \boldsymbol{B} = 0 \qquad \oiint_S \boldsymbol{B} \cdot d\boldsymbol{S} = 0$$

$$\nabla^2 \boldsymbol{A} = -\mu \boldsymbol{J} \qquad \Phi = \iint_S \boldsymbol{B} \cdot d\boldsymbol{S}$$

本构关系： $\boldsymbol{B} = \mu \boldsymbol{H}$

2. 解题思路

(1) 对称问题(轴对称、面对称)使用安培定理。

(2) 磁场计算：假设电流 I→计算磁场强度 H→计算磁通 Φ→计算磁场能量密度 $w_m = \frac{1}{2}\boldsymbol{B} \cdot \boldsymbol{H}$。

(3) 电感计算：假设电流 I→计算磁场强度 H→计算磁通 Φ→计算电感 $L=\Phi/I$。

3. 典型问题

(1) 载流直导线的磁场计算；

(2) 电流环的磁场计算；

(3) 磁通的计算；

(4) 能量与电感的计算。

4.3 课后题解

4.1 一个正 n 边形(边长为 a)线圈中通有电流为 I，试证明此线圈中心的磁感应强度为

$$B = \frac{\mu_0 n I}{2\pi a}\tan\frac{\pi}{n}$$

证明 先计算有限长度的直导线在线圈中心产生的磁场。使用公式

$$B=\frac{\mu_0 I}{4\pi r}(\sin\alpha_1-\sin\alpha_2)$$

并注意到

$$\alpha_1=-\alpha_2=\frac{2\pi}{2n}=\frac{\pi}{n}$$

设正多边形的外接圆半径是 a，由于

$$\frac{r}{a}=\cos\frac{\pi}{n}$$

所以，中心点的磁感应强度为

$$B=\frac{\mu_0 nI}{2\pi a}\tan\frac{\pi}{n}$$

4.2 求载流为 I，半径为 a 的圆形导线中心的磁感应强度。

解

$$\boldsymbol{B}=\frac{\mu_0}{4\pi}\oint_l\frac{I\,\mathrm{d}\boldsymbol{l}\times\boldsymbol{R}}{R^3}$$

$$\boldsymbol{R}=z\boldsymbol{e}_z-a\boldsymbol{e}_r,\qquad R^2=a^2+z^2$$

$$I\mathrm{d}\boldsymbol{l}\times\boldsymbol{R}=Ia(z\boldsymbol{e}_r-a\boldsymbol{e}_z)\mathrm{d}\theta$$

所以

$$\boldsymbol{B}=\frac{\mu_0 Ia^2}{2\,(a^2+z^2)^{\frac{3}{2}}}\boldsymbol{e}_z$$

4.3 一个载流为 I_1 的长直导线和一个载流为 I_2 的圆环(半径为 a)在同一平面，圆心与导线的距离是 d。证明两电流之间的相互作用力为 $\mu_0 I_1 I_2\left[\frac{d}{\sqrt{d^2-a^2}}-1\right]$。

证明 选取如图 4.2 所示的坐标系。直线电流产生的磁感应强度为

$$\boldsymbol{B}_1=\frac{\mu_0 I_1}{2\pi r}\boldsymbol{e}_\varphi=\frac{\mu_0 I_1}{2\pi(d+a\cos\theta)}\boldsymbol{e}_\varphi$$

$$\boldsymbol{F}=\oint_l I_2\,\mathrm{d}\boldsymbol{l}_2\times\boldsymbol{B}$$

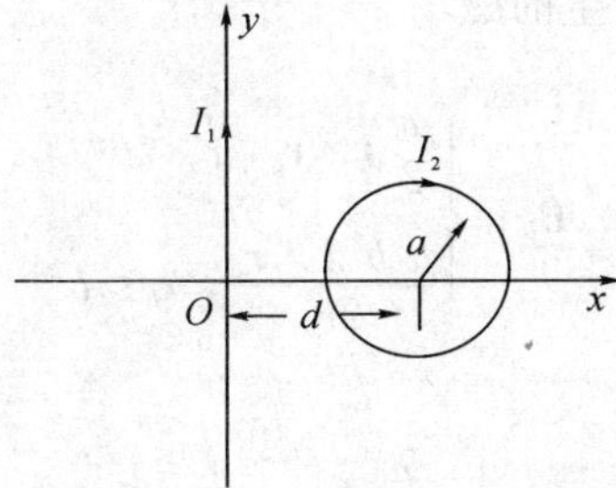

图 4.2 题 4.3 用图

由对称性可以知道，圆电流环受到的总作用力仅有水平分量，$\mathrm{d}\boldsymbol{l}_2\times\boldsymbol{e}_\varphi$ 的水平分量为 $a\cos\theta\mathrm{d}\theta$，再考虑到圆环上下对称，得

$$F=\frac{\mu_0 I_1 I_2}{2\pi}\int_0^{\pi}2\frac{a\cos\theta}{d+a\cos\theta}\mathrm{d}\theta=\frac{-\mu_0 I_1 I_2}{\pi}\int_0^{\pi}\left(\frac{d}{d+a\cos\theta}-1\right)\mathrm{d}\theta$$

使用公式

$$\int_0^{\pi}\frac{\mathrm{d}\theta}{d+a\cos\theta}=\frac{\pi}{\sqrt{d^2-a^2}}$$

最后得出二回路之间的作用力为$-\mu_0 I_1 I_2\left(\frac{d}{\sqrt{d^2-a^2}}-1\right)$(负号表示吸引力)。

4.4 内外半径分别为a和b的无限长空心圆柱中均匀分布着轴向电流I，求柱内外的磁感应强度。

解 当$r<a$时，$\boldsymbol{B}=0$。

当$a<r<b$时，

$$\oint_l \boldsymbol{B}\cdot\mathrm{d}\boldsymbol{l}=\mu_0 I\Rightarrow B\cdot 2\pi r=\mu_0\frac{I}{\pi(b^2-a^2)}\cdot\pi(r^2-a^2)=\mu_0\frac{I(r^2-a^2)}{b^2-a^2}$$

$$\Rightarrow B=\frac{\mu_0 I(r^2-a^2)}{(b^2-a^2)2\pi r}$$

当$b<r$时，

$$\oint_l \boldsymbol{B}\cdot\mathrm{d}\boldsymbol{l}=\mu_0 I\Rightarrow B\cdot 2\pi r=\mu_0 I\Rightarrow B=\frac{\mu_0 I}{2\pi r}$$

$$\Rightarrow\boldsymbol{B}=\begin{cases}0, & r<a\\ \dfrac{\mu_0 I(r^2-a^2)}{(b^2-a^2)2\pi r}\boldsymbol{e}_\varphi, & a<r<b\\ \dfrac{\mu_0 I}{2\pi r}\boldsymbol{e}_\varphi, & b<r\end{cases}$$

4.5 在一半径为b的无限长导体内部有一半径为a且轴线与圆柱导体轴线平行的无限长空心圆柱，两者轴线相距为d。设导体圆柱中的电流为I，且电流密度均匀分布，求其各部分区域中的磁感应强度。

解 导体圆柱中电流分为两部分，电流$J\boldsymbol{e}_z$均匀分布在半径为b的导体圆柱中，电流$-J\boldsymbol{e}_z$均匀分布在半径为a的空心圆柱中，则

$$\boldsymbol{J}=\frac{I}{\pi(b^2-a^2)}\boldsymbol{e}_z$$

根据$\oint_l \boldsymbol{B}\cdot\mathrm{d}\boldsymbol{l}=\mu_0 I$，电流$J\boldsymbol{e}_z$产生的磁场

$$\boldsymbol{B}_b=\begin{cases}\dfrac{\mu_0}{2}\boldsymbol{J}\times\boldsymbol{r}_b, & r_b<b\\ \dfrac{\mu_0 b^2\boldsymbol{J}\times\boldsymbol{r}_b}{2r_b^2}, & r_b>b\end{cases}$$

电流$-J\boldsymbol{e}_z$产生的磁场

$$\boldsymbol{B}_a=\begin{cases}-\dfrac{\mu_0}{2}\boldsymbol{J}\times\boldsymbol{r}_a, & r_a<a\\ -\dfrac{\mu_0 a^2\boldsymbol{J}\times\boldsymbol{r}_a}{2r_a^2}, & r_a>a\end{cases}$$

两者叠加可得

$$\boldsymbol{B}=\begin{cases}\dfrac{\mu_0}{2}\boldsymbol{J}\times\left(\dfrac{b^2}{r_b^2}\boldsymbol{r}_b-\dfrac{a^2}{r_a^2}\boldsymbol{r}_a\right),\ r_b>b & \text{（圆柱外）}\\ \dfrac{\mu_0}{2}\boldsymbol{J}\times\left(\boldsymbol{r}_b-\dfrac{a^2}{r_a^2}\boldsymbol{r}_a\right),\ r_b<b,\ r_a>a & \text{（圆柱内空腔外）}\\ \dfrac{\mu_0}{2}\boldsymbol{J}\times(\boldsymbol{r}_b-\boldsymbol{r}_a),\ r_a<a & \text{（空腔内）}\end{cases}$$

4.6　一内导体半径为 a，外导体半径分别为 b 和 c 的无限长同轴线，其内外导体通以相反方向的电流 I，求同轴导线内、外各点处的磁感应强度。

解　建立圆柱坐标系，Z 轴方向垂直纸面向外。

当 $r<a$ 时，

$$\oint_l \boldsymbol{H}\cdot \mathrm{d}\boldsymbol{l}=I$$

$$H\cdot 2\pi r=\frac{I}{\pi a^2}\cdot \pi r^2$$

所以

$$\boldsymbol{H}=\frac{Ir}{2\pi a^2}(-\boldsymbol{e}_\varphi)$$

$$\boldsymbol{B}=-\frac{\mu_0 Ir}{2\pi a^2}\boldsymbol{e}_\varphi$$

当 $a<r<b$ 时，

$$\oint_l \boldsymbol{H}\cdot \mathrm{d}\boldsymbol{l}=I$$

$$H\cdot 2\pi r=I\Rightarrow \boldsymbol{H}=\frac{I}{2\pi r}(-\boldsymbol{e}_\varphi)$$

$$\boldsymbol{B}=-\frac{\mu_0 I}{2\pi r}\boldsymbol{e}_\varphi$$

当 $b<r<c$ 时，

$$\oint_l \boldsymbol{H}\cdot \mathrm{d}\boldsymbol{l}=I\quad \text{（净电流依然流向纸内）}$$

$$H\cdot 2\pi r=I-\frac{I}{\pi c^2-\pi b^2}(\pi r^2-\pi b^2)=\frac{I(c^2-r^2)}{c^2-b^2}$$

$$\boldsymbol{H}=\frac{I(c^2-r^2)}{2\pi r(c^2-b^2)}(-\boldsymbol{e}_\varphi)$$

$$\boldsymbol{B}=-\frac{\mu_0 I(c^2-r^2)}{2\pi r(c^2-b^2)}\boldsymbol{e}_\varphi$$

当 $r>c$ 时，

$$\boldsymbol{H}=0\Rightarrow \boldsymbol{B}=0\qquad \text{（净电流为 0）}$$

$$\boldsymbol{B}=\begin{cases}-\dfrac{\mu_0 Ir}{2\pi a^2}\boldsymbol{e}_\varphi,\ r<a\\ -\dfrac{\mu_0 I}{2\pi r}\boldsymbol{e}_\varphi,\ a<r<b\\ -\dfrac{\mu_0 I(c^2-r^2)}{2\pi r(c^2-b^2)}\boldsymbol{e}_\varphi,\ b<r<c\\ 0,\ r>c\end{cases}$$

4.7 两个半径都为 a 的圆柱体，轴间距为 d，$d<2a$。除两柱重叠部分为 R 外，柱间有大小相等、方向相反的电流，密度为 $\boldsymbol{J}$，求区域 R 的 $\boldsymbol{B}$。

解 在重叠区域分别加上量值相等（密度为 $\boldsymbol{J}$）、方向相反的电流分布，可以将原问题分为一个圆柱体内均匀分布正向电流，另一个圆柱体内均匀分布反向电流的问题。由其产生的磁场可以通过叠加定理计算。

由沿正方向的电流（左边圆柱）在叠加区域产生的磁感应强度为 B_1 可知，

$$\oint_l \boldsymbol{B}_1 \cdot \mathrm{d}\boldsymbol{l} = 2\pi r_1 B_1 = \mu_0 \pi r_1^2 J$$

$$B_1 = \frac{\mu_0 r_1 J}{2}$$

其方向为左边圆柱的圆周方向 $\boldsymbol{e}_{\varphi 1}$。

由沿负方向的电流（右边圆柱）在重叠区域产生的磁感应强度为 B_2 可知，

$$B_2 = -\frac{\mu_0 r_1 J}{2}$$

其方向为左边圆柱的圆周方向 $\boldsymbol{e}_{\varphi 2}$。

注意：

$$\boldsymbol{e}_{\varphi 1} = \boldsymbol{e}_z \times \boldsymbol{e}_{\rho 1}$$

$$\boldsymbol{e}_{\varphi 2} = \boldsymbol{e}_z \times \boldsymbol{e}_{\rho 2}$$

$$\boldsymbol{B} = \boldsymbol{B}_1 + \boldsymbol{B}_2 = \frac{\mu_0 J}{2} \boldsymbol{e}_z \times (r_1 \boldsymbol{e}_{\rho 1} - r_2 \boldsymbol{e}_{\rho 2})$$

$$= \frac{\mu_0 J}{2} \boldsymbol{e}_z \times (d\boldsymbol{e}_x) = \frac{\mu_0 J}{2} d\boldsymbol{e}_y$$

4.8 证明向量磁位 $\boldsymbol{A}_1 = \boldsymbol{e}_x \cos y + \boldsymbol{e}_y \sin x$ 和 $\boldsymbol{A}_2 = \boldsymbol{e}_y (\sin x + x \sin y)$ 给出相同的磁场 $\boldsymbol{B}$，并证明它们来自相同的电流分布。它们是否满足向量泊松方程？为什么？

证明 由 $\boldsymbol{B} = \nabla \times \boldsymbol{A}$，得出

$$\boldsymbol{B}_1 = \begin{vmatrix} \boldsymbol{e}_x & \boldsymbol{e}_y & \boldsymbol{e}_z \\ \dfrac{\partial}{\partial x} & \dfrac{\partial}{\partial y} & \dfrac{\partial}{\partial z} \\ \cos y & \sin x & 0 \end{vmatrix} = \boldsymbol{e}_z (\cos x + \sin y)$$

$$\boldsymbol{B}_2 = \begin{vmatrix} \boldsymbol{e}_x & \boldsymbol{e}_y & \boldsymbol{e}_z \\ \dfrac{\partial}{\partial x} & \dfrac{\partial}{\partial y} & \dfrac{\partial}{\partial z} \\ 0 & \sin x + x \sin y & 0 \end{vmatrix} = \boldsymbol{e}_z (\cos x + \sin y)$$

所以

$$\boldsymbol{B}_1 = \boldsymbol{B}_2$$

由于 $\nabla \times \boldsymbol{B} = \mu_0 \boldsymbol{J}$，$\boldsymbol{J} \neq 0$，而 $\boldsymbol{B}$ 又相同，所以它们具有相同的电流分布，满足泊松方程。

4.9 半径为 a 的长圆柱面上有密度为 $\boldsymbol{J}_{S0}$ 的面电流，电流方向分别为沿圆周方向和沿轴线方向，分别求两种情况下柱内外的 $\boldsymbol{B}$。

解 (1) 当面电流沿圆周方向时，由问题的对称性可知，磁感应强度仅仅是半径 $\boldsymbol{r}$ 的函数，而且只有轴向方向的分量，即

$$\boldsymbol{B} = \boldsymbol{e}_z B_z(r)$$

由于电流仅仅分布在圆柱面上，所以，在柱内或柱外，$\nabla\times\boldsymbol{B}=0$。将 $\boldsymbol{B}=\boldsymbol{e}_zB_z(r)$ 代入 $\nabla\times\boldsymbol{B}=0$，得

$$\nabla\times\boldsymbol{B}=-\boldsymbol{e}_\varphi\frac{\partial B_z}{\partial r}=0$$

即磁场是与 r 无关的常量。

在离柱面无穷远的观察点，由于电流可以看成是一系列流向相反而强度相同的电流元之和，所以磁场为零。由于 $\boldsymbol{B}$ 与 r 无关，所以，在柱外的任一点处，磁场恒为零。

为了计算在柱内的磁场，选取安培回路如图 4.3 所示的矩形回路。

$$\oint_l\boldsymbol{B}\cdot\mathrm{d}\boldsymbol{l}=hB=h\mu_0J_{S0}$$

因而柱内任一点处，$\boldsymbol{B}=\boldsymbol{e}_z\mu_0J_{S0}$。

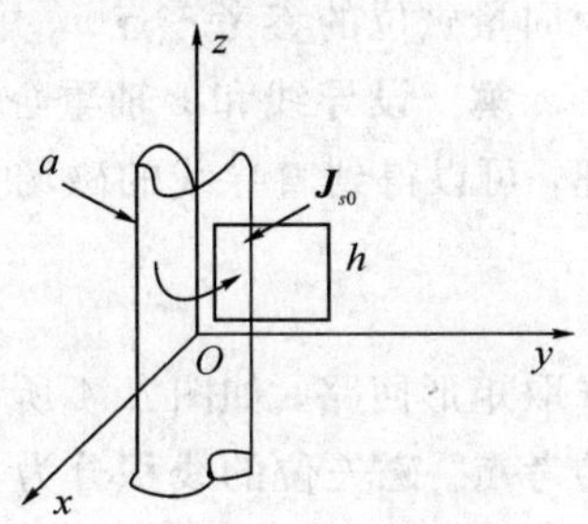

图 4.3　题 4.9 用图

(2) 当面电流沿轴线方向时，由对称性可知，空间的磁场仅仅有圆周分量，且只是半径的函数。在柱内，选取安培回路为圆心在轴线并且位于圆周方向的圆。可以得出，柱内任一点的磁场为零。在柱外，选取圆形回路，$\oint_l\boldsymbol{B}\cdot\mathrm{d}\boldsymbol{l}=\mu_0I$，与该回路交链的电流为 $2\pi aJ_{S0}$，$\oint_l\boldsymbol{B}\cdot\mathrm{d}\boldsymbol{l}=2\pi rB$，所以

$$\boldsymbol{B}=\boldsymbol{e}_\varphi\mu_0J_{S0}\frac{a}{r}$$

4.10　一对无限长平行导线，相距为 $2a$，线上载有大小相等、方向相反的电流 I，求向量磁位 **A** 和 $\boldsymbol{B}$。

解　将两根导线产生的磁矢位看做是单个导线产生的磁矢位的叠加。对单个导线，先计算有限长度的磁矢位。设导线的长度为 l，导线 l 的磁矢位为(场点选在 xoy 平面)

$$A_1=\frac{\mu_0I}{4\pi}\int_{-\frac{l}{2}}^{\frac{l}{2}}\frac{\mathrm{d}z}{(r_1^2+z^2)^{\frac{1}{2}}}$$

$$=\frac{\mu_0I}{2\pi}\ln\frac{\frac{l}{2}+\left[\left(\frac{l}{2}\right)^2+r_1^2\right]^{\frac{1}{2}}}{r_1}$$

当 $r\to\infty$ 时，有

$$A_1=\frac{\mu_0I}{2\pi}\ln\frac{l}{r_1}$$

同理，导线 2 产生的磁矢位为

$$A_2=-\frac{\mu_0I}{2\pi}\ln\frac{l}{r_2}$$

由两个导线产生的磁矢位为

$$\mathbf{A}=\boldsymbol{e}_z(A_1+A_2)=\boldsymbol{e}_z\frac{\mu_0I}{2\pi}\left(\ln\frac{l}{r_1}-\ln\frac{l}{r_2}\right)$$

$$=\boldsymbol{e}_z\frac{\mu_0I}{2\pi}\ln\frac{r_2}{r_1}=\boldsymbol{e}_z\frac{\mu_0I}{4\pi}\ln\frac{(x+a)^2+y^2}{(x-a)^2+y^2}$$

相应的磁场为

$$\boldsymbol{B}=\nabla\times\boldsymbol{A}=\boldsymbol{e}_x\frac{\partial A_z}{\partial y}-\boldsymbol{e}_y\frac{\partial A_z}{\partial y}$$

$$=\boldsymbol{e}_x\frac{\mu_0 I}{2\pi}\left[\frac{y}{(x+a)^2+y^2}-\frac{y}{(x-a)^2+y^2}\right]-\boldsymbol{e}_y\frac{\mu_0 I}{2\pi}\left[\frac{x+a}{(x+a)^2+y^2}-\frac{x-a}{(x-a)^2+y^2}\right]$$

4.11 由无限长载流直导线的 $\boldsymbol{B}$，求向量磁位 $\boldsymbol{A}$(用 $\iint_S\boldsymbol{B}\cdot\mathrm{d}\boldsymbol{S}=\oint_l\boldsymbol{A}\cdot\mathrm{d}\boldsymbol{l}$，并取 $r=r_0$ 处为向量磁位的参考零点)，并验证 $\nabla\times\boldsymbol{A}=\boldsymbol{B}$。

解 设导线和 z 轴重合。由于电流只有 z 分量，磁矢位也只有 z 分量。用安培环路定理，可以得到直导线的磁场为

$$\boldsymbol{B}=\boldsymbol{e}_\varphi\frac{\mu_0 I}{2\pi r}$$

选取矩形回路，如图 4.4 所示。在此回路上，注意到磁矢位的参考点。磁矢位的线积分为

$$\oint_l\boldsymbol{A}\cdot\mathrm{d}\boldsymbol{l}=-A_z h$$

$$\iint_S\boldsymbol{B}\cdot\mathrm{d}\boldsymbol{S}=\iint_S\frac{\mu_0 I}{2\pi r}\mathrm{d}r\mathrm{d}z=\frac{\mu_0 Ih}{2\pi}\ln\frac{r}{r_0}$$

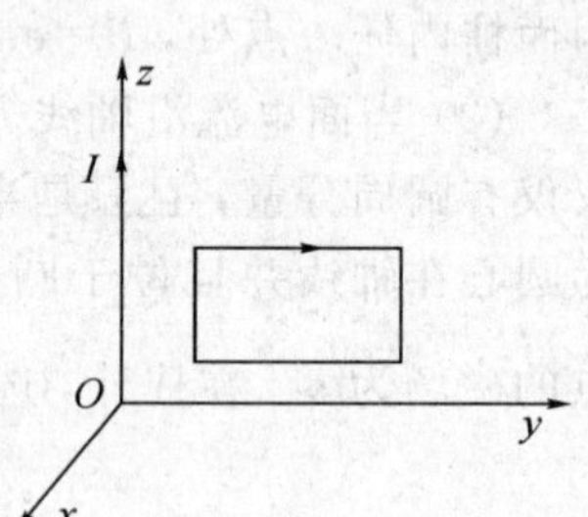

图 4.4 题 4.11 用图

由此可得

$$A_z(r)=-\frac{\mu_0 I}{2\pi}\ln\frac{r}{r_0}$$

可以验证

$$\boldsymbol{B}=\nabla\times\boldsymbol{A}=-\boldsymbol{e}_\varphi\frac{\partial A_z}{\partial r}=\boldsymbol{e}_\varphi\frac{\mu_0 I}{2\pi r}$$

4.12 证明 xoy 平面上半径为 a，圆心在原点的圆电流环(电流为 I)在 z 轴上的标量磁位为

$$\phi_m=\frac{I}{2}\left[1-\frac{z}{\sqrt{a^2+z^2}}\right]$$

证明 在轴线处磁场强度为

$$\boldsymbol{B}=\frac{\mu_0}{4\pi}\oint_l\frac{I\mathrm{d}\boldsymbol{l}'\times\boldsymbol{R}}{R^3}$$

其中

$$\boldsymbol{R}=z\boldsymbol{e}_z-a\boldsymbol{e}_r,\ R^2=a^2+z^2,\ I\mathrm{d}\boldsymbol{l}'=Ia\mathrm{d}\phi\boldsymbol{e}_\phi,\ I\mathrm{d}\boldsymbol{l}'\times\boldsymbol{R}=Ia(z\boldsymbol{e}_z-a\boldsymbol{e}_r)\mathrm{d}\varphi$$

将以上各式代入积分中，并考虑到电流分布的对称性，在 z 轴上磁场为 z 方向，积分得

$$\boldsymbol{B}(z)=\frac{\mu_0 Ia^2}{2\,(a^2+z^2)^{\frac{3}{2}}}\boldsymbol{e}_z\Rightarrow\boldsymbol{H}=\frac{\boldsymbol{B}}{\mu_0}=\frac{Ia^2}{2\,(a^2+z^2)^{\frac{3}{2}}}\boldsymbol{e}_z$$

$$\phi_{\mathrm{m}}=\int\boldsymbol{H}\cdot\mathrm{d}\boldsymbol{l}=\int_z^\infty\frac{Ia^2}{2\,(a^2+z^2)^{\frac{3}{2}}}\mathrm{d}z\quad(\text{令 } z=a\tan\theta,\ \mathrm{d}z=a\sec^2\theta\mathrm{d}\theta)$$

$$=\frac{Ia^2}{2}\int_{\arctan\frac{z}{a}}^{\frac{\pi}{2}}\frac{a}{a^3}\frac{\sec^2\theta}{\sec^3\theta}\mathrm{d}\theta=\frac{I}{2}\int_{\arctan\frac{z}{a}}^{\frac{\pi}{2}}\cos\theta\mathrm{d}\theta$$

$$=\frac{I}{2}\left[1-\frac{z}{\sqrt{a^2+z^2}}\right]$$

4.13　一个长为 L，半径为 a 的圆柱状磁介质沿轴向方向均匀磁化（磁化强度为 $\boldsymbol{M}_0$），求它的磁矩。若 $L=10$ cm，$a=2$ cm，$M_0=2$ A/m，求出磁矩的值。

解
$$m=M_0\cdot V=\pi a^2\cdot L\cdot M_0=\pi(2\times10^{-2})^2\times0.1\times2=8\pi\times10^{-5}$$

4.14　球心在原点，半径为 a 的磁化介质球中，$\boldsymbol{M}=\boldsymbol{e}_z M_0\dfrac{z^2}{a^2}$（$M_0$ 为常数），求磁化电流的体密度和面密度（用球坐标）。

解
$$\boldsymbol{J}_{\mathrm{m}}=\nabla\times\boldsymbol{M}=\begin{vmatrix}\boldsymbol{e}_x & \boldsymbol{e}_y & \boldsymbol{e}_z\\ \dfrac{\partial}{\partial x} & \dfrac{\partial}{\partial y} & \dfrac{\partial}{\partial z}\\ 0 & 0 & M_0\dfrac{z^2}{a^2}\end{vmatrix}=0$$

$$\begin{bmatrix}A_r\\A_\theta\\A_\varphi\end{bmatrix}=\begin{bmatrix}\sin\theta\cos\varphi & \sin\theta\sin\varphi & \cos\theta\\ \cos\theta\cos\varphi & \cos\theta\sin\varphi & -\sin\theta\\ -\sin\varphi & \cos\varphi & 0\end{bmatrix}\begin{bmatrix}0\\0\\M_0\dfrac{z^2}{a^2}\end{bmatrix}=\begin{bmatrix}M_0\dfrac{z^2}{a^2}\cos\theta\\ -M_0\dfrac{z^2}{a^2}\sin\theta\\ 0\end{bmatrix}$$

所以
$$\boldsymbol{M}=M_0\frac{z^2}{a^2}\cos\theta\boldsymbol{e}_r-M_0\frac{z^2}{a^2}\sin\theta\boldsymbol{e}_\theta$$
$$\boldsymbol{J}_{\mathrm{Sm}}=\boldsymbol{M}\times\boldsymbol{e}_r=\left(M_0\frac{z^2}{a^2}\cos\theta\boldsymbol{e}_r-M_0\frac{z^2}{a^2}\sin\theta\boldsymbol{e}_\theta\right)\times\boldsymbol{e}_r$$
$$=M_0\frac{z^2}{a^2}\sin\theta\boldsymbol{e}_\varphi$$

注意，在球面上
$$z=a\cos\theta$$
$$\boldsymbol{J}_{\mathrm{Sm}}=M_0\cos^2\theta\sin\theta\boldsymbol{e}_\varphi$$

4.15　证明磁介质内部的电流是传导电流的（$\mu_{\mathrm{r}}-1$）倍。

证明　由于
$$\boldsymbol{J}=\nabla\times\boldsymbol{H}$$
$$\boldsymbol{J}_{\mathrm{m}}=\nabla\times\boldsymbol{M}$$
$$\boldsymbol{B}=\mu\boldsymbol{H}=\mu_0(\boldsymbol{H}+\boldsymbol{M})$$
$$\boldsymbol{M}=\left(\frac{\mu}{\mu_0}-1\right)\boldsymbol{H}=(\mu_r-1)\boldsymbol{H}$$

因而
$$\boldsymbol{J}_{\mathrm{m}}=(\mu_r-1)\boldsymbol{J}$$

4.16　已知内外半径分别为 a 和 b 的无限长铁质圆柱壳（磁导率为 μ），沿轴向有恒定的传导电流 I，求磁感强度和磁化强度。

解　当 $r<a$ 时，
$$\oint_l\boldsymbol{H}\cdot\mathrm{d}\boldsymbol{l}=I=0\Rightarrow\boldsymbol{H}=0,\ \boldsymbol{B}=0,\ \boldsymbol{M}=0$$

当 $a<r<b$ 时，

$$\oint_l \boldsymbol{H} \cdot \mathrm{d}\boldsymbol{l} = I \Rightarrow H \cdot 2\pi r = \frac{I}{\pi(b^2-a^2)} \cdot \pi r^2 \Rightarrow \boldsymbol{H} = \frac{Ir}{2\pi(b^2-a^2)}\boldsymbol{e}_\varphi$$

$$\boldsymbol{B} = \mu\boldsymbol{H} = \frac{\mu Ir}{2\pi(b^2-a^2)}\boldsymbol{e}_\varphi \Rightarrow \boldsymbol{M} = \frac{\boldsymbol{B}}{\mu_0} - \boldsymbol{H} = \frac{\mu Ir}{2\pi\mu_0(b^2-a^2)}\boldsymbol{e}_\varphi - \frac{Ir}{2\pi(b^2-a^2)}\boldsymbol{e}_\varphi$$

$$= \frac{(\mu-\mu_0)Ir}{2\pi\mu_0(b^2-a^2)}\boldsymbol{e}_\varphi$$

当 $r>b$ 时，

$$\oint_l \boldsymbol{H} \cdot \mathrm{d}\boldsymbol{l} = I \Rightarrow H \cdot 2\pi r = I \Rightarrow \boldsymbol{H} = \frac{I}{2\pi r}\boldsymbol{e}_\varphi$$

$$\boldsymbol{B} = \mu_0\boldsymbol{H} = \frac{\mu_0 I}{2\pi r}\boldsymbol{e}_\varphi,\ \boldsymbol{M} = 0$$

4.17 设 $x<0$ 的半空间充满磁导率为 μ 的均匀磁介质，$x>0$ 的空间为真空。线电流 I 沿 z 轴方向，求磁感强度和磁场强度。

解 若使用安培环路定律 $\oint_l \boldsymbol{H} \cdot \mathrm{d}\boldsymbol{l} = I$，则要求 $\boldsymbol{B}$、$\boldsymbol{H}$ 的大小在安培环上处处相等，且方向为环路积分的切线 $\boldsymbol{e}_\varphi$，否则没办法用安培环路定律求解。

由于空间存在两种媒质交界面，在介质交界面上：

$$H_{1t} = H_{2t},\ B_{1n} = B_{2n}$$

在环路上积分，只有满足环路上 $\boldsymbol{B}$ 处处相等才能应用安培环路定律求解，

$$\oint_l \boldsymbol{H} \cdot \mathrm{d}l = \int_{左} \boldsymbol{H}_{左} \cdot \mathrm{d}\boldsymbol{l} + \int_{右} \boldsymbol{H}_{右} \cdot \mathrm{d}l$$

$$= \int_{左} \boldsymbol{H}_{左} \cdot \mathrm{d}l + \int_{右} \boldsymbol{H}_{右} \cdot \mathrm{d}l = \int_{左} \frac{\boldsymbol{B}_\varphi}{\mu} \cdot \mathrm{d}l + \int_{右} \frac{\boldsymbol{B}_\varphi}{\mu_0} \cdot \mathrm{d}\boldsymbol{l}$$

$$= \frac{\boldsymbol{B}_\varphi}{\mu}\pi r + \frac{\boldsymbol{B}_\varphi}{\mu_0}\pi r = I$$

所以

$$B_\varphi = \frac{I\mu\mu_0}{\pi r(\mu+\mu_0)} \Rightarrow \boldsymbol{B} = \frac{I\mu\mu_0}{\pi r(\mu+\mu_0)}\boldsymbol{e}_\varphi$$

$$\Rightarrow \boldsymbol{H}_1 = \frac{I\mu}{\pi r(\mu+\mu_0)}\boldsymbol{e}_\varphi,\ \boldsymbol{H}_2 = \frac{I\mu_0}{\pi r(\mu+\mu_0)}\boldsymbol{e}_\varphi$$

4.18 已知在半径为 a 的无限长圆柱导体内有恒定电流 I 沿轴向方向。设导体的磁导率为 μ_1，其外充满磁导率为 μ_2 的均匀磁介质，求导体内外的磁场强度、磁感应强度及磁化电流分布。

解 沿轴向建立圆柱坐标系，电流流向纸外，z 轴垂直纸面向外。

当 $r<a$ 时，

$$\oint_l \boldsymbol{H} \cdot \mathrm{d}l = I$$

$$H_1 \cdot 2\pi r = \frac{I}{\pi a^2} \cdot \pi r^2$$

$$\Rightarrow \boldsymbol{H}_1 = \frac{Ir}{2\pi a^2}\boldsymbol{e}_\varphi,\ \boldsymbol{B}_1 = \mu_1\boldsymbol{H} = \frac{\mu_1 Ir}{2\pi a^2}\boldsymbol{e}_\varphi$$

$$\Rightarrow \boldsymbol{M}=\frac{\boldsymbol{B}}{\mu_0}-\boldsymbol{H}=\frac{Ir}{2\pi a^2}\frac{\mu_1-\mu_0}{\mu_0}\boldsymbol{e}_\varphi$$

磁化体电流密度

$$\boldsymbol{J}_{\mathrm{m}}=\nabla\times\boldsymbol{M}=\frac{I}{2\pi a^2}\frac{\mu_1-\mu_0}{\mu_0}\nabla\times r\boldsymbol{e}_\varphi=\frac{I}{\pi a^2}\frac{\mu_1-\mu_0}{\mu_0}\boldsymbol{e}_z$$

当 $r>a$ 时，

$$\oint_l \boldsymbol{H}\cdot \mathrm{d}\boldsymbol{l}=I$$

所以

$$H\cdot 2\pi r=I\Rightarrow \boldsymbol{H}_2=\frac{I}{2\pi r}\boldsymbol{e}_\varphi,\ \boldsymbol{B}_2=\frac{\mu_2 I}{2\pi r}\boldsymbol{e}_\varphi$$

$$\Rightarrow \boldsymbol{M}=\frac{\boldsymbol{B}}{\mu_0}-\boldsymbol{H}=\frac{I}{2\pi r}\frac{\mu_2-\mu_0}{\mu_0}\boldsymbol{e}_\varphi$$

磁化体电流密度

$$\boldsymbol{J}_{\mathrm{m}}=\nabla\times\boldsymbol{M}=\frac{I}{2\pi}\frac{\mu_2-\mu_0}{\mu_0}\nabla\times\left(\frac{1}{r}\boldsymbol{e}_\varphi\right)=0$$

在 $r=a$ 的交界面上，两种介质的面电流密度为

$$\begin{aligned}\boldsymbol{J}_{\mathrm{Sm}}&=\boldsymbol{M}_1\times\boldsymbol{e}_n+\boldsymbol{M}_2\times\boldsymbol{e}_n=\boldsymbol{M}_1\times\boldsymbol{e}_r-\boldsymbol{M}_2\times\boldsymbol{e}_r\\&=\left(-\frac{\boldsymbol{I}}{2\pi a}\frac{\mu_1-\mu_0}{\mu_0}+\frac{\boldsymbol{I}}{2\pi a}\frac{\mu_2-\mu_0}{\mu_0}\right)\boldsymbol{e}_z\\&=\frac{\boldsymbol{I}}{2\pi a}\frac{\mu_2-\mu_1}{\mu_0}\boldsymbol{e}_z\end{aligned}$$

4.19 一同轴线的内导体半径为 a，外导体内外半径分别为 b 和 c。已知同轴线所用材料的磁导率为 μ_0，求该同轴线单位长度的总自感。

解 设同轴线通有电流 I，并在内外导体两端形成闭合回路，那么

当 $0\leqslant r\leqslant a$ 时，

$$\oint_l \boldsymbol{H}\cdot \mathrm{d}\boldsymbol{l}=I\Rightarrow H\cdot 2\pi r=\frac{I}{\pi a^2}\cdot\pi r^2\Rightarrow \boldsymbol{H}_1=\frac{Ir}{2\pi a^2}\boldsymbol{e}_\varphi$$

当 $a\leqslant r\leqslant b$ 时，

$$\oint_l \boldsymbol{H}\cdot \mathrm{d}\boldsymbol{l}=I\Rightarrow H\cdot 2\pi r=I\Rightarrow \boldsymbol{H}_2=\frac{I}{2\pi r}\boldsymbol{e}_\varphi$$

当 $b\leqslant r\leqslant c$ 时，

$$\oint_l \boldsymbol{H}\cdot \mathrm{d}\boldsymbol{l}=I$$

$$\Rightarrow H\cdot 2\pi r=I-\frac{I}{\pi(c^2-b^2)}\cdot\pi(r^2-b^2)\Rightarrow \boldsymbol{H}_3=\frac{(c^2-r^2)I}{2\pi r(c^2-b^2)}\boldsymbol{e}_\varphi$$

当 $c<r$ 时，

$$\oint_l \boldsymbol{H}\cdot \mathrm{d}\boldsymbol{l}=I\Rightarrow \boldsymbol{H}=0$$

则单位长度上的储能为

$$W_m=\frac{1}{2}\int_0^a\mu_0\left(\frac{Ir}{2\pi a^2}\right)^2\cdot 2\pi r\mathrm{d}r+\frac{1}{2}\int_a^b\mu_0\left(\frac{I}{2\pi r}\right)^2 2\pi r\mathrm{d}r$$
$$+\frac{1}{2}\int_b^c\mu_0\left(\frac{(c^2-r^2)I}{2\pi r(c^2-b^2)}\right)^2 2\pi r\mathrm{d}r$$
$$=\frac{\mu_0 I^2}{16\pi}+\frac{\mu_0 I^2}{4\pi}\ln\frac{b}{a}+\frac{\mu_0 I^2}{4\pi(c^2-b^2)}\left[c^2\ln\frac{c}{b}-\frac{3}{4}c^4+c^2b^2-\frac{b^2}{4}\right]$$

因为

$$W_m=\frac{1}{2}LI^2=\frac{1}{2}(L_i+L_o)I^2$$

所以

$$L=\frac{\mu_0}{8\pi}+\frac{\mu_0}{2\pi}\ln\frac{b}{a}+\frac{\mu_0}{2\pi(c^2-b^2)}\left[c^2\ln\frac{c}{b}-\frac{3}{4}c^4+c^2b^2-\frac{b^2}{4}\right]$$

4.20 试证长直导线和其共面的正三角形之间的互感为

$$M=\frac{\mu_0}{\pi\sqrt{3}}\left[(a+b)\ln\left(1+\frac{b}{a}\right)-a\right]$$

其中 a 是三角形的高，b 是三角形平行于长直导线的边至直导线的距离(且改变距离直导线最近)。

证明 取如图 4.5 所示的坐标。直线电流 I 产生的磁场为

$$B=\frac{\mu_0 I}{2\pi x}$$

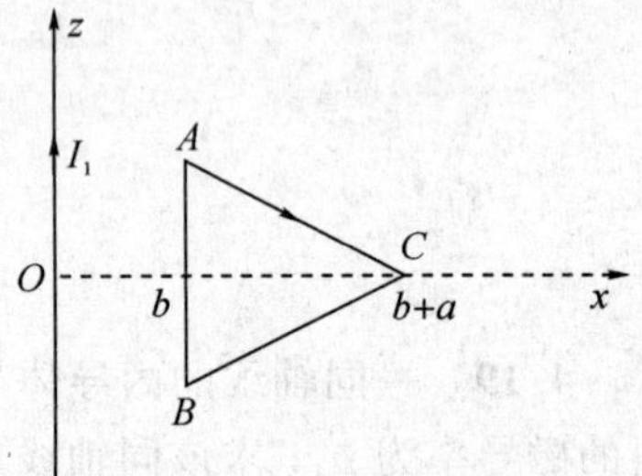

图 4.5 题 4.20 用图

由图知道，三角形三个顶点的坐标分别为 $A(b,\frac{a}{\sqrt{3}})$、$B(b,-\frac{a}{\sqrt{3}})$、$C(a+b,0)$，直线 AC 的方程为

$$z=\frac{1}{\sqrt{3}}(a+b-x)$$

互感磁通为

$$\Phi=\iint_S B\mathrm{d}S=2\int_b^{a+b}\frac{\mu_0 I}{2\pi x}\frac{1}{\sqrt{3}}(a+b-x)\mathrm{d}x$$
$$=\frac{\mu_0 I}{\pi\sqrt{3}}\left[(a+b)\ln\left(1+\frac{a}{b}\right)-a\right]$$

直线与矩形回路互感为

$$M=\frac{\mu_0}{\pi\sqrt{3}}\left[(a+b)\ln\left(1+\frac{a}{b}\right)-a\right]$$

4.21 无限长的直导线附近有一矩形回路(二者不共面)，试证它们之间的互感为

$$M=-\frac{\mu_0 a}{2\pi}\ln\frac{R}{\left[2b\sqrt{R^2-c^2}+R^2+b^2\right]^{\frac{1}{2}}}$$

证明 直线电流 I 产生的磁场为 $B=\frac{\mu_0 I}{2\pi r}$，作积分，得出磁通量

$$\Phi = \iint_S B \mathrm{d}S = \int_R^{R_1} \frac{\mu_0 Ia}{2\pi r} \mathrm{d}r = \frac{\mu_0 Ia}{2\pi} \ln \frac{R_1}{R}$$

注意：

$$R_1 = \left[c^2 + (b + \sqrt{R^2 - c^2})^2\right]^{\frac{1}{2}} = [2b(R^2 - c^2)^{\frac{1}{2}} + b^2 + R^2]^{\frac{1}{2}}$$

将其代入，即可得到互感。

4.22　空气绝缘的同轴线，内导体半径为 a，外导体的内半径为 b，通过的电流为 I。设外导体壳的厚度很薄，因而其存储的能量可以忽略不计。计算同轴线单位长度的储能，并由此求单位长度的自感。

解　当 $r<a$ 时，

$$H_1 = \frac{I}{2\pi a^2} r$$

$a<r<b$ 时，

$$H_2 = \frac{I}{2\pi r}$$

因为

$$W_\mathrm{m} = \frac{1}{2} \iiint_V \boldsymbol{H} \cdot \boldsymbol{B} \mathrm{d}v$$

所以同轴线单位长度的储能为

$$\begin{aligned} W_\mathrm{m} &= \frac{1}{2} \int_0^a \mu_0 \left(\frac{Ir}{2\pi a^2}\right)^2 \cdot 2\pi r \mathrm{d}r + \frac{1}{2} \int_a^b \mu_0 \left(\frac{I}{2\pi r}\right)^2 \cdot 2\pi r \mathrm{d}r \\ &= \frac{\mu_0 I^2}{16\pi} + \frac{\mu_0 I^2}{4\pi} \ln \frac{b}{a} \end{aligned}$$

又因为

$$W_\mathrm{m} = \frac{1}{2} L I^2 = \frac{1}{2}(L_\mathrm{i} + L_\mathrm{o}) I^2$$

所以

$$L = \frac{\mu_0}{8\pi} + \frac{\mu_0}{2\pi} \ln \frac{b}{a}$$

第5章 静电场边值问题的解法

5.1 主要内容与复习要点

主要内容：边值问题分类，唯一性定理，分离变量法，镜像法。

如图5.1所示为本章主要内容结构图。

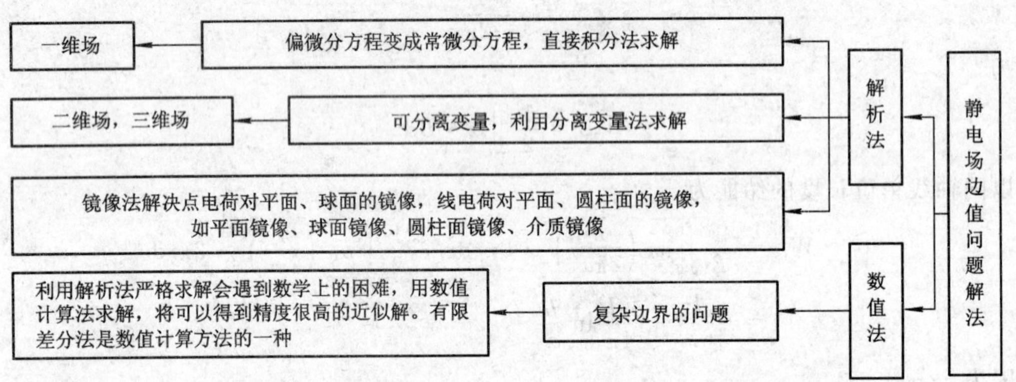

图5.1 主要内容结构图

复习要点：唯一性定理，分离变量法，镜像法。

5.1.1 边值问题分类

根据给定求解区域边界条件的不同，边值问题分为三类。

第一类边界条件(又称狄利赫莱(Dirichlet)条件)：已知场域边界 S 上的电位分布，即

$$\phi(\boldsymbol{r})\big|_S = f_1(\boldsymbol{r}_\mathrm{b}) \tag{5-1}$$

式中 $\boldsymbol{r}_\mathrm{b}$ 为相应边界点的位置矢量。

第二类边界条件(又称纽曼条件)：已知场域边界 S 上电位的法向导数分布，即

$$\left.\frac{\partial\phi(\boldsymbol{r})}{\partial n}\right|_S = f_2(\boldsymbol{r}_\mathrm{b}) \tag{5-2}$$

当 $f_2(\boldsymbol{r}_\mathrm{b})$ 取零时，称为第二类齐次边界条件。

第三类边界条件(又称混合条件)：已知场域边界 S 上电位及其法向导数的线性组合，即

$$\left[\phi(\boldsymbol{r}) + f_3(\boldsymbol{r})\frac{\partial\phi(\boldsymbol{r})}{\partial n}\right]\Bigg|_S = f_4(\boldsymbol{r}_\mathrm{b}) \tag{5-3}$$

在实际问题中，除了给定边界条件外，有时还需要引入辅助边界条件和自然边界条件。

在求解边值问题中，引入边界条件这一点非常重要，但它又不是事先给定的，必须根据问题自行确定，例如

无限远边界条件：对于电荷分布在有限域的无边界电场问题，在无限远处电位趋于零：$\phi(r)|_{r\to\infty}=0$，即在无限远处，满足电位为零的自然边界条件。

介质分界面条件：当场域中存在多种媒质时，还必须引入不同介质分界面上的边界条件，即用电位表示的边界条件式 $\varepsilon_2\dfrac{\partial\phi_2}{\partial n}-\varepsilon_1\dfrac{\partial\phi_1}{\partial n}=\rho_s$ 和 $\phi_1=\phi_2$，此边界条件又称为辅助的边界条件。

5.1.2　唯一性定理

静态场解的唯一性定理是指满足给定边界条件的泊松方程或拉普拉斯方程的解是唯一的。

静电场唯一性定理的重要意义在于，在求解静电场问题时，无论采用哪一种解法，只要在场域内满足相同的偏微分方程，在边界上满足相同的给定边界条件，就可确信其解答是正确的。

5.1.3　分离变量法

分离变量法是电磁场问题求解的重要方法之一，但是采用分离变量法求解问题的前提是待求场变量一定是可分离的，即 $\phi(x, y, z)=X(x)Y(y)Z(z)$。

5.1.4　镜像法

有一类静电问题，如果直接求解其支配方程——拉普拉斯方程，很难满足边界条件。但是这些问题的边界面条件，可以通过建立等效电荷，求出其电位分布，这样便使计算过程得以简化。根据唯一性定理，这些等效电荷的引入必须保持原问题边界条件不变，以保证原问题中的静电场分布不变。通常这些等效电荷位于镜像位置，故称镜像电荷，由此构成的分析方法即称为镜像法。

5.2　典型题解

例 5-1　空气中有一半径为 a 的球形电荷分布，已知球体内的电场强度为 $\boldsymbol{E}=\boldsymbol{e}_r Cr^2$ $(r<a)$，C 为常数。求：(1) 球体内的电荷分布；(2) 球体外的电场强度；(3) 球内外的电位分布；(4) 验证静电场的电位方程。

解

(1) $\rho(r)=\varepsilon_0\,\nabla\cdot\boldsymbol{E}=\varepsilon_0\dfrac{1}{r^2}\dfrac{\mathrm{d}}{\mathrm{d}r}(r^2\cdot Cr^2)=4\varepsilon_0 Cr\quad(r<a)$

(2) $\boldsymbol{E}=\boldsymbol{e}_r C\dfrac{a^4}{r^2}\quad(r>a)$

(3) 取 $r\to\infty$ 处为电位参考点，得

$r<a$ 时，

$$\phi=\int_r^\infty E\mathrm{d}r=\int_r^a Cr^2\mathrm{d}r+\int_a^\infty C\frac{a^4}{r^2}\mathrm{d}r=\frac{Ca^3}{3}-\frac{Cr^3}{3}+Ca^3=\frac{C}{3}(4a^3-r^3)$$

$r>a$ 时，

$$\phi=\int_r^{\infty}E\mathrm{d}r=C\frac{a^4}{r}$$

(4) $r<a$ 时，

$$\nabla^2\phi=\frac{1}{r^2}\frac{\partial}{\partial r}\left(r^2\cdot\frac{-3C}{3}r^2\right)=-4Cr=-\frac{\rho}{\varepsilon_0}$$

$r>a$ 时，

$$\nabla^2\phi=\frac{1}{r^2}\frac{\partial}{\partial r}\left[r^2\cdot(-Ca^4r^{-2})\right]=0$$

由此，静电场的电位方程得证。

例 5-2 平行板电容器的宽和长分别为 a、b，两极板间距为 $d\ll a$、b，板间电压为 U。

(1) 电容器的左半空间$\left(0\sim\frac{a}{2}\right)$用介电常数为 ε 的介质填充；

(2) 电容器的下半空间$\left(0\sim\frac{d}{2}\right)$用介电常数为 ε 的介质填充；另一半均为空气。

请分别对图 5.2(a)、(b)求下极板上的电荷密度及介质下表面的束缚电荷密度。

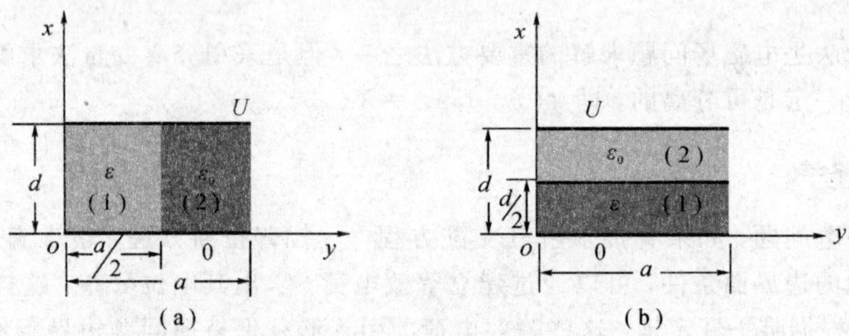

图 5.2 两平行板电容器

解 (1) 在介质交界面上 $E_{1t}=E_{2t}$，所以 $\boldsymbol{E}_1=\boldsymbol{E}_2=\frac{U}{d}(-\boldsymbol{e}_x)$；又因为 $\boldsymbol{D}=\varepsilon\boldsymbol{E}$，所以 $\boldsymbol{D}_1=\varepsilon E_1(-\boldsymbol{e}_x)$，$\boldsymbol{D}_2=\varepsilon_0E_1(-\boldsymbol{e}_x)$。

下极板电荷密度：

因为 $\rho_s=\boldsymbol{e}_n\cdot\boldsymbol{D}$，所以

$$\rho_{s1}=\boldsymbol{e}_x\cdot\left(-\frac{\varepsilon U}{d}\boldsymbol{e}_x\right)=-\frac{\varepsilon U}{d},\quad \rho_{s2}=\boldsymbol{e}_x\cdot\left(-\frac{\varepsilon_0U}{d}\boldsymbol{e}_x\right)=-\frac{\varepsilon_0U}{d}$$

介质下表面束缚电荷密度：

因为 $\rho_s'=\boldsymbol{e}_n\cdot\boldsymbol{P}$，$\boldsymbol{P}=\boldsymbol{D}-\varepsilon_0\boldsymbol{E}$，所以

$$\boldsymbol{P}_1=\boldsymbol{D}_1-\varepsilon_0\boldsymbol{E}_1=\left(-\frac{\varepsilon U}{d}+\frac{\varepsilon_0U}{d}\right)\boldsymbol{e}_x=-\frac{U}{d}(\varepsilon-\varepsilon_0)\boldsymbol{e}_x$$

$$\boldsymbol{P}_2=\boldsymbol{D}_2-\varepsilon_0\boldsymbol{E}_2=\left(-\frac{\varepsilon_0U}{d}+\frac{\varepsilon_0U}{d}\right)\boldsymbol{e}_x=0$$

当 $x=0$ 时，介质表面束缚电荷：

$$\rho_{s1}'=-\boldsymbol{e}_x\cdot\left[-\frac{U}{d}(\varepsilon-\varepsilon_0)\right]\boldsymbol{e}_x=(\varepsilon-\varepsilon_0)\frac{U}{d}$$

所以 $\rho_{s2}=0$。(下极板 $\boldsymbol{e}_n$ 为 $-\boldsymbol{e}_x$ 方向，即介质表面外法线方向)

(2) 因为在介质交界面上 $D_{1n}=D_{2n}$，所以 $\boldsymbol{D}_1=\boldsymbol{D}_2=\boldsymbol{D}$，方向为 $-\boldsymbol{e}_x$ 方向。

又由 $E_1=\dfrac{D}{\varepsilon}$，$E_2=\dfrac{D}{\varepsilon_0}$，$\dfrac{d}{2}(E_1+E_2)=U$ 可得

$$D\left(\frac{1}{\varepsilon}+\frac{1}{\varepsilon_0}\right)=\frac{2U}{d}$$

所以

$$\boldsymbol{D}=\frac{2U}{d}\frac{\varepsilon\varepsilon_0}{(\varepsilon+\varepsilon_0)}(-\boldsymbol{e}_x)$$

$$\boldsymbol{E}_1=\frac{2\varepsilon_0 U}{(\varepsilon+\varepsilon_0)d}(-\boldsymbol{e}_x),\ \boldsymbol{E}_2=\frac{2\varepsilon U}{(\varepsilon+\varepsilon_0)d}(-\boldsymbol{e}_x)$$

下极板电荷分布：

$$\rho_s=\boldsymbol{e}_n\cdot\boldsymbol{D}=\boldsymbol{e}_x\cdot\frac{2\varepsilon\varepsilon_0 U}{(\varepsilon+\varepsilon_0)d}(-\boldsymbol{e}_x)=-\frac{2\varepsilon\varepsilon_0 U}{(\varepsilon+\varepsilon_0)d}$$

下极板束缚电荷密度：

$x=0$ 时，介质表面外法线方向为 $(-\boldsymbol{e}_x)$，所以

$$\rho_s'=(-\boldsymbol{e}_x)\cdot(\boldsymbol{D}-\varepsilon_0\boldsymbol{E}_1)=\frac{2\varepsilon_0(\varepsilon-\varepsilon_0)U}{(\varepsilon+\varepsilon_0)d}$$

$x=\dfrac{d}{2}$ 时，束缚面电荷密度为

$$\rho_s'=\rho_{1x}=(+\boldsymbol{e}_x)\cdot(\boldsymbol{D}_1-\varepsilon_0\boldsymbol{E}_1)=-\frac{2\varepsilon\varepsilon_0 U}{(\varepsilon+\varepsilon_0)d}+\frac{2\varepsilon_0\varepsilon_0 U}{(\varepsilon+\varepsilon_0)d}=\frac{2\varepsilon_0(\varepsilon_0-\varepsilon)U}{(\varepsilon+\varepsilon_0)d}$$

例 5-3　如图 5.3 所示，一点电荷 q 放置在无限大的导体平面附近，高度为 h。已知空间介质的相对介电常数 $\varepsilon_r=2$。求(1) 点电荷 q 受到的电场力；(2) 高度为 $4h$ 的 P 点的电场强度与电位。

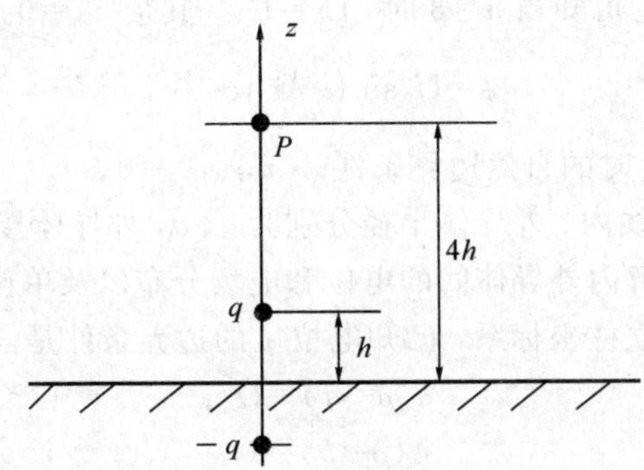

图 5.3　二平行板电容器

解　(1) 由镜像原理，点电荷 q 受到的电场力即为其镜像电荷 $-q$ 对它的作用力，因此可知

$$\boldsymbol{F}=\boldsymbol{e}_z\frac{q(-q)}{4\pi\varepsilon_0\varepsilon_r(2h)^2}=-\boldsymbol{e}_z\frac{q^2}{32\pi\varepsilon_0 h^2}$$

(2) 高度为 $4h$ 处的电场强度为

$$\boldsymbol{E}_{4h}=\boldsymbol{e}_z\frac{q}{4\pi\varepsilon_0\varepsilon_r(4h-h)^2}+\boldsymbol{e}_z\frac{-q}{4\pi\varepsilon_0\varepsilon_r(4h+h)^2}=\boldsymbol{e}_z\frac{2q}{225\pi\varepsilon_0 h^2}$$

电位

$$\phi_{4h}=\frac{q}{4\pi\varepsilon_0\varepsilon_r(4h-h)}+\frac{-q}{4\pi\varepsilon_0\varepsilon_r(4h+h)}=\frac{q}{60\pi\varepsilon_0 h}$$

例 5-4 一个截面如图 5.4 所示的长槽，向 y 方向无限延伸，两侧的电位是零，底部的电位为 $\phi(x, 0)=U_0\sin\dfrac{3\pi x}{a}$。(1) 试写出槽内电位满足的拉普拉斯方程和边界条件；(2) 采用分离变量法求槽内电位分布。

解 (1) 拉普拉斯方程：$\nabla^2\phi=0$；

边界条件：$\phi(0, y)=0$，$\phi(a, y)=0$

$$\phi(x,0)=U_0\sin\frac{3\pi x}{a},\ \phi(x, \infty)=0\ (\text{自然边界条件})$$

(2) 根据边界条件 $\phi(0, y)=0$，$\phi(a, y)=0$，求得

$$X_n=\sin\left(\frac{n\pi}{a}x\right)$$

根据边界条件 $\phi(x, \infty)=0$，求得

$$Y_n=\mathrm{e}^{-\frac{n\pi y}{a}}$$

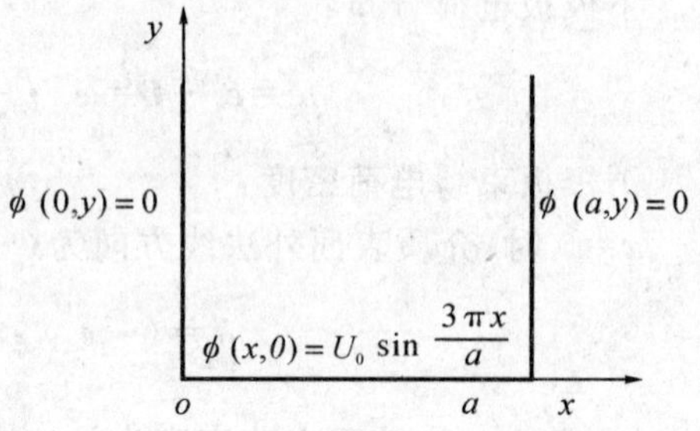

所以该边值问题的通解形式为

$$\phi=\sum_{n=1}^{\infty}C_n\sin\left(\frac{n\pi}{a}x\right)\mathrm{e}^{-\frac{n\pi y}{a}}$$

y

$\phi(0,y)=0$ $\phi(a,y)=0$

$\phi(x,0)=U_0\sin\dfrac{3\pi x}{a}$

o a x

图 5.4

根据边界条件 $\phi(x, 0)=U_0\sin\dfrac{3\pi x}{a}$，求得

$$U_0\sin\frac{3\pi x}{a}=\sum_{n=1}^{\infty}C_n\sin\left(\frac{n\pi}{a}x\right)$$

利用正弦级数展开唯一性，可知当 $n=3$ 时，$C_3=U_0$，其余 $C_n=0$。所以槽内电位分布为

$$\phi=U_0\sin\left(\frac{3\pi}{a}x\right)\mathrm{e}^{-\frac{3\pi y}{a}}$$

注意：这里用了 $y\to\infty$ 时的自然边界条件 $\phi(x, \infty)=0$。

例 5-5 无限长同轴线内、外导体半径分别为 a、b，外导体接地，内导体加电压 U。请通过电位方程 $\nabla^2\phi=0$，求解内外导体间的电位和电场分布以及单位长度电容 C_1。

解 根据已知条件建立柱坐标系，已知电位 ϕ 的边界条件是

$$\phi(\rho=a)=U$$

$$\phi(\rho=b)=0$$

内外导体间任一点的电位 ϕ 满足拉氏方程：

$$\nabla^2\phi=0$$

采用柱坐标表示，由于 ϕ 不随 ϕ、z 变化，因而拉氏方程化为

$$\frac{1}{\rho}\frac{\partial}{\partial\rho}\left(\rho\frac{\partial\phi}{\partial\rho}\right)=0$$

其通解为

$$\phi=A\ln\rho+B$$

根据边界条件和积分常数：

$$U = A\ln a + B$$
$$0 = A\ln b + B$$

解得

$$A = \frac{U}{\ln \frac{a}{b}}$$

$$B = -\frac{U\ln b}{\ln \frac{a}{b}}$$

故

$$\phi = \frac{U}{\ln \frac{a}{b}}(\ln\rho - \ln b) = \frac{U}{\ln \frac{a}{b}}\ln \frac{\rho}{b}$$

得到

$$\boldsymbol{E} = -\nabla\phi = -\boldsymbol{e}_\rho \frac{\partial \phi}{\partial \rho} = -\boldsymbol{e}_\rho \frac{U}{\rho\ln \frac{a}{b}} = \boldsymbol{e}_\rho \frac{U}{\rho\ln \frac{b}{a}}$$

内导体处面电荷密度为

$$\rho_s = \varepsilon E|_{\rho=a} = \frac{\varepsilon U}{a\ln \frac{b}{a}}$$

内导体单位长度线电荷密度为

$$\rho_l = 2\pi a\rho_s = \frac{2\pi\varepsilon U}{\ln \frac{b}{a}}$$

故单位长度电容为

$$C_1 = \frac{\rho_l}{U} = \frac{2\pi\varepsilon}{\ln \frac{b}{a}}$$

5.3 课后题解

5.1 求截面为矩形的无限长区域($0<x<a$，$0<y<b$)的电位，其四壁电位为

$$\phi(x, 0) = \phi(x, b) = 0$$
$$\phi(0, y) = 0$$
$$\phi(a, y) = \begin{cases} \dfrac{U_0 y}{b}, & 0<y\leqslant \dfrac{b}{2} \\ U_0\left(1-\dfrac{y}{b}\right), & \dfrac{b}{2}<y<b \end{cases}$$

解　由边界条件 $\phi(x, 0) = \phi(x, b) = 0$ 知，方程的基本解在 y 方向应该为周期函数，若仅选取正弦函数来表示，可得到

$$Y_n = \sin k_n y \quad \left(k_n = \frac{n\pi}{b}\right)$$

在 x 方向上，考虑到该区域是有限区域，使用边界条件 $\phi(0, y)=0$，若仅选取双曲正弦函数来表示，可得到

$$X_n=\sinh\frac{n\pi}{b}x$$

将基本解进行线性组合，得到

$$\phi=\sum_{n=1}^{\infty}C_n\sinh\frac{n\pi x}{b}\sin\frac{n\pi y}{b}$$

待定常数由 $x=a$ 处的边界条件确定，即

$$\phi(a, y)=\sum_{n=1}^{\infty}C_n\sinh\frac{n\pi a}{b}\sin\frac{n\pi y}{b}$$

使用正弦函数的正交归一性质，有

$$\frac{b}{2}C_n\sinh\frac{n\pi a}{b}=\int_0^b\phi(a, y)\sin\frac{n\pi y}{b}\mathrm{d}y$$

$$\int_0^{\frac{b}{2}}\frac{U_0 y}{b}\sin\frac{n\pi y}{b}\mathrm{d}y=\frac{U_0}{b}\left[\left(\frac{b}{n\pi}\right)^2\sin\frac{n\pi y}{b}-\frac{b}{n\pi}y\cos\frac{n\pi y}{b}\right]_0^{\frac{b}{2}}$$

$$=\frac{U_0}{b}\left[\left(\frac{b}{n\pi}\right)^2\sin\frac{n\pi}{2}-\frac{b^2}{2n\pi}\cos\frac{n\pi}{2}\right]$$

$$\int_{\frac{b}{2}}^{b}U_0\left(1-\frac{y}{b}\right)\sin\frac{n\pi y}{b}\mathrm{d}y=-U_0\frac{b}{n\pi}\cos\frac{n\pi y}{b}\bigg|_{\frac{b}{2}}^{b}-\frac{U_0}{b}\left[\left(\frac{b}{n\pi}\right)^2\sin\frac{n\pi y}{b}-\frac{b}{n\pi}y\cos\frac{n\pi y}{b}\right]\bigg|_{\frac{b}{2}}^{b}$$

$$=-U_0\frac{b}{n\pi}\left(\cos n\pi-\cos\frac{n\pi}{2}\right)+\frac{U_0}{b}\left(\frac{b}{n\pi}\right)^2\sin\frac{n\pi}{2}+\frac{U_0}{b}\frac{b}{n\pi}\cos n\pi$$

$$-\frac{U_0}{b}\frac{b}{n\pi}\frac{b}{2}\cos n\pi$$

化简以后得

$$\frac{b}{2}C_n\sinh\frac{n\pi a}{b}=\int_0^b\phi(a, y)\sin\frac{n\pi y}{b}\mathrm{d}y=2U_0\frac{b}{n^2\pi^2}\sin\frac{n\pi}{2}$$

求出系数，代入电位表达式，得

$$\phi=\sum_{n=1}^{\infty}\frac{4U_0}{n^2\pi^2}\frac{\sin\frac{n\pi}{2}}{\sinh\frac{n\pi a}{b}}\sin\frac{n\pi y}{b}\sinh\frac{n\pi x}{b}$$

5.2 一个截面如图 5.5 所示的场槽，向 y 方向无限延伸，两侧的电位是零，槽内 $y\to\infty$，$\phi\to 0$，底部的电位为

$$\phi(x,0)=U_0$$

求槽内的电位。

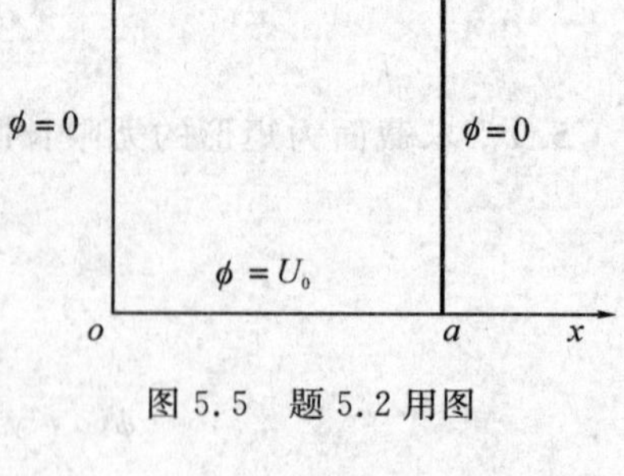

图 5.5 题 5.2 用图

解 由于在 $x=0$ 和 $x=a$ 两个边界的电位为零，故在 x 方向选取周期解，若仅选取正弦函数则可表示为

$$X_n=\sin k_n x\quad\left(k_n=\frac{n\pi}{a}\right)$$

在 y 方向，区域包含无穷远处，故选取指数函数，在 $y\to\infty$ 时，电位趋于零，则可表示为

$$Y_n=\mathrm{e}^{-k_n y}$$

由基本解的叠加构成电位的表达式为

$$\phi = \sum_{n=1}^{\infty} C_n \sin\frac{n\pi x}{a} e^{-\frac{n\pi y}{a}}$$

待定系数由 $y=0$ 的边界条件确定。在电位表达式中，令 $y=0$，得

$$U_0 = \sum_{n=1}^{\infty} C_n \sin\frac{n\pi x}{a}$$

$$C_n \frac{a}{2} = \int_0^a U_0 \sin\frac{n\pi x}{a} dx = \frac{aU_0}{n\pi}(1-\cos n\pi)$$

当 n 为奇数时，

$$C_n = \frac{4U_0}{n\pi}$$

当 n 为偶数时

$$C_n = 0$$

最后，电位的解为

$$\phi = \sum_{n=1,3,5}^{\infty} \frac{4U_0}{n\pi} \sin\frac{n\pi x}{a} e^{-\frac{n\pi y}{a}}$$

5.3　一个矩形导体槽由两部分构成，如图 5.6 所示，两个导体板的电位分别为 U_0 和零，求槽内的电位。

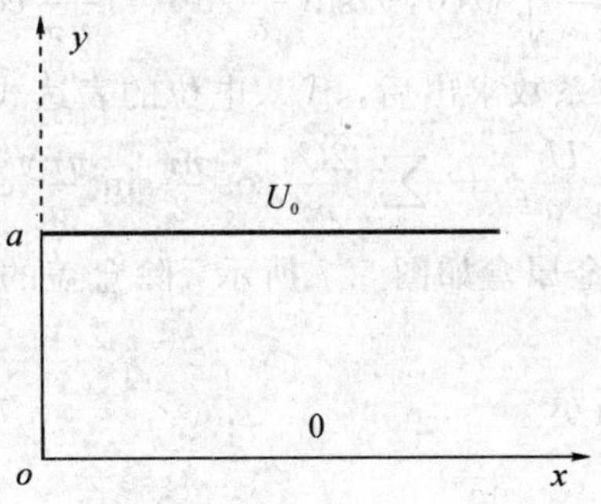

图 5.6　题 5.3 用图

解　将原问题的电位看成是两个电位的叠加。一个电位与平行板电容器的电位相同(上板电位为 U_0，下板电位为零)，另一个电位为 U，即

$$\phi = \frac{U_0}{a} y + U$$

其中，U 满足拉普拉斯方程，其边界条件为

$$y=0,\quad U=0$$
$$y=a,\quad U=0$$

$x=0$ 时，

$$U = \phi(0,y) - \frac{U_0 y}{a} = \begin{cases} U_0 - \dfrac{U_0 y}{a}, & \dfrac{a}{2} < y < a \\ -\dfrac{U_0 y}{a}, & 0 < y < \dfrac{a}{2} \end{cases}$$

$x \to \infty$ 时，电位 U 应该趋于零。U 的形式解为

$$U = \sum_{n=1}^{\infty} C_n \sin\frac{n\pi y}{a} e^{-\frac{n\pi x}{a}}$$

待定的系数用 $x=0$ 的条件确定，过程如下：

$$U(0,y) = \sum_{n=1}^{\infty} C_n \sin\frac{n\pi y}{a}$$

$$\frac{a}{2}C_n = \int_0^a U(0,y)\sin\frac{n\pi y}{a}dy$$

$$\int_0^{\frac{a}{2}} \frac{-U_0 y}{a}\sin\frac{n\pi y}{a}dy = \frac{-U_0}{a}\left[\left(\frac{a}{n\pi}\right)^2\sin\frac{n\pi y}{a} - \frac{a}{n\pi}y\cos\frac{n\pi y}{a}\right]\Bigg|_0^{\frac{a}{2}}$$

$$= \frac{U_0}{a}\left[-\left(\frac{a}{n\pi}\right)^2\sin\frac{n\pi}{2} + \frac{a^2}{2n\pi}\cos\frac{n\pi}{2}\right]$$

$$\int_{\frac{a}{2}}^{a} U_0\left(1-\frac{y}{a}\right)\sin\frac{n\pi y}{a}dy = -U_0\frac{a}{n\pi}\cos\frac{n\pi y}{a}\Bigg|_{\frac{a}{2}}^{a} - \frac{U_0}{a}\left[\left(\frac{a}{n\pi}\right)^2\sin\frac{n\pi y}{a} - \frac{a}{n\pi}y\cos\frac{n\pi y}{a}\right]\Bigg|_{\frac{a}{2}}^{a}$$

$$= -U_0\frac{a}{n\pi}\left(\cos n\pi - \cos\frac{n\pi}{2}\right) + \frac{U_0}{a}\left(\frac{a}{n\pi}\right)^2\sin\frac{n\pi}{2} + \frac{U_0}{a}\frac{a}{n\pi}a\cos n\pi$$

$$-\frac{U_0}{a}\frac{a}{n\pi}\frac{a}{2}\cos\frac{n\pi}{2}$$

化简以后，得到

$$\frac{a}{2}C_n = \int_0^a U(0,y)\sin\frac{n\pi y}{a}dy = \frac{U_0 a}{n\pi}\cos\frac{n\pi}{2}$$

只有偶数项的系数不为零，将系数求出后，代入电位的表达式，可得

$$\phi = \frac{U_0}{a}y + \sum_{n=2,\,4}^{\infty}\frac{2U_0}{n\pi}\cos\frac{n\pi}{2}\sin\frac{n\pi y}{a}e^{-\frac{n\pi x}{a}}$$

5.4 由导电平板制作的金属盒如图 5.7 所示，除盒盖的电位为 U_0 外，其余盒壁电位为 0，求盒内电位分布。

解 坐标选择如图 5.7 所示。

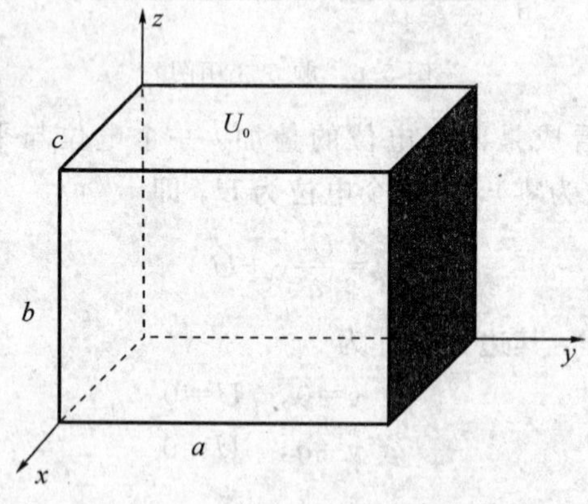

图 5.7

该题为三维问题的分离变量法，与二维问题类似，其分离变量之后的方程可以写为

$$\begin{cases}\dfrac{1}{X}\dfrac{\mathrm{d}^2X}{\mathrm{d}x^2}+k_x^2=0\\ \dfrac{1}{Y}\dfrac{\mathrm{d}^2Y}{\mathrm{d}y^2}+k_y^2=0\\ \dfrac{1}{Z}\dfrac{\mathrm{d}^2Z}{\mathrm{d}z^2}+k_z^2=0\end{cases}$$

其中，$k_x^2+k_y^2+k_z^2=0$，其通解形式为

$$\phi(x,y,z)=\sum_{n=1}^{\infty}\sum_{m=1}^{\infty}A_{mn}\sin\left(\frac{m\pi}{c}x\right)\sin\left(\frac{n\pi}{a}y\right)\sinh\left[z\sqrt{\left(\frac{m\pi}{c}\right)^2+\left(\frac{n\pi}{a}\right)^2}\right]$$

利用边界条件得

$$\phi(x,y,0)=U_0=\sum_{n=1}^{\infty}\sum_{m=1}^{\infty}A_{mn}\sin\left(\frac{m\pi}{c}x\right)\sin\left(\frac{n\pi}{a}y\right)\sinh\left[b\sqrt{\left(\frac{m\pi}{c}\right)^2+\left(\frac{n\pi}{a}\right)^2}\right]$$

$$=\sum_{n=1}^{\infty}\sum_{m=1}^{\infty}B_{mn}\sin\left(\frac{m\pi}{c}x\right)\sin\left(\frac{n\pi}{a}y\right)$$

(其中，$B_{mn}=A_{mn}\sinh\left[b\sqrt{\left(\frac{m\pi}{c}\right)^2+\left(\frac{n\pi}{a}\right)^2}\right]$)

将上式两边同乘以 $\sin\left(\frac{p\pi}{c}x\right)$和 $\sin\left(\frac{q\pi}{a}x\right)$，并在区间(0，$c$)和(0，$a$)上进行积分可得

$$\int_0^c\int_0^a U_0\sin\left(\frac{p\pi}{c}x\right)\sin\left(\frac{q\pi}{a}y\right)\mathrm{d}x\mathrm{d}y$$

$$=\int_0^c\int_0^a B_{mn}\sin\left(\frac{m\pi}{c}x\right)\sin\left(\frac{p\pi}{c}x\right)\sin\left(\frac{n\pi}{a}y\right)\sin\left(\frac{q\pi}{a}y\right)\mathrm{d}x\mathrm{d}y$$

利用三角函数的正交性，当 $p=m$，$q=n$ 时，上式变为

$$\int_0^c\int_0^a U_0\sin\left(\frac{m\pi}{c}x\right)\sin\left(\frac{n\pi}{a}y\right)\mathrm{d}x\mathrm{d}y=\frac{acB_{mn}}{4}$$

因此

$$B_{mn}=\frac{4U_0}{ac}\int_0^c\int_0^a\sin\left(\frac{m\pi}{c}x\right)\sin\left(\frac{n\pi}{a}y\right)\mathrm{d}x\mathrm{d}y=\begin{cases}0, & n=2,4,6,\cdots\\ \dfrac{16U_0}{mn\pi^2}, & n=1,3,5,\cdots\end{cases}$$

因此，待求电位为

$$\phi(x,y,z)=\sum_{n=1,3,5}^{\infty}\sum_{m=1,3,5}^{\infty}\frac{16U_0}{mn\pi^2}\frac{1}{\sinh\left[b\sqrt{\left(\frac{m\pi}{c}\right)^2+\left(\frac{n\pi}{a}\right)^2}\right]}\cdot\sin\left(\frac{m\pi}{c}x\right)\sin\left(\frac{n\pi}{a}y\right)$$

$$\cdot\sinh\left[z\sqrt{\left(\frac{m\pi}{c}\right)^2+\left(\frac{n\pi}{a}\right)^2}\right]$$

5.5　两个点电荷$+Q$和$-Q$位于一个半径为a 的接地导体球的直径的延长线上，分别距离球心 D 和$-D$。

(1) 证明：镜像电荷构成一电偶极子，位于球心，偶极矩为 $2a^3Q/D^2$。

(2) 令 Q 和 D 分别趋于无穷，同时保持 Q/D^2 不变，计算球外的电场。

解　(1) 使用导体球面的镜像法和叠加原理的分析。在球内应该加上两个镜像电荷：一个是 Q 在球面上的镜像电荷，$q_1=-aQ/D$，距离球心 $b=a^2/D$；第二个是$-Q$ 在球面上

的镜像电荷，$q_2=aQ/D$，距离球心 $b_1=-a^2/D$。当距离较大时，镜像电荷间的距离很小，等效为一个电偶极子，电偶极矩为

$$p=q_1(b-b_1)=\frac{-2a^3Q}{D^2}$$

(2) 球外任意点的电场等于四个点电荷产生电场的叠加。设 $+Q$ 和 $-Q$ 位于坐标 z 轴上，当 Q 和 D 分别趋于无穷，同时保持 Q/D^2 不变时，由 $+Q$ 和 $-Q$ 在空间产生的电场相当于均匀平板电容器的电场，是一个均匀场。均匀场的大小为 $2Q/4\pi\varepsilon_0 D^2$，方向为 $-\boldsymbol{e}_z$ 方向。

由镜像电荷产生的电场可以由电偶极子的公式计算：

$$\boldsymbol{E}=\frac{p}{4\pi\varepsilon_0 r^3}(\boldsymbol{e}_r 2\cos\theta+\boldsymbol{e}_\theta\sin\theta)$$

$$=\frac{-2a^3Q}{4\pi\varepsilon_0 r^3D^2}(\boldsymbol{e}_r 2\cos\theta+\boldsymbol{e}_\theta\sin\theta)$$

5.6 半径为无限长的圆柱面上，有密度为 $\rho_S=\rho_{S0}\cos\phi$ 的面电荷，求圆柱面内、外的电位。

解 由于面电荷是余弦分布，所以柱内外的电位也是角度的偶函数。柱外的电位不应有 r^n 项，柱内的电位不应有 r^{-n}项。柱内外的电位也不应有对数项，且是角度的周期函数。故柱内电位选为

$$\phi_1=A_0+\sum_{n=1}^{\infty}r^nA_n\cos n\phi$$

柱外电位选为

$$\phi_2=C_0+\sum_{n=1}^{\infty}r^{-n}C_n\cos n\phi$$

假定无穷远处的电位为零，定出系数 $C_0=0$。

在界面 $r=a$ 上，

$$\phi_1=\phi_2$$

$$-\varepsilon_0\frac{\partial\phi_2}{\partial r}+\varepsilon_0\frac{\partial\phi_1}{\partial r}=\rho_{S0}\cos\phi$$

即

$$A_0+\sum_{n=1}^{\infty}a^nA_n\cos n\phi=\sum_{n=1}^{\infty}a^{-n}C_n\cos n\phi$$

$$\varepsilon_0\sum_{n=1}^{\infty}na^{-n-1}C_n\cos n\phi+\varepsilon_0\sum_{n=1}^{\infty}na^{n-1}A_n\cos n\phi=\rho_{S0}\cos n\phi$$

解得

$$A_0=0,\quad A_1=\frac{\rho_{S0}}{2\varepsilon},\quad C_1=\frac{a^2\rho_{S0}}{2\varepsilon_0}$$

$$A_n=0,\quad C_n=0\quad(n>1)$$

最后的电位为

$$\phi=\begin{cases}\dfrac{\rho_{S0}}{2\varepsilon_0}r\cos\phi, & r<a\\[2ex]\dfrac{a^2\rho_{S0}}{2\varepsilon_0 r}\cos\phi, & r>a\end{cases}$$

5.7 同轴圆柱形电容器内外半径分别为 a、b，导体之间一半填充介电常数为 ε_1 的介质，另一半填充介电常数为 ε_2 的介质。如图 5.8 所示，当电压为 U 时，求电容器中的电场和电荷分布。

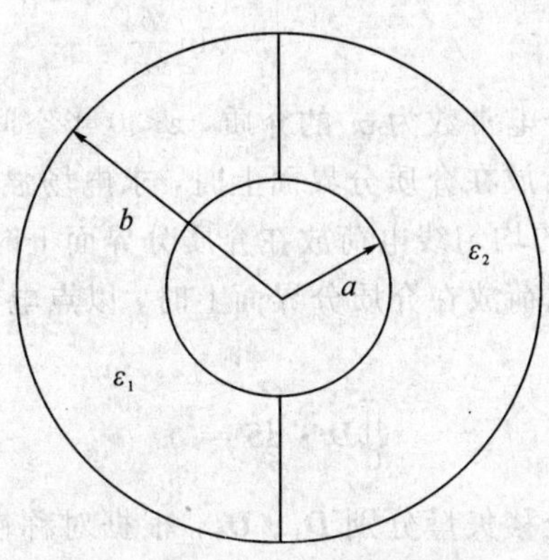

图 5.8 题 5.7 用图

解 设内导体上的电量为 q，在内外导体之间取半径为 r 的圆柱面，利用高斯定理

$$\oint_S \boldsymbol{D}\cdot \mathrm{d}\boldsymbol{S}=q$$

在两个半柱面上，电场强度分别相等，上式变为

$$2\pi rl(\varepsilon_1 E_{1r}+\varepsilon_2 E_{2r})=q$$

由介质边界条件 $E_{1r}=E_{2r}=E_r$，可得

$$E_r=\frac{q}{2\pi l(\varepsilon_1+\varepsilon_2)r}$$

内外导体之间的电压为

$$U=\int_a^b E_r\mathrm{d}r=\frac{q}{2\pi l(\varepsilon_1+\varepsilon_2)}\ln\frac{b}{a}$$

所以

$$q=\frac{2\pi l(\varepsilon_1+\varepsilon_2)U}{\ln\dfrac{b}{a}}$$

所以

$$E_r=\frac{U}{r\ln\dfrac{b}{a}}$$

电荷分布为

$$\varepsilon_1\text{ 介质侧 }\rho_s=\begin{cases}\dfrac{\varepsilon_1 U}{a\ln\dfrac{b}{a}}, & r=a\\[2ex] -\dfrac{\varepsilon_1 U}{b\ln\dfrac{b}{a}}, & r=b\end{cases}$$

$$\varepsilon_2 \text{ 介质侧 } \rho_s=\begin{cases}\dfrac{\varepsilon_2 U}{a\ln\dfrac{b}{a}},\ r=a\\[2ex] -\dfrac{\varepsilon_2 U}{b\ln\dfrac{b}{a}},\ r=b\end{cases}$$

5.8 $z>0$ 半空间充满介电常数为 ε_1 的介质，$z<0$ 半空间充满介电常数为 ε_2 的介质。

(1) 当电量为 q 的点电荷放在介质分界面上时，求电场强度。

(2) 当电荷线密度为 ρ_l 的均匀线电荷放在介质分界面上时，求电场强度。

解 (1) 电量为 q 的点电荷放在介质分界面上时，以点电荷为中心作半径为 r 的球，利用高斯定理

$$\oiint_S \boldsymbol{D}\cdot \mathrm{d}\boldsymbol{S}=q$$

设上、下半球面上的电位移矢量分别 $\boldsymbol{D}_1$、$\boldsymbol{D}_2$，根据对称性，在上、下半球面上电位移矢量大小分别相等，有

$$2\pi r^2(D_{1n}+D_{2n})=q$$

根据边界条件 $E_{1t}=E_{2t}$，求得

$$2\pi r^2(\varepsilon_1 E_{1t}+\varepsilon_2 E_{2t})=q$$

$$E_r=E_{1r}=E_{2r}=\frac{q}{2\pi(\varepsilon_1+\varepsilon_2)r^2}$$

(2) 在电荷线密度为 ρ_l 的均匀线电荷放在介质分界面上，以线电荷为轴线作以半径为 r 单位长度的圆柱面，利用高斯定理

$$\oiint_S \boldsymbol{D}\cdot \mathrm{d}\boldsymbol{S}=\rho_l$$

设上、下半柱面上的电位移矢量分别 $\boldsymbol{D}_1$、$\boldsymbol{D}_2$，根据对称性，在上、下半柱面上电位移矢量大小分别相等，有

$$\pi r(D_{1n}+D_{2n})=\rho_l$$

根据边界条件 $E_{1t}=E_{2t}$，可得

$$\pi r(\varepsilon_1 E_{1t}+\varepsilon_2 E_{2t})=\rho_l$$

$$E_r=E_{1r}=E_{2r}=\frac{\rho_l}{\pi(\varepsilon_1+\varepsilon_2)r}$$

5.9 在内外半径分别为 a 和 b 之间的圆柱形区域内无电荷，在半径分别为 a 和 b 的圆柱面上电位分别为 U 和 0，求该圆柱形区域内的电位和电场。

解 由电荷分布可知，电位仅是 ρ 的函数，电位满足的方程为

$$\frac{1}{\rho}\frac{\mathrm{d}}{\mathrm{d}\rho}\left(\rho\frac{\mathrm{d}\phi}{\mathrm{d}\rho}\right)=0$$

解微分方程得

$$\phi(\rho)=c_1\ln\rho+c_2$$

利用边界条件

$$\phi(a)=c_1\ln a+c_2=U$$

$$\phi(b)=c_1\ln b+c_2=o$$

所以

$$c_1=\frac{U}{\ln\dfrac{a}{b}}$$

$$c_2=-\frac{U}{\ln\dfrac{a}{b}}\ln b$$

所以

$$\phi(\rho)=\frac{U}{\ln\dfrac{b}{a}}\ln\frac{b}{\rho}$$

$$\boldsymbol{E}=-\nabla\phi$$

5.10　在半径分别为 a 和 b 的两同轴导电圆筒围成的区域内，电荷分布为 $\rho=A/r$，A 为常数，若介质介电常数为 ε，内导体电位为 U，外导体电位为 0。求两导体间的电位分布。

解　由电荷分布可知，电位仅是 ρ 的函数，电位满足的方程为

$$\frac{1}{r}\frac{\mathrm{d}}{\mathrm{d}r}\left(r\frac{\mathrm{d}\varphi}{\mathrm{d}r}\right)=-\frac{A}{\varepsilon r}$$

解微分方程得

$$\frac{\mathrm{d}}{\mathrm{d}r}\left(r\frac{\mathrm{d}\phi}{\mathrm{d}r}\right)=-\frac{A}{\varepsilon}$$

$$\left(r\frac{\mathrm{d}\phi}{\mathrm{d}r}\right)=-\frac{A}{\varepsilon}r+c_1$$

$$\frac{\mathrm{d}\phi}{\mathrm{d}r}=-\frac{A}{\varepsilon}+\frac{c_1}{r}$$

$$\phi(r)=-\frac{A}{\varepsilon}r+c_1\ln r+c_2$$

利用边界条件

$$\phi(a)=-\frac{A}{\varepsilon}a+c_1\ln a+c_2=U$$

$$\varphi(b)=-\frac{A}{\varepsilon}b+c_1\ln b+c_2=0$$

得

$$c_1=\frac{U-\dfrac{A}{\varepsilon}(b-a)}{-\ln\dfrac{b}{a}}$$

$$c_2=\frac{A}{\varepsilon}b+\frac{U-\dfrac{A}{\varepsilon}(b-a)}{\ln\dfrac{b}{a}}\ln b$$

所以

$$\phi(r)=\frac{A}{\varepsilon}(b-r)+\frac{U-\dfrac{A}{\varepsilon}(b-a)}{\ln\dfrac{b}{a}}\ln\frac{b}{a}$$

5.11 两块电位分别为0和U的半无限大的导电平板构成夹角为α的角形区域，求该角形区域中的电位分布。

解 由题意，在圆柱坐标系中，电位仅是φ的函数，在导电平板之间电位方程为

$$\nabla^2\phi=\frac{1}{\rho}\frac{\mathrm{d}^2\phi}{\mathrm{d}\varphi^2}=0$$

其通解为

$$\phi=c_1\varphi+c_0$$

由边界条件

$$\phi(\varphi=0)=0,\ \phi(\varphi=\alpha)=U$$

得

$$\phi=\frac{U}{\alpha}\varphi$$

5.12 在无限大的导电平板上方距导电平板h处平行放置无限长的线电荷，电荷线密度为ρ_l，求导电平板上方的电场。

解 利用镜像法，导电平板的影响等效为镜像位置的一个电荷线密度为$-\rho_l$的线电荷，导电平板上方的电场为

$$\boldsymbol{E}=\frac{\rho_l}{2\pi\varepsilon_0}\left(\frac{\boldsymbol{r}_1}{r^2}-\frac{\boldsymbol{r}_2}{r_2^2}\right)$$

式中$\boldsymbol{r}_1$、$\boldsymbol{r}_2$分别为线电荷及其镜像线电荷到场点的距离矢量。

5.13 由无限大的导电平板折成45°的角形区，在该角形区中某一点(x_0, y_0, z_0)有一点电荷q，用镜像法求电位分布。

解 在夹角为$\alpha=\frac{180°}{n}$的相交接地导体平面构成的角形区域中，若n为正整数，就可用镜像法求解，镜像电荷的个数为$2n-1$个，分布在以点电荷到角域顶点的距离为半径的圆上，且关于导体平面对称，电荷量的大小等于q，正负电荷交替分布。
显然，该题中$n=4$，因此，镜像电荷的数目为七个，其分布如图5.9所示。

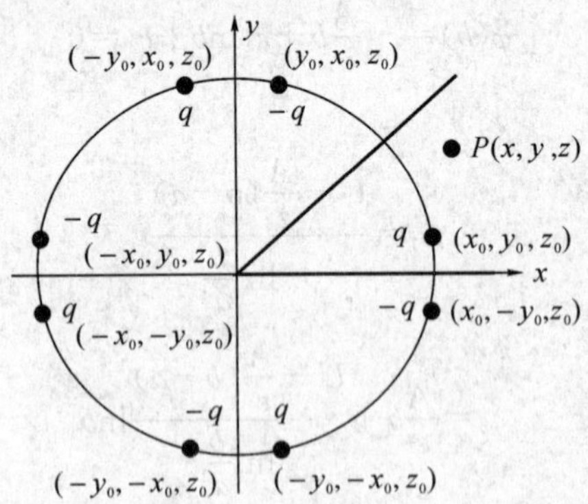

图5.9 题5.13用图

所以，空间任意点$P(x, y, z)$处的电位为

$$\phi=\frac{q}{4\pi\varepsilon_0}\cdot\frac{1}{\sqrt{(x-x_0)^2+(y-y_0)^2+(z-z_0)^2}}+\frac{-q}{4\pi\varepsilon_0}\cdot\frac{1}{\sqrt{(x-y_0)^2+(y-x_0)^2+(z-z_0)^2}}$$

$$+\frac{q}{4\pi\varepsilon_0}\cdot\frac{1}{\sqrt{(x+y_0)^2+(y-x_0)^2+(z-z_0)^2}}+\frac{-q}{4\pi\varepsilon_0}\cdot\frac{1}{\sqrt{(x+x_0)^2+(y-y_0)^2+(z-z_0)^2}}$$

$$+\frac{q}{4\pi\varepsilon_0}\cdot\frac{1}{\sqrt{(x+x_0)^2+(y+y_0)^2+(z-z_0)^2}}+\frac{-q}{4\pi\varepsilon_0}\cdot\frac{1}{\sqrt{(x+y_0)^2+(y+x_0)^2+(z-z_0)^2}}$$

$$+\frac{q}{4\pi\varepsilon_0}\cdot\frac{1}{\sqrt{(x-y_0)^2+(y+x_0)^2+(z-z_0)^2}}+\frac{-q}{4\pi\varepsilon_0}\cdot\frac{1}{\sqrt{(x-x_0)^2+(y+y_0)^2+(z-z_0)^2}}$$

5.14 半径为 a，带电量为 Q 的导体附近距球心 f 处有一点电荷 q，求点电荷 q 所受的力。

解 当 $f>a$ 时，

$$\oint\!\!\!\oint_S \boldsymbol{E}\cdot \mathrm{d}\boldsymbol{S} = E_r 4\pi f^2 = \frac{Q}{\varepsilon_0}$$

$$\boldsymbol{E}=\frac{Q\boldsymbol{e}_r}{4\pi\varepsilon_0 f^2}\Rightarrow \boldsymbol{F}=\frac{Qq\boldsymbol{e}_r}{4\pi\varepsilon_0 f^2}$$

当 $f<a$ 时，

$$\oint\!\!\!\oint_S \boldsymbol{E}\cdot \mathrm{d}\boldsymbol{S} = E_r 4\pi f^2 = \frac{Q'}{\varepsilon_0}$$

$$Q'=\frac{4}{3}\pi f^3\frac{Q}{\frac{4}{3}\pi a^3}=\frac{Qf^3}{a^3}$$

$$\boldsymbol{E}=\frac{Qf\boldsymbol{e}_r}{4\pi\varepsilon_0 a^3}\Rightarrow \boldsymbol{F}=\frac{Qqf\boldsymbol{e}_r}{4\pi\varepsilon_0 a^3}$$

5.15 内外半径分别为 a、b 的导电球壳内距球心为 $d(d<a)$处有一点电荷 q，若

(1) 导电球壳电位为 0；

(2) 导电球壳电位为 ϕ；

(3) 导电球壳上的总电量为 Q，

分别求导电球壳内外的电位分布。

解 (1) 导电球壳电位为 0。

由于导电球壳电位为 0，导电球壳外无电荷分布，因此导电球壳外的电位为零。

导电球壳内的电位由导电球壳内的点电荷和导电球壳内壁上的电荷产生，而导电球壳内壁上的电荷可用位于导电球壳外的镜像电荷等效，两个电荷使导电球壳内壁面上的电位为零，因此镜像电荷的大小，距球心的距离分别为

$$q'=-\frac{a}{d}q$$

$$f=\frac{a^2}{d}$$

导电球壳内的电位为

$$\Phi=\frac{q}{4\pi\varepsilon_0}\left(\frac{q}{r_1}-\frac{q'}{r_2}\right)$$

其中 r_1、r_2 分别为场点与点电荷及镜像电荷的距离，用圆球坐标表示为

$$r_1=\sqrt{r^2+d^2-2rd\cos\theta}$$

$$r_2=\sqrt{r^2+\left(\frac{a^2}{d}\right)^2-2r\left(\frac{a^2}{d}\right)\cos\theta}$$

(2) 导电球壳电位为 ϕ。

因为球壳是等位体，球壳内的电位分布应在第一步计算基础上加上球壳电位 ϕ。球壳内的电位分布为

$$\Phi=\frac{q}{4\pi\varepsilon_0 r_1}+\frac{q'}{4\pi\varepsilon_0 r_2}+\phi$$

球壳外的电位分布为球心一镜像电荷产生的电位，并且在球外壳产生的电位为 ϕ，则有

$$\Phi=\frac{q''}{4\pi\varepsilon_0 b}\rightarrow q''=4\pi\varepsilon_0 b\phi$$

球壳外电位分布为

$$\Phi=\frac{b}{r}\phi$$

(3) 导电球壳上的总电量为 Q。

当导体球壳上总电量为 Q 时，导体球壳的电位为

$$U=\frac{q+Q}{4\pi\varepsilon_0 b}$$

球壳内的电位分布为

$$\Phi=\frac{q}{4\pi\varepsilon_0 r_1}+\frac{q'}{4\pi\varepsilon_0 r_2}+U$$

球壳外电位分布为

$$\Phi=\frac{q+Q}{4\pi\varepsilon_0 r}$$

5.16 无限大导电平面上有一导体球，半径为 a，在半球体正上方距球心及导电平面 h 处有一点电荷 q，求该点电荷所受的力。

解 无限大导电平面上有一导电半球，半径为 a，在半球体正上方距球心及导电平面 h 处有一点电荷 q，求该点电荷所受的力。

解 要使导体球面和平面上的电位均为零，应有三个镜像电荷，如图所示。三个镜像电荷的电量和位置分别为

$$q'=-\frac{a}{h}q,\ z=\frac{a^2}{h}$$

$$-q',\ z=-\frac{a^2}{h}$$

$$-q,\ z=-h$$

点电荷 q 所受的力为三个镜像电荷的电场力，即

$$\boldsymbol{F}=\boldsymbol{e}_z\frac{q^2}{4\pi\varepsilon_0}\left\{-\frac{\frac{a}{h}}{\left(h-\frac{a^2}{h}\right)^2}+\frac{\frac{a}{h}}{\left(h+\frac{a^2}{h}\right)^2}-\frac{1}{(2h)^2}\right\}$$

电荷所受力的正方向向上。

5.17 无限大导电平面上方平行放置一根半径为 a 的无限长导电圆柱，该导电圆柱轴

线距导电平面为 h，求导电圆柱与导电平面之间单位长度的电容。

解　如果无限长导电圆柱上有电荷线密度 ρ_l，导电平面可用镜像位置的线电荷等效，镜像电荷线密度为 $-\rho_l$。由导体圆柱的镜像法可求得导体圆柱的电位 ϕ，那么，单位导体圆柱与导电平面之间的电容为

$$C=\frac{\rho_l}{\phi}=\frac{2\pi\varepsilon_0}{\ln\left(\frac{h+\sqrt{h^2-a^2}}{a}\right)}$$

5.18　两同心导体球壳半径分别为 a、b，两导体之间有两层介质，介电常数为 ε_1、ε_2，介质界面半径为 c，求两导体球壳之间的电容。

解　设内导体带电荷为 q，由于电荷与介质分布具有球对称性，取半径为 r 的球面，采用高斯定理可得，

$$D_r=\frac{q}{4\pi r^2}$$

两导体球壳之间的电场为

$$E_r=\begin{cases}\dfrac{q}{4\pi\varepsilon_1 r^2},\ a<r<c\\[2ex]\dfrac{q}{4\pi\varepsilon_2 r^2},\ c<r<b\end{cases}$$

两导体球壳之间的电压为

$$U=\int_a^b E_r\mathrm{d}r=\frac{q}{4\pi\varepsilon_1}\left(\frac{1}{a}-\frac{1}{c}\right)+\frac{q}{4\pi\varepsilon_2}\left(\frac{1}{c}-\frac{1}{b}\right)$$

两导体球壳之间的电容为

$$C=\frac{q}{U}=\frac{4\pi}{\frac{1}{\varepsilon_1}\left(\frac{1}{a}-\frac{1}{c}\right)+\frac{1}{\varepsilon_2}\left(\frac{1}{c}-\frac{1}{b}\right)}$$

5.19　用有限差分法求图 5.10 所示区域中各个节点的电位。

解

$$\phi_1=\frac{1}{4}(\phi_2+\phi_3+100)$$

$$\phi_2=\frac{1}{4}(\phi_1+\phi_4+100)$$

$$\phi_3=\frac{1}{4}(\phi_1+\phi_4)$$

$$\phi_4=\frac{1}{4}(\phi_2+\phi_3)$$

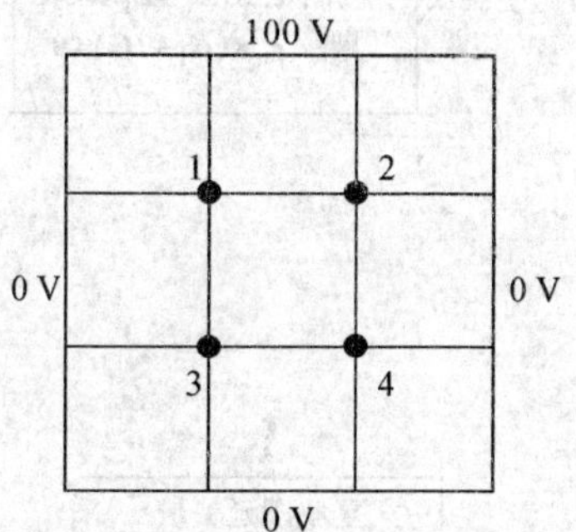

图 5.10　题 5.19 用图

解这一方程组，得到

$$\phi_1=\phi_2=37.5\ \text{V}$$

$$\phi_3=\phi_4=12.5\ \text{V}$$

第6章 时变电磁场

6.1 主要内容与复习要点

主要内容： Maxwell 方程组，位移电流，时变电磁场边界条件，坡印廷定理和坡印廷矢量，时谐场，波动方程，标量位和矢量位。

复习要点： 牢记 Maxwell 方程及其物理意义、时变电磁场边界条件。掌握在洛伦兹规范下，电场和磁场的计算，掌握时变场能流和能流密度的概念和计算，弄清楚标量位、矢量位及电磁场之间的关系。

如图 6.1 所示为本章主要内容结构图。

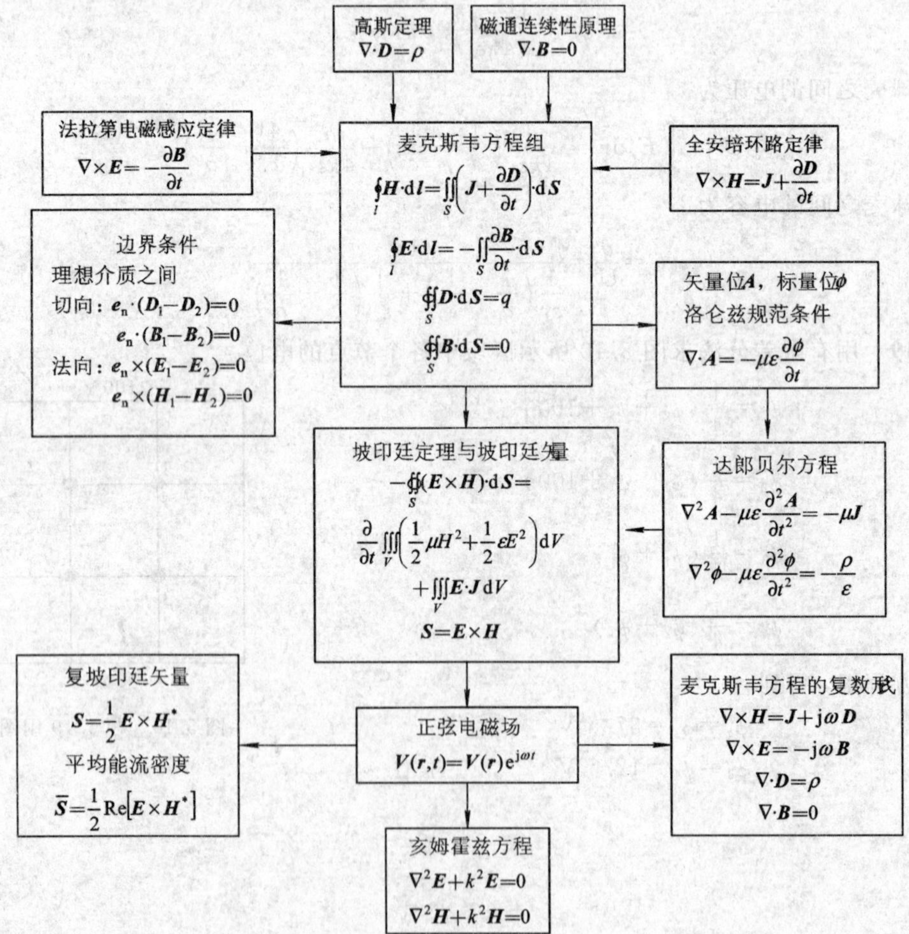

图 6.1 本章主要内容结构图

6.1.1　法拉第电磁感应定理

法拉第电磁感应定理：穿过一个导体回路所限定面积的磁通发生变化时，回路内会产生感应电动势。感应电动势的方向由楞次定理确定，由感应电动势引起的电流称为感应电流，感应电流产生的磁场阻碍回路磁通的变化。法拉第电磁感应定理的公式表述如下：

$$\nabla\times\boldsymbol{E}=-\frac{\partial\boldsymbol{B}}{\partial t}$$

该式意味着随时间变化的磁场是电场的旋度源。

6.1.2　位移电流和全安培环路定理

1. 位移电流的引入

位移电流密度是由电流连续方程$\nabla\cdot\boldsymbol{J}=-\frac{\partial\rho}{\partial t}$和高斯定理$\nabla\cdot\boldsymbol{D}=\rho$引入的。

位移电流密度表示的是电位移矢量随时间的变化率：

$$\boldsymbol{J}_d=\frac{\partial\boldsymbol{D}}{\partial t}(\mathrm{A/m^2})$$

2. 全安培环路定理

全安培环路定理的公式表述如下：

$$\nabla\times\boldsymbol{H}=\boldsymbol{J}+\frac{\partial\boldsymbol{D}}{\partial t}$$

该公式说明了随时间变化的电场是磁场的旋度源，同时也预示了电磁波的存在。

6.1.3　Maxwell 方程组

积分形式

$$\oint_l\boldsymbol{E}\cdot\mathrm{d}\boldsymbol{l}=-\frac{\partial}{\partial t}\iint_S\boldsymbol{B}\cdot\mathrm{d}\boldsymbol{S}$$

$$\oint_l\boldsymbol{H}\cdot\mathrm{d}\boldsymbol{l}=\iint_S\boldsymbol{J}\cdot\mathrm{d}\boldsymbol{S}+\frac{\partial}{\partial t}\iint_S\boldsymbol{D}\cdot\mathrm{d}\boldsymbol{S}$$

$$\oiint_S\boldsymbol{D}\cdot\mathrm{d}\boldsymbol{S}=\int_\tau\rho\,\mathrm{d}\tau$$

$$\oiint_S\boldsymbol{B}\cdot\mathrm{d}\boldsymbol{S}=0$$

微分形式

$$\nabla\times\boldsymbol{E}=-\frac{\partial\boldsymbol{B}}{\partial t}$$

$$\nabla\times\boldsymbol{H}=\boldsymbol{J}+\frac{\partial\boldsymbol{D}}{\partial t}$$

$$\nabla\cdot\boldsymbol{D}=\rho$$

$$\nabla\cdot\boldsymbol{B}=0$$

电磁场的本构关系：

$$\boldsymbol{D}=\varepsilon\boldsymbol{E},\quad\boldsymbol{B}=\mu\boldsymbol{H},\quad\boldsymbol{J}=\sigma\boldsymbol{E}$$

在学习中，要求会用文字描述 Maxwell 积分方程和微分方程的物理意义。

注意：麦克斯韦方程组的四个方程不完全独立，两个散度方程可以从两个旋度方程加电流连续性方程导出(分别对两个旋度方程取散度，并利用矢量恒等式$\nabla\cdot\nabla\times\boldsymbol{A}\equiv0$)。

Maxwell 方程组中的两个旋度方程中，电和磁在同一方程的两边，是相互交联的，即：时变的电场和电流产生磁场(随空间变化)；时变的磁场产生随空间变化的电场——电、磁的时空变换特性。如果给方程两边再做一次旋度运算，即旋度的旋度，就得到有关电，或者有关磁的方程，电和磁就解耦了，这就是关于电，或者关于磁的波动方程。

6.1.4 时变电磁场的边界条件

如表 6.1 所示为时变电磁场的边界条件。

表 6.1 时变电磁场的边界条件

	一般表示式	介质—介质	理想导体—介质
$\boldsymbol{E}$	$\boldsymbol{n}\times\boldsymbol{E}_1=\boldsymbol{n}\times\boldsymbol{E}_2\quad E_{1t}=E_{2t}$	同一般式	$\boldsymbol{n}\times\boldsymbol{E}=0\quad E_t=0$
$\boldsymbol{D}$	$\boldsymbol{n}\cdot(\boldsymbol{D}_1-\boldsymbol{D}_2)=\rho_s\quad D_{1n}-D_{2n}=\rho_s$	$\boldsymbol{n}\cdot\boldsymbol{D}_1=\boldsymbol{n}\cdot\boldsymbol{D}_2\quad D_{1n}=D_{2n}$	$\boldsymbol{n}\cdot\boldsymbol{D}=\rho_s\quad D_n=\rho_s$
$\boldsymbol{B}$	$\boldsymbol{n}\cdot\boldsymbol{B}_1=\boldsymbol{n}\cdot\boldsymbol{B}_2\quad B_{1n}=B_{2n}$	同一般式	$\boldsymbol{n}\cdot\boldsymbol{B}=0\quad B_n=0$
$\boldsymbol{H}$	$\boldsymbol{n}\times(\boldsymbol{H}_1-\boldsymbol{H}_2)=\boldsymbol{J}_s\quad H_{1t}-H_{2t}=J_s$	$\boldsymbol{n}\times\boldsymbol{H}_1=\boldsymbol{n}\times\boldsymbol{H}_2\quad H_{1t}=H_{2t}$	$\boldsymbol{n}\times\boldsymbol{H}=\boldsymbol{J}_s\quad H_t=J_s$

注意：时变电磁场中 $\boldsymbol{B}$ 在理想导体表面的边界条件与恒定磁场的边界条件不同！

要会用语言文字描述介质和导体表面的边界条件，且边界条件的切向和法向均满足连续性条件。

6.1.5 坡印廷定理和坡印廷矢量

利用矢量恒等式

$$\nabla\cdot(\boldsymbol{E}\times\boldsymbol{H})=\boldsymbol{H}\cdot\nabla\times\boldsymbol{E}-\boldsymbol{E}\cdot\nabla\times\boldsymbol{H}$$

及 Maxwell 旋度方程

$$\nabla\times\boldsymbol{E}=-\frac{\partial\boldsymbol{B}}{\partial t},\quad \nabla\times\boldsymbol{H}=\boldsymbol{J}+\frac{\partial\boldsymbol{D}}{\partial t}$$

可推导出坡印廷定理为

$$-\oint_S(\boldsymbol{E}\times\boldsymbol{H})\cdot\mathrm{d}\boldsymbol{S}=\frac{\partial}{\partial t}\iiint_V(w_\mathrm{e}+w_\mathrm{m})\mathrm{d}v+\iiint_V p_t\mathrm{d}v$$

封闭面 S 所包围体积 V 内单位时间内电场和磁场能量的增加，加上体积 V 内的焦耳热损耗，等于流进闭合面 S 的电磁功率。坡印廷定理是电磁场中的能量守恒定理，$\boldsymbol{S}=\boldsymbol{E}\times\boldsymbol{H}$ 称为坡印廷矢量，(能流密度矢量)，单位为 $\mathrm{W/m^2}$。它的大小表示垂直流过单位面积的电磁能功率，方向为电磁波传播方向。

6.1.6 时谐场(正弦电磁场)

时谐场(正弦场)指的是随时间做正弦或余弦变化的电磁场。为了简化运算，引入了复数形式描述正弦电磁场，电场和磁场的每一个分量都是时间的正弦函数。正弦(余弦)函数可用一个复数的实部来表示，因此正弦电磁场的计算都是对复振幅进行的，复振幅乘 $\mathrm{e}^{\mathrm{j}\omega t}$ 后取计算结果的实部即得瞬时值，公式表示如下：

$$\boldsymbol{E}(\boldsymbol{r},t)=\mathrm{Re}(\dot{\boldsymbol{E}}(\boldsymbol{r})\mathrm{e}^{\mathrm{j}\omega t})$$

$$\frac{\partial}{\partial t}\rightarrow\mathrm{j}\omega\quad\frac{\partial^2}{\partial t^2}\rightarrow-\omega^2$$

复数形式的麦克斯韦方程组为

$$\nabla\times\dot{\boldsymbol{E}}=-\mathrm{j}\omega\dot{\boldsymbol{B}} \qquad \nabla\times\boldsymbol{E}=-\mathrm{j}\omega\mu\boldsymbol{H}$$

$$\nabla\times\dot{\boldsymbol{H}}=\dot{\boldsymbol{J}}+\mathrm{j}\omega\dot{\boldsymbol{D}} \qquad \nabla\times\boldsymbol{H}=\sigma\boldsymbol{E}+\mathrm{j}\omega\varepsilon\boldsymbol{E}$$

$$\nabla\cdot\dot{\boldsymbol{D}}=\rho \qquad \nabla\cdot\boldsymbol{D}=\rho$$

$$\nabla\cdot\dot{\boldsymbol{B}}=0 \qquad \nabla\cdot\boldsymbol{B}=0$$

复坡印廷矢量的计算公式为

$$\dot{\boldsymbol{S}}=\frac{1}{2}\boldsymbol{E}\times\boldsymbol{H}^{*}$$

复数形式坡印廷矢量与平均坡印廷矢量的关系：复坡印廷矢量的实部是瞬时坡印廷矢量的时间平均值，公式表示为

$$\boldsymbol{S}_{\mathrm{av}}=\mathrm{Re}(\dot{\boldsymbol{S}})=\frac{1}{2}\mathrm{Re}(\boldsymbol{E}\times\boldsymbol{H}^{*})$$

复介电常数的推导过程为

$$\nabla\times\boldsymbol{H}=\sigma\boldsymbol{E}+\mathrm{j}\omega\varepsilon\boldsymbol{E}=\mathrm{j}\omega\left(\varepsilon-\mathrm{j}\frac{\sigma}{\omega}\right)\boldsymbol{E}=\mathrm{j}\omega\dot{\varepsilon}_{\mathrm{e}}\boldsymbol{E}$$

$$\dot{\varepsilon}_{\mathrm{e}}=\varepsilon-\mathrm{j}\frac{\sigma}{\omega}=\varepsilon\left(1-\mathrm{j}\frac{\sigma}{\omega\varepsilon}\right)$$

其实部为媒质的介电常数，虚部表示媒质的损耗。

6.1.7 波动方程

在均匀、线性和各向同性的非导电媒质中，无源区域($\rho=0$，$\boldsymbol{J}=0$)麦克斯韦方程为

$$\nabla\times\boldsymbol{E}=-\mu\frac{\partial\boldsymbol{H}}{\partial t} \qquad \nabla\times\boldsymbol{H}=\varepsilon\frac{\partial\boldsymbol{E}}{\partial t}$$

$$\nabla\cdot\boldsymbol{E}=0 \qquad \nabla\cdot\boldsymbol{H}=0$$

对第一式两边取旋度可得

$$\nabla\times\nabla\times\boldsymbol{E}=\nabla\times\left(-\mu\frac{\partial\boldsymbol{H}}{\partial t}\right)=-\mu\frac{\partial}{\partial t}(\nabla\times\boldsymbol{H})$$

将第二式代入，得到

$$\nabla\times\nabla\times\boldsymbol{E}=-\varepsilon\mu\frac{\partial^{2}\boldsymbol{E}}{\partial t^{2}}$$

由矢量恒等式

$$\nabla\times\nabla\times\boldsymbol{E}=\nabla(\nabla\cdot\boldsymbol{E})-\nabla^{2}\boldsymbol{E}$$

及第三式得波动方程

$$\nabla^{2}\boldsymbol{E}-\varepsilon\mu\frac{\partial^{2}\boldsymbol{E}}{\partial t^{2}}=0$$

可知，对于正弦电磁场

$$\frac{\partial^{2}}{\partial t^{2}}=-\omega^{2}$$

再代入上式得到波动方程的复数形式(亥姆霍兹方程)为

$$\nabla^{2}\boldsymbol{E}+k^{2}\boldsymbol{E}=0$$

其中，$k=\omega\sqrt{\varepsilon\mu}$称为波数。

同样可得磁场强度的波动方程。Maxwell 方程再做一次旋度运算，电、磁解耦，可得到关于电或者磁的波动方程，由波动方程很容易得到电磁场的解。

6.1.8 标量位 φ 和矢量位 A

位函数的引入：对于时变电磁场，为简化分析运算，引进辅助位函数。为了和静电位相区别，时变电磁场中的位函数称为动态位或电磁位。

由方程 $\nabla\cdot\boldsymbol{B}=0$ 及矢量恒等式 $\nabla\cdot(\nabla\times\boldsymbol{A})\equiv0$ 可定义矢量位 $\boldsymbol{A}$。

磁场与位函数的关系为

$$\boldsymbol{B}=\nabla\times\boldsymbol{A}$$

（请注意：这里仅定义了位函数 $\boldsymbol{A}$ 的旋度，还需要给出位函数的散度才能唯一确定矢量位 $\boldsymbol{A}$）

将磁场与位函数的关系式代入方程 $\nabla\times\boldsymbol{E}=-\dfrac{\partial\boldsymbol{B}}{\partial t}$ 得

$$\nabla\times\left(\boldsymbol{E}+\frac{\partial\boldsymbol{A}}{\partial t}\right)=0$$

利用矢量恒等式 $\nabla\times\nabla\varphi\equiv0$ 可定义标量位 ϕ，即

$$\boldsymbol{E}+\frac{\partial\boldsymbol{A}}{\partial t}=-\nabla\phi$$

式中的负号是为与静电位的定义一致而引入的，由此可得
电场与位函数的关系式为

$$\boldsymbol{E}=-\nabla\phi-\frac{\partial\boldsymbol{A}}{\partial t}$$

洛仑兹条件下规范矢量位 $\boldsymbol{A}$ 的散度方程为

$$\nabla\cdot\boldsymbol{A}+\varepsilon\mu\frac{\partial\phi}{\partial t}=0$$

可得位函数描述的有源区的波动方程为

$$\nabla^2\boldsymbol{A}-\varepsilon\mu\frac{\partial^2\boldsymbol{A}}{\partial t^2}=-\mu\boldsymbol{J}$$

$$\nabla^2\phi-\varepsilon\mu\frac{\partial^2\phi}{\partial t^2}=-\frac{\rho}{\varepsilon}$$

有源区波动方程的复数形式 $\left(\dfrac{\partial^2}{\partial t^2}=-\omega^2\right)$ 称为非齐次的亥姆霍兹方程，亥姆霍兹方程为

$$\nabla^2\boldsymbol{A}+k^2\boldsymbol{A}=-\mu\boldsymbol{J}$$

$$\nabla^2\phi+k^2\phi=-\frac{\rho}{\varepsilon}$$

6.2 典型题解

例 6－1 将下列场矢量的瞬时值变换为复矢量，或作相反的变换：

(1) $\boldsymbol{E}(t)=\boldsymbol{e}_xE_0\sin(\omega t-kz)+\boldsymbol{e}_y3E_0\cos(\omega t-kz)$；

(2) $\boldsymbol{E}(t)=\boldsymbol{e}_x\left[E_0\sin\omega t+3E_0\cos\left(\omega t+\dfrac{\pi}{6}\right)\right]$；

(3) $\dot{\boldsymbol{H}}=(\boldsymbol{e}_x+\mathrm{j}\boldsymbol{e}_y)\mathrm{e}^{-\mathrm{j}kz}$；

(4) $\dot{\boldsymbol{H}}=-\boldsymbol{e}_y\mathrm{j}H_0\mathrm{e}^{-\mathrm{j}kz\sin\theta}$。

解 (1) $\dot{\boldsymbol{E}}(t)=\boldsymbol{e}_xE_0\mathrm{e}^{-\mathrm{j}kz}\mathrm{e}^{-\mathrm{j}\frac{\pi}{2}}+\boldsymbol{e}_y3E_0\mathrm{e}^{-\mathrm{j}kz}=(-\mathrm{j}\boldsymbol{e}_x+\boldsymbol{e}_y3)E_0\mathrm{e}^{-\mathrm{j}kz}$

(2) $\dot{\boldsymbol{E}}=\boldsymbol{e}_x[E_0\mathrm{e}^{-\mathrm{j}\frac{\pi}{2}}+3E_0\mathrm{e}^{\mathrm{j}\frac{\pi}{6}}]=\boldsymbol{e}_xE_0\left[-\mathrm{j}+3\left(\frac{\sqrt{3}}{2}+\mathrm{j}\frac{1}{2}\right)\right]=\boldsymbol{e}_xE_0\left(\frac{3\sqrt{3}}{2}+\mathrm{j}\frac{1}{2}\right)$

(3) $\boldsymbol{H}(t)=\boldsymbol{e}_x\cos(\omega t-kz)+\boldsymbol{e}_y\cos\left(\omega t-kz+\frac{\pi}{2}\right)$

$=\boldsymbol{e}_x\cos(\omega t-kz)-\boldsymbol{e}_y\sin(\omega t-kz)$

(4) $\boldsymbol{H}(t)=\boldsymbol{e}_yH_0\cos\left(\omega t-kz\sin\theta-\frac{\pi}{2}\right)=\boldsymbol{e}_yH_0\sin(\omega t-kz\sin\theta)$

例 6-2 已知自由空间某点的电场强度 $\boldsymbol{E}(t)=\boldsymbol{e}_xE_0\sin(\omega t-kz)$ (V/m)，求

(1) 磁场强度 $\boldsymbol{H}(t)$；

(2) 坡印廷矢量 $\boldsymbol{S}(t)$ 及其一周 $T=2\pi/\omega$ 内的平均值 $\bar{\boldsymbol{S}}_{\mathrm{av}}$。

解 (1) $\boldsymbol{H}(t)=\mathrm{Re}[\dot{\boldsymbol{H}}\mathrm{e}^{\mathrm{j}\omega t}]=\boldsymbol{e}_y\frac{k}{\omega\mu_0}E_0\cos\left(\omega t-kz-\frac{\pi}{2}\right)=\boldsymbol{e}_y\frac{E_0}{\eta_0}\sin(\omega t-kz)$

式中 $\frac{\omega\mu_0}{k}=\frac{\omega\mu_0}{\omega\sqrt{\mu_0\varepsilon_0}}=\sqrt{\frac{\mu_0}{\varepsilon_0}}=\eta_0$。

(2) $\boldsymbol{S}(t)=\boldsymbol{E}(t)\times\boldsymbol{H}(t)=\boldsymbol{e}_x\times\boldsymbol{e}_y\frac{E_0^2}{\eta_0}\sin^2(\omega t-kz)=\boldsymbol{e}_z\frac{E_0^2}{2\eta_0}[1-\cos^2(\omega t-kz)]$

$$\bar{\boldsymbol{S}}_{\mathrm{av}}=\frac{1}{T}\int_0^T\boldsymbol{S}(t)\mathrm{d}t=\boldsymbol{e}_z\frac{E_0^2}{2\eta_0}$$

例 6-3 在理想导体平面上方的空气区域($z>0$)存在时谐电磁场，其电场强度为 $\boldsymbol{E}(t)=\boldsymbol{e}_xE_0\sin kz\cos\omega t$，求：

(1) 磁场强度 $\boldsymbol{H}(t)$；

(2) 在 $z=0$、$\pi/4k$ 和 $\pi/2k$ 处的坡印廷矢量瞬时值及平均值；

(3) 导体表面的面电流密度。

解 (1) $\dot{\boldsymbol{H}}(t)=\mathrm{Re}[\dot{\boldsymbol{H}}\mathrm{e}^{\mathrm{j}\omega t}]=\boldsymbol{e}_y\frac{k}{\omega\mu_0}E_0\cos kz\cos\left(\omega t+\frac{\pi}{2}\right)=-\boldsymbol{e}_y\frac{E_0}{\eta_0}\cos kz\sin\omega t$

其中，$\eta_0=\sqrt{\frac{\mu_0}{\varepsilon_0}}$。

(2) $\boldsymbol{S}(t)=\boldsymbol{E}(t)\times\boldsymbol{H}(t)=-\boldsymbol{e}_z\frac{E_0^2}{4\eta_0}\sin2kz\sin2\omega t$

$z=0$ 时，

$$\boldsymbol{S}(t)=0$$

$z=\frac{\pi}{4k}$ 时，

$$\boldsymbol{S}(t)=-\boldsymbol{e}_z\frac{E_0^2}{4\eta_0}\sin2\omega t$$

$z=\frac{\pi}{2k}$ 时，

$$\boldsymbol{S}(t)=0$$

$$\boldsymbol{S}_{\mathrm{av}}=\frac{1}{T}\int_0^T \boldsymbol{S}(t)\cdot \mathrm{d}t=-\boldsymbol{e}_z\frac{E_0^2}{4\eta_0}\sin 2kz\cdot\frac{1}{T}\int_0^T\sin\frac{4\pi t}{T}\mathrm{d}t=0$$

或

$$\boldsymbol{S}_{\mathrm{av}}=\mathrm{Re}\left[\frac{1}{2}\dot{\boldsymbol{E}}\times\dot{\boldsymbol{H}}^*\right]=\mathrm{Re}\left[\boldsymbol{e}_z\frac{\mathrm{j}}{4\eta_0}E_0^2\sin 2kz\right]=0$$

(3)
$$\dot{\boldsymbol{J}}_s=\boldsymbol{e}_n\times\dot{\boldsymbol{H}}\big|_{z=0}=\boldsymbol{e}_z\times\boldsymbol{e}_y\mathrm{j}\frac{E_0}{\eta_0}=-\boldsymbol{e}_x\mathrm{j}\frac{E_0}{\eta_0}$$

$$\dot{\boldsymbol{J}}_s(t)=\mathrm{Re}\left[-\boldsymbol{e}_x\mathrm{j}\frac{E_0}{\eta_0}\mathrm{e}^{\mathrm{j}\omega t}\right]=\boldsymbol{e}_x\frac{E_0}{\eta_0}\cos\left(\omega t-\frac{\pi}{2}\right)=\boldsymbol{e}_x\frac{E_0}{\eta_0}\sin\omega t$$

例 6-4 已知时变电磁场矢量位 $\boldsymbol{A}=A_{\mathrm{m}}\mathrm{e}^{-\mathrm{j}kz}\boldsymbol{e}_x$，根据洛伦兹规范，由 $\boldsymbol{A}$ 求出 $\varphi=0$、$\boldsymbol{B}$ 和 $\boldsymbol{E}$ 的表达式。

解 根据洛伦兹条件：

$$\nabla\cdot\boldsymbol{A}=-\varepsilon\mu\frac{\partial\phi}{\partial t}$$

对时谐电磁场有

$$\nabla\cdot\boldsymbol{A}=-\mathrm{j}\omega\varepsilon\mu\phi$$

$$\phi=-\frac{\nabla\cdot\boldsymbol{A}}{\mathrm{j}\omega\varepsilon\mu}$$

由于$\nabla\cdot\boldsymbol{A}=0$，所以 $\phi=0$，所以

$$\boldsymbol{E}=-\nabla\phi-\mathrm{j}\omega A=-\mathrm{j}\omega A_{\mathrm{m}}\mathrm{e}^{-\mathrm{j}kz}\boldsymbol{e}_x$$

$$\boldsymbol{B}=\nabla\times\boldsymbol{A}=-\mathrm{j}kA_{\mathrm{m}}\mathrm{e}^{-\mathrm{j}kz}\boldsymbol{e}_y$$

例 6-5 设 $\boldsymbol{E}=\boldsymbol{e}_zE_0\mathrm{e}^{-\mathrm{j}kz}$，该电场是否满足无源区麦氏方程组？若满足，求出其 $\boldsymbol{H}$ 场；若不满足，请指出为什么。

解 由$\nabla\cdot\boldsymbol{E}=-\mathrm{j}k\boldsymbol{e}_z\cdot\boldsymbol{E}=-\mathrm{j}kE_0\mathrm{e}^{-\mathrm{j}kz}\neq0$ 可知，该电场不满足无源区麦氏方程组。

这是因为该电场无横向分量，因而不会形成沿纵向($\boldsymbol{e}_z$)的坡印廷矢量，即该电场不可能沿纵向传播，与题设矛盾，故不满足无源区麦氏方程组。

例 6-6 某一自由空间传播的电磁波，其电场强度的复矢量为$\boldsymbol{E}=(\boldsymbol{e}_x-\boldsymbol{e}_y)\mathrm{e}^{\mathrm{j}\left(\frac{\pi}{4}-kz\right)}$ (V/m)。

(1) 写出磁场强度复矢量；

(2) 求平均功率流密度。

解 (1) $\boldsymbol{H}=\dfrac{1}{\eta}\boldsymbol{e}_z\times\boldsymbol{E}=\dfrac{1}{377}\boldsymbol{e}_z\times(\boldsymbol{e}_x-\boldsymbol{e}_y)\mathrm{e}^{\mathrm{j}\left(\frac{\pi}{4}-kz\right)}$

$=(\boldsymbol{e}_x+\boldsymbol{e}_y)2.65\times10^{-3}\mathrm{e}^{\mathrm{j}\left(\frac{\pi}{4}-kz\right)}$ (A/m)

(2) $S_{\mathrm{av}}=\mathrm{Re}\left[\dfrac{1}{2}\boldsymbol{E}\times\boldsymbol{H}^*\right]=\mathrm{Re}\left[\dfrac{1}{2}(\boldsymbol{e}_x-\boldsymbol{e}_y)\times(\boldsymbol{e}_x+\boldsymbol{e}_y)2.65\times10^{-3}\right]$

$=\boldsymbol{e}_z2.65\times10^{-3}$ (W/m²)

6.3 课 后 题 解

6.1 已知时变电磁场中向量位 $\boldsymbol{A}=\boldsymbol{e}_xA_{\mathrm{m}}\sin(\omega t-kz)$，其中 A_{m}、k 是常数。求电场强度、磁场强度和坡印廷矢量。

解 由相关公式及定理可进行如下计算：

$$\boldsymbol{B}=\nabla\times\boldsymbol{A}=\begin{vmatrix}\boldsymbol{e}_x & \boldsymbol{e}_y & \boldsymbol{e}_z\\ \dfrac{\partial}{\partial x} & \dfrac{\partial}{\partial y} & \dfrac{\partial}{\partial z}\\ A_m\sin(\omega t-kz) & 0 & 0\end{vmatrix}=-\boldsymbol{e}_y kA_m\cos(\omega t-kz)$$

$$\boldsymbol{H}=\frac{\boldsymbol{B}}{\mu_0}=-\boldsymbol{e}_y\frac{kA_m}{\mu_0}\cos(\omega t-kz)$$

$$\frac{\partial\boldsymbol{D}}{\partial t}=\nabla\times\boldsymbol{H}=\begin{vmatrix}\boldsymbol{e}_x & \boldsymbol{e}_y & \boldsymbol{e}_z\\ \dfrac{\partial}{\partial x} & \dfrac{\partial}{\partial y} & \dfrac{\partial}{\partial z}\\ 0 & -\dfrac{kA_m}{\mu_0}\cos(\omega t-kz) & 0\end{vmatrix}=\boldsymbol{e}_x\frac{k^2A_m}{\mu_0}\sin(\omega t-kz)$$

便可求得

$$\boldsymbol{D}=\boldsymbol{e}_x\int\frac{k^2A_m}{\mu_0}\sin(\omega t-kz)\,\mathrm{d}t=-\boldsymbol{e}_x\frac{k^2A_m}{\mu_0\omega}\cos(\omega t-kz)$$

$$\boldsymbol{E}=\frac{\boldsymbol{D}}{\varepsilon}=-\boldsymbol{e}_x\frac{k^2A_m}{\mu_0\varepsilon\omega}\cos(\omega t-kz)$$

$$\boldsymbol{S}=\boldsymbol{E}\times\boldsymbol{H}=\left(-\boldsymbol{e}_x\frac{k^2A_m}{\mu_0\varepsilon\omega}\cos(\omega t-kz)\right)\times\left(-\boldsymbol{e}_y\frac{kA_m}{\mu_0}\cos(\omega t-kz)\right)$$
$$=\boldsymbol{e}_z\frac{k^3A_m^2}{\mu_0^2\varepsilon\omega}\cos^2(\omega t-kz)$$

因此，电场强度为

$$\boldsymbol{E}=-\boldsymbol{e}_x\frac{k^2A_m}{\mu_0\varepsilon\omega}\cos(\omega t-kz)$$

磁场强度为

$$\boldsymbol{H}=-\boldsymbol{e}_y\frac{kA_m}{\mu_0}\cos(\omega t-kz)$$

坡印亭向量为

$$\boldsymbol{S}=\boldsymbol{e}_z\frac{k^3A_m^2}{\mu_0^2\varepsilon\omega}\cos^2(\omega t-kz)$$

6.2　如图 6.2 所示，在两导体平板（z＝0 和 z＝d）之间的空气中传播的电磁波，其电场强度向量为 $\boldsymbol{E}=\boldsymbol{e}_yE_0\sin\frac{\pi}{d}z\cdot\cos(\omega t-k_xx)$，其中 k_x 为常数。试求：

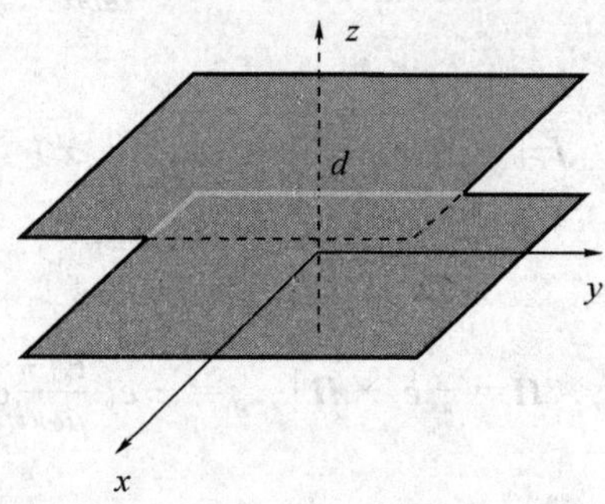

图 6.2　题 6.2 用图

(1) 磁场强度向量 $\boldsymbol{H}$；

(2) 两导体表面的面电流密度 $\boldsymbol{J}_s$。

解 (1) 由公式

$$\nabla\times\boldsymbol{E}=-\frac{\partial\boldsymbol{B}}{\partial t}$$

有

$$\nabla\times\boldsymbol{E}=\begin{vmatrix}\boldsymbol{e}_x & \boldsymbol{e}_y & \boldsymbol{e}_z\\ \dfrac{\partial}{\partial x} & \dfrac{\partial}{\partial y} & \dfrac{\partial}{\partial z}\\ 0 & E_0\sin\dfrac{\pi}{d}z\cdot\cos(\omega t-k_x x) & 0\end{vmatrix}=-\frac{\partial\boldsymbol{B}}{\partial t}$$

$$-\frac{\partial\boldsymbol{B}}{\partial t}=-\boldsymbol{e}_x\frac{E_0\pi}{d}\cos\frac{\pi}{d}z\cos(\omega t-k_x x)+\boldsymbol{e}_y k_x E_0\sin\frac{\pi}{d}z\sin(\omega t-k_x x)$$

便可知

$$\begin{aligned}\boldsymbol{B}&=\int-(\nabla\times\boldsymbol{E})\mathrm{d}t\\&=\int\left[\boldsymbol{e}_x\frac{E_0\pi}{d}\cos\frac{\pi}{d}z\cos(\omega t-k_x x)-\boldsymbol{e}_z k_x E_0\sin\frac{\pi}{d}z\sin(\omega t-k_x x)\right]\mathrm{d}t\\&=\boldsymbol{e}_x\frac{E_0\pi}{\omega d}\cos\frac{\pi}{d}z\sin(\omega t-k_x x)+\boldsymbol{e}_z\frac{k_x E_0}{\omega}\sin\frac{\pi}{d}z\cos(\omega t-k_x x)\end{aligned}$$

由于 $\boldsymbol{B}=\mu\boldsymbol{H}$，可求得

$$\boldsymbol{H}=\frac{1}{\mu}\boldsymbol{B}=\boldsymbol{e}_x\frac{E_0\pi}{\mu\omega d}\cos\frac{\pi}{d}z\sin(\omega t-k_x x)+\boldsymbol{e}_z\frac{k_x E_0}{\mu\omega}\sin\frac{\pi}{d}z\cos(\omega t-k_x x)$$

其复数形式为

$$\boldsymbol{H}=\boldsymbol{e}_x\frac{E_0\pi}{\mu\omega d}\cos\frac{\pi z}{d}\mathrm{e}^{-\mathrm{j}\left(k_x x+\frac{\pi}{2}\right)}+\boldsymbol{e}_z\frac{k_x E_0}{\mu\omega}\sin\frac{\pi z}{d}\mathrm{e}^{-\mathrm{j}k_x x}$$

(2) 要计算两导体表面的面电流密度，需要利用其边界条件。

由

$$\boldsymbol{J}_s=\boldsymbol{e}_n\times\boldsymbol{H}$$

可知，对于 $z=0$ 的平板

$$\boldsymbol{e}_n=\boldsymbol{e}_z$$

$$\boldsymbol{J}_s\big|_{z=0}=\boldsymbol{e}_n\times\boldsymbol{H}=\boldsymbol{e}_z\times\boldsymbol{H}\big|_{z=0}=\boldsymbol{e}_y\frac{E_0\pi}{\mu\omega d}\mathrm{e}^{-\mathrm{j}\left(k_x x+\frac{\pi}{2}\right)}$$

其瞬时形式为

$$\boldsymbol{J}_s\big|_{z=0}=\boldsymbol{e}_y\frac{E_0\pi}{\mu\omega d}\sin(\omega t-k_x x)$$

对于 $z=d$ 的平板

$$\boldsymbol{e}_n=-\boldsymbol{e}_z$$

$$\boldsymbol{J}_s\big|_{z=d}=\boldsymbol{e}_n\times\boldsymbol{H}=-\boldsymbol{e}_z\times\boldsymbol{H}\big|_{z=d}=-\boldsymbol{e}_y\frac{E_0\pi}{\mu\omega d}\mathrm{e}^{-\mathrm{j}\left(k_x x+\frac{\pi}{2}\right)}$$

其瞬时形式为

$$\boldsymbol{J}_s\big|_{z=d}=-\boldsymbol{e}_y\frac{E_0\pi}{\mu\omega d}\sin(\omega t-k_x x)$$

6.3　已知电场强度 $\boldsymbol{E}=\boldsymbol{e}_xE_0\cos k_0(z-ct)+\boldsymbol{e}_yE_0\sin k_0(z-ct)$，式中 $k_0=\dfrac{2\pi}{\lambda}=\dfrac{\omega}{c}$。

试求：

(1) 磁场强度和坡印廷向量的瞬时值。

(2) 对于给定的 z(例如 $z=0$)，确定 $\boldsymbol{E}$ 随时间变化的轨迹。

(3) 磁场能量密度、电场能量密度和坡印廷向量的时间平均值。

解　(1) 由公式

$$\nabla\times\boldsymbol{E}=-\frac{\partial\boldsymbol{B}}{\partial t}$$

计算可得

$$\nabla\times\boldsymbol{E}=\begin{vmatrix}\boldsymbol{e}_x & \boldsymbol{e}_y & \boldsymbol{e}_z\\ \dfrac{\partial}{\partial x} & \dfrac{\partial}{\partial y} & \dfrac{\partial}{\partial z}\\ E_0\cos k_0(z-ct) & E_0\sin k_0(z-ct) & 0\end{vmatrix}$$

$$=-\boldsymbol{e}_xk_0E_0\cos k_0(z-ct)-\boldsymbol{e}_yk_0E_0\sin k_0(z-ct)=-\frac{\partial\boldsymbol{B}}{\partial t}$$

从而计算出

$$\boldsymbol{B}=\int-(\nabla\times\boldsymbol{E})\mathrm{d}t=\int[\boldsymbol{e}_xk_0E_0\cos k_0(z-ct)+\boldsymbol{e}_yk_0E_0\sin k_0(z-ct)]\mathrm{d}t$$

$$=-\boldsymbol{e}_x\frac{E_0}{c}\sin k_0(z-ct)+\boldsymbol{e}_y\frac{E_0}{c}\cos k_0(z-ct)$$

因此磁场强度 $\boldsymbol{H}$ 为

$$\boldsymbol{H}=\frac{1}{\mu}\boldsymbol{B}=-\boldsymbol{e}_x\frac{E_0}{\mu c}\sin k_0(z-ct)+\boldsymbol{e}_y\frac{E_0}{\mu c}\cos k_0(z-ct)$$

$$\boldsymbol{S}=\boldsymbol{E}\times\boldsymbol{H}$$

$$=[\boldsymbol{e}_xE_0\cos k_0(z-ct)+\boldsymbol{e}_yE_0\sin k_0(z-ct)]\times\left[-\boldsymbol{e}_x\frac{E_0}{\mu c}\sin k_0(z-ct)+\boldsymbol{e}_y\frac{E_0}{\mu c}\cos k_0(z-ct)\right]$$

$$=\begin{vmatrix}\boldsymbol{e}_x & \boldsymbol{e}_y & \boldsymbol{e}_z\\ E_0\cos k_0(z-ct) & E_0\sin k_0(z-ct) & 0\\ -\dfrac{E_0}{\mu c}\sin k_0(z-ct) & \dfrac{E_0}{\mu c}\cos k_0(z-ct) & 0\end{vmatrix}$$

$$=\boldsymbol{e}_z\left[\frac{E_0^2}{\mu c}\cos^2k_0(z-ct)+\frac{E_0^2}{\mu c}\sin^2k_0(z-ct)\right]=\boldsymbol{e}_z\frac{E_0^2}{\mu c}$$

(2) 当 $z=0$ 时，

$$\boldsymbol{E}=\boldsymbol{e}_xE_0\cos\omega t-\boldsymbol{e}_yE_0\sin\omega t$$

$\boldsymbol{E}$ 随时间变化的轨迹是以原点为圆心，E_0 为半径的 xoy 平面的圆。

(3) $w_{\mathrm{m}}=\dfrac{1}{2}\mu H^2=\dfrac{1}{2}\mu(-1)\dfrac{E_0^2}{c^2\mu^2}=\dfrac{1}{2}\mu(-1)\dfrac{E_0^2k_0^2}{\omega^2\mu^2}=-\dfrac{1}{2}\dfrac{E_0^2k_0^2}{\omega^2\mu}$

$$w_{\mathrm{e}}=\frac{1}{2}\varepsilon E^2=\frac{1}{2}\varepsilon E_0^2$$

$$\boldsymbol{S}_T=\frac{1}{T}\int_0^T\boldsymbol{S}\mathrm{d}t=0$$

6.4　设真空中同时存在两个正弦电磁场，其电场强度分别为 $\boldsymbol{E}_1=\boldsymbol{e}_xE_{10}\mathrm{e}^{-\mathrm{j}k_1z}$，$\boldsymbol{E}_2=$

$\boldsymbol{e}_y E_{10}\mathrm{e}^{-\mathrm{j}k_2 z}$。试证总的平均功率流密度等于两个正弦电磁场的平均功率流密度之和。

证明 当空间中只有 $\boldsymbol{E}_1=\boldsymbol{e}_x E_{10}\mathrm{e}^{-\mathrm{j}k_1 z}$ 时，由

$$\nabla\times\boldsymbol{E}=-\mathrm{j}\omega\mu\boldsymbol{H}$$

得

$$\nabla\times\boldsymbol{E}_1=\begin{vmatrix}\boldsymbol{e}_x & \boldsymbol{e}_y & \boldsymbol{e}_z\\ \dfrac{\partial}{\partial x} & \dfrac{\partial}{\partial y} & \dfrac{\partial}{\partial z}\\ E_{10}\mathrm{e}^{-\mathrm{j}k_1 z} & 0 & 0\end{vmatrix}=-\mathrm{j}k_1 E_{10}\mathrm{e}^{-\mathrm{j}k_1 z}\boldsymbol{e}_y=-\mathrm{j}\omega\mu\boldsymbol{H}_1$$

便可计算出

$$\boldsymbol{H}_1=\frac{k_1}{\omega\mu}E_{10}\mathrm{e}^{-\mathrm{j}k_1 z}\boldsymbol{e}_y$$

$$\bar{\boldsymbol{S}}_1=\frac{1}{2}\mathrm{Re}[\boldsymbol{E}_1\times\boldsymbol{H}_1^*]=\frac{1}{2}\mathrm{Re}\left[\boldsymbol{e}_x E_{10}\mathrm{e}^{-\mathrm{j}k_1 z}\times\boldsymbol{e}_y\frac{k_1}{\omega\mu}E_{10}\mathrm{e}^{\mathrm{j}k_1 z}\right]=\boldsymbol{e}_z\frac{1}{2}\frac{k_1}{\omega\mu}E_{10}^2$$

当空间中只有 $\boldsymbol{E}_2=\boldsymbol{e}_y E_{20}\mathrm{e}^{-\mathrm{j}k_2 z}$ 时，由

$$\nabla\times\boldsymbol{E}=-\mathrm{j}\omega\mu\boldsymbol{H}$$

得

$$\nabla\times\boldsymbol{E}_2=\begin{vmatrix}\boldsymbol{e}_x & \boldsymbol{e}_y & \boldsymbol{e}_z\\ \dfrac{\partial}{\partial x} & \dfrac{\partial}{\partial y} & \dfrac{\partial}{\partial z}\\ 0 & E_{20}\mathrm{e}^{-\mathrm{j}k_2 z} & 0\end{vmatrix}=\mathrm{j}k_2 E_{20}\mathrm{e}^{-\mathrm{j}k_2 z}\boldsymbol{e}_x=-\mathrm{j}\omega\mu\boldsymbol{H}_2$$

便可计算出

$$\boldsymbol{H}_2=-\frac{k_2}{\omega\mu}E_{20}\mathrm{e}^{-\mathrm{j}k_2 z}\boldsymbol{e}_x$$

$$\bar{\boldsymbol{S}}_2=\frac{1}{2}\mathrm{Re}[\boldsymbol{E}_2\times\boldsymbol{H}_2^*]=\frac{1}{2}\mathrm{Re}\left[\boldsymbol{e}_y E_{20}\mathrm{e}^{-\mathrm{j}k_2 z}\times\left(-\boldsymbol{e}_x\frac{k_2}{\omega\mu}E_{20}\mathrm{e}^{\mathrm{j}k_2 z}\right)\right]=\boldsymbol{e}_z\frac{1}{2}\frac{k_2}{\omega\mu}E_{20}^2$$

当空间中同时存在两个正弦电磁场时，

$$\boldsymbol{E}=\boldsymbol{E}_1+\boldsymbol{E}_2=\boldsymbol{e}_x E_{10}\mathrm{e}^{-\mathrm{j}k_1 z}+\boldsymbol{e}_y E_{20}\mathrm{e}^{-\mathrm{j}k_2 z}$$

由 $\nabla\times\boldsymbol{E}=-\mathrm{j}\omega\mu\boldsymbol{H}$，得

$$\nabla\times\boldsymbol{E}=\begin{vmatrix}\boldsymbol{e}_x & \boldsymbol{e}_y & \boldsymbol{e}_z\\ \dfrac{\partial}{\partial x} & \dfrac{\partial}{\partial y} & \dfrac{\partial}{\partial z}\\ E_{10}\mathrm{e}^{-\mathrm{j}k_1 z} & E_{20}\mathrm{e}^{-\mathrm{j}k_2 z} & 0\end{vmatrix}=\boldsymbol{e}_x\mathrm{j}k_2 E_{20}\mathrm{e}^{-\mathrm{j}k_2 z}-\boldsymbol{e}_y\mathrm{j}k_1 E_{10}\mathrm{e}^{-\mathrm{j}k_1 z}=-\mathrm{j}\omega\mu\boldsymbol{H}$$

$$\boldsymbol{H}=-\boldsymbol{e}_x\frac{k_2 E_{20}}{\omega\mu}\mathrm{e}^{-\mathrm{j}k_2 z}+\boldsymbol{e}_y\frac{k_1 E_{10}}{\omega\mu}\mathrm{e}^{-\mathrm{j}k_1 z}$$

$$\begin{aligned}\bar{\boldsymbol{S}}&=\frac{1}{2}\mathrm{Re}[\boldsymbol{E}\times\boldsymbol{H}]\\&=\frac{1}{2}\mathrm{Re}\left[(\boldsymbol{e}_x E_{10}\mathrm{e}^{-\mathrm{j}k_1 z}+\boldsymbol{e}_y E_{20}\mathrm{e}^{-\mathrm{j}k_2 z})\times\left(\boldsymbol{e}_x\frac{k_2 E_{20}}{\omega\mu}\mathrm{e}^{\mathrm{j}k_2 z}-\boldsymbol{e}_y\frac{k_1 E_{10}}{\omega\mu}\mathrm{e}^{\mathrm{j}k_1 z}\right)\right]\\&=\boldsymbol{e}_z\frac{1}{2}\left(\frac{k_1}{\omega\mu}E_{10}^2+\frac{k_2}{\omega\mu}E_{20}^2\right)=\bar{\boldsymbol{S}}_1+\bar{\boldsymbol{S}}_2\end{aligned}$$

显然可以证明总的平均功率流密度等于两个正弦电磁场的平均功率流密度之和。

6.5 将下列向量场的瞬时值与复数值相互表示：

(1) $\boldsymbol{E}(t)=\boldsymbol{e}_y E_{ym}\cos(\omega t-kx+\alpha_0)+\boldsymbol{e}_z E_{zm}\sin(\omega t-kx+\alpha_0)$

(2) $\boldsymbol{H}(t)=\boldsymbol{e}_x H_0 k\left(\frac{a}{\pi}\right)\sin\left(\frac{\pi x}{a}\right)\sin(kz-\omega t)+\boldsymbol{e}_z H_0\cos\left(\frac{\pi x}{a}\right)\cos(kz-\omega t)$

(3) $E_{zm}=E_0\sin(k_x x)\sin(k_y y)\mathrm{e}^{-\mathrm{j}k_z z}$

(4) $E_{xm}=2\mathrm{j}E_0\sin\theta\cos(k_x\cos\theta)\mathrm{e}^{-\mathrm{j}kz\sin\theta}$

解 (1) $\boldsymbol{E}(t)=\boldsymbol{e}_y E_{ym}\mathrm{e}^{-\mathrm{j}(kx-\alpha_0)}-\boldsymbol{e}_z \mathrm{j}E_{zm}\mathrm{e}^{-\mathrm{j}(kx-\alpha_0)}$

(2) $\boldsymbol{H}(t)=\boldsymbol{e}_x \mathrm{j}H_0 k\left(\frac{a}{\pi}\right)\sin\left(\frac{\pi x}{a}\right)\mathrm{e}^{-\mathrm{j}kz}+\boldsymbol{e}_z H_0\cos\left(\frac{\pi x}{a}\right)\mathrm{e}^{-\mathrm{j}kz}$

(3) $E_{zm}=E_0\sin(k_x x)\sin(k_y y)\cos(\omega t-k_z z)$

(4) $E_{xm}=-2E_0\sin\theta\cos(k_x\cos\theta)\sin(\omega t-kz\sin\theta)$

6.6 已知真空中的电磁场复振幅 $\boldsymbol{E}=\boldsymbol{e}_x \mathrm{j}E_0\sin kz$，$\boldsymbol{H}=\boldsymbol{e}_y\sqrt{\frac{\varepsilon_0}{\mu_0}}E_0\cos kz$，试求 $z=0$ 以及 $z=\frac{\lambda}{8}$ 处的坡印廷向量的时间平均值和瞬时值。

解 由题意可知电场和磁场的复数形式和瞬时形式如下：

电场复数形式：$\boldsymbol{E}=\boldsymbol{e}_x \mathrm{j}E_0\sin kz\mathrm{e}^{-\mathrm{j}kz}$

电场瞬时形式：$\boldsymbol{E}(z,t)=-\boldsymbol{e}_x E_0\sin kz\sin(\omega t-kz)$

磁场复数形式：$\boldsymbol{H}=\boldsymbol{e}_y\sqrt{\frac{\varepsilon_0}{\mu_0}}E_0\cos kz\mathrm{e}^{-\mathrm{j}kz}$

磁场瞬时形式：$\boldsymbol{H}(z,t)=\boldsymbol{e}_y\sqrt{\frac{\varepsilon_0}{\mu_0}}E_0\cos kz\cos(\omega t-kz)$

根据电场和磁场的瞬时形式可以得到坡印廷矢量瞬时形式为

$$\begin{aligned}\boldsymbol{S}(z,t)&=\boldsymbol{E}(z,t)\times\boldsymbol{H}(z,t)\\&=-\boldsymbol{e}_x E_0\sin kz\sin(\omega t-kz)\times\boldsymbol{e}_y\sqrt{\frac{\varepsilon_0}{\mu_0}}E_0\cos kz\cos(\omega t-kz)\\&=-\frac{1}{4}\boldsymbol{e}_z E_0^2\sin 2kz\sin 2(\omega t-kz)\end{aligned}$$

$z=0$ 处的坡印廷向量瞬时值为

$$\boldsymbol{S}(0,\ t)=0$$

$z=\frac{\lambda}{8}$处的坡印廷向量瞬时值为

$$\boldsymbol{S}\left(\frac{\lambda}{8},\ t\right)=-\frac{1}{4}\boldsymbol{e}_z E_0^2\sin 2(\omega t-\frac{\pi}{4})$$

坡印廷矢量时间平均值的求解有两种方法。

方法一：根据坡印廷矢量的时间平均值定义有

$$\begin{aligned}\bar{\boldsymbol{S}}&=\frac{1}{T}\int_0^T\boldsymbol{E}(z,t)\times\boldsymbol{H}(z,t)\mathrm{d}t\\&=\frac{1}{T}\int_0^T-\boldsymbol{e}_x E_0\sin kz\ \sin(\omega t-kz)\times\boldsymbol{e}_y\sqrt{\frac{\varepsilon_0}{\mu_0}}E_0\cos kz\cos(\omega t-kz)\mathrm{d}t\\&=\frac{1}{T}\int_0^T-\frac{1}{4}\boldsymbol{e}_z E_0^2\sin 2(\omega t-\frac{\pi}{4})\mathrm{d}t\\&=0\end{aligned}$$

此为驻波。因此，在 $z=0$ 处，$\bar{\boldsymbol{S}}=0$；在 $z=\dfrac{\lambda}{8}$ 处，$\bar{\boldsymbol{S}}=0$。

方法二：根据坡印廷向量的复数形式，平均能流密度即为坡印廷矢量的时间平均值，因此

$$\begin{aligned}\bar{\boldsymbol{S}}&=\frac{1}{2}\mathrm{Re}[\boldsymbol{E}\times\boldsymbol{H}^*]\\&=\frac{1}{2}\mathrm{Re}\left[\boldsymbol{e}_x\mathrm{j}E_0\sin kz\,\mathrm{e}^{-\mathrm{j}kz}\times\left(\boldsymbol{e}_y\sqrt{\frac{\varepsilon_0}{\mu_0}}E_0\cos kz\,\mathrm{e}^{-\mathrm{j}kz}\right)^*\right]\\&=\frac{1}{2}\mathrm{Re}\left[\boldsymbol{e}_z\mathrm{j}\sqrt{\frac{\varepsilon_0}{\mu_0}}E_0^2\sin kz\cos kz\right]\\&=0\end{aligned}$$

所以，在 $z=0$、$z=\dfrac{\lambda}{8}$ 处均有 $\bar{\boldsymbol{S}}=0$。

6.7 已知无源（$\rho=0$，$\boldsymbol{J}=0$）自由空间中的磁场 $\boldsymbol{H}=\boldsymbol{e}_yH_0\cos(\omega t+kz)$，试由麦克斯韦方程求解位移电流密度 $\boldsymbol{J}_\mathrm{d}$ 和坡印廷矢量的平均值。

解 通过题设可得

$$\boldsymbol{H}=\boldsymbol{e}_yH_0\mathrm{e}^{\mathrm{j}kz}$$

由 $\nabla\times\boldsymbol{H}=\mathrm{j}\omega\varepsilon\boldsymbol{E}$（在无源区）有

$$\nabla\times\boldsymbol{H}=\begin{vmatrix}\boldsymbol{e}_x & \boldsymbol{e}_y & \boldsymbol{e}_z\\ \dfrac{\partial}{\partial x} & \dfrac{\partial}{\partial y} & \dfrac{\partial}{\partial z}\\ 0 & H_0\mathrm{e}^{\mathrm{j}kz} & 0\end{vmatrix}=-\mathrm{j}kH_0\mathrm{e}^{\mathrm{j}kz}\boldsymbol{e}_x=\mathrm{j}\omega\varepsilon\boldsymbol{E}$$

$$\boldsymbol{E}=-\frac{kH_0}{\omega\varepsilon}\mathrm{e}^{\mathrm{j}kz}\boldsymbol{e}_x$$

$$\boldsymbol{D}=\varepsilon\boldsymbol{E}=-\frac{kH_0}{\omega}\mathrm{e}^{\mathrm{j}kz}\boldsymbol{e}_x=-\frac{kH_0}{\omega}\cos(\omega t+kz)\boldsymbol{e}_x$$

$$\boldsymbol{J}_\mathrm{d}=\frac{\partial\boldsymbol{D}}{\partial t}=kH_0\sin(\omega t+kz)\boldsymbol{e}_x$$

$$\bar{\boldsymbol{S}}=\frac{1}{2}\mathrm{Re}[\boldsymbol{E}\times\boldsymbol{H}^*]=\frac{1}{2}\mathrm{Re}\left[\left(-\frac{kH_0}{\omega\varepsilon}\mathrm{e}^{\mathrm{j}kz}\boldsymbol{e}_x\right)\times(\boldsymbol{e}_yH_0\mathrm{e}^{-\mathrm{j}kz})\right]=-\frac{kH_0^2}{2\omega\varepsilon}\boldsymbol{e}_z$$

6.8 已知无源自由空间中的电场 $\boldsymbol{E}=\boldsymbol{e}_yE_\mathrm{m}\sin(\omega t-kz)$。

(1) 由麦克斯韦方程求磁场强度。

(2) 证明 ω/k 等于光速。

(3) 求坡印廷向量的时间平均值。

解 (1) 由 $\nabla\times\boldsymbol{E}=-\dfrac{\partial\boldsymbol{B}}{\partial t}=-\mu\dfrac{\partial\boldsymbol{H}}{\partial t}$，得

$$\nabla\times\boldsymbol{E}=\begin{vmatrix}\boldsymbol{e}_x & \boldsymbol{e}_y & \boldsymbol{e}_z\\ \dfrac{\partial}{\partial x} & \dfrac{\partial}{\partial y} & \dfrac{\partial}{\partial z}\\ 0 & E_\mathrm{m}\sin(\omega t-kz) & 0\end{vmatrix}=-\boldsymbol{e}_xkE_\mathrm{m}\cos(\omega t-kz)=-\boldsymbol{e}_xkE_\mathrm{m}\mathrm{e}^{-\mathrm{j}kz}=-\mu\frac{\partial\boldsymbol{H}}{\partial t}$$

由此，可计算出

$$\boldsymbol{H}=\boldsymbol{e}_x\mathrm{j}\frac{kE_\mathrm{m}}{\omega\mu}\mathrm{e}^{-\mathrm{j}kz}$$

（2）证明：

$$\frac{\omega}{k}=\frac{2\pi f}{\dfrac{2\pi}{\lambda}}=\lambda f=v=\frac{1}{\sqrt{\varepsilon_0\mu_0}}=3\times10^8\ \text{m/s}$$

因此$\frac{\omega}{k}$等于光速。

（3）$\boldsymbol{E}=-\text{j}E_{\text{m}}\text{e}^{-\text{j}kz}\boldsymbol{e}_y$

$$\bar{\boldsymbol{S}}=\frac{1}{2}\text{Re}[\boldsymbol{E}\times\boldsymbol{H}^*]=\frac{1}{2}\text{Re}\left[(-\text{j}E_{\text{m}}\text{e}^{-\text{j}kz}\boldsymbol{e}_y)\times\left(-\text{j}\frac{kE_{\text{m}}}{\omega\mu}\text{e}^{\text{j}kz}\boldsymbol{e}_x\right)\right]=-\frac{1}{2}\frac{kE_{\text{m}}^2}{\omega\mu}\boldsymbol{e}_z$$

6.9　已知真空中电场强度 $\boldsymbol{E}=\boldsymbol{e}_xE_0\cos k_0(z-ct)+\boldsymbol{e}_yE_0\sin k_0(z-ct)$，试中 $k_0=\frac{2\pi}{\lambda_0}$。试求：

（1）磁场强度和坡印廷向量瞬时值。

（2）对于给定的 z 值，确定 $\boldsymbol{E}$ 随时间变化的轨迹。

（3）磁场能量密度，电场能量密度和坡印廷向量的时间平均值。

解　（1）根据题意可列出等式：

$$\omega=2\pi f=\frac{2\pi c}{\lambda_0}=k_0c$$

因此真空中的电场强度可以写为

$$\boldsymbol{E}=\boldsymbol{e}_xE_0\cos(k_0z-\omega t)+\boldsymbol{e}_yE_0\sin(k_0z-\omega t)$$

$$\boldsymbol{E}=\boldsymbol{e}_xE_0\text{e}^{-\text{j}k_0z}-\boldsymbol{e}_y\text{j}E_0\text{e}^{-\text{j}k_0z}$$

$$\nabla\times\boldsymbol{E}=\begin{vmatrix}\boldsymbol{e}_x & \boldsymbol{e}_y & \boldsymbol{e}_z\\ \dfrac{\partial}{\partial x} & \dfrac{\partial}{\partial y} & \dfrac{\partial}{\partial z}\\ E_0\text{e}^{-\text{j}k_0z} & -\text{j}E_0\text{e}^{-\text{j}k_0z} & 0\end{vmatrix}=\boldsymbol{e}_xk_0E_0\text{e}^{-\text{j}k_0z}-\boldsymbol{e}_y\text{j}k_0E_0\text{e}^{-\text{j}k_0z}$$

由 $\nabla\times\boldsymbol{E}=-\text{j}\omega\boldsymbol{B}$ 得

$$\boldsymbol{B}=\boldsymbol{e}_x\text{j}\frac{E_0}{c}\text{e}^{-\text{j}k_0z}+\boldsymbol{e}_y\frac{E_0}{c}\text{e}^{-\text{j}k_0z}\Rightarrow\boldsymbol{H}=\boldsymbol{e}_x\text{j}\frac{E_0}{\mu_0c}\text{e}^{-\text{j}k_0z}+\boldsymbol{e}_y\frac{E_0}{\mu_0c}\text{e}^{-\text{j}k_0z}$$

$$\boldsymbol{S}=\frac{1}{2}\boldsymbol{E}\times\boldsymbol{H}^*=\frac{1}{2}(\boldsymbol{e}_xk_0E_0\text{e}^{-\text{j}k_0z}-\boldsymbol{e}_y\text{j}k_0E_0\text{e}^{-\text{j}k_0z})\times\left(-\boldsymbol{e}_x\text{j}\frac{E_0}{\mu_0c}\text{e}^{\text{j}k_0z}+\boldsymbol{e}_y\frac{E_0}{\mu_0c}\text{e}^{\text{j}k_0z}\right)=\boldsymbol{e}_z\frac{k_0E_0^2}{\mu_0c}$$

（2）$\boldsymbol{E}=\boldsymbol{e}_xE_0\cos k_0(z-ct)+\boldsymbol{e}_yE_0\sin k_0(z-ct)$

$$=\boldsymbol{e}_xE_0\cos(\omega t-k_0z)-\boldsymbol{e}_yE_0\sin(\omega t-k_0z)$$

对于给定的 z 值，$\boldsymbol{E}$ 随时间变化的轨迹是一个圆。

（3）$\omega_{\text{e}}=\frac{1}{2}\varepsilon E^2=\frac{1}{2}\varepsilon(\boldsymbol{e}_xE_0\text{e}^{-\text{j}k_0z}-\boldsymbol{e}_y\text{j}E_0\text{e}^{-\text{j}k_0z})\cdot(\boldsymbol{e}_xE_0\text{e}^{\text{j}k_0z}+\boldsymbol{e}_y\text{j}E_0\text{e}^{\text{j}k_0z})=2\varepsilon E_0^2$

$$\omega_{\text{m}}=\frac{1}{2}\mu_0H^2=\frac{1}{2}\mu_0\left(\boldsymbol{e}_x\text{j}\frac{E_0}{\mu_0c}\text{e}^{-\text{j}k_0z}+\boldsymbol{e}_y\frac{E_0}{\mu_0c}\text{e}^{-\text{j}k_0z}\right)\cdot\left(-\boldsymbol{e}_x\text{j}\frac{E_0}{\mu_0c}\text{e}^{\text{j}k_0z}+\boldsymbol{e}_y\frac{E_0}{\mu_0c}\text{e}^{\text{j}k_0z}\right)=\frac{E_0^2}{\mu_0c^2}$$

$$\bar{\boldsymbol{S}}=\frac{1}{2}[\boldsymbol{E}\times\boldsymbol{H}^*]=\boldsymbol{e}_z\frac{k_0E_0^2}{\mu_0c}$$

6.10　设真空中同时存在两个正弦电磁场，其电场强度分别为 $\boldsymbol{E}_1=\boldsymbol{e}_xE_{10}\text{e}^{-\text{j}k_1z}$，$\boldsymbol{E}_2=\boldsymbol{e}_yE_{20}\text{e}^{-\text{j}k_2z}$。试证明总的平均功率流密度等于两个正弦电磁场的平均功率流密度之和。

证明　当空间中只有 $\boldsymbol{E}_1=\boldsymbol{e}_xE_{10}\text{e}^{-\text{j}k_1z}$时，由 $\nabla\times\boldsymbol{E}=-\text{j}\omega\mu\boldsymbol{H}$ 得

$$\nabla\times\boldsymbol{E}_1=-\text{j}k_1E_{10}\text{e}^{-\text{j}k_1z}\boldsymbol{e}_y=-\text{j}\omega\mu\boldsymbol{H}_1$$

可求得

$$\boldsymbol{H}_1=\frac{k_1}{\omega\mu}E_{10}\mathrm{e}^{-\mathrm{j}k_1 z}\boldsymbol{e}_y$$

$$\bar{\boldsymbol{S}}_1=\frac{1}{2}\mathrm{Re}[\boldsymbol{E}_1\times\boldsymbol{H}_1^*]=\frac{1}{2}\mathrm{Re}\left[\boldsymbol{e}_xE_{10}\mathrm{e}^{-\mathrm{j}k_1 z}\times\boldsymbol{e}_y\frac{k_1}{\omega\mu}E_{10}\mathrm{e}^{\mathrm{j}k_1 z}\right]=\boldsymbol{e}_z\frac{1}{2}\frac{k_1}{\omega\mu}E_{10}^2$$

当空间中只有 $\boldsymbol{E}_2=\boldsymbol{e}_yE_{20}\mathrm{e}^{-\mathrm{j}k_2 z}$时，由 $\nabla\times\boldsymbol{E}=-\mathrm{j}\omega\mu\boldsymbol{H}$ 得

$$\nabla\times\boldsymbol{E}_2=\mathrm{j}k_2E_{20}\mathrm{e}^{-\mathrm{j}k_2 z}\boldsymbol{e}_x=-\mathrm{j}\omega\mu\boldsymbol{H}_2$$

可解出

$$\boldsymbol{H}_2=-\frac{k_2}{\omega\mu}E_{20}\mathrm{e}^{-\mathrm{j}k_2 z}\boldsymbol{e}_x$$

$$\bar{\boldsymbol{S}}_2=\frac{1}{2}\mathrm{Re}[\boldsymbol{E}_2\times\boldsymbol{H}_2^*]=\frac{1}{2}\mathrm{Re}\left[\boldsymbol{e}_yE_{20}\mathrm{e}^{-\mathrm{j}k_2 z}\times\left(-\boldsymbol{e}_x\frac{k_2}{\omega\mu}E_{20}\mathrm{e}^{\mathrm{j}k_2 z}\right)\right]=\boldsymbol{e}_z\frac{1}{2}\frac{k_1}{\omega\mu}E_{20}^2$$

当空间中是同时存在两个正弦电磁场时，即

$$\boldsymbol{E}=\boldsymbol{E}_1+\boldsymbol{E}_2=\boldsymbol{e}_xE_{10}\mathrm{e}^{-\mathrm{j}k_1 z}+\boldsymbol{e}_yE_{20}\mathrm{e}^{-\mathrm{j}k_2 z}$$

由$\nabla\times\boldsymbol{E}=-\mathrm{j}\omega\mu\boldsymbol{H}$ 得

$$\nabla\times\boldsymbol{E}=\boldsymbol{e}_x\mathrm{j}k_2E_{20}\mathrm{e}^{-\mathrm{j}k_2 z}-\boldsymbol{e}_y\mathrm{j}k_1E_{10}\mathrm{e}^{-\mathrm{j}k_1 z}=-\mathrm{j}\omega\mu\boldsymbol{H}$$

$$\boldsymbol{H}=-\boldsymbol{e}_x\frac{k_2}{\omega\mu}E_{20}\mathrm{e}^{-\mathrm{j}k_2 z}+\boldsymbol{e}_y\frac{k_1E_{10}}{\omega\mu}\mathrm{e}^{-\mathrm{j}k_1 z}$$

$$\bar{\boldsymbol{S}}=\frac{1}{2}\mathrm{Re}[\boldsymbol{E}\times\boldsymbol{H}^*]=\frac{1}{2}\mathrm{Re}\left[(\boldsymbol{e}_xE_{10}\mathrm{e}^{-\mathrm{j}k_1 z}+\boldsymbol{e}_yE_{20}\mathrm{e}^{-\mathrm{j}k_2 z})\times\left(\boldsymbol{e}_x\frac{k_2E_{20}}{\omega\mu}\mathrm{e}^{\mathrm{j}k_2 z}-\boldsymbol{e}_y\frac{k_1E_{10}}{\omega\mu}\mathrm{e}^{\mathrm{j}k_1 z}\right)\right]$$

$$=\boldsymbol{e}_z\frac{1}{2}\left(\frac{k_1}{\omega\mu}E_{10}^2+\frac{k_1}{\omega\mu}E_{20}^2\right)=\bar{\boldsymbol{S}}_1+\bar{\boldsymbol{S}}_2$$

证毕。

6.11 两无限大理想导体平板相距 d，在平板间存在正弦电磁场，其电场强度为

$$\boldsymbol{E}(t)=\boldsymbol{e}_yE_0\sin\frac{\pi x}{d}\cos(\omega t-kz)\quad(\mathrm{V/m})$$

试求：(1) 磁场强度的瞬时值；

(2) 坡印廷向量的瞬时值和时间平均值；

(3) 导体表面的电流分布。

解 (1)

$$\boldsymbol{E}(t)=\boldsymbol{e}_yE_0\sin\frac{\pi x}{d}\mathrm{e}^{-\mathrm{j}kz}$$

$$\nabla\times\boldsymbol{E}=\boldsymbol{e}_x\mathrm{j}kE_0\sin\frac{\pi x}{d}\mathrm{e}^{-\mathrm{j}kz}+\boldsymbol{e}_z\frac{E_0\pi}{d}\cos\frac{\pi x}{d}\mathrm{e}^{-\mathrm{j}kz}$$

由$\nabla\times\boldsymbol{E}=-\mathrm{j}\omega\mu\boldsymbol{H}$ 得

$$\boldsymbol{H}=-\boldsymbol{e}_x\frac{kE_0}{\omega\mu}\sin\frac{\pi x}{d}\mathrm{e}^{-\mathrm{j}kz}+\boldsymbol{e}_z\frac{\mathrm{j}E_0\pi}{\omega\mu d}\cos\frac{\pi x}{d}\mathrm{e}^{-\mathrm{j}kz}$$

因此，磁场强度的瞬时值为

$$\boldsymbol{H}(t)=-\boldsymbol{e}_x\frac{kE_0}{\omega\mu}\sin\frac{\pi x}{d}\cos(\omega t-kz)-\boldsymbol{e}_z\frac{-E_0\pi}{\omega\mu d}\cos\frac{\pi x}{d}\sin(\omega t-kz)$$

(2) $\boldsymbol{S}=\dfrac{1}{2}\boldsymbol{E}\times\boldsymbol{H}^*=\dfrac{1}{2}\left(\boldsymbol{e}_yE_0\sin\dfrac{\pi x}{d}\mathrm{e}^{-\mathrm{j}kz}\right)\times\left(-\boldsymbol{e}_x\dfrac{kE_0}{\omega\mu}\sin\dfrac{\pi x}{d}\mathrm{e}^{\mathrm{j}kz}-\boldsymbol{e}_y\dfrac{\mathrm{j}E_0\pi}{\omega\mu d}\cos\dfrac{\pi x}{d}\mathrm{e}^{\mathrm{j}kz}\right)$

$$=\frac{1}{2}\left(\boldsymbol{e}_z\frac{kE_0}{\omega\mu}\sin^2\frac{\pi x}{d}-\boldsymbol{e}_x\mathrm{j}\frac{E_0^2\pi}{2\omega\mu d}\sin\frac{2\pi x}{d}\right)$$

$$\bar{\boldsymbol{S}}=\frac{1}{2}\mathrm{Re}[\boldsymbol{E}\times\boldsymbol{H}^*]=\frac{1}{2}\boldsymbol{e}_z\frac{kE_0}{\omega\mu}\sin^2\frac{\pi x}{d}$$

(3) 设一块导体在 $z=0$ 处，另一块导体在 $z=d$ 处。

对于在 $z=0$ 处的导体，有

$$\boldsymbol{J}_{s1}=\boldsymbol{n}\times\boldsymbol{H}=\boldsymbol{e}_z\times\boldsymbol{H}=\boldsymbol{e}_z\times\left(-\boldsymbol{e}_x\frac{kE_0}{\omega\mu}\sin\frac{\pi x}{d}\mathrm{e}^{-\mathrm{j}kz}+\boldsymbol{e}_z\frac{\mathrm{j}E_0\pi}{\omega\mu d}\cos\frac{\pi x}{d}\mathrm{e}^{-\mathrm{j}kz}\right)$$

$$\boldsymbol{J}_{s1}=-\boldsymbol{e}_y\frac{kE_0}{\omega\mu}\sin\frac{\pi x}{d}\quad(\text{其中 } z=0)$$

对于在 $z=d$ 处的导体，有

$$\boldsymbol{J}_{s2}=\boldsymbol{n}\times\boldsymbol{H}=(-\boldsymbol{e}_z)\times\boldsymbol{H}=(-\boldsymbol{e}_z)\times\left(-\boldsymbol{e}_x\frac{kE_0}{\omega\mu}\sin\frac{\pi x}{d}\mathrm{e}^{-\mathrm{j}kz}+\boldsymbol{e}_z\frac{\mathrm{j}E_0\pi}{\omega\mu d}\cos\frac{\pi x}{d}\mathrm{e}^{-\mathrm{j}kz}\right)$$

$$\boldsymbol{J}_{s2}=\boldsymbol{e}_y\frac{kE_0}{\omega\mu}\sin\frac{\pi x}{d}\mathrm{e}^{-\mathrm{j}kd}\quad(\text{其中 } z=d)$$

6.12　在横截面为 $a\times b$ 的矩形波导内，传输主模式为 TE_{10} 的 $\boldsymbol{E}$ 和 $\boldsymbol{H}$ 分别为 $\boldsymbol{E}=\boldsymbol{e}_yE_y$ 及 $\boldsymbol{H}=\boldsymbol{e}_xH_x+\boldsymbol{e}_zH_z$，其中

$$E_y=-\mathrm{j}\omega\mu\frac{a}{\pi}H_0\sin\frac{\pi x}{a},\quad H_x=\mathrm{j}\beta\frac{a}{\pi}H_0\sin\frac{\pi x}{a},\quad H_z=H_0\cos\frac{\pi x}{a}$$

而且，H_0，ω，μ 和 β 是常数。设波导的内壁为理想导体，求波导四个内壁上的电荷密度和电流密度。

解　由 $\nabla\times\boldsymbol{E}=-\mathrm{j}\omega\mu\boldsymbol{H}$ 得

$$\nabla\times\boldsymbol{E}=\begin{vmatrix}\boldsymbol{e}_x & \boldsymbol{e}_y & \boldsymbol{e}_z\\ \dfrac{\partial}{\partial x} & \dfrac{\partial}{\partial y} & \dfrac{\partial}{\partial z}\\ 0 & -\mathrm{j}\omega\mu\dfrac{a}{\pi}H_0\sin\dfrac{\pi x}{a} & 0\end{vmatrix}=-\boldsymbol{e}_z\mathrm{j}\omega\mu H_0\cos\frac{\pi x}{a}=-\mathrm{j}\omega\mu\boldsymbol{H}$$

经计算得

$$\boldsymbol{H}=\boldsymbol{e}_zH_0\cos\frac{\pi x}{a}$$

设 a 边长位于 x 轴，b 边长位于 y 轴，在矩形波导上建立坐标系，可知

对于 $y=0$ 面(底面)：

$$\boldsymbol{J}_{s1}=\boldsymbol{e}_y\times\boldsymbol{H}=\boldsymbol{e}_y\times\left(\boldsymbol{e}_x\mathrm{j}\beta\frac{a}{\pi}H_0\sin\frac{\pi x}{a}+\boldsymbol{e}_z2H_0\cos\frac{\pi x}{a}\right)$$

$$\boldsymbol{J}_{s1}=-\boldsymbol{e}_z\mathrm{j}\beta\frac{a}{\pi}H_0\sin\frac{\pi x}{a}+\boldsymbol{e}_x2H_0\cos\frac{\pi x}{a}$$

对于 $y=b$ 面(上面)：

$$\boldsymbol{J}_{s2}=(-\boldsymbol{e}_y)\times\boldsymbol{H}=(-\boldsymbol{e}_y)\times\left(\boldsymbol{e}_x\mathrm{j}\beta\frac{a}{\pi}H_0\sin\frac{\pi x}{a}+\boldsymbol{e}_z2H_0\cos\frac{\pi x}{a}\right)$$

$$\boldsymbol{J}_{s2}=\boldsymbol{e}_z\mathrm{j}\beta\frac{a}{\pi}H_0\sin\frac{\pi x}{a}-\boldsymbol{e}_x2H_0\cos\frac{\pi x}{a}$$

对于 $x=0$ 面(左侧面)：

$$\boldsymbol{J}_{s3}=\boldsymbol{e}_x\times\boldsymbol{H}=\boldsymbol{e}_x\times\left(\boldsymbol{e}_x\mathrm{j}\beta\frac{a}{\pi}H_0\sin\frac{\pi x}{a}+\boldsymbol{e}_z2H_0\cos\frac{\pi x}{a}\right)$$

$$\boldsymbol{J}_{s3}=-2H_0\cos\frac{\pi x}{a}\boldsymbol{e}_y$$

对于 $x=b$ 面(右侧面)：

$$\boldsymbol{J}_{s4}=(-\boldsymbol{e}_x)\times\boldsymbol{H}=(-\boldsymbol{e}_x)\times\left(\boldsymbol{e}_x\mathrm{j}\beta\frac{a}{\pi}H_0\sin\frac{\pi x}{a}+\boldsymbol{e}_z 2H_0\cos\frac{\pi x}{a}\right)$$

$$\boldsymbol{J}_{s4}=2H_0\cos\frac{\pi x}{a}\boldsymbol{e}_y$$

6.13 已知在空气中

$$\boldsymbol{E}=\boldsymbol{e}_y 0.1\sin(10\pi x)\cos(6\pi\, 10^9 t-\beta z)\quad(\mathrm{V/m})$$

试求 $\boldsymbol{H}$ 和 β。

解

$$\boldsymbol{E}=\boldsymbol{e}_y 0.1\sin(10\pi x)\mathrm{e}^{-\mathrm{j}\beta z}$$

由 $\nabla\times\boldsymbol{E}=-\mathrm{j}\omega\mu\boldsymbol{H}$ 得

$$\nabla\times\boldsymbol{E}=\begin{vmatrix}\boldsymbol{e}_x & \boldsymbol{e}_y & \boldsymbol{e}_z\\ \dfrac{\partial}{\partial x} & \dfrac{\partial}{\partial y} & \dfrac{\partial}{\partial z}\\ 0 & 0.1\sin(10\pi x)\mathrm{e}^{-\mathrm{j}\beta z} & 0\end{vmatrix}=\boldsymbol{e}_x\mathrm{j}\beta 0.1\sin(10\pi x)\mathrm{e}^{-\mathrm{j}\beta z}+\boldsymbol{e}_z\pi\cos(10\pi x)\mathrm{e}^{-\mathrm{j}\beta z}$$

所以可求得

$$\boldsymbol{H}=-\boldsymbol{e}_x\frac{\beta}{\omega\mu}0.1\sin(10\pi x)\mathrm{e}^{-\mathrm{j}\beta z}+\boldsymbol{e}_z\frac{\mathrm{j}\pi}{\omega\mu}\cos(10\pi x)\mathrm{e}^{-\mathrm{j}\beta z}$$

$$\omega=2\pi f=\frac{\beta}{c}\Rightarrow\beta=\omega c=2\pi\times3\times10^9\times3\times10^8=18\pi\times10^{17}$$

6.14 已知在空气中 $\boldsymbol{H}=\boldsymbol{e}_y 2\cos(15\pi x)\sin(6\pi\, 10^9 t-\beta z)$ (A/m)，试求 $\boldsymbol{E}$ 和 β。

解 根据题意可求得

$$\boldsymbol{H}=\boldsymbol{e}_y\mathrm{j}2\cos(15\pi x)\mathrm{e}^{-\mathrm{j}\beta z}$$

因为 $\nabla\times\boldsymbol{H}=\boldsymbol{J}+\mathrm{j}\omega\varepsilon\boldsymbol{E}$，而在空气中 $\boldsymbol{J}=0$，故

$$\nabla\times\boldsymbol{H}=\mathrm{j}\omega\varepsilon\boldsymbol{E}$$

$$\nabla\times\boldsymbol{H}=\begin{vmatrix}\boldsymbol{e}_x & \boldsymbol{e}_y & \boldsymbol{e}_z\\ \dfrac{\partial}{\partial x} & \dfrac{\partial}{\partial y} & \dfrac{\partial}{\partial z}\\ 0 & \mathrm{j}2\cos(15\pi x)\mathrm{e}^{-\mathrm{j}\beta z} & 0\end{vmatrix}$$

$$=-\boldsymbol{e}_x 2\beta\cos(15\pi x)\mathrm{e}^{-\mathrm{j}\beta z}-\boldsymbol{e}_z\mathrm{j}30\pi\sin(15\pi x)\mathrm{e}^{-\mathrm{j}\beta z}$$

由上式可解得

$$\boldsymbol{E}=\boldsymbol{e}_x\frac{\mathrm{j}2\beta}{\omega\varepsilon}\cos(15\pi x)\mathrm{e}^{-\mathrm{j}\beta z}-\boldsymbol{e}_z\frac{30\pi}{\omega\varepsilon}\sin(15\pi x)\mathrm{e}^{-\mathrm{j}\beta z}$$

$$\omega=2\pi f=\frac{\beta}{c}$$

$$\beta=\omega c=6\pi\times10^9\times3\times10^8=18\pi\times10^{17}$$

6.15 已知在自由空间中球面波的电场强度为

$$\boldsymbol{E}=\boldsymbol{e}_\theta\frac{E_0}{R}\sin\theta\cos[\omega t-kR]$$

试求磁场强度 $\boldsymbol{H}$ 和 k 的值。

解 根据题意可求得

$$\boldsymbol{E}=\boldsymbol{e}_\theta\frac{E_0}{R}\sin\theta\mathrm{e}^{-\mathrm{j}kR}$$

由$\nabla\times\boldsymbol{E}=-\mathrm{j}\omega\mu\boldsymbol{H}$得

$$\nabla\times\boldsymbol{E}=\frac{1}{R^2\sin\theta}\begin{vmatrix}\boldsymbol{e}_r & R\boldsymbol{e}_\theta & R\sin\theta\,\boldsymbol{e}_\varphi\\ \dfrac{\partial}{\partial R} & \dfrac{\partial}{\partial\theta} & \dfrac{\partial}{\partial\varphi}\\ 0 & E_0\sin\theta\mathrm{e}^{-\mathrm{j}kR} & 0\end{vmatrix}=-\mathrm{j}\,\frac{kE_0}{R}\sin\theta\mathrm{e}^{-\mathrm{j}kR}\boldsymbol{e}_\varphi$$

$$\boldsymbol{H}=\frac{kE_0}{\omega\mu R}\sin\theta\mathrm{e}^{-\mathrm{j}kR}\boldsymbol{e}_\varphi$$

$$\omega=2\pi f=\frac{k}{c}$$

$$k=\omega c$$

6.16　已知电磁波的电场$\boldsymbol{E}=E_0\cos(\omega\sqrt{\varepsilon_0\mu_0}\,z-\omega t)\boldsymbol{e}_z$，试求此电磁波的磁场、瞬时坡印廷矢量及其在一个周期内的平均坡印廷矢量。

解　由$\nabla\times\boldsymbol{E}=-\mathrm{j}\omega\mu\boldsymbol{H}$得

$$\nabla\times\boldsymbol{E}=\boldsymbol{e}_x\frac{\partial E_z}{\partial y}-\boldsymbol{e}_y\frac{\partial E_z}{\partial x}=0$$

$$E_z=E_0\cos(\omega\sqrt{\varepsilon_0\mu_0}\,z-\omega t)$$

$$\boldsymbol{H}=0\Rightarrow\boldsymbol{S}=\boldsymbol{E}\times\boldsymbol{H}=0$$

故其一个周期内的坡印廷矢量为 0。

6.17　已知半径为a、导电率为σ的无限长直圆柱导线沿轴向通以均匀分布的稳恒电流I，且设导线表面上有均匀分布的面电荷密度σ_f。(1) 求导线表面外侧的能流密度向量S；(2) 证明在单位时间内由导线表面进入其内部的电磁能量恰好等于导线内的焦耳热损耗。

解　(1) 以已知导线为轴，作半径为r，高为l的圆柱面。

由高斯定理：

$$\oint_S\boldsymbol{E}\cdot\mathrm{d}\boldsymbol{S}=\sum\frac{q}{\varepsilon_0}$$

即

$$E\cdot 2\pi rl=\frac{l\cdot 2\pi a\sigma_f}{\varepsilon_0}\Rightarrow\boldsymbol{E}=\frac{a\sigma_f}{r\varepsilon_0}\boldsymbol{e}_\rho$$

由安培环路定理，有

$$\oint_l\boldsymbol{B}\cdot\mathrm{d}\boldsymbol{l}=\mu_0 I$$

即

$$B_\varphi\cdot 2\pi r=\mu_0 I$$

$$\boldsymbol{B}_\varphi=\frac{\mu_0 I}{2\pi r}\boldsymbol{e}_\varphi,\quad\boldsymbol{H}=\frac{\boldsymbol{B}}{\mu_0}=\frac{I}{2\pi r}\boldsymbol{e}_\varphi$$

$$\boldsymbol{S}=\boldsymbol{E}\times\boldsymbol{H}=\frac{a\sigma_f}{r\varepsilon_0}\boldsymbol{e}_\rho\times\frac{I}{2\pi r}\boldsymbol{e}_\varphi=\frac{a\sigma_f I}{2\pi r^2\varepsilon_0}\boldsymbol{e}_z$$

(2) 由题意可写出等式

$$\boldsymbol{E}=\frac{\boldsymbol{J}}{\sigma}=\frac{I}{\pi a^2 d}$$

由于切向电场在接口上是连续的，在导体附近的介质中，电场除径向分量$\boldsymbol{E}_r$外，还有切向分量$\boldsymbol{E}_z$，即

$$E_z\big|_{r=a}=\frac{I}{\pi a^2\sigma}$$

$$-S_r=E_z\times H_\varphi=\frac{I}{2\pi^2a^3\sigma}$$

$$P=\int(-S_r)\mathrm{d}Q=\int_0^l\frac{I}{\pi a^2\sigma}\mathrm{d}z=I^2R$$

因此便可证明，单位时间内由导线表面进入其内部的电磁能量恰好等于导线内的焦耳热损耗。

6.18 半径为 a 的圆形平板电容器板间距离为 d，并填充以电导率为 σ 的均匀导电介质，两极板间外加直流电压 U，忽略边缘效应。

(1) 计算两极板间的电场，磁场及能流密度向量；

(2) 求此电容器内存储的能量；

(3) 验证其中损耗的功率刚好是电容器外侧进入的功率。

解 (1) 以下圆板圆心为原点，建立直角坐标系，如图 6.3 所示，并列式如下：

$$\boldsymbol{E}=\left(\frac{U}{d}\right)\boldsymbol{e}_z$$

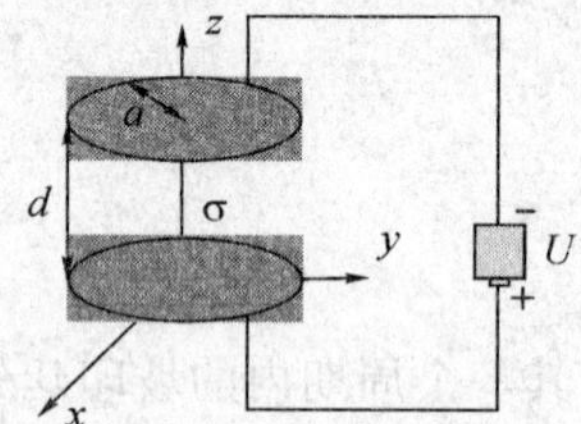

图 6.3　题 6.18 用图

由于所加电压源为直流电压，因此两个平板电容器之间不存在时变电磁场，即

$$\nabla\times\boldsymbol{H}=\boldsymbol{J}=\sigma\boldsymbol{E}=\sigma\left(\frac{U}{d}\right)\boldsymbol{e}_z$$

在柱面坐标系下，由于传导电流产生涡旋磁场，在平板电容器内存在 $\rho\leqslant a$，$H_\rho=0$，$H_z=0$，所以

$$\frac{1}{\rho}\begin{vmatrix}\boldsymbol{e}_\rho & \boldsymbol{e}_\varphi & \boldsymbol{e}_z\\ \dfrac{\partial}{\partial\rho} & \dfrac{\partial}{\partial\varphi} & \dfrac{\partial}{\partial z}\\ 0 & H_\varphi & 0\end{vmatrix}=\sigma\left(\frac{U}{d}\right)\boldsymbol{e}_z$$

容易解得

$$H_\varphi=\frac{\rho\sigma U}{2d}$$

$$\boldsymbol{H}=\frac{\rho\sigma U}{2d}\boldsymbol{e}_\varphi\quad(\rho\leqslant a)$$

$$\boldsymbol{S}=\boldsymbol{E}\times\boldsymbol{H}=\frac{U}{d}\boldsymbol{e}_z\times\frac{\rho\sigma U}{2d}\boldsymbol{e}_\varphi=-\frac{\rho\sigma U^2}{2d^2}\boldsymbol{e}_\rho$$

(2) 由于 $\rho=0$，所以

$$W_\mathrm{e}=\pi a^2dw_\mathrm{e}=\pi a^2d\ \frac{1}{2}\varepsilon\boldsymbol{E}^2=\frac{\pi a^2\varepsilon U^2}{2d}$$

$$w_\mathrm{m}=\frac{1}{2}\mu\boldsymbol{H}^2=\frac{\mu\rho^2\sigma^2U^2}{8d^2}$$

$$W_\mathrm{m}=\pi a^2dw_\mathrm{m}=\pi a^2d\ \frac{1}{2}\mu\boldsymbol{H}^2=\frac{\pi a^2\mu\rho^2\sigma^2U^2}{8d}$$

$$W=W_\mathrm{e}+W_\mathrm{m}=\frac{\pi a^2\varepsilon U^2}{2d}+\frac{\pi a^2\mu\rho^2\sigma^2U^2}{8d}$$

(3) 由题意可计算出

$$R=\frac{1}{\sigma\pi a^2}d$$

所以

$$W_L=\frac{U^2}{R}=\frac{\pi a^2\sigma U^2}{d}$$

$$W=\oiint_S \boldsymbol{S}\cdot \mathrm{d}s=\frac{\pi a^2\sigma U^2}{d}=W_L$$

因此，损耗的功率刚好是电容器外侧进入的功率。

6.19　证明：在 $\boldsymbol{J}=0$，$\rho=0$ 的真空中，电磁场作如下代换后也满足麦克斯韦方程组：

$$\boldsymbol{E}(\boldsymbol{r},t)\to c\boldsymbol{B}(\boldsymbol{r},t)$$

$$\boldsymbol{B}(\boldsymbol{r},t)\to -\frac{1}{c}\boldsymbol{E}(\boldsymbol{r},t)$$

证明　当 $\boldsymbol{J}=0$，$\rho=0$ 时，麦克斯韦方程组为

$$\begin{cases}\nabla\times\boldsymbol{H}=\dfrac{\partial\boldsymbol{D}}{\partial t} & (1)\\ \nabla\times\boldsymbol{E}=-\dfrac{\partial\boldsymbol{B}}{\partial t} & (2)\\ \nabla\cdot\boldsymbol{B}=0 & (3)\\ \nabla\cdot\boldsymbol{D}=0 & (4)\end{cases}$$

当作变换

$$\begin{cases}\boldsymbol{E}(\boldsymbol{r},t)\to c\boldsymbol{B}(\boldsymbol{r},t)\\ \boldsymbol{B}(\boldsymbol{r},t)\to -\dfrac{1}{c}\boldsymbol{E}(\boldsymbol{r},t)\end{cases}$$

时，对于(1)式

$$\nabla\times\boldsymbol{H}=\nabla\times\left(-\frac{\boldsymbol{E}}{c\mu}\right)=-\frac{1}{c\mu}\nabla\times\boldsymbol{E}=\frac{1}{c\mu}\frac{\partial\boldsymbol{B}}{\partial t}=c\varepsilon\frac{\partial\boldsymbol{B}}{\partial t}=\frac{\partial(\varepsilon c\boldsymbol{B})}{\partial t}$$

所以，变换后的 $c\boldsymbol{B}$，$-\dfrac{1}{c}\boldsymbol{E}$ 同样满足麦克斯韦方程。

对于(2)式，$\nabla\times(c\boldsymbol{B})=c(\nabla\times\boldsymbol{B})=c\mu\cdot\dfrac{\partial\boldsymbol{D}}{\partial t}=c\mu\varepsilon\dfrac{\partial\boldsymbol{E}}{\partial t}=\dfrac{1}{c}\dfrac{\partial\boldsymbol{E}}{\partial t}$成立。

对于(3)式，$\nabla\cdot\left(-\dfrac{1}{c}\boldsymbol{E}\right)=-\dfrac{1}{c}\nabla\cdot\boldsymbol{E}=0$ 成立。

对于(4)式，$\nabla\cdot(c\varepsilon\boldsymbol{B})=c\varepsilon\,\nabla\cdot\boldsymbol{B}=0$ 成立。

综上所述，电磁场做变换后依然满足麦克斯韦方程组，证毕。

6.20　证明真空中随时间变化的电荷电流 ρ 和 $\boldsymbol{J}$ 激发的场满足如下的波动方程：

$$\nabla^2\boldsymbol{E}-\frac{1}{c^2}\frac{\partial^2\boldsymbol{E}}{\partial t^2}=\mu_0\frac{\partial\boldsymbol{J}}{\partial t}+\frac{1}{\varepsilon_0}\nabla\rho$$

$$\nabla^2\boldsymbol{B}-\frac{1}{c^2}\frac{\partial^2\boldsymbol{B}}{\partial t^2}=\mu_0\,\nabla\times\boldsymbol{J}$$

证明　麦克斯韦方程组为

$$\begin{cases}\nabla\times\boldsymbol{H}=\boldsymbol{J}+\dfrac{\partial\boldsymbol{D}}{\partial t} & (1)\\ \nabla\times\boldsymbol{E}=-\dfrac{\partial\boldsymbol{B}}{\partial t} & (2)\\ \nabla\cdot\boldsymbol{B}=0 & (3)\\ \nabla\cdot\boldsymbol{D}=\rho & (4)\end{cases}$$

取(1)式两边的散度得

$$\nabla\times(\nabla\times\boldsymbol{H})=\nabla(\nabla\cdot\boldsymbol{H})-\nabla^2\boldsymbol{H}=\nabla\times\boldsymbol{J}+\nabla\times\frac{\partial\boldsymbol{D}}{\partial t}$$

$$=\nabla\times\boldsymbol{J}+\varepsilon\frac{\partial(\nabla\times\boldsymbol{E})}{\partial t}=\nabla\times\boldsymbol{J}-\mu\varepsilon\frac{\partial^2\boldsymbol{H}}{\partial t^2}$$

结合(3)式可得

$$\nabla^2\boldsymbol{H}-\mu\varepsilon\frac{\partial^2\boldsymbol{H}}{\partial t^2}=-\nabla\times\boldsymbol{J}$$

又因为条件为真空，所以

$$c=\frac{1}{\sqrt{\mu_0\varepsilon_0}}\Rightarrow\mu_0\varepsilon_0=\frac{1}{c^2}$$

因此

$$\nabla^2\boldsymbol{B}-\frac{1}{c^2}\frac{\partial^2\boldsymbol{B}}{\partial t^2}=\mu_0\ \nabla\times\boldsymbol{J}$$

同理可证

$$\nabla\times(\nabla\times\boldsymbol{E})=\nabla(\nabla\cdot\boldsymbol{E})-\nabla^2\boldsymbol{E}=\frac{1}{\varepsilon}\nabla\rho-\nabla^2\boldsymbol{E}$$

$$=-\frac{\partial(\nabla\times\boldsymbol{B})}{\partial t}=-\mu\frac{\partial\boldsymbol{J}}{\partial t}-\mu\varepsilon\frac{\partial^2\boldsymbol{E}}{\partial t^2}$$

由此可得

$$\nabla^2\boldsymbol{E}-\frac{1}{c^2}\frac{\partial^2\boldsymbol{E}}{\partial t^2}=\mu\frac{\partial\boldsymbol{J}}{\partial t}+\frac{1}{\varepsilon_0}\nabla\rho$$

即原命题得证。

6.21 证明：(1) 在导电媒质中，电磁波的电场 $\boldsymbol{E}$ 的波动方程为

$$\nabla^2\boldsymbol{E}-\mu\varepsilon\frac{\partial^2\boldsymbol{E}}{\partial t^2}-\mu\sigma\frac{\partial\boldsymbol{E}}{\partial t}=0$$

式中 ε、μ 和 σ 分别为媒质的介电常数、磁导率和电导率；(2) 对一定频率的单色波 $\boldsymbol{E}(\boldsymbol{r},t)=\boldsymbol{E}(\boldsymbol{r},t)\mathrm{e}^{\mathrm{j}\omega t}$，导电媒质中的亥姆霍兹方程为

$$\nabla^2\boldsymbol{E}+k^2\boldsymbol{E}=0$$

式中

$$k^2=\omega^2\mu\left(1-\mathrm{j}\frac{\sigma}{\omega}\right)$$

证明 (1) 由在导电媒质中的麦克斯韦方程可知：

$$\begin{cases}\nabla\cdot\boldsymbol{D}=\rho & (1)\\ \nabla\times\boldsymbol{E}=-\dfrac{\partial\boldsymbol{B}}{\partial t} & (2)\\ \nabla\cdot\boldsymbol{B}=0 & (3)\\ \nabla\times\boldsymbol{H}=\boldsymbol{J}+\dfrac{\partial\boldsymbol{D}}{\partial t} & (4)\\ \boldsymbol{J}=\sigma\boldsymbol{E} & (5)\end{cases}$$

利用矢量恒等式

$$\nabla\times(\nabla\times\boldsymbol{E})=\nabla(\nabla\cdot\boldsymbol{E})-\nabla^2\boldsymbol{E}$$

将(2)式两边同时取旋度，并将(4)式代入可得出

$$\nabla^2 \boldsymbol{E}-\mu\varepsilon\frac{\partial^2 \boldsymbol{E}}{\partial t^2}-\mu\sigma\frac{\partial \boldsymbol{E}}{\partial t}=0$$

即命题 1 得证；

（2）在导电媒质中的正旋麦克斯韦方程可知：

$$\begin{cases}\nabla\cdot\boldsymbol{D}=\rho & (1)\\ \nabla\times\boldsymbol{E}=-\mathrm{j}\omega\boldsymbol{B} & (2)\\ \nabla\cdot\boldsymbol{B}=0 & (3)\\ \nabla\times\boldsymbol{H}=\boldsymbol{J}+\mathrm{j}\omega\boldsymbol{D} & (4)\\ \boldsymbol{J}=\sigma\boldsymbol{E} & (5)\end{cases}$$

同样可以得出导电媒质中的亥姆霍兹方程为

$$\nabla^2\boldsymbol{E}+k^2\boldsymbol{E}=0$$

式中

$$k^2=\omega^2\mu\left(1-\mathrm{j}\,\frac{\sigma}{\omega}\right)$$

即命题 2 得证。

第7章 平面电磁波

7.1 主要内容与复习要点

主要内容：波动方程，均匀平面电磁波，均匀平面电磁波的传播特性和电磁波的极化，均匀平面电磁波在介质交界面上的反射、折射，均匀平面电磁波在导电媒质交界面上的反射、折射。

如图 7.1 所示为本章主要内容结构图。

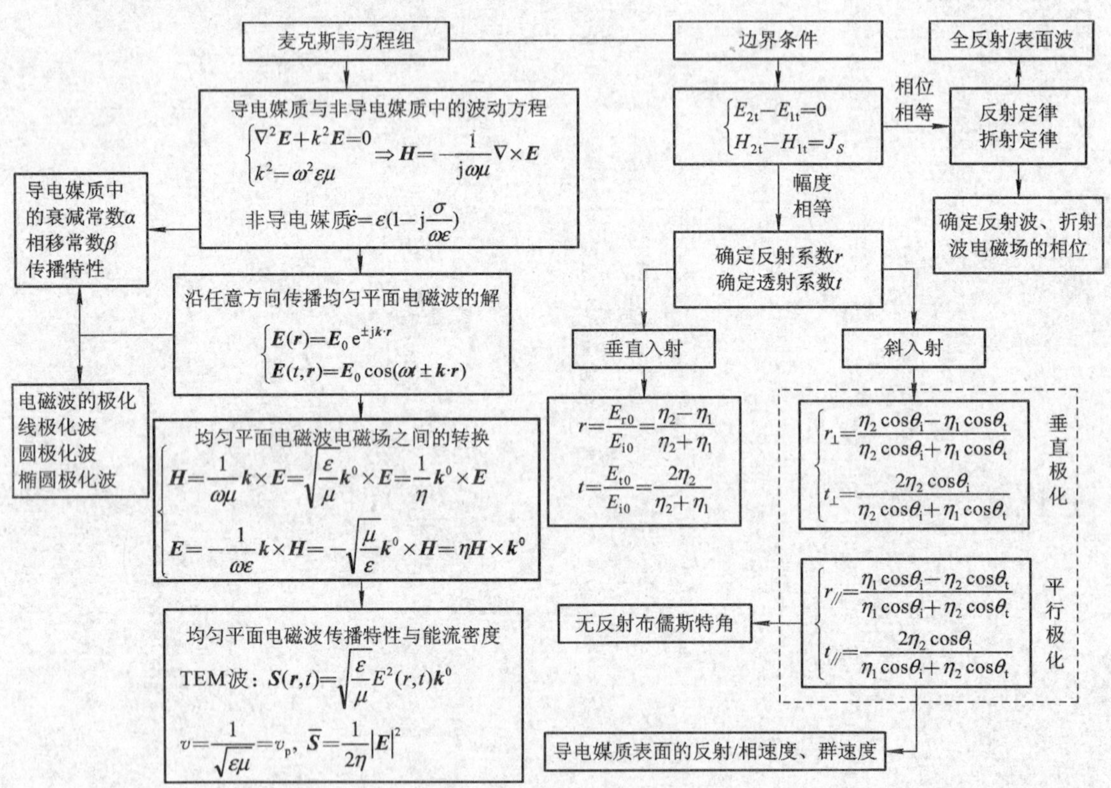

图 7.1 主要内容结构图

复习要点：波动方程，均匀平面电磁波及其传播特性，电磁波的极化，均匀平面电磁波在不同媒质界面上的反射、折射。具体复习要点如下：

(1) 平面电磁波在导体中的传播，电场和磁场的关系；在介质中的传播特性，电场和磁场的关系，均匀平面电磁波电场和磁场的关系。

(2) 波阻抗的概念，已知媒质参数，如何求波阻抗。

(3) 平面电磁波在不同媒质中的传播：Snell 定理，布儒斯特角、临界角的定义及计算表达式。

(4) 电磁波的三种极化，即线极化、圆极化和椭圆极化；已知电场表达式，判断电磁波的极化方式。

(5) 已知电场强度和媒质参数，计算反射波、透射波以及平均能流密度矢量。

电场和磁场都满足波动方程，因此电场和磁场都是以波的形式存在，称为电磁波，在理想的自由空间电磁波传播速度等于光速(光也是一种波)。

7.1.1 电磁波的分类

根据电磁波阵面(等相位面)形状不同，电磁波分为平面波、柱面波和球面波。

7.1.2 理想介质中的均匀平面波

1. 均匀平面电磁波

波阵面(等相位面)是平面，并且在波阵面上各点电场强度和磁场强度的大小和方向都分别相同的电磁波。在实际工程应用中，距离发射天线很远处的球面波可以近似看成是均匀平面电磁波。

2. 平面电磁波满足的波动方程

平面电磁波满足的波动方程为

$$\nabla^2 \boldsymbol{E}+k^2\boldsymbol{E}=0$$

导电媒质/非导电媒质满足的波动方程的形式一样，不同的是方程中的波数 k。

非导电理想介质 $\sigma=0$，波数 $k=\omega\sqrt{\varepsilon\mu}$；

导电媒质 $\sigma\neq 0$，复波数 $k_e=\omega\sqrt{\varepsilon_e\mu}=\dot{k}=\omega\sqrt{\dot{\varepsilon}\mu}$，其中 $\dot{\varepsilon}=\varepsilon_e=\varepsilon\left(1-\mathrm{j}\dfrac{\sigma}{\omega\varepsilon}\right)$。

根据复介电常数 $\dot{\varepsilon}=\varepsilon_e=\varepsilon\left(1-\mathrm{j}\dfrac{\sigma}{\omega\varepsilon}\right)$，将导电媒质分为三类：

(1) 良导体：$\dfrac{\sigma}{\omega\varepsilon}\gg 1$，有耗媒质 σ 起决定作用；

(2) 非良导体(低耗媒质)：$\dfrac{\sigma}{\omega\varepsilon}\ll 1$，介质 ε 起决定作用；

(3) 半导电媒质：介于二者之间，共同作用。

3. 无界空间均匀平面电磁波解的一般形式

无界空间均匀平面电磁波解的一般形式可写为复数形式：

$$\boldsymbol{E}(\boldsymbol{r})=\boldsymbol{E}_0\mathrm{e}^{-\mathrm{j}k\boldsymbol{e}_{k_0}\cdot\boldsymbol{r}}\text{(注意：标准形式空间相位前面是“－”号)}$$

瞬时值：

$$\boldsymbol{E}(\boldsymbol{r},t)=\boldsymbol{E}_0\cos(\omega t-k\boldsymbol{e}_{k_0}\cdot\boldsymbol{r})$$

式中，$\boldsymbol{E}_0$ 为常矢量，$\boldsymbol{k}=k\boldsymbol{e}_{k_0}$，$\boldsymbol{r}=x\boldsymbol{e}_x+y\boldsymbol{e}_y+z\boldsymbol{e}_z$。该一般式由振幅项和相位项组成。

1) 振幅项

$\boldsymbol{E}_0$ 是常矢量：

(1) $|\boldsymbol{E}_0|$表示电磁波的振幅，瞬时值$|\boldsymbol{E}_0|=E_0=\sqrt{\boldsymbol{E}_0\cdot\boldsymbol{E}_0}$，复数形式为$|\boldsymbol{E}_0|=E_0=\sqrt{\boldsymbol{E}_0\cdot\boldsymbol{E}_0^*}$，例如，$\boldsymbol{E}_0=10\boldsymbol{e}_x$ 表示振幅为 10，振动方向为 $\boldsymbol{e}_x$。

(2) $\boldsymbol{E}_0/|\boldsymbol{E}_0|$表示电磁波电场的振动方向。

只有 $\boldsymbol{E}_0$ 为常矢量时才表示等相位面上电场大小相等、方向相同的均匀平面电磁波。

2) 相位项

相位项由时间相位和空间相位$(\omega t-k\boldsymbol{e}_{k_0}\cdot\boldsymbol{r})$组成，复数形式只有空间相位。

(1) 时间相位 ωt：$\omega=2\pi f$ 可以得到频率、角频率、时间周期信息。求解均匀平面电磁波的频率要看时间相位里的角频率 ω。

(2) 由空间相位 $k\boldsymbol{e}_{k_0}\cdot\boldsymbol{r}$ 可以得到传播方向、波数、波长信息。

① 电磁波的传播方向 $\boldsymbol{e}_{k_0}$：

下面分两种情况来讨论。

如：沿$+z$ 轴传播：

$$\boldsymbol{e}_{k_0}=\boldsymbol{e}_z,\ \boldsymbol{k}=k\boldsymbol{e}_z\Rightarrow\boldsymbol{k}\cdot\boldsymbol{r}=k\boldsymbol{e}_z\cdot(x\boldsymbol{e}_x+y\boldsymbol{e}_y+z\boldsymbol{e}_z)=kz$$

复数形式：

$$\boldsymbol{E}(z)=\boldsymbol{E}_0\mathrm{e}^{-\mathrm{j}kz}$$

瞬时值：

$$\boldsymbol{E}(z,t)=\boldsymbol{E}_0\cos(\omega t-kz)$$

如：沿$-y$ 轴传播：

$$\boldsymbol{e}_{k_0}=-\boldsymbol{e}_y,\ \boldsymbol{k}=-k\boldsymbol{e}_y\Rightarrow\boldsymbol{k}\cdot\boldsymbol{r}=-k\boldsymbol{e}_y\cdot(x\boldsymbol{e}_x+y\boldsymbol{e}_y+z\boldsymbol{e}_z)=-ky$$

再加上标准形式前面原来的“$-$”号，负负得正。

复数形式：

$$\boldsymbol{E}(y)=\boldsymbol{E}_0\mathrm{e}^{+\mathrm{j}ky}$$

瞬时值：

$$\boldsymbol{E}(y,t)=\boldsymbol{E}_0\cos(\omega t+ky)$$

要求：至少会写出沿$\pm x$、$\pm y$、$\pm z$ 传播的均匀平面电磁波的复数形式和瞬时值表示。

② 波数 k：电磁波在 2π 距离上的波长数，即

$$k=\omega\sqrt{\varepsilon\mu}=\frac{2\pi}{\lambda}\ (\mathrm{rad/m})$$

波数也称为相移常数：它表示沿传播方向单位距离所滞后的相位，因此也把它称为相位常数。它是空间相位中的常数(只有在无界空间传播的均匀平面电磁波才把它称为波数，在其他情况下都把它称为相移常数(相位常数)，一般用“β”表示)。

(3) 时间相位与空间相位联合可以得到相速度 v_p。

相速度 v_p：等相位面移动的速度。由等相位面方程$(\omega t-kz)=C$ 对时间微分得到

$$v_\mathrm{p}=\frac{\mathrm{d}z}{\mathrm{d}t}=\frac{\omega}{k}=\frac{1}{\sqrt{\varepsilon\mu}}$$

4. TEM 波

TEM 波的公式表示为

$$\boldsymbol{e}_{k_0}\cdot\boldsymbol{E}=0$$

$$\boldsymbol{e}_{k_0}\cdot\boldsymbol{H}=0$$

上式表明 $\boldsymbol{E}$ 与 $\boldsymbol{e}_{k_0}$ 垂直，$\boldsymbol{H}$ 与 $\boldsymbol{e}_{k_0}$ 垂直，即沿传播方向没有场的分量，电场、磁场均分布在与传播方向垂直的平面上，这种波称为横电磁波或 TEM 波(Transverse Electromagnetic Wave)。$\boldsymbol{E}$、$\boldsymbol{H}$、$\boldsymbol{e}_{k_0}$ 三者互相垂直并满足右手螺旋关系。

5. 本征阻抗(波阻抗)

本征阻抗为 $\boldsymbol{E}$、$\boldsymbol{H}$ 振幅之比，因为它具有阻抗的量纲欧姆((V/m)/(A/m)=Ω)，所以称为介质的波阻抗，本征阻抗的关系式为

$$\eta=\frac{|\boldsymbol{E}|}{|\boldsymbol{H}|}=\frac{E}{H}=\sqrt{\frac{\mu}{\varepsilon}}\ (\Omega)$$

真空中的波阻抗为

$$\eta_0=\sqrt{\frac{\mu_0}{\varepsilon_0}}\approx 120\pi\approx 377\ \Omega$$

对于理想介质 η 为实数，它的大小表示电场与磁场的振幅之比。此时，η、$\boldsymbol{E}$、$\boldsymbol{H}$ 之间满足关系式：

$$\boldsymbol{H}=\frac{1}{\eta}\boldsymbol{e}_{k_0}\times\boldsymbol{E}$$

$$\boldsymbol{E}=\eta\boldsymbol{H}\times\boldsymbol{e}_{k_0}$$

上述等式对于瞬时值和复数形式都成立。

6. 平面电磁波的能量和能流密度

电场能量密度 $w_e=\frac{1}{2}\varepsilon E^2$，磁场能量密度 $w_m=\frac{1}{2}\mu H^2$，由于 $\eta=\frac{|\boldsymbol{E}|}{|\boldsymbol{H}|}=\sqrt{\frac{\mu}{\varepsilon}}$，因此 $\varepsilon E^2=\varepsilon\left(\sqrt{\frac{\mu}{\varepsilon}}H\right)^2=\mu H^2$，所以平面波中电场能量密度和磁场能量密度相等，平面波总的能量密度为

$$w=\varepsilon E^2=\mu H^2$$

平面电磁波的能流密度为

$$\boldsymbol{S}=\boldsymbol{E}\times\boldsymbol{H}=\boldsymbol{E}\times\left(\frac{1}{\eta}\boldsymbol{e}_{k_0}\times\boldsymbol{E}\right)=\sqrt{\frac{\varepsilon}{\mu}}E^2\boldsymbol{e}_{k_0}=\frac{1}{\sqrt{\varepsilon\mu}}w\boldsymbol{e}_{k_0}=vw\boldsymbol{e}_{k_0}$$

坡印廷矢量的能流密度等于电磁波总的能量密度乘以能流速度，即 $S=vw$。

电磁波能流速度 $v=\frac{1}{\sqrt{\varepsilon\mu}}=v_p$，对于均匀平面电磁波，能流速度等于相速度。

7.1.3 有耗媒质中的均匀平面波

1. 导电媒质中的场及复介电常数

导电媒质中场的关系可描述为

$$\nabla\times\boldsymbol{H}=\boldsymbol{J}+\mathrm{j}\omega\varepsilon\boldsymbol{E}=\sigma\boldsymbol{E}+\mathrm{j}\omega\varepsilon\boldsymbol{E}=\mathrm{j}\omega\left(\varepsilon-\mathrm{j}\frac{\sigma}{\omega}\right)\boldsymbol{E}=\mathrm{j}\omega\dot{\varepsilon}\boldsymbol{E}$$

导电媒质中介电常数为复数，即

$$\dot{\varepsilon}=\varepsilon-\mathrm{j}\frac{\sigma}{\omega}=\varepsilon'-\mathrm{j}\varepsilon''$$

其虚部是由损耗 σ 引入的，此时传播常数 $\dot{k}=\omega\sqrt{\dot{\varepsilon}\mu}$ 和波阻抗 $\dot{\eta}=\sqrt{\frac{\mu}{\dot{\varepsilon}}}$ 都为复数，导电媒质中波动方程的解 $\nabla^2\boldsymbol{E}+\dot{k}^2\boldsymbol{E}=0$ 与非导电媒质中波动方程解的形式是一样的，唯一不同的是解中的两个常数变成了复数。正是这两个实数变复数的变化，引起了传播特性的变化。

复数形式为

$$\boldsymbol{E}(\boldsymbol{r})=\boldsymbol{E}_0\mathrm{e}^{-\mathrm{j}\dot{k}\boldsymbol{e}_{k_0}\cdot\boldsymbol{r}}$$

$$\boldsymbol{H}=\frac{1}{\dot{\eta}}\boldsymbol{e}_{k_0}\times\boldsymbol{E}$$

由于 $\dot{k}$ 是复数，$\mathrm{e}^{-\mathrm{j}\dot{k}\boldsymbol{e}_{k_0}\cdot\boldsymbol{r}}$ 不再称为相位项，而称为传播项，我们以沿着 $+z$ 轴传播的电磁波为例进行分析。

令 $\gamma=\mathrm{j}\dot{k}=\mathrm{j}k_e$，$\gamma$ 称为传播常数。

$$\gamma=\mathrm{j}\omega\sqrt{\dot{\varepsilon}\mu}=\alpha+\mathrm{j}\beta$$

设电磁波沿着 $+z$ 轴传播，则

复数形式为

$$\boldsymbol{E}(z)=\boldsymbol{E}_0\mathrm{e}^{-\gamma z}=\underbrace{\boldsymbol{E}_0\mathrm{e}^{-\alpha z}}_{\text{振幅项}}\ \underbrace{\mathrm{e}^{-\mathrm{j}\beta z}}_{\text{相位项}}$$

传播项（$\mathrm{e}^{-\gamma z}=\mathrm{e}^{-\alpha z}\mathrm{e}^{-\mathrm{j}\beta z}$）由衰减项 $\mathrm{e}^{-\alpha z}$ 和相位项 $\mathrm{e}^{-\mathrm{j}\beta z}$ 组成。

瞬时值表达式为

$$\boldsymbol{E}(\boldsymbol{r})=\underbrace{\boldsymbol{E}_0\mathrm{e}^{-\alpha z}}_{\text{振幅项}}\underbrace{\cos(\omega t-\beta z)}_{\text{相位项}}$$

2. 导电媒质中平面波的特点：

(1) 衰减常数 α。

导电(有耗)媒质中，电磁波是衰减波，电磁波的振幅随着传播距离增加以 $\mathrm{e}^{-\alpha z}$ 衰减，α 称为衰减常数，其单位是奈培/米(Np/m)或分贝/米(dB/m)。

关于衰减常数单位的说明：

① 当电磁波振幅衰减到初值的 1/e 时，称电磁波衰减了 1 Np，$\alpha=2$ Np/m 表示经过 $z=1$ 米的传播距离中电磁波衰减了 2 Np，即振幅衰减到初值的(e^{-2})。令 $z=1$，并对衰减项取自然对数得到的就是 α 在单位为 Np/m 时的值。

例如：e^{-5z} 时，$\alpha=\ln(\mathrm{e}^{-5})=-5$ Np/m（一般不要负号），可直接说 $\alpha=5$ Np/m。

② 令 $z=1$，并对衰减项取 10 倍的以 10 为底的对数得到的就是 α 在单位为 dB/m 时的值。

例如：e^{-5z} 时，$\alpha=10\lg(\mathrm{e}^{-5})=-50\lg\mathrm{e}$ dB/m（一般不要负号），可直接说 $\alpha=21.7$ dB/m。

衰减常数的定义：电磁波振幅随传播距离增加单位长度的衰减值。

(2) 相移常数 β。

电磁波单位长度滞后的相位称为相移，其单位为 rad/m。

由等相位面方程($\omega t-\beta z$)$=C$ 对时间 t 做微分可得到相速度：

$$v_p = \frac{dz}{dt} = \frac{\omega}{\beta}$$

(3) 良导体的$\frac{\sigma}{\omega\varepsilon} \gg 1$。

① 传播常数 γ:

$$\gamma = \alpha + j\beta$$

衰减常数 α 与相移常数 β 近似相等，即

$$\alpha \approx \beta \approx \sqrt{\frac{\omega\mu\sigma}{2}},\ \gamma = j\dot{k} = \sqrt{\frac{\omega\sigma\mu}{2}} + j\sqrt{\frac{\omega\sigma\mu}{2}}$$

② 衰减常数 α:

$$\alpha \approx \sqrt{\frac{\omega\mu\sigma}{2}} = \sqrt{\pi f\mu\sigma}$$

频率越高衰减越快，电磁波进入良导体后很快衰减，电磁波只能存在于导体表面薄层内，这种现象称为趋肤效应。当电磁波的幅度衰减至进入良导体幅度初值的 1/e 时的深度称为趋肤深度。趋肤深度 $\delta = \frac{1}{\alpha} = \sqrt{\frac{2}{\omega\mu\sigma}}$。

③ 相移常数 β: 导电媒质中相移常数是频率的函数，即

$$\beta \approx \sqrt{\frac{\omega\mu\sigma}{2}}$$

$$v_p = \frac{\omega}{\beta} = \frac{\omega}{\sqrt{\frac{\omega\mu\sigma}{2}}} = \sqrt{\frac{2\omega}{\mu\sigma}}$$

导电(有耗)媒质的相速度也是频率的函数。

色散现象：同一媒质中不同频率的波的相速度不同的现象称为色散现象。具有这种特性的媒质称为色散媒质。

④ 波阻抗 η: 良导体中的波阻抗是复数，任何一个复数都可以表示成为模值和复角度的形式，即

$$\dot{\eta} = \sqrt{\frac{\mu}{\dot{\varepsilon}}} = \sqrt{\frac{\mu}{\varepsilon\left(1 - j\frac{\sigma}{\omega\varepsilon}\right)}} \approx \sqrt{\frac{\mu}{\varepsilon} \times j\frac{1}{\frac{\sigma}{\omega\varepsilon}}} = \frac{\sqrt{\frac{\mu}{\varepsilon}}}{\sqrt{\frac{\sigma}{\omega\varepsilon}}} e^{j\frac{\pi}{4}}$$

⑤ 磁场强度 $\boldsymbol{H}$:

$$\boldsymbol{H} = \frac{1}{\dot{\eta}} \boldsymbol{e}_{k_0} \times \boldsymbol{E} = \frac{\sqrt{\frac{\sigma}{\omega\varepsilon}}}{\sqrt{\frac{\mu}{\varepsilon}}} e^{-j\frac{\pi}{4}} \boldsymbol{e}_{k_0} \times \boldsymbol{E}$$

良导体中复数波阻抗的模值表示电场强度与磁场强度振幅之比，复角度表示电场强度与磁场强度的相位差。

良导体中的电磁场：在良导体中磁场的相位滞后电场相位 $\pi/4$。电场能量密度和磁场能量密度不相等，磁场能量密度大于电场能量密度。

7.1.4 平面电磁波的极化

1. 电磁波极化的概念

电磁波中电场矢量的方向在空间随时间的变化规律称为平面电磁波的极化。

2. 电磁波极化的分类

根据电场矢量的端点在一个时间周期内描绘出的轨迹，可把电磁波的极化分为三类——线极化、圆极化、椭圆极化。其中线极化与圆极化是椭圆极化的特例。

对于均匀平面电磁波，电场的极化与磁场的极化是一致的。

3. 电磁波极化的判断

设平面波的电场强度为

$$\boldsymbol{E}=E_{mx}\cos(\omega t-kz+\varphi_x)\boldsymbol{e}_x+E_{my}\cos(\omega t-kz+\varphi_y)\boldsymbol{e}_y$$

线极化：

$$\varphi_x-\varphi_y=0,\ \pm\pi$$

圆极化：

$$E_{xm}=E_{ym}=E_m,\ \varphi_x-\varphi_y=\pm 90^\circ$$

当 $\varphi_x-\varphi_y=90^\circ$时，$E_y$滞后 $E_x 90^\circ$，电场矢量在 xy 平面逆时针旋转，与传播方向(z)呈右手螺旋关系，称为右旋圆极化。当 $\varphi_x-\varphi_y=-90^\circ$时，$E_y$超前 $E_x 90^\circ$，为左旋圆极化。

椭圆极化：两个分量的幅度不相等，相位不相同、不反相也不正交。

椭圆极化是一般的极化情况，圆极化和线极化是椭圆极化的特殊情况。椭圆极化也分左旋和右旋，判断左旋还是右旋方法同圆极化。

4. 电磁波的极化判断准则

(1) 写出均匀平面电磁波的瞬时表示形式，在最简单的位置观察；

(2) 根据振幅 E 和相位 $\theta=\phi_x-\phi_y$ 判断电磁波的极化方式；

(3) 标出电磁波的传播方向，观察能用哪只手进行描述。

圆极化和椭圆极化判断与电磁波传播方向密切相关，拇指指向电磁波传播的方向，弯曲四指指向电磁波相位滞后的方向，满足左手则为左旋圆极化，满足右手则为右旋圆极化。

例如：若电磁波沿 z 轴传播，拇指指向波的传播方向 z 轴，其余四指从一分量转向相位落后的方向，若 $\phi_x-\phi_y>0^\circ$，四指由 x 轴弯曲转向 y 轴，与右手相符，为右旋圆极化；反之，为左旋圆极化。

7.1.5 不同媒质交接面波的传播

1. 不同媒质分界面场的计算依据是边界条件。

(1) 入射波矢量、反射波矢量和折射波矢量都在同一平面内。

(2) $\theta_i=\theta_r$，反射角等于入射角，这就是光学中的反射定律。

(3) $\dfrac{\sin\theta_i}{\sin\theta_t}=\dfrac{k_t}{k_i}=\dfrac{\sqrt{\varepsilon_2\mu_2}}{\sqrt{\varepsilon_1\mu_1}}=\dfrac{n_2}{n_1}=n_{21}$，这就是光学中的折射定律，$n_{21}$为介质 2 相对于介质 1 的折射率。由于除铁磁物质外，一般介质 $\mu\approx\mu_0$，因此$\sqrt{\varepsilon_2/\varepsilon_1}$就是两种介质的相对折射率。

2. 导体表面的垂直入射波特性

(1) 导体外空间内为驻波分布，有波节点和波腹点。

(2) 没有能量传播，只有电能和磁能间的相互转换。如图 7.2 所示。

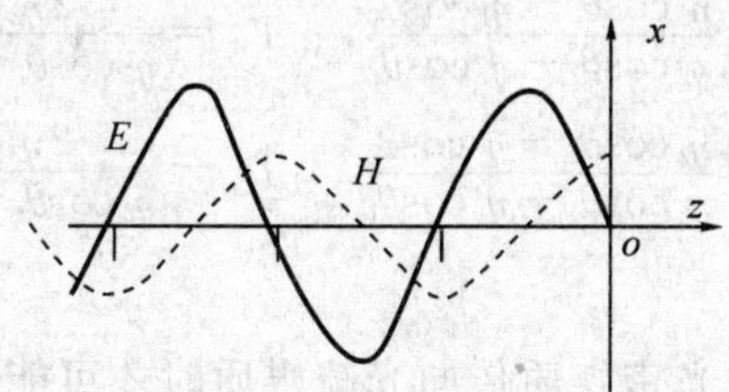

图 7.2　电能磁能转换图

3. 介质表面的垂直入射波特性

(1) 入射波空间内为行驻波分布，透射波空间为行波分布。

(2) 有能量传播，如图 7.3 所示。

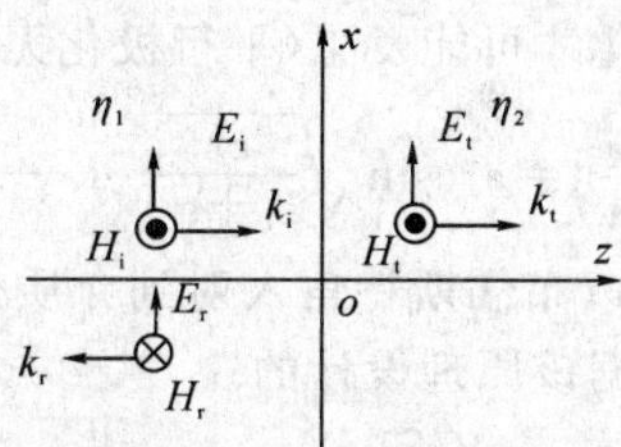

图 7.3　介质表面的垂直入射波示意图

(3) 反射系数和透射系数分别如下：

$$\Gamma=\frac{\eta_2-\eta_1}{\eta_2+\eta_1}$$

$$T=\frac{2\eta_2}{\eta_2+\eta_1}$$

4. 导体表面的斜入射波特性

(1) 导体表面的入射波分为垂直极化和平行极化两种情况(均以电场强度方向与入射面的相互关系区分)，沿导体表面方向传输的是非均匀平面波，沿垂直导体表面方向为驻波分布。

(2) 对垂直极化方式，沿导体表面方向传输的是 TE 波；对平行极化方式，沿导体表面方向传输的是 TM 波。

(3) 沿导体表面方向有能量传输，而沿垂直于导体表面方向无能量传输。

(4) 沿导体表面方向的相速大于无限大空间中对应平面波的相速，但是能量传播速度小于平面波速度。

5. 介质表面的斜入射波特性

(1) 介质表面的斜入射波分为垂直极化和平行极化两种情况，沿导体表面方向和垂直导体表面方向传输的均是非均匀平面波。

(2) 对垂直极化方式，沿导体表面方向传输的是 TE 波；对平行极化方式，沿导体表面方向传输的是 TM 波。

(3) 沿导体表面方向有能量传输，而沿垂直于导体表面方向有行驻波特性。

(4) 反射系数和透射系数：

$$\Gamma_{\perp}=\frac{\eta_2\cos\theta_i-\eta_1\cos\theta_t}{\eta_2\cos\theta_i+\eta_1\cos\theta_t},\quad T_{\perp}=\frac{2\eta_2\cos\theta_i}{\eta_2\cos\theta_i+\eta_1\cos\theta_t}$$

$$\Gamma_{/\!/}=\frac{\eta_2\cos\theta_t-\eta_1\cos\theta_i}{\eta_2\cos\theta_t+\eta_1\cos\theta_i},\quad T_{\perp}=\frac{2\eta_2\cos\theta_i}{\eta_2\cos\theta_t+\eta_1\cos\theta_i}$$

6. 全反射与全折射

(1) 全反射——只有波从光密媒质传向光疏媒质时才可能发生，条件为

$$\theta_c=\arcsin\sqrt{\frac{\varepsilon_2}{\varepsilon_1}}\quad \text{——临界角}$$

光疏媒质中的折射线将不复存在，电磁波全部反射回光密介质中，这种现象称为全反射。θ_c 称为全反射时的临界角。光纤通信用的光导纤维就是光在光纤内壁连续不断地全反射，将光从一端传送到另一端从而实现信息传递。

(2) 全折射——只有平行极化才可能发生(平行极化无反射)，条件为

$$\theta_B=\arctan\left(\frac{n_2}{n_1}\right)=\arcsin\sqrt{\frac{\varepsilon_2}{\varepsilon_1+\varepsilon_2}}\quad \text{——布儒斯特角}$$

如果一个任意极化的平面波以布儒斯特角入射到介质分界面上，则反射波是垂直极化的线极化波。极化分离器就是根据该原理设计的。

7.2 典型题解

例 7-1 均匀平面电磁波 $\boldsymbol{E}(x,t)=100\sin\left(10^8 t+\frac{x}{\sqrt{3}}\right)\boldsymbol{e}_z$(mV/m)，$\mu_r=1$。试求：

(1) 传播介质的相对介电常数 ε_r；

(2) 电磁波的传播方向和速度；

(3) 波阻抗 η；

(4) 磁场强度 $\boldsymbol{H}(x,t)$；

(5) 波长；

(6) 平均能流密度。

解 (1) $k=\omega\sqrt{\varepsilon\mu}=10^8\times\sqrt{\varepsilon_0\mu_0\varepsilon_r}=10^8\times\sqrt{\frac{1}{36\pi}\times10^{-9}\times4\pi\times10^{-7}\varepsilon_r}=\frac{1}{\sqrt{3}}$

所以 $$\varepsilon_r=3$$

(2) 由 $\boldsymbol{E}(x,t)=100\sin\left(10^8 t+\frac{x}{\sqrt{3}}\right)\boldsymbol{e}_z$ 可知，电磁波沿 $-x$ 方向传播。

$$v_p=\frac{c}{\sqrt{\varepsilon_r\mu_r}}=\frac{3\times10^8}{\sqrt{3\times1}}=\sqrt{3}\times10^8\ \text{m/s}$$

(3) $\eta=\sqrt{\frac{\mu}{\varepsilon}}=\sqrt{\frac{\mu_0}{3\varepsilon_0}}=\sqrt{\frac{4\pi\times10^{-7}}{3\times\frac{1}{36\pi}\times10^{-9}}}=40\sqrt{3}\ \Omega$

(4) $\boldsymbol{H}(x,t)=\dfrac{1}{\eta}\boldsymbol{k}^0\times\boldsymbol{E}$

$$=\frac{1}{\eta}(-\boldsymbol{e}_x)\times\boldsymbol{E}$$

$$=\boldsymbol{e}_y\,\frac{5}{2\sqrt{3}\,\pi}\sin\left(10^8 t+\frac{x}{\sqrt{3}}\right)$$

(5) $\lambda=\dfrac{2\pi}{k}=\dfrac{2\pi}{\dfrac{1}{\sqrt{3}}}=2\sqrt{3}\,\pi$ m

(6) $\bar{\boldsymbol{S}}=\dfrac{1}{2\eta}|\boldsymbol{E}|^2=\dfrac{1}{80\sqrt{3}\,\pi}\times10^4(-\boldsymbol{e}_x)=\dfrac{1}{8\sqrt{3}\,\pi}\times10^3(-\boldsymbol{e}_x)$

例 7-2 一个在自由空间传播的均匀平面波，电场强度的复数形式为

$$\boldsymbol{E}(z)=10^{-4}\mathrm{e}^{-\mathrm{j}20\pi z}\boldsymbol{e}_x+10^{-4}\mathrm{e}^{-\mathrm{j}\left(20\pi z-\frac{\pi}{2}\right)}\boldsymbol{e}_y\quad(\mathrm{V/m})$$

试求：

(1) 电磁波的传播方向；

(2) 电磁波的频率；

(3) 电磁波的极化方式；

(4) 沿传播方向单位面积流过的平均功率。

解 (1) 沿 $+z$ 方向传播。

(2) $\lambda=\dfrac{2\pi}{k}=\dfrac{2\pi}{20\pi}=0.1$ m

$$f=\frac{v}{\lambda}=\frac{c}{\lambda}=3\times10^9\ \mathrm{Hz}$$

(3) $\boldsymbol{E}(z,t)=10^{-4}\cos(\omega t-20\pi z)\boldsymbol{e}_x+10^{-4}\cos\left(\omega t-20\pi z+\dfrac{\pi}{2}\right)\boldsymbol{e}_y$

在 $z=0$ 处观察：

$$\boldsymbol{E}(0,t)=10^{-4}\cos\omega t\boldsymbol{e}_x+10^{-4}\cos\left(\omega t+\frac{\pi}{2}\right)\boldsymbol{e}_y$$

其中

$$\begin{cases}E_x=10^{-4}\cos\omega t\\E_y=10^{-4}\cos\left(\omega t+\dfrac{\pi}{2}\right)\end{cases}$$

显然可以判断电磁波是左旋圆极化波。

(4) $\eta=\sqrt{\dfrac{\mu_0}{\varepsilon_0}}=120\pi$

$$\boldsymbol{S}=\frac{1}{2\eta}|\boldsymbol{E}|^2=\frac{1}{2\times120\pi}\times10^{-8}\boldsymbol{e}_z=7.96\times10^{-11}\ \mathrm{W/m^2}$$

例 7-3 已知电场强度 $\boldsymbol{E}=\boldsymbol{E}_\mathrm{m}(\mathrm{j}\boldsymbol{e}_x+\boldsymbol{e}_y)\mathrm{e}^{-\mathrm{j}20\pi z}$ 的正弦平面电磁波由理想介质($\varepsilon_\mathrm{r}=9$，$\mu_\mathrm{r}=1$)沿 $+z$ 方向垂直入射到 $z=0$ 处的无限大理想导电平面上，试求：

(1) 介质中平面电磁波的波数、波长、相速度和波阻抗；

(2) 反射波电场和磁场的复数形式，并说明极化方式；

(3) 导体表面的面电流密度；

(4) 入射波平均坡印廷矢量。

解 (1) 介质中的波数、波长、相速度和波阻抗计算过程如下：

$$\begin{cases}\boldsymbol{k}=20\pi\boldsymbol{e}_z\\ k=\dfrac{2\pi}{\lambda}\end{cases}\Rightarrow\begin{cases}k=20\pi\\ \lambda=0.1\ \text{m}\end{cases}$$

$$v_p=\sqrt{\frac{1}{\varepsilon\mu}}=10^8\ \text{m/s},\ \eta=\sqrt{\frac{\mu}{\varepsilon}}=40\pi$$

(2) 反射波电场和磁场的复数形式：

$$\begin{cases}\boldsymbol{E}_i=E_m(\text{j}\boldsymbol{e}_x+\boldsymbol{e}_y)\text{e}^{-\text{j}20\pi z}\\ t=-1\end{cases}\Rightarrow\begin{cases}\boldsymbol{E}_r=-E_m(\text{j}\boldsymbol{e}_x+\boldsymbol{e}_y)\text{e}^{+\text{j}20\pi z}\\ \boldsymbol{H}_r=\dfrac{1}{\eta}(-\boldsymbol{e}_z)\times\boldsymbol{E}_r=\dfrac{E_m}{40\pi}(\text{j}\boldsymbol{e}_y-\boldsymbol{e}_x)\text{e}^{+\text{j}20\pi z}\end{cases}$$

入射波是右旋圆极化波，反射波是左旋圆极化波。

(3) 导体表面的面电流：

$$\left.\begin{cases}\boldsymbol{E}_i=E_m(\text{j}\boldsymbol{e}_x+\boldsymbol{e}_y)\text{e}^{-\text{j}20\pi z}\\ \boldsymbol{H}_i=\dfrac{1}{\eta}(\boldsymbol{e}_z)\times\boldsymbol{E}_i=\dfrac{E_m}{40\pi}(\text{j}\boldsymbol{e}_y-\boldsymbol{e}_x)\text{e}^{-\text{j}20\pi z}\end{cases}\right\}+\left\{\begin{aligned}&\boldsymbol{E}_r=-E_m(\text{j}\boldsymbol{e}_x+\boldsymbol{e}_y)\text{e}^{+\text{j}20\pi z}\\ &\boldsymbol{H}_r=\frac{1}{\eta}(-\boldsymbol{e}_z)\times\boldsymbol{E}_r=\frac{E_m}{40\pi}(\text{j}\boldsymbol{e}_y-\boldsymbol{e}_x)\text{e}^{+\text{j}20\pi z}\end{aligned}\right\}$$

$$\begin{aligned}\boldsymbol{H}_1&=\frac{E_m}{40\pi}\left[(\text{j}\boldsymbol{e}_y-\boldsymbol{e}_x)\text{e}^{-\text{j}20\pi z}\right]+\left[\frac{E_m}{40\pi}(\text{j}\boldsymbol{e}_y-\boldsymbol{e}_x)\text{e}^{+\text{j}20\pi z}\right]\\ &=\frac{E_m}{40\pi}\left[\text{j}\boldsymbol{e}_y(\text{e}^{-\text{j}20\pi z}+\text{e}^{+\text{j}20\pi z})-\boldsymbol{e}_x(\text{e}^{-\text{j}20\pi z}+\text{e}^{+\text{j}20\pi z})\right]\\ &=\frac{E_m}{40\pi}\times2\times\cos(20\pi z)\left[\text{j}\boldsymbol{e}_y-\boldsymbol{e}_x\right]\end{aligned}$$

$$\begin{aligned}\boldsymbol{J}_S\big|_{z=0}&=\boldsymbol{e}_n\times\boldsymbol{H}_1\big|_{z=0}=(-\boldsymbol{e}_z)\times\frac{E_m}{20\pi}(\text{j}\boldsymbol{e}_y-\boldsymbol{e}_x)\\ &=\frac{E_m}{20\pi}\left[\text{j}\boldsymbol{e}_x+\boldsymbol{e}_y\right]\end{aligned}$$

$$\boldsymbol{J}_S\big|_{z=0}=\frac{E_m}{20\pi}\left[\boldsymbol{e}_x\cos\left(\omega t+\frac{\pi}{2}\right)+\boldsymbol{e}_y\cos(\omega t)\right]$$

(4) 入射波平均坡印廷矢量为

$$\bar{\boldsymbol{S}}=\frac{|\bar{\boldsymbol{E}}|^2}{2\eta}\boldsymbol{k}^0=\frac{E_m^2}{\eta}\boldsymbol{e}_z$$

例 7-4 已知入射波电场为 $\boldsymbol{E}_i(y)=\text{e}^{-\text{j}40\pi y}\boldsymbol{e}_x+\text{j}\text{e}^{-\text{j}40\pi y}\boldsymbol{e}_z$，由真空垂直投射到 $\varepsilon_r=9$，$\mu_r=1$ 的介质面上，如图 7.4(a)所示，求：

(1) 电磁波的频率；

(2) 入射波的磁场强度；

(3) 判断入射电磁波的极化方式；

(4) 反射波的电场强度与极化方式；

(5) 透射波的电场强度与极化方式。

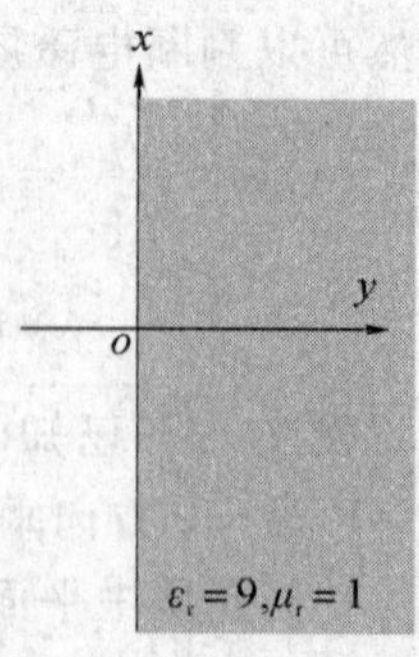

图 7.4(a) 例 7-4 用图

解 (1) 根据 $\boldsymbol{E}_i(y)$ 的表达式，可以知道

$$k_i=40\pi=\frac{2\pi}{\lambda}$$

$$\lambda=\frac{1}{20}\ \text{m}$$

$$f=\frac{c}{\lambda}=\frac{3\times10^8}{0.05}=6\ \text{GHz}$$

(2) $\boldsymbol{H}_{\text{i}}=\frac{1}{\eta_{\text{i}}}\boldsymbol{k}_{\text{i}}^0\times\boldsymbol{E}_{\text{i}}=\frac{1}{120\pi}\boldsymbol{e}_y\times(\text{e}^{-\text{j}40\pi y}\boldsymbol{e}_x+\text{je}^{-\text{j}40\pi y}\boldsymbol{e}_z)$

$$=\frac{1}{120\pi}[(-\boldsymbol{e}_z)+\text{j}\boldsymbol{e}_x]\text{e}^{-\text{j}40\pi y}$$

$$=\frac{1}{120\pi}\left[\cos\left(\omega t-40\pi y+\frac{\pi}{2}\right)\boldsymbol{e}_x-\cos(\omega t-40\pi y)\boldsymbol{e}_z\right]$$

(3) 由入射波电场复数形式可以得到电场的瞬时值

$$\boldsymbol{E}_{\text{i}}(y)=\text{e}^{-\text{j}40\pi y}\boldsymbol{e}_x+\text{je}^{-\text{j}40\pi y}\boldsymbol{e}_z$$

$$\boldsymbol{E}_{\text{i}}(y,t)=\cos(\omega t-40\pi y)\boldsymbol{e}_x+\cos\left(\omega t-40\pi y+\frac{\pi}{2}\right)\boldsymbol{e}_z$$

由上式可以知道，振幅相等，相位相差 $\pi/2$，因此电磁波为圆极化电磁波。

在 $y=0$ 处观察，标出电磁波的传播方向 $\boldsymbol{e}_y$，标出不同时刻的振动方向如图7.4(b)所示，可以判断入射电磁波为右旋圆极化电磁波。

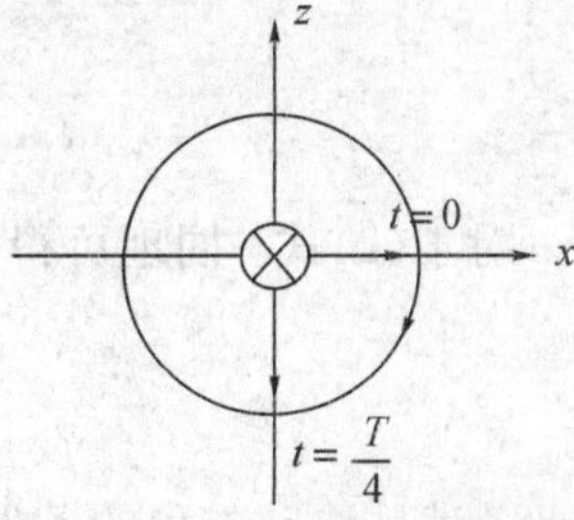

图7.4(b)　例7-4题解用图

(4) 因 $\eta_1=120\pi$，$\eta_2=40\pi$，所以反射系数为

$$r=\frac{\eta_1-\eta_2}{\eta_1+\eta_2}=\frac{40\pi-120\pi}{40\pi+120\pi}=-\frac{1}{2}$$

$$\boldsymbol{E}_r(y)=-\frac{1}{2}(\boldsymbol{e}_x+\text{j}\boldsymbol{e}_z)\text{e}^{+\text{j}40\pi y}$$

可以判断对于反射波(由于反射波为圆极化，且其旋转方向不变，而电磁波的传播方向发生变化，所以很容易判断)，反射波的极化方式为左旋圆极化波。

(5) 因 $t=1+r=\frac{1}{2}$，所以

$$\boldsymbol{E}_{\text{t}}(y)=\frac{1}{2}(\boldsymbol{e}_x+\text{j}\boldsymbol{e}_z)\text{e}^{-\text{j}120\pi y}$$

对于透射波，由于透射波为圆极化，且其旋转方向不变，而且电磁波的传播方向也不变，所以很容易判断透射波的极化方式还是为右旋圆极化波。

7.3　课后题解

7.1　在没有电流、电荷分布的空间，平面电磁波的解为 $\boldsymbol{E}=E_0\text{e}^{-\text{j}\boldsymbol{k}\cdot\boldsymbol{r}}$，$\boldsymbol{H}=H_0\text{e}^{-\text{j}\boldsymbol{k}\cdot\boldsymbol{r}}$，其中 $\boldsymbol{E}_0$、$\boldsymbol{H}_0$、$\boldsymbol{k}$ 都是常矢量。

(1) 验证 $\boldsymbol{E}$、$\boldsymbol{H}$ 满足波动方程的条件是 $c=\frac{\omega}{k}=\frac{1}{\sqrt{\varepsilon\mu}}$。

(2) 验证 $\boldsymbol{E}$、$\boldsymbol{H}$ 满足麦克斯韦方程组散度方程的条件是 $\boldsymbol{k}\cdot\boldsymbol{E}=0$，$\boldsymbol{k}\cdot\boldsymbol{H}=0$。

(3) 由麦克斯韦方程组的旋度方程证明，$\boldsymbol{E}$、$\boldsymbol{B}$ 应该满足的条件是 $\boldsymbol{E}\cdot\boldsymbol{H}=0$。

(4) 讨论 $\boldsymbol{E}$、$\boldsymbol{H}$、$\boldsymbol{k}$ 之间的关系。

解　(1) 假设 $\boldsymbol{E}$、$\boldsymbol{H}$ 满足波动方程：

$$\begin{cases}\nabla^2\boldsymbol{E}-\dfrac{1}{v^2}\dfrac{\partial^2\boldsymbol{E}}{\partial t^2}=0 & (1)\\ \nabla^2\boldsymbol{H}-\dfrac{1}{v^2}\dfrac{\partial^2\boldsymbol{H}}{\partial t^2}=0 & (2)\end{cases}$$

对于(1)式，$\boldsymbol{E}=E_0\mathrm{e}^{-\mathrm{j}\boldsymbol{k}\cdot\boldsymbol{r}}$是它的解。

由已知可以得到

$$\nabla^2\boldsymbol{E}=\nabla^2(E_0\mathrm{e}^{-\mathrm{j}\boldsymbol{k}\cdot\boldsymbol{r}})=k^2\boldsymbol{E}$$

$$\frac{\partial^2\boldsymbol{E}}{\partial t^2}=\omega^2\boldsymbol{E}$$

即

$$k^2\boldsymbol{E}-\frac{\omega^2}{v^2}\boldsymbol{E}=0,\ v=\frac{\omega}{k}$$

故

$$c=\frac{\omega}{k}=\frac{1}{\sqrt{\varepsilon\mu}}$$

对于(2)式，同理可得

$$c=\frac{\omega}{k}=\frac{1}{\sqrt{\varepsilon\mu}}$$

因此，满足波动方程的条件是$c=\dfrac{\omega}{k}=\dfrac{1}{\sqrt{\varepsilon\mu}}$。

(2) $\nabla\cdot\boldsymbol{E}=0\Rightarrow\nabla\cdot(E_0\mathrm{e}^{-\mathrm{j}\boldsymbol{k}\cdot\boldsymbol{r}})=0\Rightarrow-\mathrm{j}\boldsymbol{k}\cdot\boldsymbol{r}=0\Rightarrow\boldsymbol{k}\cdot\boldsymbol{r}=0\Rightarrow\boldsymbol{k}\cdot\boldsymbol{E}=0$

同理对于(2)式，可以得到$\boldsymbol{k}\cdot\boldsymbol{H}=0$。

因此，满足麦克斯韦方程组的散度方程的条件是$\boldsymbol{k}\cdot\boldsymbol{E}=0$，$\boldsymbol{k}\cdot\boldsymbol{H}=0$。

(3) $\nabla\times\boldsymbol{E}=\nabla\times(E_0\mathrm{e}^{-\mathrm{j}\boldsymbol{k}\cdot\boldsymbol{r}})=-\mathrm{j}\boldsymbol{k}\times\boldsymbol{E}=-\mathrm{j}\omega\mu\boldsymbol{H}$

$$\boldsymbol{k}\times\boldsymbol{E}=\omega\mu\boldsymbol{H}$$

$$\boldsymbol{E}\cdot\boldsymbol{H}=\boldsymbol{E}\cdot\left(\frac{1}{\omega\mu}\boldsymbol{k}\times\boldsymbol{E}\right)=0$$

(4) $\boldsymbol{H}=\dfrac{1}{\omega\mu}\boldsymbol{k}\times\boldsymbol{E}$

7.2 已知电磁波电场强度为

$$E_x=0.1\cos\left(\omega t-\frac{\omega}{c}z\right)\quad(\mathrm{mV/m})$$

其中$\omega=2\pi\times10^6$ rad/s。求任一瞬间(如$t=0$)$z=\lambda/8$处的瞬时能流密度向量、平均能流密度向量及能量密度。

解 根据表达式$E_x=0.1\cos\left(\omega t-\dfrac{\omega}{c}z\right)$，可得

$$\begin{cases}c=\dfrac{1}{\sqrt{\varepsilon_0\mu_0}}\\ v_{\mathrm{p}}=\dfrac{\omega}{k}\end{cases}\Rightarrow k=\omega\sqrt{\varepsilon\mu}=\frac{\omega}{c}=\omega\sqrt{\varepsilon_0\mu_0}\Rightarrow\varepsilon_{\mathrm{r}}=1,\ \mu_{\mathrm{r}}=1$$

因为电磁波传播的媒质为真空，所以

$$\eta=\sqrt{\frac{\mu_0}{\varepsilon_0}}=120\pi$$

$$\omega=2\pi\times10^6\ \text{rad/m}$$

电场可以表示为

$$E_x=0.1\cos\left(2\pi\times10^6t-\frac{2\pi}{3\times10^2}z\right)\quad(\text{mV/m})$$

$$\boldsymbol{E}=0.1\cos\left(2\pi\times10^6t-\frac{2\pi}{3\times10^2}z\right)\boldsymbol{e}_x\quad(\text{mV/m})$$

磁场可以表示为

$$\left.\begin{aligned}&\boldsymbol{H}=\frac{1}{\eta}\boldsymbol{k}^0\times\boldsymbol{E}\\&\eta=\sqrt{\frac{\mu_0}{\varepsilon_0}}=120\pi\end{aligned}\right\}\Rightarrow\left\{\begin{aligned}\boldsymbol{H}&=\frac{0.1}{\eta}\cos\left(2\pi\times10^6t-\frac{2\pi}{3\times10^2}z\right)\boldsymbol{e}_y\\&=\frac{1}{1200\pi}\cos\left(2\pi\times10^6t-\frac{2\pi}{3\times10^2}z\right)\boldsymbol{e}_y\quad(\text{mA/m})\end{aligned}\right.$$

瞬时坡印廷矢量和平均能流密度矢量为

$$\boldsymbol{S}=\boldsymbol{E}\times\boldsymbol{H}=\frac{10^{-6}}{12000\pi}\cos^2\left(2\pi\times10^6t-\frac{2\pi}{3\times10^2}z\right)\boldsymbol{e}_z\quad(\text{W/m})$$

$$\dot{\boldsymbol{E}}=0.1\times10^{-3}\,\mathrm{e}^{-\mathrm{j}\frac{2\pi}{3\times10^2}z}\boldsymbol{e}_x\quad(\text{V/m})$$

$$\dot{\boldsymbol{H}}=\frac{10^{-3}}{1200\pi}\mathrm{e}^{-\mathrm{j}\frac{2\pi}{3\times10^2}z}\boldsymbol{e}_y\quad(\text{A/m})$$

$$\bar{\boldsymbol{S}}=\frac{1}{2}\mathrm{Re}(\dot{\boldsymbol{E}}\times\dot{\boldsymbol{H}}^*)=\frac{10^{-6}}{24000\pi}\boldsymbol{e}_z\quad(\text{W/m})$$

任一瞬间，$z=\lambda/8$ 处的瞬时能流密度向量为

$$\boldsymbol{S}\left(\frac{\lambda}{8},0\right)=\frac{10^{-6}}{12000\pi}\cos^2\left(-\frac{\pi}{4}\right)\boldsymbol{e}_z=\frac{1}{24000\pi}\times10^{-6}\ \boldsymbol{e}_z\quad(\text{W/m}^2)$$

任一瞬间，$z=\lambda/8$ 处的平均能流密度矢量为

$$\bar{\boldsymbol{S}}=\frac{10^{-6}}{24000\pi}\boldsymbol{e}_z\quad(\text{W/m})$$

任一瞬间，$z=\lambda/8$ 处的能量密度为

$$w=\frac{1}{2}\varepsilon E^2+\frac{1}{2}\mu H^2=\varepsilon E^2=\mu H^2=0.01\times10^{-6}\varepsilon_0\cos^2\left(-\frac{\pi}{4}\right)\quad(\text{J/m}^3)$$

7.3　均匀平面电磁波 $\boldsymbol{E}(x,t)=100\sin\left(10^8t+\frac{x}{\sqrt{3}}\right)\boldsymbol{e}_z(\text{mV/m})$，$\mu_r=1$。试求：

(1) 传播介质的相对介电常数 ε_r。

(2) 电磁波的传播速度。

(3) 波阻抗 η。

(4) 磁场强度 $\boldsymbol{H}(x,t)$。

(5) 波长。

(6) 平均能流密度。

解　(1) 传播介质的相对介电常数 ε_r：

$$\boldsymbol{k}^0=-\boldsymbol{e}_x$$

$$\omega=10^8$$

因为 $\omega=2\pi f=10^8 \Rightarrow f=\dfrac{10^8}{2\pi}$ Hz，则

$$k=\frac{1}{\sqrt{3}}\Rightarrow\left\{\begin{array}{l}k=\dfrac{2\pi}{\lambda}=\dfrac{1}{\sqrt{3}}\Rightarrow\lambda=2\sqrt{3}\pi \quad (\mathrm{m}) \\ \left.\begin{array}{l}k=\omega\sqrt{\varepsilon\mu}=\omega\sqrt{\varepsilon_r\varepsilon_0\mu_r\mu_0}=\dfrac{1}{\sqrt{3}} \\ \omega=10^8;\ \sqrt{\varepsilon_0\mu_0}=\dfrac{1}{3}\times10^8;\ \mu_r=1\end{array}\right\}\Rightarrow\dfrac{\sqrt{\varepsilon_r}}{3}=\dfrac{1}{\sqrt{3}}\Rightarrow\varepsilon_r=3\end{array}\right.$$

所以

$$\varepsilon_r=3$$

(2) 电磁波的传播速度：

$$v_p=\frac{c}{\sqrt{\varepsilon_r\mu_r}}=\frac{3\times10^8}{\sqrt{3\times1}}=\sqrt{3}\times10^8 \quad (\mathrm{m/s})$$

(3) 波阻抗 η：

$$\eta=\sqrt{\frac{\mu}{\varepsilon}}=\sqrt{\frac{\mu_0}{3\varepsilon_0}}=\sqrt{\frac{4\pi\times10^{-7}}{3\times\dfrac{1}{36\pi}\times10^{-9}}}=40\sqrt{3} \quad (\Omega)$$

(4) 磁场强度 $\boldsymbol{H}(x,t)$：

$$\begin{aligned}\boldsymbol{H}(x,t)&=\frac{1}{\eta}\boldsymbol{k}^0\times\boldsymbol{E}\\&=\frac{1}{\eta}(-\boldsymbol{e}_x)\times\boldsymbol{E}=\frac{1}{40\sqrt{3}\pi}(-\boldsymbol{e}_x)\times100\sin\left(10^8t+\frac{x}{\sqrt{3}}\right)\boldsymbol{e}_z\\&=\boldsymbol{e}_y\,\frac{5}{2\sqrt{3}\pi}\sin\left(10^8t+\frac{x}{\sqrt{3}}\right)\end{aligned}$$

(5) 波长：

$$\lambda=\frac{2\pi}{k}=\frac{2\pi}{\dfrac{1}{\sqrt{3}}}=2\sqrt{3}\pi \quad (\mathrm{m})$$

(6) 平均能流密度：

$$\dot{\boldsymbol{E}}(x)=0.1\mathrm{e}^{\mathrm{j}\left(\frac{x}{\sqrt{3}}-\frac{\pi}{2}\right)}\boldsymbol{e}_z \quad (\mathrm{V/m})$$

$$\dot{\boldsymbol{H}}(\boldsymbol{r})=\frac{0.1}{40\sqrt{3}\pi}\mathrm{e}^{\mathrm{j}\left(\frac{x}{\sqrt{3}}-\frac{\pi}{2}\right)}\boldsymbol{e}_y \quad (\mathrm{A/m})$$

$$\Rightarrow\boldsymbol{S}=\frac{1}{2}\mathrm{Re}[\dot{\boldsymbol{E}}\times\dot{\boldsymbol{H}}^*]=\frac{10^{-2}}{80\sqrt{3}\pi}(-\boldsymbol{e}_x) \quad (\mathrm{W/m^2})$$

7.4 已知电磁波电场强度为

$$\boldsymbol{E}(z,t)=E_0\cos\omega(t-\sqrt{\varepsilon\mu}z)\boldsymbol{e}_x+E_0\sin\omega(t-\sqrt{\varepsilon\mu}z)\boldsymbol{e}_y$$

求磁场强度 $\boldsymbol{H}(z,t)$ 和平均能流密度。

解 显然，波是沿着 $+z$ 方向传播，则

$$\boldsymbol{E}=E_0\cos(\omega t-kz)\boldsymbol{e}_x+E_0\sin(\omega t-kz)\boldsymbol{e}_y$$

$$\begin{aligned}\boldsymbol{H}&=\sqrt{\frac{\varepsilon}{\mu}}\boldsymbol{k}^0\times\boldsymbol{E}=\sqrt{\frac{\varepsilon}{\mu}}\boldsymbol{e}_z\times[E_0\cos(\omega t-kz)\boldsymbol{e}_x+E_0\sin(\omega t-kz)\boldsymbol{e}_y]\\&=\sqrt{\frac{\varepsilon}{\mu}}E_0\cos(\omega t-kz)\boldsymbol{e}_y-\sqrt{\frac{\varepsilon}{\mu}}E_0\sin(\omega t-kz)\boldsymbol{e}_x\end{aligned}$$

$$\bar{S}=\frac{1}{2\eta}|\boldsymbol{E}|^2\boldsymbol{e}_z=\sqrt{\frac{\varepsilon}{\mu}}E_0^2\boldsymbol{e}_z$$

7.5　按照美国的标准，在微波环境中，判断电磁辐射对人体的危害，当功率密度小于 $10\ \mathrm{mW/m^2}$ 时对人体是安全的。分别计算以电场强度和磁场强度表示的相应标准。

解

$$S=\frac{1}{2\eta}|\boldsymbol{E}|^2$$

$$|\boldsymbol{E}|=\sqrt{2\pi S}=\sqrt{2\times120\pi\times10\times10^{-3}}=\sqrt{2.4\pi}$$

$$|H|=\frac{1}{\eta}|E|=\frac{1}{120\pi}\times\sqrt{2.4\pi}$$

7.6　已知在自由空间传播的电磁波电场强度为

$$\boldsymbol{E}=10\sin(6\pi\times10^8t+2\pi z)\boldsymbol{e}_y\quad(\mathrm{mV/m})$$

(1) 该波是不是均匀平面电磁波？

(2) 该波的频率 $f=$？波长 $\lambda=$？相速度 $v_p=$？

(3) 磁场强度 $\boldsymbol{H}=$？

(4) 指出电磁波的传播方向。

解　(1) 是均匀平面电磁波。

(2) 频率、波长和相速分别为

$$\omega=2\pi f\Rightarrow f=\frac{\omega}{2\pi}=3\times10^8\ \mathrm{Hz}$$

$$k=\frac{2\pi}{\lambda}=2\pi\Rightarrow\lambda=1\ \mathrm{m}$$

$$v_p=\frac{\omega}{k}=\frac{6\pi\times10^8}{2\pi}=3\times10^8(\mathrm{m/s})$$

(3) 磁场强度。

因为电磁波沿 $-z$ 方向传播，所以

$$\boldsymbol{H}=\sqrt{\frac{\varepsilon}{\mu}}\boldsymbol{k}^0\times\boldsymbol{E}=\frac{1}{120\pi}(-\boldsymbol{e}_z)\times[10\sin(6\pi\times10^8t+2\pi z)\boldsymbol{e}_y]$$

$$\boldsymbol{H}=\frac{1}{12\pi}\sin(6\pi\times10^8t+2\pi z)\boldsymbol{e}_x\quad(\mathrm{mA/m})$$

(4) 由于 $\boldsymbol{k}^0=-\boldsymbol{e}_z$，因此，电磁波沿 $-z$ 方向传播。

7.7　一个在自由空间传播的均匀平面波，电场强度的复数形式为

$$\boldsymbol{E}(z)=10^{-4}\mathrm{e}^{-\mathrm{j}20\pi z}\boldsymbol{e}_x+10^{-4}\mathrm{e}^{-\mathrm{j}\left(20\pi z-\frac{\pi}{2}\right)}\boldsymbol{e}_y\quad(\mathrm{V/m})$$

试求：

(1) 电磁波的传播方向；

(2) 电磁波的频率；

(3) 电磁波的极化方式；

(4) 沿传播方向单位面积流过的平均功率。

解　(1) 沿 $+z$ 方向传播。

(2) $\lambda=\dfrac{2\pi}{k}=\dfrac{2\pi}{20\pi}=0.1\ \mathrm{m}$

$$f=\frac{v}{\lambda}=\frac{c}{\lambda}=3\times10^{9}\ \text{Hz}$$

(3) $\boldsymbol{E}(z,t)=10^{-4}\cos(\omega t-20\pi z)\boldsymbol{e}_x+10^{-4}\cos\left(\omega t-20\pi z+\dfrac{\pi}{2}\right)\boldsymbol{e}_y$

在 $z=0$ 处观察可知

$$\boldsymbol{E}(0,t)=10^{-4}\cos(\omega t)\boldsymbol{e}_x+10^{-4}\cos\left(\omega t+\frac{\pi}{2}\right)\boldsymbol{e}_y$$

其中

$$\begin{cases}E_x=10^{-4}\cos\omega t\\ E_y=10^{-4}\cos\left(\omega t+\dfrac{\pi}{2}\right)\end{cases}$$

因此，该电磁波是左旋圆极化圆。

(4) $\eta=\sqrt{\dfrac{\mu_0}{\varepsilon_0}}=120\pi$

$$\boldsymbol{S}=\frac{1}{2\eta}|\boldsymbol{E}|^2=\frac{1}{2\times120\pi}\times2\times10^{-8}\boldsymbol{e}_z=2.65\times10^{-11}\ \text{W/m}^2$$

7.8 设湿土的 $\sigma=0.001$ S/m，$\varepsilon_r=10$，试求频率为 1 MHz 和 10 MHz 的电磁波进入土壤后的传播速度及波长和振幅衰减10^{-6}的距离。

解 $$\frac{\sigma}{\omega\varepsilon}=\frac{\sigma}{2\pi f\cdot\varepsilon_0\varepsilon_r}=\frac{0.001}{2\pi f\cdot10\cdot\dfrac{1}{36\pi}\times10^{-9}}=\frac{1}{f}\times1.8\times10^{5}$$

由此可见：

当 $f\leqslant1.8\times10^5$ Hz 时，满足$\dfrac{\sigma}{\omega\varepsilon}\geqslant1$，湿土可视为良导体；

当 $f\geqslant1.8\times10^7$ Hz 时，$\dfrac{\sigma}{\omega\varepsilon}\geqslant1$，湿土可视为低耗媒质；

当 1.8×10^5 Hz$\leqslant f\leqslant1.8\times10^7$ Hz 时，湿土可视为一般损耗媒质。

当 $f=1$ MHz 时，湿土为一般损耗媒质，对于一般损耗媒质：

$$\begin{cases}\beta=\omega\sqrt{\varepsilon\mu}\left\{\dfrac{1}{2}\left[\sqrt{1+\left(\dfrac{\sigma}{\omega\varepsilon}\right)^2}+1\right]\right\}^{\frac{1}{2}}\\ \alpha=\omega\sqrt{\varepsilon\mu}\left\{\dfrac{1}{2}\left[\sqrt{1+\left(\dfrac{\sigma}{\omega\varepsilon}\right)^2}-1\right]\right\}^{\frac{1}{2}}\end{cases}$$

$$\begin{cases}\beta=2\pi f\sqrt{\varepsilon_0\varepsilon_r\mu_0}\left\{\dfrac{1}{2}\left[\sqrt{1+\left(\dfrac{\sigma}{2\pi f\varepsilon_0\varepsilon_r}\right)^2}+1\right]\right\}^{\frac{1}{2}}\\ \alpha=2\pi f\sqrt{\varepsilon_0\varepsilon_r\mu_0}\left\{\dfrac{1}{2}\left[\sqrt{1+\left(\dfrac{\sigma}{2\pi f\varepsilon_0\varepsilon_r}\right)^2}-1\right]\right\}^{\frac{1}{2}}\end{cases}$$

$$\begin{cases}\beta\approx0.081869\ \text{rad/m}\\ \alpha\approx0.0481723\ \text{Np/m}\end{cases}$$

$$v_p=\frac{1}{\sqrt{\varepsilon\mu}}=0.95\times10^{8}(\text{m/s})$$

$$\lambda=\frac{2\pi}{\beta}=0.01304\ \text{m}$$

当 $f=10$ MHz$=10^7$ Hz时，

$$\frac{\sigma}{\omega\varepsilon}=0.18$$

近似看为低耗媒质

$$\begin{cases}\beta\approx\omega\sqrt{\varepsilon\mu}\\ \alpha\approx\dfrac{\sigma}{2}\sqrt{\dfrac{\mu}{\varepsilon}}\end{cases}$$

$$\begin{cases}\beta=2\pi\times10^7\times\sqrt{10}\times\dfrac{1}{3\times10^8}\approx0.66\ \text{rad/m}\\ \alpha=\dfrac{0.001}{2}\sqrt{\dfrac{\mu_0}{10\varepsilon_0}}=0.0005\times\dfrac{1}{\sqrt{10}}\times120\pi\approx0.06\ \text{Np/m}\end{cases}$$

$$v_p=\frac{\omega}{\beta}=\frac{2\pi f}{\beta}=0.767\times10^8\quad(\text{m/s})$$

$$\lambda=\frac{2\pi}{\beta}=\frac{2\pi}{0.66}\approx9.515\ \text{m}$$

7.9 设海水的 $\sigma=4$ S/m，$\varepsilon_r=80$，$\mu_r=1$，现在有一单色平面波在其中沿 z 方向传播，已知此波的磁场强度在 $z=0$ 处为

$$H_y=0.1\sin(10^{10}\pi t-60^\circ)\quad(\text{A/m})$$

试求：(1) 衰减常数、相位常数、波阻抗、波长和趋肤深度；

(2) $\boldsymbol{H}$ 振幅为 0.01 A/m 时的位置；

(3) $z=0.5$ m 处电场和磁场的瞬时表达式。

解 (1) $\omega=10^{10}\pi$

$$\frac{\sigma}{\omega\varepsilon}=\frac{4}{10^{10}\pi\times80\times\dfrac{1}{36\pi}\times10^{-9}}=0.18$$

因此海水为非良导体。

$$\begin{cases}\alpha=\dfrac{\sigma}{2}\sqrt{\dfrac{\mu}{\varepsilon}}\\ \beta=\omega\sqrt{\varepsilon\mu}\end{cases}$$

$$\alpha=\frac{4}{2}\sqrt{\frac{\mu_0}{80\varepsilon_0}}=2\cdot\frac{1}{4\sqrt{5}}\cdot120\pi=\frac{60}{\sqrt{5}}\pi\ \text{Np/m}$$

$$\beta=\omega\sqrt{\varepsilon\mu}=10^{10}\pi\sqrt{\varepsilon_0\mu_0}\sqrt{\varepsilon_r\mu_r}=\frac{10^{10}\pi}{c}\times\sqrt{\varepsilon_r\mu_r}=\frac{400\pi\sqrt{5}}{3}\ \text{rad/m}$$

$$\eta=\sqrt{\frac{\mu}{\varepsilon}}=\sqrt{\frac{\mu_0}{80\varepsilon_0}}=\frac{1}{4\sqrt{5}}\cdot120\pi=6\sqrt{5}\pi\ \Omega$$

$$v_p=\frac{1}{\sqrt{\varepsilon\mu}}=\frac{1}{\sqrt{80\varepsilon_0\mu_0}}=\frac{1}{4\sqrt{5}}\cdot3\times10^8=\frac{3\sqrt{5}}{20}\times10^8\ \text{m/s}$$

$$\lambda=\frac{v_p}{f}=\frac{3\sqrt{5}\times10^7}{2}\times\frac{2\pi}{10^{10}\pi}=3\sqrt{5}\times10^{-3}\ \text{m}$$

$$\delta=\frac{1}{\alpha}=\frac{1}{12\sqrt{5}\pi}\approx0.012\ \text{m}$$

(2) 磁场的瞬时表达式为

$$H_y=0.1\mathrm{e}^{-\alpha z}\sin(10^{10}\pi t-\beta z-60°)\boldsymbol{e}_y$$

其中振幅项为 $0.1\mathrm{e}^{-\alpha z}$。

由 $0.1\mathrm{e}^{-\alpha z}=0.01\Rightarrow z=-\dfrac{1}{\alpha}\ln 0.1\approx 0.027\ \mathrm{m}$，即波衰减$\dfrac{1}{10}$的位置。

(3) 由 $\boldsymbol{E}=\eta\boldsymbol{H}\times\boldsymbol{k}_0$ 可得

$$\begin{aligned}\boldsymbol{E}&=42.13\times 0.1\mathrm{e}^{-84.26z}\sin\left(10^{10}\pi t-\frac{400\pi\sqrt{5}}{3}z-60°\right)\boldsymbol{e}_y\times\boldsymbol{e}_z\\&=4.213\mathrm{e}^{-84.26z}\sin\left(10^{10}\pi t-\frac{400\pi\sqrt{5}}{3}z-60°\right)\boldsymbol{e}_x\quad(\mathrm{V/m})\end{aligned}$$

在 $z=0.5$ m 处，

$$\boldsymbol{E}=4.213\mathrm{e}^{-84.26\times 0.5}\sin\left(10^{10}\pi t-\frac{200\pi\sqrt{5}}{3}-60°\right)\boldsymbol{e}_x$$

$$\boldsymbol{H}=0.1\mathrm{e}^{-84.26\times 0.5}\sin\left(10^{10}\pi t-\frac{200\pi\sqrt{5}}{3}-60°\right)\boldsymbol{e}_y\quad(\mathrm{A/m})$$

7.10 已知在 100 MHz 时石墨的趋肤深度为 0.16 mm，试求：

(1) 石墨的电导率。

(2) $f=10^9$ Hz 时波在石墨中传播多少距离其振幅衰减了 30 dB。

解 (1) $\alpha=\beta=\sqrt{\dfrac{\omega\mu\sigma}{2}}\Rightarrow\delta=\sqrt{\dfrac{2}{\omega\mu\sigma}}$

$$\Rightarrow\sigma=\frac{2}{\omega\mu\delta^2}=\frac{1}{\pi f\mu_0\delta^2}=\frac{1}{\pi\times 10^8\times 4\pi\times 10^{-7}\times(0.16\times 10^{-3})^2}=1\times 10^5\quad(\mathrm{s/m})$$

(2) 当 $f=10^9$ Hz 时，

$$\frac{\sigma}{\omega\varepsilon}\gg 1$$

此时石墨可视为良导体。

$$\alpha=\sqrt{\pi f\mu\sigma}\approx 1.721\ \mathrm{dB/m}$$

要求

$$20\lg\mathrm{e}^{-\alpha z}=-30\ \mathrm{dB}$$

则

$$z=\frac{1.5}{\alpha\lg\mathrm{e}}=1.75\times 10^{-4}\ \mathrm{m}$$

7.11 判断下列各电磁波表达式中电磁波的传播方向和极化方式：

(1) $\boldsymbol{E}=\mathrm{j}E_1\mathrm{e}^{\mathrm{j}kz}\boldsymbol{e}_x+\mathrm{j}E_1\mathrm{e}^{\mathrm{j}kz}\boldsymbol{e}_y$；

(2) $\boldsymbol{H}=H_1\mathrm{e}^{-\mathrm{j}kx}\boldsymbol{e}_y+H_2\mathrm{e}^{-\mathrm{j}kx}\boldsymbol{e}_z(H_1\neq H_2\neq 0)$；

(3) $\boldsymbol{E}=(E_0\boldsymbol{e}_x+AE_0\mathrm{e}^{\mathrm{j}\varphi}\boldsymbol{e}_y)\mathrm{e}^{-\mathrm{j}kz}$（$A$ 为常数，$\varphi\neq 0$ 且 $\varphi\neq\pm\pi$）；

(4) $\boldsymbol{E}=(E_0\boldsymbol{e}_x-\mathrm{j}E_0\boldsymbol{e}_y)\mathrm{e}^{-\mathrm{j}kz}$；

(5) $\boldsymbol{H}=\dfrac{E_\mathrm{m}}{\eta}\mathrm{e}^{-\mathrm{j}ky}\boldsymbol{e}_x+\mathrm{j}\dfrac{E_\mathrm{m}}{\eta}\mathrm{e}^{-\mathrm{j}ky}\boldsymbol{e}_z$。

解 (1) 沿 $-z$ 轴传播，线极化。

(2) 沿 $+x$ 轴传播，线极化。

(3) 沿 $+z$ 轴传播，椭圆极化。

(4) 沿 $+z$ 轴传播，右旋圆极化。

(5) 沿 $+y$ 轴传播，右旋圆极化。

7.12　证明圆极化波携带的平均能流密度是等幅线极化波的两倍。

证明　设圆极化

$$\boldsymbol{E}=E_{\mathrm{m}}\mathrm{e}^{-\mathrm{j}kz}\boldsymbol{e}_x+\mathrm{j}E_{\mathrm{m}}\mathrm{e}^{-\mathrm{j}kz}\boldsymbol{e}_y$$

$$\overline{S}=\frac{1}{2\eta}2E_{\mathrm{m}}^2\boldsymbol{e}_z=\frac{E_{\mathrm{m}}^2}{\eta}\boldsymbol{e}_z$$

而圆极化恰好又可分为两个等幅线极化：

$$\boldsymbol{E}_1=E_{\mathrm{m}}\mathrm{e}^{-\mathrm{j}kz}\boldsymbol{e}_x$$

$$\boldsymbol{E}_2=\mathrm{j}E_{\mathrm{m}}\mathrm{e}^{-\mathrm{j}kz}\boldsymbol{e}_y$$

而

$$\overline{\boldsymbol{S}_1}=\overline{\boldsymbol{S}_2}=\frac{1}{2\eta}E_{\mathrm{m}}^2\boldsymbol{e}_z$$

证毕。

7.13　证明椭圆极化波可以分解为两个旋转方向相反的振幅不相等的圆极化波。

证明　设椭圆极化波电场为

$$\boldsymbol{E}=(\boldsymbol{e}_xE_x+\mathrm{j}\boldsymbol{e}_yE_y)\mathrm{e}^{-\mathrm{j}\beta z}=(\boldsymbol{E}_1+\boldsymbol{E}_2)\quad(\mathrm{V/m})$$

取

$$\boldsymbol{E}_1=\frac{1}{2}[\boldsymbol{e}_x(E_x+E_y)+\mathrm{j}\boldsymbol{e}_y(E_x+E_y)]\mathrm{e}^{-\mathrm{j}\beta z}$$

$$\boldsymbol{E}_2=\frac{1}{2}[\boldsymbol{e}_x(E_x-E_y)-\mathrm{j}\boldsymbol{e}_y(E_x-E_y)]\mathrm{e}^{-\mathrm{j}\beta z}$$

可见 $\boldsymbol{E}_1$ 和 $\boldsymbol{E}_2$ 分别是沿 $+z$ 方向传播的左旋圆极化和右旋圆极化电磁波。

7.14　圆极化的均匀平面电磁波，其电场强度为

$$\boldsymbol{E}=E_0(\boldsymbol{e}_x+\mathrm{j}\boldsymbol{e}_y)\mathrm{e}^{-\mathrm{j}\beta z}$$

垂直入射到 $z=0$ 处的理想导电平面，试求：

(1) 反射波电场表达式。

(2) 合成波电场表达式。

(3) 合成波沿 z 方向传播的平均功率流密度。

解　(1) 因为入射到导体表面，所以 $t=0$，$r=-1$，因此

$$\boldsymbol{E}_{\mathrm{r}}=-E_0(\boldsymbol{e}_x+\mathrm{j}\boldsymbol{e}_y)\mathrm{e}^{+\mathrm{j}\beta z}$$

(2) $$\begin{aligned}\boldsymbol{E}&=\boldsymbol{E}_{\mathrm{i}}+\boldsymbol{E}_{\mathrm{r}}=E_0(\boldsymbol{e}_x+\mathrm{j}\boldsymbol{e}_y)\mathrm{e}^{-\mathrm{j}\beta z}-E_0(\boldsymbol{e}_x+\mathrm{j}\boldsymbol{e}_y)\mathrm{e}^{+\mathrm{j}\beta z}\\&=E_0(\mathrm{e}^{-\mathrm{j}\beta z}-\mathrm{e}^{+\mathrm{j}\beta z})\boldsymbol{e}_x+\mathrm{j}E_0(\mathrm{e}^{-\mathrm{j}\beta z}-\mathrm{e}^{+\mathrm{j}\beta z})\boldsymbol{e}_y\end{aligned}$$

(3) $\overline{S}=\dfrac{1}{2\eta}|\boldsymbol{E}|^2=0$

7.15　在什么条件下，垂直入射到两种非导电媒质界面上的均匀平面电磁波的反射系数和透射系数大小相等？

解

$$r=\frac{\eta_2-\eta_1}{\eta_2+\eta_1},\quad t=\frac{2\eta_2}{\eta_2+\eta_1}$$

$$r=t$$

则

$$\eta_2-\eta_1=2\eta_2 \Rightarrow \eta_1=-\eta_2$$

7.16 均匀平面电磁波 $f=10^6$ Hz，垂直入射到平静的湖面上，计算透射功率占入射功率的百分比。

解 (1) 反射系数与透射系数的定义为

$$r=\frac{|\boldsymbol{E}_r|}{|\boldsymbol{E}_i|}=\frac{E_r}{E_i},\quad t=\frac{|\boldsymbol{E}_t|}{|\boldsymbol{E}_i|}=\frac{E_t}{E_i}$$

(2) 对于保持电场矢量方向不变情况下的垂直入射

$$r=\frac{\eta_2-\eta_1}{\eta_2+\eta_1}\qquad t=\frac{2\eta_2}{\eta_2+\eta_1}\quad \text{且 } t=1+r$$

$$\begin{cases}\eta_1=\sqrt{\dfrac{\mu_0}{\varepsilon_0}}=120\pi\\[2ex] \eta_2=\sqrt{\dfrac{\mu_0}{\varepsilon_0}}\sqrt{\dfrac{\mu_r}{\varepsilon_r}}=120\pi\times\sqrt{\dfrac{1}{80}}\end{cases}\Rightarrow\begin{cases}r=\dfrac{\eta_2-\eta_1}{\eta_2+\eta_1}\approx-0.8\\[2ex] t=\dfrac{2\eta_2}{\eta_2+\eta_1}\approx0.2\end{cases}$$

$$\begin{cases}|\bar{\boldsymbol{S}}_i|=\dfrac{1}{2\eta_1}|\boldsymbol{E}_i|^2\\[2ex] |\bar{\boldsymbol{S}}_r|=\dfrac{1}{2\eta_1}|\boldsymbol{E}_r|^2\\[2ex] |\bar{\boldsymbol{S}}_t|=\dfrac{1}{2\eta_2}|\boldsymbol{E}_t|^2\end{cases}\Rightarrow\begin{cases}\dfrac{|\bar{\boldsymbol{S}}_r|}{|\bar{\boldsymbol{S}}_i|}=\dfrac{\dfrac{1}{2\eta_1}|\boldsymbol{E}_r|^2}{\dfrac{1}{2\eta_1}|\boldsymbol{E}_i|^2}=r^2\approx0.64=64\%\\[4ex] \dfrac{|\bar{\boldsymbol{S}}_t|}{|\bar{\boldsymbol{S}}_i|}=\dfrac{\dfrac{1}{2\eta_2}|\boldsymbol{E}_t|^2}{\dfrac{1}{2\eta_1}|\boldsymbol{E}_i|^2}=\dfrac{\eta_1}{\eta_2}t^2\approx0.36=36\%\end{cases}$$

7.17 一右旋圆极化波垂直投射到 $z=0$ 的理想导电板上，其电场可表示为

$$\boldsymbol{E}=E_0(\boldsymbol{e}_x-\mathrm{j}\boldsymbol{e}_y)\mathrm{e}^{-\mathrm{j}kz}$$

(1) 确定反射波的极化方式；

(2) 求板上的感应电流。

解 (1) 因为入射到导体上，所以 $r=-1$，$t=0$，故

$$\boldsymbol{E}_r=-E_0(\boldsymbol{e}_x-\mathrm{j}\boldsymbol{e}_y)\mathrm{e}^{+\mathrm{j}kz}$$

因此右旋圆极化波在理想导电板上的反射波为左旋圆极化电磁波。

(2) 导体板上的感应电流。

$$\boldsymbol{J}_S=\boldsymbol{e}_n\times\dot{\boldsymbol{H}}\big|_{z=0}$$

入射波磁场与反射波磁场为

$$\boldsymbol{H}_i=\frac{1}{\eta}\boldsymbol{e}_z\times E_0(\boldsymbol{e}_x-\mathrm{j}\boldsymbol{e}_y)\mathrm{e}^{-\mathrm{j}kz}=\frac{1}{\eta}(E_0\boldsymbol{e}_y+\mathrm{j}E_0\boldsymbol{e}_x)\mathrm{e}^{-\mathrm{j}kz}$$

$$\boldsymbol{H}_r=\frac{1}{\eta}(-\boldsymbol{e}_z)\times(-E_0)(\boldsymbol{e}_x-\mathrm{j}\boldsymbol{e}_y)\mathrm{e}^{\mathrm{j}kz}=\frac{1}{\eta}(E_0\boldsymbol{e}_y+\mathrm{j}E_0\boldsymbol{e}_x)\mathrm{e}^{\mathrm{j}kz}$$

$$\boldsymbol{H}_1=\boldsymbol{H}_i+\boldsymbol{H}_r=\frac{2E_0}{\eta}\cos kz(\boldsymbol{e}_y+\mathrm{j}\boldsymbol{e}_x)$$

$$\dot{\boldsymbol{J}}_s=(\boldsymbol{e}_z)\times\boldsymbol{H}_1\big|_{z=0}=\frac{2E_0}{\eta}\cos kz(\boldsymbol{e}_y+\mathrm{j}\boldsymbol{e}_x)\Big|_{z=0}=\frac{2E_0}{\eta}(\boldsymbol{e}_y+\mathrm{j}\boldsymbol{e}_x)$$

所以瞬时形式的 $\boldsymbol{J}_S=\dfrac{2E_0}{\eta}(\cos\omega t\boldsymbol{e}_y-\sin\omega t\boldsymbol{e}_x)$。

7.18 一均匀平面电磁波由空气入射至 $z=0$ 的理想导体平面上，其电场强度表达

式为

$$\boldsymbol{E}_{\mathrm{i}}=10\mathrm{e}^{-\mathrm{j}(6x+8z)}\boldsymbol{e}_y$$

试求：

(1) 波的频率和波长；

(2) 写出 $\boldsymbol{E}_{\mathrm{i}}(x,z,t)$ 和 $\boldsymbol{H}_{\mathrm{i}}(x,z,t)$；

(3) 入射角；

(4) 反射波 $\boldsymbol{E}_{\mathrm{r}}(x,z,t)$ 和 $\boldsymbol{H}_{\mathrm{r}}(x,z,t)$；

(5) 总的电场和磁场。

解　(1) $\boldsymbol{k}=6\boldsymbol{e}_x+8\boldsymbol{e}_y$，$k_x=6$，$k_z=8$，所以 $k=10$。

$$k=\omega\sqrt{\varepsilon_0\mu_0}\Rightarrow\omega=\frac{k}{\sqrt{\varepsilon_0\mu_0}}=10\times3\times10^8=3\times10^9\ \mathrm{rad/s}$$

$$\lambda=\frac{2\pi}{k}=\frac{2\pi}{10}=\frac{\pi}{5}=0.628\ \mathrm{m}$$

$$\left.\begin{array}{l}v=c=3\times10^8\\ f=\dfrac{v}{\lambda}\end{array}\right\}\Rightarrow f=\frac{3\times10^8}{0.2\pi}=447.46\ \mathrm{MHz}\Rightarrow\omega=3\times10^9\ \mathrm{rad/m}$$

(2) $\boldsymbol{E}(x,z,t)=10\cos[wt-(6x+8z)]\boldsymbol{e}_y=10\cos[3\times10^9t-6x-8z]\boldsymbol{e}_y\quad(\mathrm{V/m})$

$$\boldsymbol{H}_{\mathrm{i}}=\frac{1}{\eta}\boldsymbol{k}_{\mathrm{i}}\times\boldsymbol{E}_{\mathrm{i}}=\frac{1}{120\pi}(0.6\boldsymbol{e}_x+0.8\boldsymbol{e}_z)\times(10\cos(wt-6x-8z)\boldsymbol{e}_y)$$

$$=\frac{1}{120\pi}(6\boldsymbol{e}_z-8\boldsymbol{e}_x)\cos(3\times10^9t-6x-8z)$$

(3) 入射角 $\theta_{\mathrm{i}}=\arctan\dfrac{6}{8}\approx37^\circ$

(4) 当入射到导体表面时，垂直极化波入射到理想导体表面，因为 $r=-1$，$t=0$，所以反射波的传播方向 $k_{\mathrm{r}}^0=0.6\boldsymbol{e}_x-0.8\boldsymbol{e}_z$。

$$\boldsymbol{E}_{\mathrm{r}}(x,y,t)=-10\cos(wt-6x+8z)\boldsymbol{e}_y$$

$$\boldsymbol{H}_{\mathrm{r}}=\frac{1}{\eta}\boldsymbol{k}_{\mathrm{r}}^0\times\boldsymbol{E}_{\mathrm{r}}=\frac{1}{120\pi}(0.6\boldsymbol{e}_x-0.8\boldsymbol{e}_z)\times(-10\cos(wt-6x+8z)\boldsymbol{e}_y)$$

$$=\frac{1}{120\pi}(-6\boldsymbol{e}_z-8\boldsymbol{e}_x)\cos(3\times10^9t-6x+8z)$$

(5) 入射区合成电场与磁场：

$$\dot{\boldsymbol{E}}_1=\dot{\boldsymbol{E}}_{\mathrm{i}}+\dot{\boldsymbol{E}}_{\mathrm{r}}=10\mathrm{e}^{-\mathrm{j}(6x+8z)}\boldsymbol{e}_y-10\mathrm{e}^{-\mathrm{j}(6x-8z)}\boldsymbol{e}_y=20\sin(8z)^{-\mathrm{j}\left(6x+\frac{\pi}{2}\right)}\boldsymbol{e}_y$$

$$\boldsymbol{E}_1=20\sin(8z)\sin(wt-6x)\boldsymbol{e}_y$$

$$\boldsymbol{H}_1=\boldsymbol{H}_{\mathrm{i}}+\boldsymbol{H}_{\mathrm{r}}=\frac{1}{120\pi}(6\boldsymbol{e}_z-8\boldsymbol{e}_x)\cos(3\times10^9t-6x-8z)$$

$$+\frac{1}{120\pi}(-6\boldsymbol{e}_z-8\boldsymbol{e}_x)\cos(3\times10^9t-6x+8z)$$

$$=\frac{\sin8z}{10\pi}\sin(wt-6x)\boldsymbol{e}_z-\frac{2\cos8z}{15\pi}\cos(wt-6x)\boldsymbol{e}_x$$

7.19　频率为 50 MHz 的均匀平面电磁波在媒质($\varepsilon_{\mathrm{r}}=16$，$\mu_{\mathrm{r}}=1$，$\sigma=0.02$ S/m)中传播，垂直入射到另一媒质($\varepsilon_{\mathrm{r}}=25$，$\mu_{\mathrm{r}}=1$，$\sigma=0.2$ S/m)表面，若分界面处入射波电场强度的振幅为 10 V/m，求透射波的平均功率密度。

解
$$\eta_1=\sqrt{\frac{\mu}{\varepsilon}}=\sqrt{\frac{\mu_0}{16\varepsilon_0}}=\frac{1}{4}\cdot 120\pi=30\pi$$

$$\eta_2=\frac{1}{5}\cdot 120\pi=25\pi$$

$$t=\frac{2\eta_2}{\eta_1+\eta_2}=\frac{50\pi}{55\pi}=\frac{10}{11}$$

$$|\boldsymbol{E}_t|=t|\boldsymbol{E}_i|=\frac{10}{11}\times 10=\frac{100}{11}$$

$$\overline{S}=\frac{1}{2\eta_2}\cdot|\boldsymbol{E}_t|^2=\frac{1}{50\pi}\cdot\frac{100^2}{11^2}=\frac{200}{121\pi}$$

7.20 在玻璃($\varepsilon_r=4$，$\mu_r=1$)上涂一种透明的介质膜以消除红外线($\lambda_0=0.75\ \mu m$)的反射。

试求：(1) 介质膜应有的介电常数和厚度；

(2) 若紫外线 $\lambda=0.42\ \mu m$，垂直照射到涂有介质膜的玻璃上，则反射功率占入射功率的百分比是多少？

解 (1) 介质膜的介电常数：
$$\varepsilon_2=\sqrt{\varepsilon_1\varepsilon_3}=\sqrt{\varepsilon_0\cdot 4\varepsilon_0}=2\varepsilon_0$$

设介质膜厚度为 d。在真空中光速为 c，折射率为
$$n_G=\sqrt{\varepsilon_r}=2$$

正入射时，即 $n=\sqrt{n_0 n_G}$ 时，介质膜起到了全透作用，此时
$$n=\sqrt{n_0 n_G}=\sqrt{1.0\times 2}=1.414$$

正入射时的介质膜厚度最薄，其厚度为
$$d=\frac{\lambda_0}{4n}=\frac{0.75}{4\sqrt{2}}=\frac{3}{16\sqrt{2}}\ \mu m$$

(2) 当紫外线($\lambda=0.42\ \mu m$)垂直照射时，反射功率占入射功率的百分比为
$$R=\frac{(n_0-n_G)^2\cos^2\left(\frac{2\pi nh}{\lambda}\right)+\left(\frac{n_0 n_G}{n}-n\right)^2\sin^2\left(\frac{2\pi nh}{\lambda}\right)}{(n_0+n_G)^2\cos^2\left(\frac{2\pi nh}{\lambda}\right)+\left(\frac{n_0 n_G}{n}+n\right)^2\sin^2\left(\frac{2\pi nh}{\lambda}\right)}$$

$$=\frac{(n_0-n_G)^2\cos^2\left(\frac{2\pi nh}{\lambda}\right)}{(n_0+n_G)^2\cos^2\left(\frac{2\pi nh}{\lambda}\right)+\left(\frac{n_0 n_G}{n}+n\right)^2\sin^2\left(\frac{2\pi nh}{\lambda}\right)}$$

$$=10.67\%$$

7.21 最简单的天线罩是单层介质板，若已知介质板 $\varepsilon_r=2.8$，试问：

(1) 介质板为多厚时才能使 $f=3$ GHz 的电磁波无反射？

(2) 当功率为 $f=3.1$ GHz 时反射系数的模值为多少？

解 (1) $z=-d$ 处的总场波阻抗
$$Z(-d)=\eta\frac{\eta_0\cos\beta d+\mathrm{j}\eta\sin\beta d}{\eta\cos\beta d+\mathrm{j}\eta_0\sin\beta d}$$

欲使 $Z(-d)=\eta_0$，必须 $\beta d=\pi$，则

$$d=\frac{\pi}{\beta}=\frac{\lambda}{2}=\frac{1}{2}\frac{\lambda_0}{\sqrt{\varepsilon_r}}=\frac{1}{2}\frac{0.1}{\sqrt{2.8}}=0.03\ \text{m}$$

即介质板厚度为$\frac{\lambda}{2}=0.03$ m时，对于3 GHz的电磁波没有反射。

(2) 当$f=3.1$ GHz时，有

$$\beta=\omega\sqrt{\mu_0\varepsilon}=2\pi\times 3.1\times 10^9\sqrt{\mu_0\times 2.8\varepsilon_0}=34.5\pi$$

$$\beta d=34.5\pi\times 0.03=1.035\pi$$

$$\cos\beta d=-0.99$$

$$\sin\beta d=-0.11$$

而

$$\eta=\sqrt{\frac{\mu_0}{\varepsilon}}=\sqrt{\frac{\mu_0}{2.8\varepsilon_0}}=\frac{1}{1.67}\eta_0$$

此时$z=-d$处的总场波阻抗为

$$Z(-d)=\eta\frac{\eta_0\cos\beta d+\mathrm{j}\eta\sin\beta d}{\eta\cos\beta d+\mathrm{j}\eta_0\sin\beta d}$$

$$=\frac{1}{1.67}\eta_0\frac{-0.99-\mathrm{j}\frac{1}{1.67}0.11}{-\frac{1}{1.67}0.99-\mathrm{j}0.11}=(0.983-\mathrm{j}0.116)\eta_0$$

$Z=-d$处的反射系数

$$|\rho(-d)|=\left|\frac{Z(-d)-\eta_0}{Z(-d)+\eta_0}\right|=\left|\frac{(0.983-\mathrm{j}0.116)-1}{(0.983-\mathrm{j}0.116)+1}\right|=\left|\frac{-\mathrm{j}0.116}{1.983-\mathrm{j}0.116}\right|\approx 0.058$$

即当频率偏移到3.1 GHz时，反射系数模值为0.058。

7.22 自由空间传播的均匀平面电磁波的电场强度为$\boldsymbol{E}=377\mathrm{e}^{-\mathrm{j}(0.866x+0.5y)}\boldsymbol{e}_z$，它以与分界面法向夹角为30°的角度入射到介质($\varepsilon_r=9$)上。试求：

(1) 波的频率；

(2) 两种媒质中的电场和磁场；

(3) 介质中的平均能流密度。

解 (1) 由$k_x=0.866$，$k_y=0.5$，可求得

$$k=\sqrt{k_x^2+k_y^2}=1$$

$$k=\omega\sqrt{\varepsilon_0\mu_0}\Rightarrow\omega=\frac{k}{\sqrt{\varepsilon_0\mu_0}}=2\pi f$$

$$\Rightarrow f=\frac{k}{2\pi\sqrt{\varepsilon_0\mu_0}}=\frac{1}{2\pi}\cdot 1\cdot 3\times 10^8=\frac{3}{2\pi}\times 10^8\ \text{Hz}$$

(2) 在自由空间中

$$\boldsymbol{E}_\mathrm{i}=377\mathrm{e}^{-\mathrm{j}(0.866x+0.5y)}\boldsymbol{e}_z$$

$$\boldsymbol{H}_\mathrm{i}=\frac{1}{\omega\mu}\boldsymbol{k}\times\boldsymbol{E}=\frac{1}{\omega\mu}(0.866\boldsymbol{e}_x+0.5\boldsymbol{e}_y)\times 377\mathrm{e}^{-\mathrm{j}k}$$

$$=0.25\mathrm{e}^{-\mathrm{j}(0.866x+0.5y)}\boldsymbol{e}_x-0.433\mathrm{e}^{-\mathrm{j}(0.866x+0.5y)}\boldsymbol{e}_y$$

$$\eta_1=\sqrt{\frac{\mu_0}{\varepsilon_0}}=120\pi\ \Omega$$

$$\eta_2=\sqrt{\frac{\mu_0}{\varepsilon_r\varepsilon_0}}=\sqrt{\frac{1}{9}}\times120\pi=\frac{\eta_1}{3}$$

由

$$\frac{\sin\theta_i}{\sin\theta_t}=\sqrt{\frac{\varepsilon_r\varepsilon_0\mu_0}{\varepsilon_0\mu_0}}=3$$

$\theta_i=30°$，可以得到 $\theta_t=9.6°$。

$$r_{\perp}=\frac{\eta_2\cos\theta_i-\eta_1\cos\theta_t}{\eta_2\cos\theta_i+\eta_1\cos\theta_t}=-0.55$$

$$t_{\perp}=\frac{2\eta_2\cos\theta_i}{\eta_2\cos\theta_i+\eta_1\cos\theta_t}=0.45$$

$$\begin{aligned}\boldsymbol{E}&=\boldsymbol{E}_i+\boldsymbol{E}_r\\&=377e^{-j(0.866x+0.5y)}\boldsymbol{e}_z-0.55\times377e^{+j(0.866x+0.5y)}\boldsymbol{e}_z\\&=377e^{-j(0.866x+0.5y)}\boldsymbol{e}_z+207.35e^{+j(0.866x+0.5y)}\boldsymbol{e}_z\end{aligned}$$

$$\begin{aligned}\boldsymbol{H}&=\boldsymbol{H}_i+\boldsymbol{H}_r\\&=0.25e^{-j(0.866x+0.5y)}\boldsymbol{e}_x-0.433e^{-j(0.866x+0.5y)}\boldsymbol{e}_y\\&\quad-3\times377\times\cos30\times[e^{-j(0.866x+0.5y)}+0.55e^{-j(0.866x+0.5y)}]\boldsymbol{e}_x\\&\quad+3\times377\times\sin30\times[e^{-j(0.866x+0.5y)}-0.55e^{-j(0.866x+0.5y)}]\boldsymbol{e}_y\end{aligned}$$

在介质中：

$$k_2=\omega\sqrt{\varepsilon_r\varepsilon_0\mu_0}=3k_1$$

$$\begin{aligned}\boldsymbol{E}&=\boldsymbol{E}_t=t\boldsymbol{E}_i\\&=t_{\perp}\times377e^{-j(3\times0.866x+3\times0.5y)}\boldsymbol{e}_z\\&=170e^{-j(2.598x+1.5y)}\boldsymbol{e}_z\end{aligned}$$

$$\begin{aligned}\boldsymbol{H}&=t\boldsymbol{H}_i\\&=t_{\perp}\times0.25e^{-j(3\times0.866x+3\times0.5y)}\boldsymbol{e}_x-0.433e^{-j(3\times0.866x+3\times0.5y)}\boldsymbol{e}_y\\&=0.1125e^{-j(2.598x+1.5y)}\boldsymbol{e}_x-0.195e^{-j(2.598x+1.5y)}\boldsymbol{e}_y\end{aligned}$$

(3) 介质中平均能流密度为

$$\begin{aligned}\bar{\boldsymbol{S}}&=\frac{1}{2}\mathrm{Re}[\boldsymbol{E}\times\boldsymbol{H}^*]\\&=\frac{1}{2}\mathrm{Re}[(170e^{-j(2.598x+1.5y)}\boldsymbol{e}_z)\times(0.1125e^{j(2.598x+1.5y)}\boldsymbol{e}_x-0.195e^{j(2.598x+1.5y)}\boldsymbol{e}_y)]\\&=\frac{1}{2}\mathrm{Re}(19.125\boldsymbol{e}_y+33.15\boldsymbol{e}_x)\\&=\frac{19.125\boldsymbol{e}_y+33.15\boldsymbol{e}_x}{2}\end{aligned}$$

7.23 频率为 $f=0.3$ GHz 的均匀平面电磁波由媒质($\varepsilon_r=4$，$\mu_r=1$)斜入射到自由空间的交界面时，试求：

(1) 临界角 $\theta_c=$？

(2) 当垂直极化波以 $\theta_i=60°$入射时，在自由空间中的折射波传播方向如何？相速度 $v_p=$？

(3) 当圆极化波以 $\theta_i=60°$入射时，反射波是什么类型的极化？

解 (1) 由媒质入射到自由空间时，

$$\theta_c=\arcsin\frac{n_2}{n_1}=\arcsin\sqrt{\frac{\varepsilon_2}{\varepsilon_1}}=\arcsin\frac{1}{2}$$

所以

$$\theta=30°$$

(2) 当电磁波以 $\theta_i=60°>\theta_c=30°$ 时必然发生全反射现象，

$$\boldsymbol{E}_t=\boldsymbol{E}_{t0}e^{-j(k_{tx}x+k_{tz}z)}$$

因为

$$\left.\begin{aligned}k_t=\sqrt{k_{tx}^2+k_{tz}^2}\Rightarrow k_{tz}=\sqrt{k_t^2-k_{tx}^2}\\ k_{tx}^2=(k_i\sin\theta_i)^2=(\sqrt{\varepsilon_{r1}}k_t\sin60°)^2\end{aligned}\right\}\Rightarrow\left\{\begin{aligned}k_{tz}&=k_t\sqrt{1-3}\\&=-jk_t\sqrt{2}\end{aligned}\right.$$

$$\Rightarrow\boldsymbol{E}_t=\boldsymbol{E}_{t0}e^{-(k_t\sqrt{2})z}e^{-jk_{tx}x}$$

所以电磁波沿着 x 方向传播，且随着 z 的快速衰减而增加。

因为

$$k_{tx}=k_{ix}=k_i\sin60°=\sqrt{4}k_t\times\frac{\sqrt{3}}{2}=\sqrt{3}k_t$$

所以

$$\Rightarrow\boldsymbol{E}_t=\boldsymbol{E}_{t0}e^{-(k_t\sqrt{2})z}\cos(\omega t-\sqrt{3}k_tx)\Rightarrow v_p=\frac{\omega}{\sqrt{3}k_t}=\frac{3\times10^8}{\sqrt{3}}$$

(3) 当圆极化波以 $\theta_i=60°$ 入射时，由于圆极化波可以分解为 $\boldsymbol{E}=\boldsymbol{E}_{/\!/}\pm j\boldsymbol{E}_{\perp}$，且 $|\boldsymbol{E}_{/\!/}|=|\boldsymbol{E}_{\perp}|$，当它以 $\theta_i=60°$ 斜入射时，由于会发生全反射，所以垂直极化和平行极化的反射系数均为

$$|r_{/\!/}|=|r_{\perp}|=1$$

因此无论是反射波还是圆极化波，其旋转方向均与入射波相反。

7.24　一个线极化平面波自由空间投射到 $\varepsilon_r=4$ 及 $\mu_r=1$ 的介质分接面，如果入射波的电场与入射面的夹角是 45°，试问：

(1) 当入射角 θ_i 为多少时反射波只有垂直极化波？

(2) 这时反射波的平均功率流是入射波的百分之多少？

解　(1) 若入射角等于布儒斯特角，平行分量将发生全透射，反射波中只有垂直极化分量。

$$\theta_i=\theta_B=\arctan\sqrt{\frac{\varepsilon_2}{\varepsilon_1}}=\arctan\sqrt{\frac{4\varepsilon_0}{\varepsilon_0}}=\arctan2=63.43°$$

(2) 以布儒斯特角入射时，折射角

$$\theta_t=\arcsin\left(\frac{n_1}{n_2}\sin\theta_i\right)=\arcsin\left[\frac{c\sqrt{\mu_1\varepsilon_1}}{c\sqrt{\mu_2\varepsilon_2}}\sin\theta_B\right]=\arcsin\left(\frac{1}{2}\sin63.43°\right)=26.57°$$

这时，只有入射波中的垂直极化分量发生反射，反射系数

$$\rho_{\perp}=\frac{\cos\theta_i-\sqrt{\varepsilon_{r2}}\cos\theta_t}{\cos\theta_i+\sqrt{\varepsilon_{r2}}\cos\theta_t}=\frac{\cos\theta_i-2\cos\theta_t}{\cos\theta_i+2\cos\theta_t}=0.6$$

由于入射波电场与入射面夹角为 45°，因此入射波中的垂直极化分量为 $\frac{\sqrt{2}}{2}E_{io}$。因为

$$|S_{rav}|=\frac{1}{2}\frac{1}{\eta_1}|E_{ro}|^2=\frac{1}{2}\frac{1}{\eta_1}|\rho_{\perp}|^2\left|E_{io}\frac{\sqrt{2}}{2}\right|^2=\frac{1}{2}\frac{1}{\eta_1}|0.6|^2\left|\frac{\sqrt{2}}{2}\right|^2E_{io}^2=\frac{1}{2}\frac{1}{\eta_1}E_{io}^2(0.18)$$

$$|S_{iav}|=\frac{1}{2}\frac{1}{\eta_1}E_{io}^2$$

故

$$\frac{|S_{rav}|}{|S_{iav}|}=18\%$$

7.25 求光线自玻璃($n=1.5$)到空气的临界角和布儒斯特角，并证明在一般情况下临界角总是大于布儒斯特角。

解 临界角为

$$\theta_c=\arcsin\frac{n_2}{n_1}=\arcsin\frac{2}{3}\approx 41.8°$$

布儒斯特角为

$$\theta_B=\arctan\frac{n_2}{n_1}=\arctan\frac{2}{3}\approx 33.7°$$

证明 由 $\sin\theta_c=\tan\theta_B=\frac{n_2}{n_1}$，得

$$\sin\theta_c=\frac{\sin\theta_B}{\cos\theta_B}$$

又因为 θ_c，$\theta_B\in\left[0,\frac{\pi}{2}\right]$，所以

$$\frac{\sin\theta_c}{\sin\theta_B}=\frac{1}{\cos\theta_B}>1$$

$$\sin\theta_c>\sin\theta_B$$

所以

$$\theta_c>\theta_B$$

证毕。

7.26 证明色散媒质中相速度和群速度的关系为

(1) $v_g=v_p+\beta\frac{dv_g}{d\beta}$

(2) $v_g=v_p-\lambda\frac{dv_g}{d\lambda}$

证 (1) 由 $v_p=\frac{\omega}{\beta}$，$v_g=\frac{d\omega}{d\beta}$，得

$$v_g=\frac{d\beta v_p}{d\beta}=v_p+\beta\frac{dv_p}{d\beta}$$

(2) $v_g=v_p+\beta\frac{dv_p}{d\beta}$

$$v_g=v_p+\beta\frac{dv_p}{d\lambda}\frac{d\lambda}{d\beta}$$

因为 $\lambda=\frac{2\pi}{\beta}$，所以

$$v_g=v_p+\beta\frac{dv_p}{d\lambda}\left(-\frac{2\pi}{\beta^2}\right)$$

$$v_g=v_p-\frac{2\pi}{\beta}\frac{dv_p}{d\lambda}$$

$$v_g=v_p-\lambda\frac{dv_p}{d\lambda}$$

证毕。

第8章 导行电磁波

8.1 主要内容与复习要点

主要内容：导行电磁波的特点及一般传输特性，为学习波导奠定理论基础。

如图 8.1 所示为本章主要内容结构图。

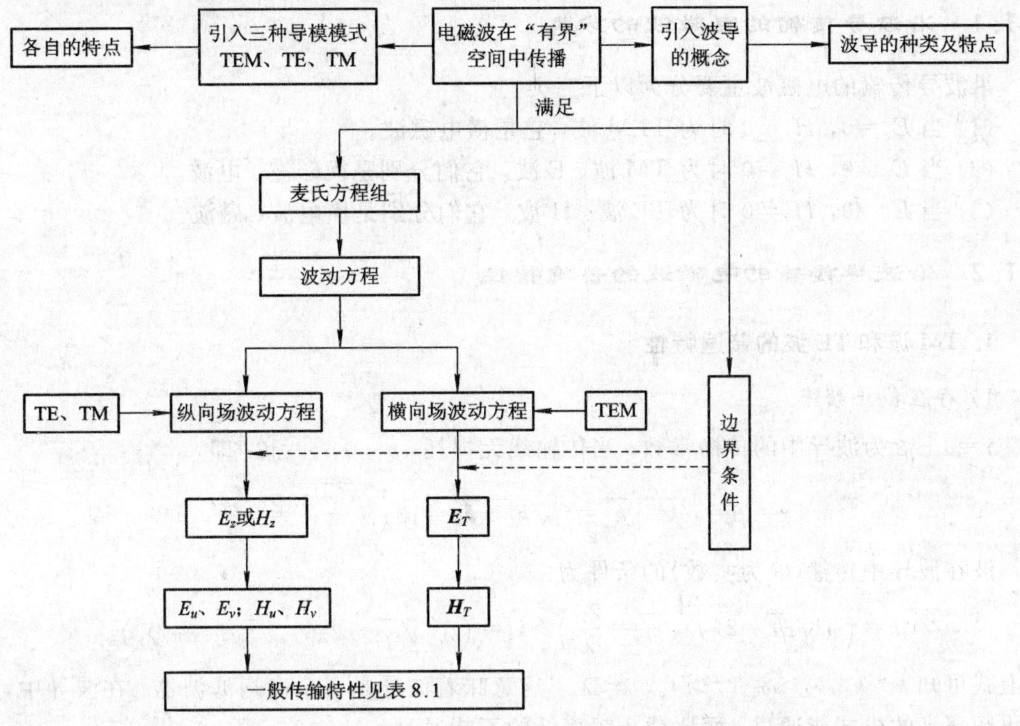

图 8.1 主要内容结构图

复习要点：重点掌握规则导行系统的导模沿轴向传播的一般特性，如表所示；掌握群速和相速的定义和计算方法。

波导的一般传输特性如表 8.1 所示。

表 8.1 导波的一般传输特性

特 性	一 般 公 式
截止波长和截止频率	$\lambda_c=\dfrac{2\pi}{k_c}$, $f_c=\dfrac{k_c}{2\pi\sqrt{\mu\varepsilon}}$
传输条件	$\lambda<\lambda_c$ 或 $f>f_c$

续表

特　性	一般公式
相速度	$v_p=\dfrac{v}{\sqrt{1-(\lambda/\lambda_c)^2}}=\dfrac{v}{G}$
群速度	$v_g=v\sqrt{1-(\lambda/\lambda_c)^2}=vG$
波导波长	$\lambda_g=\dfrac{\lambda}{\sqrt{1-(\lambda/\lambda_c)^2}}=\dfrac{\lambda}{G}$
波阻抗	$Z_{TE}=\dfrac{\eta}{\sqrt{1-(\lambda/\lambda_c)^2}}=\dfrac{\eta}{G}$，$Z_{TM}=\eta\sqrt{1-(\lambda/\lambda_c)^2}=\eta G$ $Z_{TEM}=\eta=\eta_0\sqrt{\varepsilon_r}$，$\eta_0=376.7\ \Omega$

8.1.1　沿波导传输的电磁波的分类

沿波导传输的电磁波主要分为以下三类：

(1) 当 $E_z=0$，$H_z=0$ 时为 TEM 波，它是横电磁波。

(2) 当 $E_z\neq0$，$H_z=0$ 时为 TM 波、E 波，它们分别是横磁波、电波。

(3) 当 $E_z=0$，$H_z\neq0$ 时为 TE 波、H 波，它们分别是横电波、磁波。

8.1.2　沿波导传输的电磁波的普遍特性

1. TM 波和 TE 波的普遍特性

1）存在截止频率

$\gamma=\alpha+j\beta$ 为波导中的传播常数，当传输线无损耗，$\alpha=0$，$\gamma=j\beta$，即

$$\gamma=j\beta=\sqrt{k_c^2-k^2}=j\sqrt{k^2-k_c^2}=jk\sqrt{1-\frac{k_c^2}{k^2}}=jkG$$

波在波导中传播(G 为实数)的条件为

$$k=\left(\omega\sqrt{\varepsilon\mu}=2\pi f\sqrt{\varepsilon\mu}=\frac{2\pi}{\lambda}\right)>k_c=(\omega_c\sqrt{\varepsilon\mu}=2\pi f_c\sqrt{\varepsilon\mu}=2\pi/\lambda_c)$$

由上式可知 $k>k_c$、$\omega>\omega_c$、$f>f_c$、$\lambda<\lambda_c$。这意味着波导是一个高通滤波器，在波导中，比截止频率高的模式能通过，而比截止频率低的不能通过。

临界情况为 $\gamma=\sqrt{k_c^2-k^2}=0$，此时 $k>k_c$，$\omega>\omega_c$，$f>f_c$，$\lambda<\lambda_c$。

根据临界情况，定义 k_c 称为截止波数，ω_c 称为截止角频率，f_c 称为截止频率，λ_c 称为截止波长。

波型因子

$$G=\sqrt{1-\frac{k_c^2}{k^2}}=\sqrt{1-\left(\frac{f_c}{f}\right)^2}=\sqrt{1-\left(\frac{\lambda}{\lambda_c}\right)^2}<1$$

注意，波型因子小于 1 且是频率的函数。

总结：

(1) 只有当 $\lambda<\lambda_c$($f>f_c$)时，电磁波才能在波导中传播，波导具有高通滤波器的特性。

传播常数 $\gamma=\mathrm{j}\beta$，波导中的相移常数 $\beta=Gk=k\sqrt{1-\left(\frac{\lambda}{\lambda_c}\right)^2}=\frac{2\pi}{\lambda_g}$。

(2) 当 $f<f_c$ 时，$\gamma=\sqrt{k_c^2-k^2}$ 成为实数，即传播常数变成衰减常数，波在波导中衰减(注意此时 $\alpha=0$)，这种衰减称为电抗性衰减。

2) 存在色散现象

(1) 波导波长 $\lambda_g(\lambda_p)$：电磁波沿波导传播时相位 2π 之间的距离称为波导波长 λ_g，$\beta\lambda_g=2\pi$。

$$\lambda_g=\frac{2\pi}{\beta}=\frac{2\pi}{Gk}=\frac{\lambda}{G}=\frac{\lambda}{\sqrt{1-\left(\frac{\lambda}{\lambda_c}\right)^2}}$$

(2) 波导相速 v_p：波导中电磁波等相位面移动的速度称为波导相速 v_p，由等相位面方程 $\omega t-\beta z=C$，求导可得 $v_p=\frac{\mathrm{d}z}{\mathrm{d}t}=\frac{\omega}{\beta}$。

$$v_p=f\lambda_g=\frac{f\lambda}{G}=\frac{v}{\sqrt{1-\left(\frac{\lambda}{\lambda_c}\right)^2}}>v$$

注意：

① 波导中的相速是频率的函数，相速随频率而变化的现象称为波的色散。

② 波导中的相速大于同频无界空间的波速(对于自由空间则大于光速)。

(3) 波导群速 v_g：

单一频率的正弦波不携带信息，调制波才携带信息，调制波传播的速度才是信号传播的速度，也就是能流运动的速度，称为群速。群速等于电磁波能速，证明如下：

$$v_g=\frac{\mathrm{d}\omega}{\mathrm{d}\beta}=\frac{1}{\sqrt{\varepsilon\mu}}\frac{\beta}{\sqrt{\beta^2+k_c^2}}=v\frac{\beta}{k}=v\frac{Gk}{k}=Gv$$

$$v_g=v\sqrt{1-\left(\frac{\lambda}{\lambda_c}\right)^2}<v$$

由此可见，群速是频率的函数。群速与相速的乘积等于光速的平方，即

$$v_g v_p=v^2$$

(4) 波阻抗 Z_{TE}，Z_{TM}：电场与磁场之比(横向电场与横向磁场的比值)。

$$Z_{TM}=G\eta=\eta\sqrt{1-\left(\frac{\lambda}{\lambda_c}\right)^2},\quad Z_{TE}=\frac{\eta}{G}=\frac{\eta}{\sqrt{1-\left(\frac{\lambda}{\lambda_c}\right)^2}},\quad Z_{TE}\cdot Z_{TM}=\eta^2$$

对波阻抗相关公式的说明如下：

① 波阻抗是频率的函数；

② 在传播状态时波阻抗为实数；

③ 在截止状态时波阻抗为虚数，对电磁波呈电抗特性。

2. TEM 波的特性

TEM 波主要有以下两大特性：

(1) $\lambda_c=\infty$，$f_c=0$。直流电在 TEM 波波导中可以传输。

(2) 相速、波导波长、相移常数、波阻抗等参数都与无界空间的均匀平面电磁波相同，且都与频率无关，无色散现象，具体公式如下：

$$v_p = v_g = \frac{1}{\sqrt{\varepsilon\mu}} = v,\quad \lambda = \frac{v}{f},\quad k = \omega\sqrt{\varepsilon\mu},\quad \eta = \sqrt{\frac{\mu}{\varepsilon}}$$

8.2 典型题解

例 8-1 对于任意横截面的均匀直波导，在研究波的特性时，希望找到根据纵向场分量来获得横向场分量的通用表达式，该表达式可以写成：

$$\boldsymbol{E} = \boldsymbol{E}_T e^{-\gamma z} + E_z e^{-\gamma z}\boldsymbol{e}_z$$
$$\boldsymbol{H} = \boldsymbol{H}_T e^{-\gamma z} + H_z e^{-\gamma z}\boldsymbol{e}_z$$
$$\nabla = \nabla_T + \frac{\partial}{\partial z}\boldsymbol{e}_z$$

其中下标 T 表示“横向”，试证明在直角坐标系中，时谐场满足如下关系式：

$$\boldsymbol{E}_T = -\frac{1}{k_c^2}(\gamma\nabla_T E_z - \boldsymbol{e}_z \mathrm{j}\omega\mu \times \nabla_T H_z)$$

$$\boldsymbol{H}_T = -\frac{1}{k_c^2}(\gamma\nabla_T H_z + \boldsymbol{e}_z \mathrm{j}\omega\varepsilon \times \nabla_T E_z)$$

其中 $k_c^2 = \gamma^2 + k^2$，$\gamma = \alpha + \mathrm{j}\beta$ 为传播常数。

证明 假设波沿 $+z$ 方向传播，对于角频率为 ω 的时谐电磁波，其电场强度和磁场强度可分别写为

$$\boldsymbol{E} = E_x(x,y)e^{-\gamma z}\boldsymbol{e}_x + E_y(x,y)e^{-\gamma z}\boldsymbol{e}_y + E_z(x,y)e^{-\gamma z}\boldsymbol{e}_z$$
$$\boldsymbol{H} = H_x(x,y)e^{-\gamma z}\boldsymbol{e}_x + H_y(x,y)e^{-\gamma z}\boldsymbol{e}_y + H_z(x,y)e^{-\gamma z}\boldsymbol{e}_z$$

由于

$$\nabla \times \boldsymbol{E} = -\mathrm{j}\omega\mu\boldsymbol{H}$$
$$\nabla \times \boldsymbol{H} = \mathrm{j}\omega\varepsilon\boldsymbol{E}$$

在直角坐标系中，两个旋度方程可以展开为以下六个标量方程：

$$\frac{\partial E_z}{\partial y} + \gamma E_y = -\mathrm{j}\omega\mu H_x$$
$$-\gamma E_x - \frac{\partial E_z}{\partial x} = -\mathrm{j}\omega\mu H_y$$
$$\frac{\partial E_y}{\partial x} - \frac{\partial E_x}{\partial y} = -\mathrm{j}\omega\mu H_z$$
$$\frac{\partial H_z}{\partial y} + \gamma H_y = \mathrm{j}\omega\varepsilon E_x$$
$$-\gamma H_x - \frac{\partial H_z}{\partial x} = \mathrm{j}\omega\varepsilon E_y$$
$$\frac{\partial H_y}{\partial x} - \frac{\partial H_x}{\partial y} = \mathrm{j}\omega\varepsilon E_z$$

式中与 z 相关的因子 $e^{-\gamma z}$ 被省略。对于这些方程进行运算，可以用两个纵向场分量 E_z 和 H_z 来表示横向场分量：

$$E_x=-\frac{1}{k_c^2}\left(\gamma\frac{\partial E_z}{\partial x}+j\omega\mu\frac{\partial H_z}{\partial y}\right),\quad E_y=-\frac{1}{k_c^2}\left(\gamma\frac{\partial E_z}{\partial y}-j\omega\mu\frac{\partial H_z}{\partial x}\right)$$

$$H_x=-\frac{1}{k_c^2}\left(\gamma\frac{\partial H_z}{\partial x}-j\omega\varepsilon\frac{\partial E_z}{\partial y}\right),\quad H_y=-\frac{1}{k_c^2}\left(\gamma\frac{\partial H_z}{\partial y}+j\omega\varepsilon\frac{\partial E_z}{\partial x}\right)$$

写成矩阵形式为

$$\begin{bmatrix}E_x\\E_y\\H_x\\H_y\end{bmatrix}=-\frac{1}{k_c^2}\begin{bmatrix}\gamma & 0 & 0 & j\omega\mu\\0 & \gamma & -j\omega\mu & 0\\0 & -j\omega\varepsilon & \gamma & 0\\j\omega\varepsilon & 0 & 0 & \gamma\end{bmatrix}\begin{bmatrix}\dfrac{\partial E_z}{\partial x}\\\dfrac{\partial E_z}{\partial y}\\\dfrac{\partial H_z}{\partial x}\\\dfrac{\partial H_z}{\partial y}\end{bmatrix}$$

写成矢量形式：

$$\boldsymbol{E}_T=E_x\boldsymbol{e}_x+E_y\boldsymbol{e}_y=-\frac{1}{k_c^2}(\gamma\nabla_T E_z-j\omega\mu\boldsymbol{e}_z\times\nabla_T H_z)$$

$$H_T=H_x\boldsymbol{e}_x+H_y\boldsymbol{e}_y=-\frac{1}{k_c^2}(\gamma\nabla_T H_z+j\omega\varepsilon\boldsymbol{e}_z\times\nabla_T E_z)$$

问题得证。

例 8-2　对于任意横截面的均匀直波导，在研究其波特性时，通常将电场和磁场分解为纵向场分量和横向场分量：

$$\boldsymbol{E}=\boldsymbol{E}_T\mathrm{e}^{-\gamma z}+E_z\mathrm{e}^{-\gamma z}\boldsymbol{e}_z$$

$$\boldsymbol{H}=\boldsymbol{H}_T\mathrm{e}^{-\gamma z}+H_z\mathrm{e}^{-\gamma z}\boldsymbol{e}_z$$

$$\nabla=\nabla_T+\frac{\partial}{\partial z}\boldsymbol{e}_z$$

忽略介质损耗和导体损耗，试证明在直角坐标系下纵向场分量满足标量亥姆霍兹方程：

$$\nabla_T^2E_z+k_c^2E_z=0,\quad \nabla_T^2H_z+k_c^2H_z=0$$

其中 $\gamma=\alpha+j\beta$，为相位常数，$k_c^2=k^2-\beta^2$，k_c 为波导的截止波数。

证明　无源区域时谐场满足亥姆霍兹方程为

$$\nabla^2\boldsymbol{E}+k^2\boldsymbol{E}=0 \tag{1a}$$

$$\nabla^2\boldsymbol{H}+k^2\boldsymbol{H}=0 \tag{1b}$$

式中 $k^2=\omega^2\varepsilon\mu$。

忽略导体损耗和介质损耗，即衰减常数 $\alpha=0$，电场强度和磁场强度可表示为

$$\boldsymbol{E}=\boldsymbol{E}_T\mathrm{e}^{-j\beta z}+E_z\mathrm{e}^{-j\beta z}\boldsymbol{e}_z \tag{2a}$$

$$\boldsymbol{H}=\boldsymbol{H}_T\mathrm{e}^{-j\beta z}+H_z\mathrm{e}^{-j\beta z}\boldsymbol{e}_z \tag{2b}$$

因此在直角坐标系下

$$\nabla^2\boldsymbol{E}=(\nabla_{xy}^2+\nabla_z^2)\boldsymbol{E}=\left(\nabla_{xy}^2-\frac{\partial^2}{\partial z^2}\right)\boldsymbol{E}=\nabla_T^2\boldsymbol{E}-\beta^2\boldsymbol{E} \tag{3a}$$

$$\nabla^2\boldsymbol{H}=(\nabla_{xy}^2+\nabla_z^2)\boldsymbol{H}=\left(\nabla_{xy}^2-\frac{\partial^2}{\partial z^2}\right)\boldsymbol{H}=\nabla_T^2\boldsymbol{H}-\beta^2\boldsymbol{H} \tag{3b}$$

将(3)式代入(1)式，可得到：

$$\nabla_T^2 \boldsymbol{E} + (k^2 - \beta^2)\boldsymbol{E} = 0 \tag{4a}$$

$$\nabla_T^2 \boldsymbol{H} + (k^2 - \beta^2)\boldsymbol{H} = 0 \tag{4b}$$

显然 $\boldsymbol{E}$ 和 $\boldsymbol{H}$ 的纵向分量和横向分量也分别满足(4a)、(4b)式，即，

$$\nabla_T^2 E_z + k_c^2 E_z = 0$$

$$\nabla_T^2 H_z + k_c^2 H_z = 0$$

问题得证。

例 8-3 对于任意横截面的均匀直波导，在无损耗条件下，其横向场分量可以用纵向场分量表示为

$$E_x = -\frac{1}{k_c^2}\left(\mathrm{j}\beta\frac{\partial E_z}{\partial x} + \mathrm{j}\omega\mu\frac{\partial H_z}{\partial y}\right),\quad E_y = -\frac{1}{k_c^2}\left(\mathrm{j}\beta\frac{\partial E_z}{\partial y} - \mathrm{j}\omega\mu\frac{\partial H_z}{\partial x}\right)$$

$$H_x = -\frac{1}{k_c^2}\left(\mathrm{j}\beta\frac{\partial H_z}{\partial x} - \mathrm{j}\omega\varepsilon\frac{\partial E_z}{\partial y}\right),\quad H_y = -\frac{1}{k_c^2}\left(\mathrm{j}\beta\frac{\partial H_z}{\partial y} + \mathrm{j}\omega\varepsilon\frac{\partial E_z}{\partial x}\right)$$

且纵向场分量满足如下方程：

$$\nabla_T^2 E_z + k_c^2 E_z = 0$$

$$\nabla_T^2 H_z + k_c^2 H_z = 0$$

式中 $k_c^2 = k^2 - \beta^2$，k_c 为波导的截止波数。在波的传播方向上只有电场分量，没有磁场分量的波形称为横磁(TM)波，试推导 TM 波的波阻抗、截止频率、截止波长、波导波长、相速度、群速度。

解 对于 TM 波，其 $H_z = 0$，则横向场分量可以表示为

$$E_x = -\frac{\mathrm{j}\beta}{k_c^2}\frac{\partial E_z}{\partial x},\quad E_y = -\frac{\mathrm{j}\beta}{k_c^2}\frac{\partial E_z}{\partial y}$$

$$H_x = \frac{\mathrm{j}\omega\varepsilon}{k_c^2}\frac{\partial E_z}{\partial y},\quad H_y = -\frac{\mathrm{j}\omega\varepsilon}{k_c^2}\frac{\partial E_z}{\partial x}$$

因此 TM 波的波阻抗为

$$Z_{\mathrm{TM}} = \frac{E_x}{H_y} = -\frac{E_y}{H_x} = \frac{\beta}{\omega\varepsilon}$$

相位常数 $\beta = 0$ 时的频率称为截止频率，即

$$f_c = \frac{k_c}{2\pi\sqrt{\varepsilon\mu}}$$

对应的波长称为截止波长：

$$\lambda_c = \frac{2\pi}{k_c}$$

由于 $k_c^2 = k^2 - \beta^2$，即

$$\beta = k\sqrt{1 - \left(\frac{\lambda}{\lambda_c}\right)^2}$$

因此，波导波长为

$$\lambda_g = \frac{2\pi}{\beta} = \frac{\lambda}{\sqrt{1 - \left(\frac{\lambda}{\lambda_c}\right)^2}}$$

波导中波传播的相速度为

$$v_p=\frac{\omega}{\beta}=\frac{c}{\sqrt{1-\left(\frac{\lambda}{\lambda_c}\right)^2}}$$

波导中波传播的群速度为

$$v_g=\frac{1}{\frac{d\beta}{d\omega}}=c\sqrt{1-\left(\frac{\lambda}{\lambda_c}\right)^2}$$

例 8-4　对于任意横截面的均匀直波导，在无损耗条件下，其横向场分量可以用纵向场分量表示为：

$$E_x=-\frac{1}{k_c^2}\left(j\beta\frac{\partial E_z}{\partial x}+j\omega\mu\frac{\partial H_z}{\partial y}\right),\quad E_y=-\frac{1}{k_c^2}\left(j\beta\frac{\partial E_z}{\partial y}-j\omega\mu\frac{\partial H_z}{\partial x}\right)$$

$$H_x=-\frac{1}{k_c^2}\left(j\beta\frac{\partial H_z}{\partial x}-j\omega\varepsilon\frac{\partial E_z}{\partial y}\right),\quad H_y=-\frac{1}{k_c^2}\left(j\beta\frac{\partial H_z}{\partial y}+j\omega\varepsilon\frac{\partial E_z}{\partial x}\right)$$

且纵向场分量满足如下方程：

$$\nabla_T^2 E_z+k_c^2 E_z=0$$

$$\nabla_T^2 H_z+k_c^2 H_z=0$$

式中 $k_c^2=k^2-\beta^2$，k_c 为波导的截止波数。在波的传播方向上只有磁场分量，没有电场分量的波形称为横电(TE)波，试推导 TE 波的波阻抗、截止频率、截止波长、波导波长、相速度、群速度。

解　横电波在传播方向上没有电场分量，即 $E_z=0$，因此电场和磁场的横向分量可表示为

$$E_x=-\frac{j\omega\mu}{k_c^2}\frac{\partial H_z}{\partial y},\quad E_y=\frac{j\omega\mu}{k_c^2}\frac{\partial H_z}{\partial x}$$

$$H_x=-\frac{j\beta}{k_c^2}\frac{\partial H_z}{\partial x},\quad H_y=-\frac{j\beta}{k_c^2}\frac{\partial H_z}{\partial y}$$

将磁场写成横向向量形式为

$$\boldsymbol{H}_T=H_x\boldsymbol{e}_x+H_y\boldsymbol{e}_y=-\frac{j\beta}{k_c^2}\nabla_T H_z$$

考虑到电场强度的横向分量和磁场强度的横向分量，可得到 TE 波的波阻抗为

$$Z_{TE}=\frac{E_x}{H_y}=-\frac{E_y}{H_x}=\frac{\omega\mu}{\beta}$$

相位常数 $\beta=0$ 时的频率称为截止频率，即

$$f_c=\frac{k_c}{2\pi\sqrt{\varepsilon\mu}}$$

对应的波长称为截止波长：

$$\lambda_c=\frac{2\pi}{k_c}$$

由于 $k_c^2=k^2-\beta^2$，即

$$\beta=k\sqrt{1-\left(\frac{\lambda}{\lambda_c}\right)^2}$$

因此，波导波长为

$$\lambda_g=\frac{2\pi}{\beta}=\frac{\lambda}{\sqrt{1-\left(\frac{\lambda}{\lambda_c}\right)^2}}$$

波导中波传播的相速度为

$$v_p=\frac{\omega}{\beta}=\frac{c}{\sqrt{1-\left(\frac{\lambda}{\lambda_c}\right)^2}}$$

波导中波传播的群速度为

$$v_g=\frac{1}{\frac{d\beta}{d\omega}}=c\sqrt{1-\left(\frac{\lambda}{\lambda_c}\right)^2}$$

例 8-5 在开放式波导中，纵向场分量 $E_z\neq 0$、$H_z\neq 0$ 的导模称为混合模，这类模式在波导表面附近的空间传播，又称为表面波模。试证明表面波是一种慢波。

证明 忽略导体损耗和介质损耗，即衰减常数 $\alpha=0$，其电场和磁场满足亥姆霍兹方程为

$$\nabla_T^2\boldsymbol{E}+(k^2-\beta^2)\boldsymbol{E}=0$$
$$\nabla_T^2\boldsymbol{H}+(k^2-\beta^2)\boldsymbol{H}=0$$

当 $k_c^2<0$，即 $\beta^2>k^2$ 时，存在表面波模，则表面波的相速度为

$$v_p=\frac{\omega}{\beta}<\frac{\omega}{k}=\frac{1}{\sqrt{\varepsilon\mu}}$$

显然表面波沿轴向传播的相速度 v_p 小于同一介质中平面波的速度，因此表面波是一种慢波。

8.3 课后题解

8.1 何谓导行波？其类型和特点有哪些？

答 被导行系统引导定向传播的电磁波称为导行波，简称导波。双导体导行系统将电磁波能量约束或限制在导体之间的空间，并沿其轴向传播，双导体的导行波为 TEM 波或准 TEM 波，故这类双导体导行系统也称作 TEM 波或准 TEM 波传输线；空心金属管的单导体系统将电磁波能量完全限制在金属管内，并沿其轴向传播，其导行波是横电(TE)波和横磁(TM)波，即传输 TE 或 TM 色散波，故这类空心金属波导又称作色散波传输线；介质波导上的电磁波能量被约束在波导结构的周围(波导内和波导表面附近)，并沿轴向传播，其导行波是表面波，故这类介质波导又称作表面波传输线。

8.2 试推导式$\nabla_T^2\begin{Bmatrix}E_z\\H_z\end{Bmatrix}+k_c^2\begin{Bmatrix}E_z\\H_z\end{Bmatrix}=0$。

解 哈密顿算子∇、拉普拉斯算子∇^2和电场 $\boldsymbol{E}$、磁场 $\boldsymbol{H}$ 可以表示成

$$\nabla\equiv\nabla_T+\boldsymbol{e}_z\frac{\partial}{\partial z}\equiv\nabla_T-\boldsymbol{e}_z\gamma\equiv\nabla_T-\boldsymbol{e}_z\mathrm{j}\beta \tag{1}$$

$$\nabla^2\equiv\nabla^2+\frac{\partial^2}{\partial z^2}\equiv\nabla^2+\gamma^2\equiv\nabla^2-\beta \tag{2}$$

$$\boldsymbol{E}=\boldsymbol{E}_T(u,v)e^{-\mathrm{j}\beta z}+\boldsymbol{e}_zE_z(u,v)e^{-\mathrm{j}\beta z} \tag{3}$$

$$\boldsymbol{H}=\boldsymbol{e}_u H_u(u,v,z)+\boldsymbol{e}_v H_v(u,v,z)+\boldsymbol{e}_z H_z(u,v,z)$$
$$=\boldsymbol{H}_T(u,v,z)+\boldsymbol{e}_z H_z(u,v,z)$$
$$\boldsymbol{H}=\boldsymbol{H}_T(u,v)\mathrm{e}^{-\mathrm{j}\beta z}+\boldsymbol{e}_z H_z(u,v)\mathrm{e}^{-\mathrm{j}\beta z} \tag{4}$$

角标 T 表示横向分量。将式(1)、式(3)和式(4)代入$\nabla\times\boldsymbol{H}=\mathrm{j}\omega\varepsilon\boldsymbol{E}$，$\nabla\times\boldsymbol{E}=-\mathrm{j}\omega\mu\boldsymbol{H}$，展开后令方程两边的横向分量和纵向分量分别相等，得到

$$\nabla_T\times\boldsymbol{H}_T=\mathrm{j}\omega\varepsilon\boldsymbol{e}_z E_z \tag{5a}$$
$$\nabla_T\times\boldsymbol{e}_z H_z-\mathrm{j}\beta\,\boldsymbol{e}_z\times\boldsymbol{H}_T=\mathrm{j}\omega\varepsilon E_T \tag{5b}$$
$$\nabla_T\times\boldsymbol{E}_T=-\mathrm{j}\omega\mu\boldsymbol{e}_z H_z \tag{6a}$$
$$\nabla_T\times\boldsymbol{e}_z E_z-\mathrm{j}\beta\,\boldsymbol{e}_z\times\boldsymbol{E}_T=-\mathrm{j}\omega\mu H_T \tag{6b}$$

对式(6a)两边进行与∇_T的叉乘运算，得到

$$\nabla_T\times(\nabla_T\times\boldsymbol{E}_T)=-\mathrm{j}\omega\mu\,\nabla_T\times\boldsymbol{e}_z H_z \tag{7}$$

应用矢量公式

$$\boldsymbol{A}\times(\boldsymbol{B}\times\boldsymbol{C})=\boldsymbol{B}(\boldsymbol{A}\cdot\boldsymbol{C})-(\boldsymbol{A}\cdot\boldsymbol{B})\boldsymbol{C} \tag{8}$$

及方程$\nabla\cdot\boldsymbol{E}=0$，式(7)的左边可得到

$$\nabla_T\times(\nabla_T\times\boldsymbol{E}_T)=\nabla_T(\nabla_T\cdot\boldsymbol{E}_T)-\nabla_T^2\cdot\boldsymbol{E}_T=\mathrm{j}\beta\,\nabla_T E_z-\nabla_T^2\cdot\boldsymbol{E}_T$$

再次应用公式(8)及式(5b)和式(6b)，式(7)的右边可得到

$$-\mathrm{j}\omega\mu\,\nabla_T\times\boldsymbol{e}_z H_z=-\mathrm{j}\omega\mu(\mathrm{j}\omega\varepsilon\boldsymbol{E}_T+\mathrm{j}\beta\,\boldsymbol{e}_z\times\boldsymbol{H}_T)=k^2\boldsymbol{E}_T+\beta\omega\mu\boldsymbol{e}_z\times\boldsymbol{H}_T$$
$$=k^2\boldsymbol{E}_T-\beta^2\boldsymbol{E}_T+\mathrm{j}\beta\,\nabla_T E_z$$

则式(7)变成

$$(\nabla_T^2-\beta^2)\boldsymbol{E}_T+k^2\boldsymbol{E}_T=0 \tag{9}$$

即得到导行波的横向电场满足的波动方程：

$$\nabla^2\boldsymbol{E}_T+k^2\boldsymbol{E}_T=0 \tag{10}$$

同理，可得到导行波的横向磁场满足的波动方程：

$$\nabla^2\boldsymbol{H}_T+k^2\boldsymbol{H}_T=0 \tag{11}$$

将方程$\nabla^2\boldsymbol{E}+k^2\boldsymbol{E}=0$的左边展开，并应用式(10)，得到

$$\nabla^2\boldsymbol{E}+k^2\boldsymbol{E}=(\nabla^2\boldsymbol{E}_T+k^2\boldsymbol{E}_T)+\boldsymbol{e}_z(\nabla^2 E_z+k^2 E_z)=\boldsymbol{e}_z(\nabla^2 E_z+k^2 E_z)$$

即得到导波的纵向电场满足的波动方程：

$$\nabla^2 E_z+k^2 E_z=0 \tag{12}$$

同理，可得到导波的纵向磁场满足的波动方程：

$$\nabla^2 H_z+k^2 H_z=0 \tag{13}$$

式(12)和式(13)是标量亥姆霍兹方程。

将式(2)代入式(12)和式(13)，得到

$$\nabla_T^2\begin{Bmatrix}E_z\\H_z\end{Bmatrix}-\beta^2\begin{Bmatrix}E_z\\H_z\end{Bmatrix}+k^2\begin{Bmatrix}E_z\\H_z\end{Bmatrix}=0$$

即

$$\nabla_T^2\begin{Bmatrix}E_z\\H_z\end{Bmatrix}+k_c^2\begin{Bmatrix}E_z\\H_z\end{Bmatrix}=0$$

式中 $k_c^2=k^2-\beta^2$。

8.3 何谓截止波长和截止频率？导模的传输条件是什么？

答 导行系统中某导模无衰减时所能传播的最大波长为该导模的截止波长，用λ_c表示。导行系统中某导模无衰减时所能传播的最低频率为该导模的截止频率，用f_c表示。导模传输条件为$\lambda<\lambda_c$或$f>f_c$。

8.4 理想波导传输TE导模和TM导模，传播常数γ在什么情况下为实数α？什么情况下为虚数$j\beta$？这两种情况各有何特点？

答 频率很低时，β为虚数(即传播常数γ为实数)，相应的导模不能传播；当频率很高时，β为实数(即传播常数γ为虚数)，相应导模可以传输。

8.5 何谓波的色散？

答 TE波和TM波的相速度和群速度均是频率的函数，相速随频率而变化的现象称为波的色散，波型因子G也称作色散因子。

8.6 如何定义波导中导模的波阻抗？分别写出TE导模、TM导模的波阻抗与TEM导模波阻抗之间的关系。

答 导行系统中导模的横向电场与横向磁场之比称为该导模的波阻抗，TE导模、TEM导模的波阻抗与TEM导模波阻抗之间的关系为

$$Z_{\mathrm{TE}}=\frac{\eta}{G}$$

$$Z_{\mathrm{TM}}=\eta G$$

8.7 试用波阻抗的概念解释TM型凋落波储存净电能，TE型凋落波储存净磁能。

答 当$\lambda>\lambda_c$时，$\beta=-j\alpha$，消失波的波阻抗为虚数，即

$$Z_{\mathrm{TM}}=-j\,\frac{\alpha}{\omega\varepsilon}$$

$$Z_{\mathrm{TE}}=j\,\frac{\omega\mu}{\alpha} \tag{1}$$

式中

$$\alpha=\frac{2\pi}{\lambda}\sqrt{\left(\frac{\lambda}{\lambda_c}\right)^2-1}$$

式(1)表明，TM导波的消失波波阻抗呈容性纯阻抗，不用于传输能量而用于储存净电能；TE导波的消失波波阻抗呈感性纯阻抗，不用于传输能量，而用于存储净磁能。

第 9 章　规则金属波导

9.1　主要内容与复习要点

主要内容：矩形波导，圆波导，同轴线。

如图 9.1 所示为本章主要内容结构图。

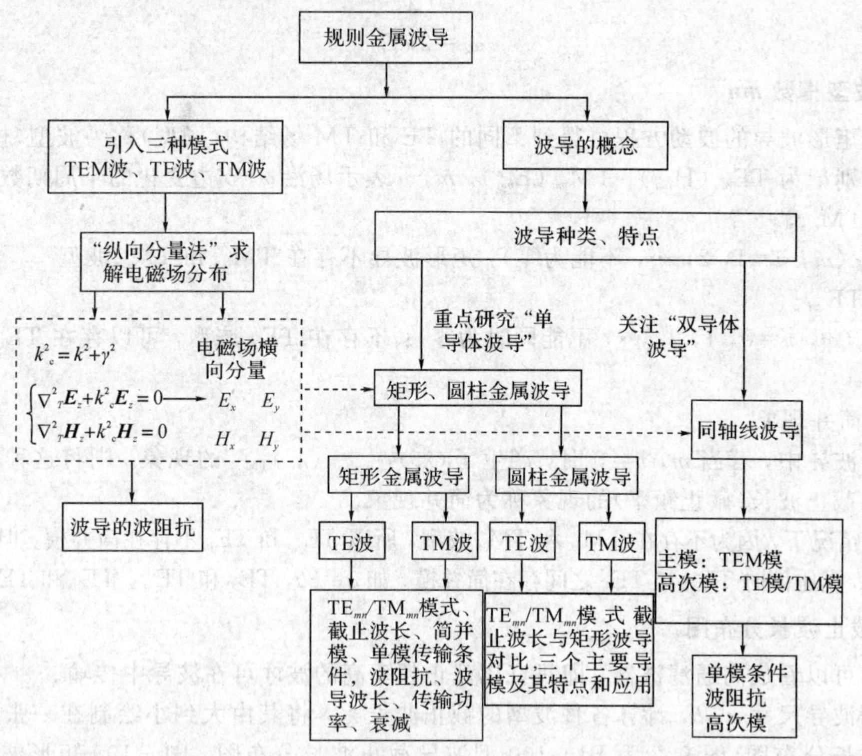

图 9.1　本章主要内容结构图

复习要点

1．矩形波导 TE_{mn}/TM_{mn} 下标 m，n 的含义；矩形波导，圆波导，同轴线的主模；矩形波导、圆波导中的常用模式，简并模式的概念。

2．理解并掌握截止波长、波导波长、工作波长的含义。牢记不同模式截止波长计算公式，波导中不同模式传输条件。理解波的相速度、群速、相移常数、截止频率的概念。

工作波长是自由空间的波长，是工作频率对应的波长；波导波长是在波导中的波长，不同的模式对应不同的波导波长；截止波长是由波导尺寸决定的，不同的模式也对应不同的截止波长。

3．由给定波导尺寸和工作频率(或波长)，计算波导中可传播的模式、群速、相速、波阻抗等。

9.1.1 矩形波导

1. 截止波数 k_c

由波动方程可得到：$k_c^2=k_x^2+k_y^2$

$$k_c=\sqrt{\left(\frac{m\pi}{a}\right)^2+\left(\frac{n\pi}{b}\right)^2}=\frac{2\pi}{\lambda_c}=\omega_c\sqrt{\varepsilon\mu}=2\pi f_c\sqrt{\varepsilon\mu}$$

由截止波数可得截止波长、截止频率、截止角频率：

$$\lambda_c=\frac{2\pi}{k_c}=\frac{2}{\sqrt{\left(\frac{m}{a}\right)^2+\left(\frac{n}{b}\right)^2}}$$

$$f_c=\frac{v}{\lambda_c}$$

$$\omega_c=2\pi f_c$$

2. 波型指数 *mn*

求解矩形波导的波动方程可得到不同的 TE 和 TM 场结构（场型）称为波型（模），不同的场型分别记为 $TE_{mn}(H_{mn})$，$TM_{mn}(E_{mn})$。m，n 表示场沿 a，b 边变化的半周期数。

(1) TM_{mn}。

TM_{mn}（m，$n=1$，2，…，不能为零）：矩形波导不存在 TM_{m0} 和 TM_{0n} 波型

(2) TE_{mn}。

TE_{mn}（m，$n=0$，1，2，…，不能同时为零）：不存在 TE_{00} 波型，可以存在 TE_{m0} 和 TE_{0n} 波型。

(3) 简并现象。

矩形波导中，若当 m，$n\neq0$ 时，产生了 $(\lambda_c)_{TE_{mn}}=(\lambda_c)_{TM_{mn}}$ 的现象，则将这种不同波型具有相同截止波长（截止频率）的现象称为简并现象。

一般情况下，因为不存在 TM_{m0} 和 TM_{0n} 波型，所以 TE_{m0} 和 TE_{0n} 不存在简并模，但是在宽边 a 与窄边 b 成比例时 TE_{m0} 和 TE_{0n} 之间存在简并模，如 $a=2b$，TE_{20} 和 TE_{01}，TE_{40} 和 TE_{02}……

3. 截止波长分布图

波导可以看成高通滤波器，即只有比截止频率高的波才可在波导中传输。

根据波导尺寸 a、b，计算各种波型的截止波长 λ_c，将其由大到小绘制在一张图上便得到截止波长分布图（图 9.2 为 BJ－100 型波导截止波长分布图，BJ－100 矩形波导的 $a=22.86$ mm，$b=10.67$ mm）。

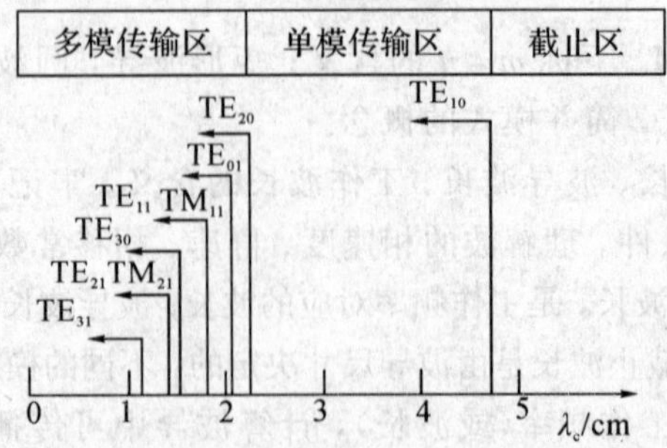

图 9.2 BJ－100 型波导截止波长分布图

$$\lambda_c=\frac{2}{\sqrt{\left(\frac{m}{a}\right)^2+\left(\frac{n}{b}\right)^2}}$$

截止波长分布图中涉及的相关概念如下：

✣ 最低模：矩形波导中截止波长最长（截止频率最小）的模（TE_{10}）。

✣ 高次模：矩形波导中除了最低模，其他的模都称为高次模。

✣ 高次模中的最低模：截止波长第二长的高次模（TE_{20} 模（$\lambda_c=a$）或 TE_{01} 模（$\lambda_c=2b$））。

✣ 截止区：矩形波导截止波长分布图上 $\lambda>\lambda_c$（最低模 $TE_{10}\lambda_c=2a$）的区域，此时波导不能传输任何波型。

✣ 单模区：矩形波导截止波长分布图上 $\lambda_{c(TE_{20},\ TE_{01})\max}<\lambda<\lambda_c(TE_{10})$ 的区域，此时波导只能传输 TE_{10} 波型。

✣ 多模区：矩形波导截止波长分布图上 $\lambda<\lambda_c(TE_{20},\ TE_{01})_{\max}$ 的区域，此时波导至少有两种以上的波型传输。

✣ 矩形波导的主模：矩形波导中只有最低模 TE_{10} 模能单独在矩形波导中传播，TE_{10} 模称为矩形波导中的主模。

✣ 矩形波导的单模传输条件：

波导尺寸一定时，工作波长的选择：选取 $2a>\lambda>\begin{cases}a\\2b\end{cases}$ 中最大的一个以保证最低模传输，使最低的高次模截止。

工作波长一定时，波导尺寸的选择：$\frac{\lambda}{2}<a<\lambda\quad 0<b<\frac{\lambda}{2}$

4. 矩形波导主模 TE_{10} 模的传播特性

矩形波导主模 TE_{10} 模的传播特性主要有：

(1) 一般传输特性

$$G=\sqrt{1-\left(\frac{\lambda}{2a}\right)^2},\ \lambda_g=\lambda_p=\frac{\lambda}{G},\ \beta=\frac{2\pi}{\lambda_g},\ v_p=\frac{v}{G},\ v_g=vG,\ Z_{TE}=\frac{\eta}{G}$$

(2) 横向场结构：电场只有 E_y 分量，在 $x=a/2$ 宽边中央处电场最强，磁场既有 H_x 分量也有 H_z 分量。

(3) 非辐射缝与辐射缝：如图 9.3 和图 9.4 所示，在矩形波导上开缝，切断电流的缝是辐射缝，在波导窄边沿纵向开缝为有辐射缝，可做天线用。不切断电流的缝是非辐射缝，在波导宽边中央沿纵向开缝为非辐射缝，波导测量就是依据此原理。

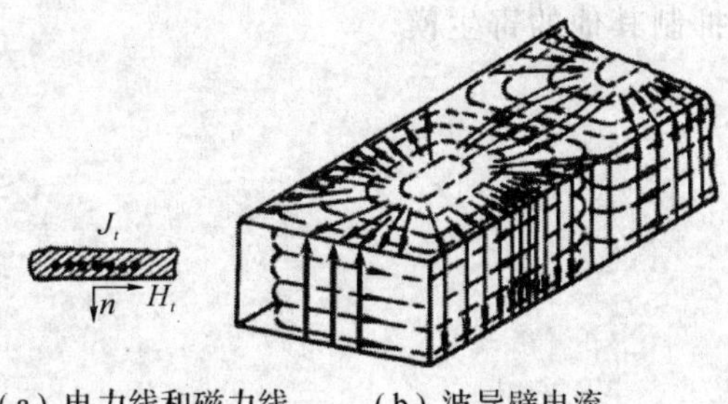

(a) 电力线和磁力线　　(b) 波导壁电流

图 9.3　矩形波导

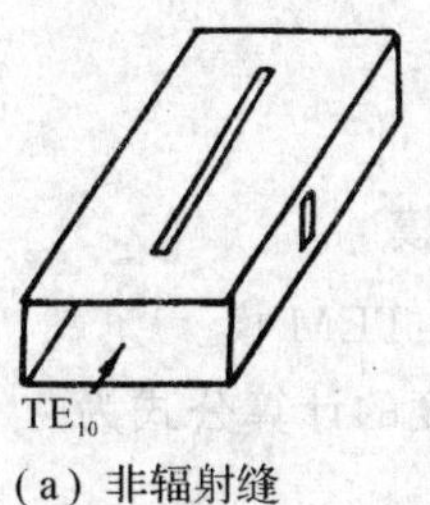

(a) 非辐射缝

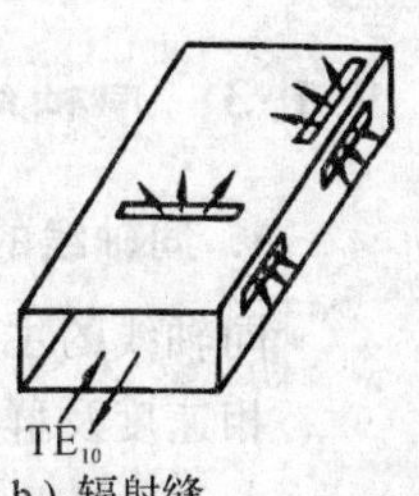

(b) 辐射缝

图 9.4　矩形波导上开缝

9.1.2 圆波导

1. 圆波导不存在 TE_{m0} 和 TM_{m0} 波型

圆波导存在 TM_{01}、TM_{02}、…和 TM_{0n} 波型，不存在 TE_{10}、TE_{20}、TE_{30}…和 TE_{m0} 波型。学习中需注意上面场型与矩形波导的不同之处！

2. 三种常用波型的截止波长

三种常用波型的截止波长分别为

$$(\lambda_c)TE_{11}=3.41R$$
$$(\lambda_c)TM_{01}=2.62R$$
$$(\lambda_c)TE_{01}=1.64R$$

3. 圆波导的简并模

圆波导 TE_{0n} 与 TM_{1n} 简并，如 TE_{01} 与 TM_{11}、TE_{02} 与 TM_{12}、TE_{03} 与 TM_{13}。

圆波导的极化简并：圆波导同一组 m，n 值沿 φ 方向可能存在 $\sin m\varphi$ 和 $\cos m\varphi$ 两种分布，二者的传输特性相同，但极化面互相垂直。通俗说法为圆波导中具有相同截止波长、相同场型、不同极化方式的两种模。

4. 圆波导的主模：TE_{11} 模，它也是圆波导的最低模。

圆波导的单模传输条件：$2.62R<\lambda<3.41R$，保证最低模传输，使最低的高次模截止。

工作波长一定尺寸选择：$\dfrac{\lambda}{3.41}<R<\dfrac{\lambda}{2.62}$

5. 圆波导中三个主要模式及其特点

TE_{11} 模（$\lambda_c=3.41R$）：① 截止波长最长，是圆波导中的主模；② 场结构与矩形波导中 TE_{10} 模的场结构相似，可用于矩形波导和圆波导的转换；③ 存在极化简并，不适合于长距离传输。

TM_{01} 模（$\lambda_c=2.62R$）：① TM_{01} 模是圆波导中的最低次的 TM 模，截止波长仅短于 TE_{11} 模，只需要抑制 TE_{11} 即可实现单模传输；② 场结构具有轴对称性，将两段工作在 TM_{01} 模的圆波导作同轴相对时旋转不影响波导中的电磁场分布，可用于天线旋转关节中的圆波导。

TE_{01} 模（$\lambda_c=1.64R$）：① 波导损耗会随频率的升高而降低，适合于制作高 Q 谐振腔以及毫米波传输线；② 场结构具有轴对称性，可用于连接元件；③ TE_{01} 模是圆波导中的高次模，且和 TM_{11} 模是简并模，采用 TE_{01} 模时要设法抑制其他的寄生模。

9.1.3 同轴线

1. 同轴线的主模

同轴线的主模：TEM 模。

相速度及群速度的计算公式为

$$v_p=v_g=v=\frac{c}{\sqrt{\varepsilon_r}}，c\ 为自由空间光速$$

波导波长的计算公式为

$$\lambda_g=\lambda=\frac{\lambda_0}{\sqrt{\varepsilon_r}}，\lambda_0\ 为自由空间波长$$

特性阻抗的计算公式为

$$Z_0=\frac{V_{ab}}{I_a}=\frac{60}{\sqrt{\varepsilon_r}}\ln\frac{b}{a}\ (\Omega)$$

2. 同轴线的高次模：TE 模，TM 模

9.2 典型题解

例 9-1　已知 BJ-40 波导，$a=5.82$ cm，$b=2.91$ cm，求：(1) 当工作频率为 6 GHz 时波导中能够传输什么模？(2) 求工作频率为 4 GHz 时，矩形波导传输电磁波的相速度、群速度、波阻抗。

解　(1) 当工作频率为 6 GHz 时，电磁波的工作波长为

$$\lambda=\frac{c}{f}=5\ \text{cm}$$

矩形波导的传播条件为

$$\lambda<\lambda_c$$

矩形波导的截止波长为

$$\lambda_{c_{TM_{mn}}}=\frac{2}{\sqrt{\left(\frac{m}{a}\right)^2+\left(\frac{n}{b}\right)^2}}$$

因此：

$$\lambda_{c_{TE_{10}}}=2a=11.64\ \text{cm}$$

$$\lambda_{c_{TE_{20}}}=a=5.82\ \text{cm}$$

$$\lambda_{c_{TE_{30}}}=\frac{2}{3}a=3.88\ \text{cm}$$

$$\lambda_{c_{TE_{01}}}=2b=5.82\ \text{cm}$$

$$\lambda_{c_{TE_{02}}}=b=2.91\ \text{cm}$$

$$\lambda_{c_{TE_{11}}}=\lambda_{c_{TM_{11}}}=\frac{2}{\sqrt{\left(\frac{1}{a}\right)^2+\left(\frac{1}{b}\right)^2}}=5.2\ \text{cm}$$

$$\lambda_{c_{TE_{21}}}=\lambda_{c_{TM_{21}}}=\frac{2}{\sqrt{\left(\frac{2}{a}\right)^2+\left(\frac{1}{b}\right)^2}}=4.11\ \text{cm}$$

$$\lambda_{c_{TE_{12}}}=\lambda_{c_{TM_{12}}}=\frac{2}{\sqrt{\left(\frac{1}{a}\right)^2+\left(\frac{2}{b}\right)^2}}=2.82\ \text{cm}$$

由于矩形波导的传播条件为 $\lambda<\lambda_c$，因此当工作频率为 6 GHz 时，该波导中能够传输 TE_{10}、TE_{20}、TE_{01}、TE_{11}、TM_{11} 五种模式。

(2) 当工作频率为 4 GHz 时，电磁波的工作波长为

$$\lambda=\frac{c}{f}=7.5\ \text{cm}$$

此时波导中仅能传输 TE_{10} 模，其波型因子为

$$G=\sqrt{1-\left(\frac{\lambda}{\lambda_{c_{TE_{10}}}}\right)^2}=0.765$$

则相速度为

$$v_p=\frac{v}{G}=3.92\times10^8\ \text{m/s}$$

群速度为

$$\lambda_g=vG=2.295\times10^8\ \text{m/s}$$

波阻抗为

$$Z_{TE}=\frac{\eta}{G}=156.9\pi\ \Omega=492.8\ \Omega$$

例 9-2 BJ-100 型波导适合应用于 X 波段雷达，该波导的尺寸为：$a=22.86$ mm、$b=10.16$ mm。如果期望 BJ-100 波导只工作在主模 TE_{10} 模式，且工作频率至少比截止频率高 25%，但不超过下一相邻模式截止频率的 95%，则该波导被允许的工作频率范围是多少？

解 矩形波导的传播条件为 $\lambda<\lambda_c$，各模式的截止波长为

$$\lambda_{c_{TE_{mn}}}=\lambda_{c_{TM_{mn}}}=\frac{2}{\sqrt{\left(\frac{m}{a}\right)^2+\left(\frac{n}{b}\right)^2}}$$

因此该波导的主模和相邻模式的截止波长分别为

$$\lambda_{c_{TE_{10}}}=2a=45.72\ \text{cm}$$
$$\lambda_{c_{TE_{20}}}=a=22.86\ \text{cm}$$

相应的截止频率为

$$f_{c_{TE_{10}}}=\frac{c}{\lambda_{c_{TE_{10}}}}=6.56\ \text{GHz}$$

$$f_{c_{TE_{20}}}=\frac{c}{\lambda_{c_{TE_{20}}}}=13.1\ \text{GHz}$$

因此该波导允许的工作频率范围为

$$1.25\times f_{c_{TE_{10}}}<f<0.95\times f_{c_{TE_{20}}}$$

即

$$8.2\ \text{GHz}<f<12.45\ \text{GHz}$$

例 9-3 用 BJ-48 波导作传输线，该波导尺寸为：$a=4.755$ cm、$b=2.215$ cm，测得波导中传输 TE_{10} 时，相邻两个电压波节点的距离是 3.35 cm，求：(1) 波导波长；(2) 工作频率；(3) 相速度；(4) 群速度；(5) 当工作频率为 7 GHz 时波导内能够传输什么模？

解 (1) 由题知波导波长为

$$\lambda_g=2\times3.35\ \text{cm}=6.7\ \text{cm}$$

(2) 由波导波长与工作波长间的关系式可得

$$\lambda_g=\frac{\lambda}{\sqrt{1-\left(\frac{\lambda}{\lambda_c}\right)^2}}$$

且 $\lambda_{c_{TE_{10}}}=2a=9.51\ \text{cm}$，可解得工作波长为

$$\lambda=2a=5.48\ \text{cm}$$

因此工作频率为

$$f=\frac{c}{\lambda}=5.47\ \text{GHz}$$

(3) TE_{10} 模的波型因子为

$$G=\sqrt{1-\left(\frac{\lambda}{\lambda_c}\right)^2}=0.82$$

所以相速度为

$$v_p=\frac{v}{G}=3.66\ \text{m/s}$$

(4) 群速度为

$$\lambda_g=vG=2.46\ \text{m/s}$$

(5) 工作频率为 7 GHz 时的工作波长为

$$\lambda=\frac{c}{f}=4.3\ \text{cm}$$

$$\lambda_{c_{TE_{10}}}=2a=9.51\ \text{cm}$$

$$\lambda_{c_{TE_{20}}}=a=4.755\ \text{cm}$$

$$\lambda_{c_{TE_{01}}}=2b=4.43\ \text{cm}$$

$$\lambda_{c_{TE_{11}}}=\lambda_{c_{TM_{11}}}=\frac{2}{\sqrt{\left(\frac{1}{a}\right)^2+\left(\frac{1}{b}\right)^2}}=4.02\ \text{cm}$$

因此当工作频率为 7 GHz 时波导内能够传输 TE_{10}、TE_{20}、TE_{01} 模。

例 9-4　设某电台的工作频率为 2 GHz，若采用空心矩形 BJ-32 波导作为传输线 ($a=72.14\ \text{mm}$，$b=34.04\ \text{mm}$)。(1) 证明在此工作频率下，TE_{10} 模不能在波导中传播(为衰减模)；(2) 在 $z=0$ 处电场强度的幅值为 1 V/m，试计算电场振幅衰减到 $z=0$ 处幅值的 1%时所传播的距离。

解　在矩形波导中，每个导模的相位常数为

$$\beta_{mn}=\sqrt{k^2-k_c^2}=\sqrt{\omega^2\varepsilon\mu-\left(\frac{m\pi}{a}\right)^2-\left(\frac{n\pi}{b}\right)^2}$$

因此在 $f=2$ GHz 工作频率下，TE_{10} 模的相位常数为

$$\beta_{01}=\sqrt{(2\pi f)^2\varepsilon\mu-\left(\frac{\pi}{a}\right)^2}$$

$$=\sqrt{(2\pi\times2\times10^9)^2\times8.854\times10^{-12}\times4\pi\times10^{-7}-\left(\frac{\pi}{72.14\times10^{-3}}\right)^2}=134\text{j}$$

相位常数为虚数，说明对于 $f=2$ GHz 的工作频率，TE_{10} 为衰减模，不能在 BJ-32 型波导中传播，其衰减常数为 134 Np/m。

(2) 设电场幅度在 $z=d$ 处衰减为 $z=0$ 处的 1%，则

$$E(d)=1000\mathrm{e}^{-\alpha d}=0.01\times1000$$

因此

$$d=\frac{1}{134}\ln(100)=34.4\ \mathrm{mm}$$

例 9-5 已知空心矩形波导 $a=5$ cm，$b=2$ cm，若以 20 GHz 的电磁波为激励，试求：(1) TM_{21} 模的截止频率，并判断该模式是否为衰减模式。若不是，计算其相位常数、相速度、群速度；(2) 计算 TM_{21} 模的波阻抗。

解 (1) 矩形波导各模式的截止频率为

$$f_{c_{TE_{mn}}}=f_{c_{TM_{mn}}}=\frac{c}{2}\sqrt{\left(\frac{m}{a}\right)^2+\left(\frac{n}{b}\right)^2}$$

故 TM_{21} 模的截止频率为

$$f_{c_{TM_{21}}}=\frac{3\times10^8}{2}\sqrt{\left(\frac{2}{0.05}\right)^2+\left(\frac{1}{0.02}\right)^2}=9.6\times10^9\ \mathrm{GHz}$$

由于工作频率大于 TM_{21} 模的截止频率，因此波导中 TM_{21} 模式是传播模，而非衰减模。TM_{21} 的相位常数为

$$\begin{aligned}\beta_{01}&=\sqrt{(2\pi f)^2\varepsilon\mu-\left(\frac{2\pi}{a}\right)^2-\left(\frac{\pi}{b}\right)^2}\\&=\sqrt{(2\pi\times2\times10^9)^2\times8.854\times10^{-12}\times4\pi\times10^{-7}-\left(\frac{2\pi}{0.05}\right)^2-\left(\frac{\pi}{0.02}\right)^2}\\&=367.47\ \mathrm{rad/m}\end{aligned}$$

相速度为

$$v_p=\frac{\omega}{\beta}=\frac{2\pi\times20\times10^9}{367.47}=3.42\times10^8\ \mathrm{m/s}$$

群速度为

$$v_g=\frac{c^2}{v_p}=\frac{(3\times10^8)^2}{3.42\times10^8}=2.63\times10^8\ \mathrm{m/s}$$

(2) TM_{21} 模的波阻抗为：

$$Z_{TM}=\sqrt{\frac{\mu}{\varepsilon}}\cdot\frac{\beta}{k}=\frac{\beta}{\omega\varepsilon}=\frac{367.47}{2\pi\times20\times10^9\times8.85\times10^{-12}}=330.42\ \Omega$$

9.3 课后题解

9.1 矩形波导中的 v_p 和 v_g，λ_g 和 λ_0 有何区别？它们与哪些因素有关？

答 v_p 为相速度，指的是某导模等相位面移动的速度；v_g 为群速度，指的是波的等相位面移动的速度。两者之间满足 $v_g v_p=v^2$。

导行系统中，导模相邻的等相位面之间的距离，或相位相差为 2π 的相位面之间的距离称为该导模的波导波长或相波长，记为 λ_g 或 λ_p，其相关公式表示如下：

$$v_p=\frac{v}{\sqrt{1-\left(\frac{\lambda}{\lambda_c}\right)^2}}=\frac{v}{G}\geqslant v$$

$$v_g = v\sqrt{1-\left(\frac{\lambda}{\lambda_c}\right)^2} = vG \leqslant v$$

$$\lambda_g = \frac{\lambda}{G} = \frac{\lambda^2}{\sqrt{1-\left(\frac{\lambda}{\lambda_c}\right)^2}}$$

v_g、v_p、λ_g 的大小与波导参数、传输介质有关，λ_0 只与传输介质有关。

9.2　用 BJ－32 作传输线：

(1) 工作波长为 6 cm 时，波导中能够传输哪些模？

(2) 测得波导中传输 TE_{10} 模时，两个波节点的距离为 10.9 cm，求波导的波导波长 λ_g 和工作波长 λ。

(3) 波导中工作波长 $\lambda_0 = 10$ cm，求 v_p、v_g 和 λ_g。

解　(1) $\lambda_c = \dfrac{2}{\sqrt{\left(\frac{m}{a}\right)^2 + \left(\frac{n}{b}\right)^2}}$

由此可知传输条件是 $\lambda > 6$ cm

$$\lambda_c(TE_{10}) = 2a = 14.428 \text{ cm}$$

$$\lambda_c(TE_{20}) = a = 7.214 \text{ cm}$$

$$\lambda_c(TE_{30}) = \frac{1}{2}a = 3.607 \text{ cm}$$

$$\lambda_c(TE_{01}) = 2b = 6.808 \text{ cm}$$

$$\lambda_c(TE_{02}) = b = 3.404 \text{ cm}$$

$$\lambda_c(TE_{11}, TM_{11}) = \frac{2a}{\sqrt{a^2+b^2}} = 6.157 \text{ cm}$$

$$\lambda_c(TE_{21}, TM_{21}) = 45.52 \text{ mm}$$

$$\lambda_c(TE_{12}, TM_{12}) = 33.13 \text{ mm}$$

所以，可传 TE_{10}、TE_{20}、TE_{01}、TE_{11}、TM_{11} 模。

(2) $\lambda_g = 2 \times 10.9 = 21.8$ cm

$$G = \sqrt{1-\left(\frac{\lambda_0}{\lambda_c}\right)^2}$$

$$\lambda_g = \frac{\lambda^2}{\sqrt{1-\left(\frac{\lambda}{\lambda_c}\right)^2}} \quad \Rightarrow \lambda = \frac{1}{\sqrt{\left(\frac{1}{\lambda_g}\right)^2 + \left(\frac{1}{\lambda_c}\right)^2}} = 12.03 \text{ cm} \Rightarrow \lambda = 12.03 \text{ cm}$$

(3) 波导中工作波长为 10 cm，且

$$(\lambda_{c_{TE_{20}}}, \lambda_{c_{TE_{01}}}) < \lambda < \lambda_{c_{TE_{10}}}$$

所以，此时波导单模传输 TE_{10} 波，此时 $\lambda_{c_{TE_{10}}} = 2a = 14.428$。

此时，
$$G = \sqrt{1-\left(\frac{\lambda}{\lambda_c}\right)^2} = 0.938$$

$$v_p = \frac{v^2}{\sqrt{1-\left(\frac{\lambda}{\lambda_c}\right)^2}} = \frac{c^2}{\sqrt{1-\left(\frac{\lambda}{2a}\right)^2}} = 3.198 \times 10^8 \text{ m/s}$$

$$v_g = v^2\sqrt{1-\left(\frac{\lambda}{\lambda_c}\right)^2} = c^2\sqrt{1-\left(\frac{\lambda}{2a}\right)^2} = 2.814\times 10^8\ \text{m/s}$$

$$\lambda_g = \frac{\lambda}{\sqrt{1-\left(\frac{\lambda}{\lambda_c}\right)^2}} = \frac{\lambda}{\sqrt{1-\left(\frac{\lambda}{2a}\right)^2}} = 10.66\ \text{m}$$

$$Z_{TE_{10}} = \frac{\eta}{\sqrt{1-\left(\frac{\lambda}{\lambda_c}\right)^2}} = \frac{\eta}{\sqrt{1-\left(\frac{\lambda}{2a}\right)^2}} = 401.9\ \Omega$$

9.3 矩形波导截面尺寸为 $a\times b=23\ \text{mm}\times 10\ \text{mm}$，传输 10^4 MHz 的 TE_{10} 模，求截止波长 λ_c、波导波长 λ_g、相速度 v_p 和波阻抗 $Z_{TE_{10}}$。如果波导的尺寸 a 或 b 发生变化，上述参数会不会发生变化？

解 $f=10^4$ MHz

$$\lambda = \frac{c}{f} = \frac{3\times 10^8}{10^4\times 10^6} = 3\ \text{cm}$$

$$\lambda_c(TE_{10}) = 2a = 46\ \text{mm}$$

$$G = \sqrt{1-\left(\frac{\lambda}{\lambda_c}\right)^2} \approx 0.758$$

$$\lambda_g = \lambda G = 3.96\ \text{cm}$$

$$v_p = \frac{c}{G} = 3.96\times 10^8$$

$$Z_{TE_{10}} = \frac{\eta}{G} = \frac{120\pi}{0.758} = 158.3\pi$$

如果波导的尺寸 a 或 b 发生变化，上述参数会发生变化。

9.4 矩形波导截面尺寸为 $a\times b=23\ \text{mm}\times 10\ \text{mm}$，将波长为 2 cm、3 cm、5 cm 的微波信号接入这个波导，问这三种信号是否能传输？可能出现哪些波型？

解

$$\lambda_c(TE_{10}) = 2a = 46\ \text{mm}$$

$$\lambda_c(TE_{20}) = a = 23\ \text{mm}$$

$$\lambda_c(TE_{30}) = \frac{2}{3}a = 15.3\ \text{mm}$$

$$\lambda_c(TE_{01}) = 2b = 20\ \text{mm}$$

$$\lambda_c(TE_{02}) = b = 10\ \text{mm}$$

$$\lambda_c(TE_{11},\ TM_{11}) = 18.34\ \text{mm}$$

所以，波导中可以传输 $\lambda=2$ cm，$\lambda=3$ cm 的微波信号，可能出现 TE_{10}，TE_{20}，TE_{01} 三种波型。

9.5 如果用三公分标准波导(BJ－100)来传输 $\lambda=5$ cm 的电磁波，可以吗？如果用五公分波导(BJ－58)传输 $\lambda=3$ cm 的电磁波呢？会有什么问题？

解 如果用三公分标准波导来传输电磁波，则

$$\lambda_c(TE_{10}) = 2a = 4.572\ \text{cm} < 5\ \text{cm}$$

所以三公分波导不可以传输 $\lambda=5$ cm 的电磁波。

如果用五公分波导来传输电磁波，则

$$\lambda_c(TE_{10}) = 2a = 80.80\ \text{mm}$$

$$\lambda_c(TE_{20})=a=40.40\ mm$$

由于 $\lambda_c(TE_{10})>\lambda_c(TE_{20})>3$ cm，所以用五公分波导传输 $\lambda=3$ cm 的电磁波会出现多模传输。

9.6 通常选择矩形波导尺寸时满足 $a=2b$ 的关系，证明这种设计的波导会使频带最宽，而衰减常数 α 最小。

证明 矩形波导的最低波型为 TE_{10} 波型，其截止波长为 $2a$，次第波型为 TE_{20} 或 TE_{01} 波型，其截止波长为 a 或 $2b$。

若取波导尺寸 $a\geqslant 2b$，则 TE_{20} 波型为次第波型，这时波导单模传输的工作波长范围最大，即 $a<\lambda<2a$。又由式：

$$\alpha=\frac{\frac{R_s}{\eta b}\left[1+\frac{2b}{a}\left(\frac{\lambda}{2a}\right)^2\right]}{\sqrt{1-\left(\frac{\lambda}{2a}\right)^2}}$$

可知，衰减常数随 b 的增加而减小，故当 $a=2b$ 时，频带最宽，衰减常数最小。

9.7 求 BJ－32 波导工作波长为 10 cm 时，矩形波导传输 TE_{10} 模的最大传输功率。

解 $\lambda=10$ cm 时，为单模传输 TE_{10}，最大传输功率为

$$P_c=\frac{abE_c^2}{480\pi}\sqrt{1-\left(\frac{\lambda}{2a}\right)^2}$$

$$=\frac{7.214\times10^{-2}\times3.404\times10^{-2}\times(3\times10^6)}{480\pi}\sqrt{1-\left(\frac{10}{14.4}\right)^2}=0.11\times10^8\ W$$

9.8 在 BJ－100 波导中传输 TE_{10} 模，其工作频率为 10 GHz：

(1) 求 λ_g，β 和 $Z_{TE_{10}}$。

(2) 若宽边尺寸增加一倍，上述各参量将如何变化？

(3) 若窄边尺寸增加一倍，上述各参量将如何变化？

(4) 若波导尺寸不变，只是频率变为 15 GHz，上述各参量将如何变化？

解 (1) $f=10^{10}$ Hz

$$\lambda=\frac{c}{f}=\frac{3\times10^8}{10^{10}}=30\ mm$$

$$\lambda_c(TE_{10})=2a=2\times22.86=45.72\ mm$$

因为波导模式传输条件为 $\lambda<\lambda_c$，因此该传输为 TE_{10} 单模传输，可以得到

$$\lambda_g=\frac{\lambda}{G}=\frac{30}{\sqrt{1-\left(\frac{30}{45.72}\right)^2}}=39.76\ mm$$

$$\beta=\sqrt{k^2-k_c^2}=\sqrt{\left(\frac{2\pi}{\lambda}\right)^2-\left(\frac{2\pi}{\lambda_c}\right)^2}=\sqrt{\left(\frac{2\pi}{3}\right)^2-\left(\frac{2\pi}{4.572}\right)^2}\approx158.05\ rad/m$$

$$Z_{TE_{10}}=\frac{\eta}{G}=\frac{120\pi}{\sqrt{1-\left(\frac{3}{4.572}\right)^2}}\approx499.58\ \Omega$$

(2) 若宽边增加一倍，即 $a_1=2a$

$$\lambda_c(TE_{10})=2a_1=4a=91.44\ mm$$

$$\lambda_c(TE_{20})=a_1=2a=45.72\ mm$$

$$\lambda_c(TE_{30})=\frac{2}{3}a_1=\frac{4}{3}a=30.48\ \text{mm}$$

所以此时不再为单模传输，在该状态下同时传输 TE_{10}，TE_{20}，TE_{30}。

$$\lambda_{g_{TE_{10}}}=\frac{\lambda}{G}=\frac{30}{\sqrt{1-\left(\frac{3}{9.144}\right)^2}}=31.76\ \text{mm}$$

$$\lambda_{g_{TE_{20}}}=\frac{\lambda}{G}=\frac{30}{\sqrt{1-\left(\frac{30}{45.72}\right)^2}}=39.76\ \text{mm}$$

$$\lambda_{g_{TE_{30}}}=\frac{\lambda}{G}=\frac{30}{\sqrt{1-\left(\frac{30}{30.48}\right)^2}}=960.06\ \text{mm}$$

$$\beta_{TE_{10}}=\sqrt{k^2-k_c^2}=\sqrt{\left(\frac{2\pi}{\lambda}\right)^2-\left(\frac{2\pi}{\lambda_c(TE_{10})}\right)^2}=\sqrt{\left(\frac{2\pi}{3}\right)^2-\left(\frac{2\pi}{9.144}\right)^2}\approx197.7\ \text{rad/m}$$

$$\beta_{TE_{20}}=\sqrt{k^2-k_c^2}=\sqrt{\left(\frac{2\pi}{\lambda}\right)^2-\left(\frac{2\pi}{\lambda_c(TE_{20})}\right)^2}=\sqrt{\left(\frac{2\pi}{3}\right)^2-\left(\frac{2\pi}{4.572}\right)^2}\approx158.05\ \text{rad/m}$$

$$\beta_{TE_{30}}=\sqrt{k^2-k_c^2}=\sqrt{\left(\frac{2\pi}{\lambda}\right)^2-\left(\frac{2\pi}{\lambda_c(TE_{30})}\right)^2}=\sqrt{\left(\frac{2\pi}{3}\right)^2-\left(\frac{2\pi}{3.048}\right)^2}\approx37\ \text{rad/m}$$

$$Z_{TE_{10}}=\frac{\eta}{G}=\frac{120\pi}{\sqrt{1-\left(\frac{3}{9.144}\right)^2}}\approx398.88\ \Omega$$

$$Z_{TE_{20}}=\frac{\eta}{G}=\frac{120\pi}{\sqrt{1-\left(\frac{3}{4.572}\right)^2}}\approx499.58\ \Omega$$

$$Z_{TE_{30}}=\frac{\eta}{G}=\frac{120\pi}{\sqrt{1-\left(\frac{3}{3.048}\right)^2}}\approx2131.57\ \Omega$$

(3) 若窄边增加一倍，即 $b_1=2b$，此时

$$\lambda_c(TE_{01})=2b_1=4b=42.68\ \text{mm}$$

$$\lambda_c(TE_{02})=b_1=2b=21.34\ \text{mm}$$

即有 TE_{10}，TE_{01} 共同存在。

$$\lambda_g=\frac{\lambda}{G}=\frac{30}{\sqrt{1-\left(\frac{30}{45.72}\right)^2}}=39.76\ \text{mm}$$

$$\beta=\sqrt{k^2-k_c^2}=\sqrt{\left(\frac{2\pi}{\lambda}\right)^2-\left(\frac{2\pi}{\lambda_c}\right)^2}=\sqrt{\left(\frac{2\pi}{3}\right)^2-\left(\frac{2\pi}{4.572}\right)^2}\approx158.05\ \text{rad/m}$$

$$Z_{TE_{10}}=\frac{\eta}{G}=\frac{120\pi}{\sqrt{1-\left(\frac{3}{4.572}\right)^2}}\approx499.58\ \Omega$$

$$\lambda_{g_{TE_{01}}}=\frac{\lambda}{G}=\frac{30}{\sqrt{1-\left(\frac{30}{42.68}\right)^2}}=39.76\ \text{mm}$$

其余参数的计算方法同上，略。

(4) $f=15\times10^{10}$ Hz

$$\lambda=\frac{c}{f}=\frac{3\times10^8}{15\times10^{10}}=2\ \text{mm}$$

其余参数的计算方法同上，略。

9.9 用 BJ - 100 波导作为馈线，问：

(1) 当工作波长为 1.5 cm、3 cm、4 cm 时波导中能出现哪些波型？

(2) 为保证只传输 TE_{10} 模，其波长范围应该为多少？

解 (1)

$$\lambda_c(TE_{10})=2a=45.72\ \text{mm}$$

$$\lambda_c(TE_{20})=a=22.86\ \text{mm}$$

$$\lambda_c(TE_{30})=\frac{2}{3}a=15.24\ \text{mm}$$

$$\lambda_c(TE_{40})=\frac{1}{2}a=11.43\ \text{mm}$$

$$\lambda_c(TE_{01})=2b=21.34\ \text{mm}$$

$$\lambda_c(TE_{02})=b=10.67\ \text{mm}$$

$$\lambda_c(TE_{11},TM_{11})=\frac{2ab}{\sqrt{a^2+b^2}}=19.34\ \text{mm}$$

当工作波长为 1.5 cm 时，出现 TE_{10}，TE_{20}，TE_{30}，TE_{01}；

当工作波长为 3 cm 时，出现 TE_{10}；

当工作波长为 4 cm 时，出现 TE_{10}。

(2) 为保证只传输 TE_{10} 模，波长范围应为：$a<\lambda<2a$，即 $22.86\ \text{mm}<\lambda<45.72\ \text{mm}$。

9.10 求 BJ-100 波导在 $f=10$ GHz 时的极限功率和衰减常数。

解 由 $f=10$ GHz，$\lambda=30$ mm 可知

$$P_c=\frac{abE_c^2}{480\pi}\sqrt{1-\left(\frac{\lambda}{2a}\right)^2}\approx1.099\times10^6\ \text{W}$$

$$\alpha_c=\frac{R_S}{b\sqrt{\frac{\mu}{\varepsilon}}\sqrt{1-\left(\frac{\lambda}{2a}\right)^2}}\left[1+2\frac{b}{a}\left(\frac{\lambda}{2a}\right)^2\right]\quad\left(R_S=\sqrt{\frac{\omega\mu}{2\sigma}}\right)$$

9.11 某雷达的中心波长为 $\lambda_0=10$ cm，采用矩形波导作为馈线，传输 TE_{10} 模，要求波导中最长波长 λ_{max} 和最小波长 λ_{min} 所传输的功率相差不到一倍，计算 λ_{max}、λ_{min} 及波导尺寸。

解 矩形波导横截面尺寸为 $a\times b$，传输 TE_{10} 模，TE_{10} 模的波阻抗为

$$z_{TE_{10}}=\frac{\eta}{\sqrt{1-\left(\frac{\lambda}{2a}\right)^2}}$$

因此传输功率 P 为

$$P=\frac{abE^2}{480\pi}\sqrt{1-\left(\frac{\lambda}{2a}\right)^2}$$

对于最大波长 λ_{max}，对应频率 $f_{min}=\frac{c}{\lambda_{max}}$，其传输功率为

$$P_1=\frac{abE^2}{480\pi}\sqrt{1-\left(\frac{\lambda}{2a}\right)^2}$$

对于最小波长 $\lambda_{\min}$，对应频率 $f_{\max}=\frac{c}{\lambda_{\min}}$，其传输功率为

$$P_2=\frac{abE^2}{480\pi}\sqrt{1-\left(\frac{\lambda}{2a}\right)^2}$$

$$\frac{P_{\lambda_{\min}}-P_{\lambda_{\max}}}{P_{\lambda_{\max}}}<1$$

即

$$\frac{abE_0^2}{480\pi}\sqrt{1-\left(\frac{\lambda_{\min}}{2a}\right)^2}\leqslant 2\frac{abE_0^2}{480\pi}\sqrt{1-\left(\frac{\lambda_{\max}}{2a}\right)^2}\Rightarrow 1-\left(\frac{\lambda_{\min}}{2a}\right)^2\leqslant 4\left(1-\left(\frac{\lambda_{\max}}{2a}\right)^2\right)$$

由于中心工作波长为 $\lambda_0=10$ cm，若选用 10 cm 标准波导 BJ-32，其横截面尺寸为 $a\times b=72.14\ \text{mm}\times 34.04\ \text{mm}$，工作频率范围为 2.6～3.95 GHz。

对于 2.6 GHz，其 $\lambda_{\max}=\frac{3\times10^8}{2.6\times10^9}=0.1154\ \text{m}=11.54\ \text{cm}$；

对于 3.95 GHz，其 $\lambda_{\min}=\frac{3\times10^8}{3.95\times10^9}=0.07595\ \text{m}=7.59\ \text{cm}$；

则有

$$1-\left(\frac{\lambda_{3.95\ \text{GHz}}}{2a}\right)^2\leqslant 4\left(1-\left(\frac{\lambda_{2.6\ \text{GHz}}}{2a}\right)^2\right)$$

满足题设要求。

9.12 计算 BJ-32 波导在工作频率为 3 GHz 时，传输 TE_{10} 模的导体衰减常数；设此波导内均匀填充 ε_r 为 2.25 的介质，其 $\tan\delta=0.001$，求波导总的衰减常数值。

解

$$f=3\ \text{GHz}=3\times10^9\ \text{Hz}$$

$$\lambda=\frac{c}{f}=\frac{3\times10^8}{3\times10^9}=0.1\ \text{m}=10\ \text{cm}$$

$$R_S=\sqrt{\frac{\omega\mu}{2\sigma}}=\sqrt{\frac{\pi f\mu}{\sigma}}=0.014$$

$$\alpha_c=\frac{R_S}{b\sqrt{\frac{\mu}{\varepsilon}}\sqrt{1-\left(\frac{\lambda}{2a}\right)^2}}\left[1+2\frac{b}{a}\left(\frac{\lambda}{2a}\right)^2\right]=2.12\times10^{-4}$$

9.13 圆波导中波型指数 m，n 的意义如何？为什么不存在 $n=0$ 的波型？

答 当场沿半径按贝塞尔函数或其倒数规律变化时，波型指数 n 表示场沿半径分布的半驻波数或场的最大值个数；当场沿圆周按正弦或余弦函数变化时，波型指数 m 表示场沿圆周分布的整数波。因为场不可能没有最大值，所以 $n\neq0$。

9.14 圆波导中 TE_{10}、TM_{01} 和 TE_{01} 模的特点是什么？有何应用？

答 TE_{11}：截止波长最长，可以单模传输，存在极化简并，可用作极化衰减器和分离器。

TM_{01}：截止波长第二长，场结构具有旋转对称性，常用于天线旋转关节。

TE_{01}：高次模，损耗随频率升高而单调降低，不能实现单模传输，但是这种模的衰减特性好，适合圆波导的长距离传输。

9.15　什么是波导的简并？矩形波导和圆波导中的简并有何异同？

答　波导中不同的模具有相同截止波长(或截止频率)的现象，称为波导模式的简并现象。

在矩形波导中，TE_{mn} 模和 TM_{mn}(m，n 均不为零)互为简并模，它们具有不同的场分布，但是纵向传输特性完全相同。

圆波导有两种简并现象：一种是 TE_{0n} 模和 TM_{1n} 模简并，这两种模的 λ_c 相同；另一种是特殊的简并现象，即所谓“极化简并”。这是因为场分量沿 φ 方向的分布存在着 $\cos\varphi$ 和 $\sin\varphi$ 两种可能性。这两种分布模的 m、n 和场结构完全一样，只是极化面互相旋转了 90°，故称为极化简并。

9.16　周长为 25.1 cm 的空气填充波导，其工作频率为 3 GHz，问能传输哪些模？

解

$$f=3\ \text{GHz}$$

$$2\pi R=25.1\Rightarrow R=4\ \text{cm}$$

$$\lambda=\frac{c}{f}=\frac{3\times10^8}{3\times10^9}=0.1\ \text{m}=10\ \text{cm}$$

$$\lambda_c(TE_{11})=3.41R=13.64\ \text{cm}$$

$$\lambda_c(TM_{01})=2.62R=10.48\ \text{cm}$$

$$\lambda_c(TE_{21})=2.06R=8.23\ \text{cm}$$

所以可传 TE_{11}，TM_{01}。

9.17　空气填充的圆波导直径为 5 cm：

(1) 求 TE_{10}，TM_{01} 和 TE_{01} 模的截止波长。

(2) 当工作波长为 7 cm、6 cm 和 3 cm 时，波导中可出现哪些波型？

(3) 当工作波长为 7 cm 时，求主模的波导波长。

解　(1) $2R=5$ cm，$R=2.5$ cm

$$\lambda_c(TE_{11})=3.41R=8.525\ \text{cm}$$

$$\lambda_c(TM_{01})=2.62R=6.55\ \text{cm}$$

$$\lambda_c(TE_{01})=1.64R=4.1\ \text{cm}$$

(2) 当 $\lambda=7$ cm 时，会出现 TE_{11}；

当 $\lambda=6$ cm 时，会出现 TE_{11}、TM_{01}；

当 $\lambda=3$ cm 时，会出现 TE_{11}、TM_{01}、TE_{21}、TE_{01}、TM_{11}、TE_{31}、TM_{21}。

(3) $\lambda_g=\dfrac{\lambda}{G}=\dfrac{7}{\sqrt{1-\left(\dfrac{7}{8.525}\right)^2}}\approx12.26\ \text{cm}$

9.18　为什么要保证单模传输？写出矩形波导、圆波导的单模传输条件。

解　由于波导的单模传输波导内电磁波纯净，干扰小，因此要保证单模传输。

矩形波导单模传输条件：$\begin{cases}a<\lambda<2a\\2b<\lambda\end{cases}$，传输 TE_{10}；

圆波导单模传输条件：$2.62R<\lambda<3.41R$，传输 TE_{11}。

9.19　空气填充的圆波导传输 TE_{10} 模，已知 $\lambda_0/\lambda_g=0.9$，$f_0=5$ GHz，求：

(1) λ_g, β, v_p 和 v_g。

(2) 若波导半径扩大一倍，β 有何变化？

解 (1) $\dfrac{\lambda_0}{\lambda_g}=0.9 \Rightarrow \dfrac{\frac{c}{f}}{\lambda_g}=0.9 \Rightarrow \lambda_g=\dfrac{c}{0.9f_0}=\dfrac{3\times10^8}{0.9\times5\times10^9}\approx67\ \text{mm}$

$$\lambda_g=\frac{\lambda_0}{G} \Rightarrow G=\frac{\lambda_0}{\lambda_g}=\sqrt{1-\left(\frac{\lambda_0}{\lambda_g}\right)^2}=0.9$$

$$1-\left(\frac{\frac{c}{f}}{\lambda_c}\right)^2=0.81$$

$$\frac{c^2}{\lambda_c^2 f_0^2}=0.019$$

$$\lambda_c=\sqrt{\frac{c^2}{f_0^2\times0.19}}=\sqrt{\frac{1}{0.19}}\frac{c}{f_0}=138.34\ \text{cm}$$

$$\beta=\sqrt{k^2-k_c^2}=2\pi\sqrt{\left(\frac{1}{\lambda_0}\right)^2-\left(\frac{1}{\lambda_c}\right)^2}\approx1.04\ \text{cm}$$

$$v_p=\frac{c}{G}=\frac{3\times10^8}{0.9}\approx3.3\times10^8\ \text{m}$$

$$v_g=c\cdot G=3\times10^8\times0.9=2.7\times10^8\ \text{m}$$

(2) 由圆形波导的传播常数公式可知

$$\beta=\sqrt{\omega^2\mu\varepsilon-\left(\frac{u'_{mn}}{R}\right)^2}$$

当半径 R 增大时，传播常数 β 会增大。

9.20 发射机工作频率为 3 GHz，今用矩形波导和圆波导作馈线，均以主模传输，试比较波导尺寸大小。

解

$$f=3\ \text{GHz}=3\times10^9\ \text{Hz}$$

$$\lambda=\frac{c}{f}=10\ \text{cm}$$

矩形波导主模为 TE_{10}，此时

$$\lambda_c=2a$$

$$\lambda<\lambda_c$$

$a<10<2a\Rightarrow a>5$ cm。

在工程上，一般取 $a=0.7\lambda$，$b=(0.4-0.5)a$，即

$$a=7\ \text{cm}$$

$$b=(0.28-0.35)\ \text{cm}$$

圆波导主模为 TE_{11}，此时

$$2.62R<\lambda<3.41R$$

$$2.93\ \text{cm}<R<3.82\ \text{cm}$$

9.21 工作波长为 8 mm 的信号用 BJ-320 矩形波导过渡到传输 TE_{10} 模的圆波导，并要

求两者相速度一样，试计算圆波导的半径；若过渡到圆波导后传输 TE_{11} 模且相速度一样，再计算圆波导的半径。

解　对于 BJ-320 波导，$a=7.112$ mm，$b=3.556$ mm，显然此时矩形波导为单模传输。

$$G_1=\sqrt{1-\left(\frac{\lambda}{\lambda_c}\right)^2}=\sqrt{1-\left(\frac{8}{14.224}\right)^2}\approx 0.83$$

$$v_p=\frac{v}{G_1}=\frac{c}{G_1}$$

过渡到圆波导中，f 应不变，由于 $f=\dfrac{c}{\lambda}$，所以 f，λ 均不变。

$$\lambda_c=1.64R$$

$$G_2=\sqrt{1-\left(\frac{\lambda}{\lambda_c}\right)^2}=\sqrt{1-\left(\frac{\lambda}{1.64R}\right)^2}$$

$$v=\frac{c}{G_2}$$

$$\frac{c}{G_1}=\frac{c}{G_2}$$

$$G_1=G_2$$

$$1-\left(\frac{\lambda}{2a}\right)^2=1-\left(\frac{\lambda}{1.64R}\right)^2$$

$$4a^2=(1.64)^2R^2$$

所以

$$R=\frac{2a}{1.64}=\frac{2\times 7.112}{1.64}=8.67\ \text{mm}$$

当传输 TE_{11} 模时

$$\lambda_c'=3.41R'$$

$$R'=\frac{2a}{3.41}=\frac{2\times 7.112}{3.41}\approx 4.17\ \text{mm}$$

9.22　圆波导中波型场结构的规律如何？截止波导为何可以用作衰减器？为何可以用截止式衰减器作为标准衰减器？用 $R=1$ cm 的圆波导作为截止衰减器，问长度为多少时，才能使 $\lambda=30$ cm 的波衰减 30 dB？

解　TE 模：

$$\begin{cases}
E_r=\pm\displaystyle\sum_{m=0}^{\infty}\sum_{n=1}^{\infty}\frac{\mathrm{j}\omega\mu mR^2}{(u'_{mn})^2 r}H_{mn}\mathrm{J}_m\left(\frac{u'_{mn}}{R}r\right)_{\cos m\varphi}^{\sin m\varphi}\mathrm{e}^{\mathrm{j}(\omega t-\beta z)}\\
E_\varphi=\displaystyle\sum_{m=0}^{\infty}\sum_{n=1}^{\infty}\frac{\mathrm{j}\omega\mu R}{u'_{mn}}H_{mn}\mathrm{J}'_m\left(\frac{u'_{mn}}{R}r\right)_{\sin m\varphi}^{\cos m\varphi}\mathrm{e}^{\mathrm{j}(\omega t-\beta z)}\\
E_z=0\\
H_r=\displaystyle\sum_{m=0}^{\infty}\sum_{n=1}^{\infty}\frac{-\mathrm{j}\beta R}{u'_{mn}}H_{mn}\mathrm{J}'_m\left(\frac{u'_{mn}}{R}r\right)_{\sin m\varphi}^{\cos m\varphi}\mathrm{e}^{\mathrm{j}(\omega t-\beta z)}\\
H_\varphi=\pm\displaystyle\sum_{m=0}^{\infty}\sum_{n=1}^{\infty}\frac{\mathrm{j}\beta nR^2}{(u'_{mn})^2 r}H_{mn}\mathrm{J}_m\left(\frac{u'_{mn}}{R}r\right)_{\cos m\varphi}^{\sin m\varphi}\mathrm{e}^{\mathrm{j}(\omega t-\beta z)}\\
H_z=\displaystyle\sum_{m=0}^{\infty}\sum_{n=1}^{\infty}H_{mn}\mathrm{J}_m\left(\frac{u'_{mn}}{R}r\right)_{\sin m\varphi}^{\cos m\varphi}\mathrm{e}^{\mathrm{j}(\omega t-\beta z)}
\end{cases}$$

TM 模：
$$\begin{cases} E_r = \sum\limits_{m=0}^{\infty}\sum\limits_{n=1}^{\infty} \dfrac{-\mathrm{j}\beta R}{u_{mn}} E_{mn} \mathrm{J}'_m\left(\dfrac{u_{mn}}{R}r\right)_{\sin m\varphi}^{\cos m\varphi} \mathrm{e}^{\mathrm{j}(\omega t-\beta z)} \\ E_\varphi = \pm \sum\limits_{m=0}^{\infty}\sum\limits_{n=1}^{\infty} \dfrac{\mathrm{j}\beta m R^2}{u_{mn}^2} E_{mn} \mathrm{J}_m\left(\dfrac{u_{mn}}{R}r\right)_{\cos m\varphi}^{\sin m\varphi} \mathrm{e}^{\mathrm{j}(\omega t-\beta z)} \\ E_z = \sum\limits_{m=0}^{\infty}\sum\limits_{n=1}^{\infty} E_{mn} \mathrm{J}_m\left(\dfrac{u_{mn}}{R}r\right)_{\cos m\varphi}^{\sin m\varphi} \mathrm{e}^{\mathrm{j}(\omega t-\beta z)} \\ H_r = \mp \sum\limits_{m=0}^{\infty}\sum\limits_{n=1}^{\infty} \dfrac{\mathrm{j}\omega\varepsilon m R^2}{u_{mn}^2 r} E_{mn} \mathrm{J}_m\left(\dfrac{u_{mn}}{R}r\right)_{\cos m\varphi}^{\sin m\varphi} \mathrm{e}^{\mathrm{j}(\omega t-\beta z)} \\ H_\varphi = \sum\limits_{m=0}^{\infty}\sum\limits_{n=1}^{\infty} \dfrac{-\mathrm{j}\omega\varepsilon R}{u_{mn}} E_{mn} \mathrm{J}'_m\left(\dfrac{u_{mn}}{R}r\right)_{\sin m\varphi}^{\cos m\varphi} \mathrm{e}^{\mathrm{j}(\omega t-\beta z)} \\ H_z = 0 \end{cases}$$

圆波导截止衰减器的原理是使 TE_{11} 模截止。

圆波导 TE_{11} 模的截止波长为

$$\lambda_c = 3.41R = 3.41\times 1 = 3.41\ \text{cm} < 30\ \text{cm}$$

即 TE_{11} 模截止，此时

$$\beta = \sqrt{k^2-k_c^2} = 2\pi\sqrt{\left(\frac{1}{\lambda}\right)^2-\left(\frac{1}{\lambda_c}\right)^2} = -\mathrm{j}2\pi\sqrt{\left(\frac{1}{\lambda}\right)^2-\left(\frac{1}{\lambda_c}\right)^2} = -\mathrm{j}\alpha$$

由此可求出 $\alpha\approx 1.8212$ Np/m，由于 1 Np＝8.686 dB，因此 $-\alpha l\times 8.686=-30$，则

$$l = \frac{30}{1.8212\times 8.686} \approx 1.9\ \text{m}$$

9.23 用圆波导作为 TE_{01} 模截止衰减器，其工作频率为 1000 GHz，要求经过 0.1 m 后衰减 100 dB，计算波导的直径。

解 $f = 1000\ \text{GHz} = 10^3\times 10^9\ \text{Hz} = 10^{12}\ \text{Hz}$

$$\frac{1}{\lambda} = \frac{c}{f} = \frac{1}{3}\times 10^4$$

TE_{01} 模作为截止衰减器时，

$$\lambda_c = 1.64R$$

$$\alpha\cdot l\cdot 8.686 = 100$$

$$\alpha = \frac{100}{8.686\times 0.1} = 115.13\ \text{NP/m}$$

$$\alpha = 2\pi\sqrt{\left(\frac{1}{\lambda_c}\right)^2-\left(\frac{1}{\lambda}\right)^2}$$

$$\lambda_c = \frac{1}{\sqrt{\left(\frac{1}{\lambda}\right)^2+\left(\frac{\alpha}{2\pi}\right)^2}} = 1.64R$$

$$R = \frac{1}{1.64\sqrt{\left(\frac{1}{\lambda}\right)^2+\left(\frac{\alpha}{2\pi}\right)^2}}$$

$$D = 2R = \frac{1}{0.82\sqrt{\left(\frac{f}{c}\right)^2+\left(\frac{\alpha}{2\pi}\right)^2}} \approx \frac{1}{0.82}\frac{c}{f} \approx 3.66\times 10^{-4}\ \text{m}$$

9.24　同轴线的主模是什么？其电磁场结构有何特点？

解　同轴线主模为 TEM 模，它单模传输条件是 $\lambda<\pi(a+b)$，其传输型的电场为 $\boldsymbol{E}=\boldsymbol{e}_r\dfrac{V_0}{r\ln\left(\dfrac{b}{a}\right)}\mathrm{e}^{\mathrm{j}(\omega t-\beta z)}$，电场方向由内导体指向外导体或者由外导体指向内导体，场结构关于同轴线轴对称。磁场为 $\boldsymbol{H}=\boldsymbol{e}_\varphi\dfrac{V_0}{\eta r\ln\left(\dfrac{b}{a}\right)}\mathrm{e}^{\mathrm{j}(\omega t-\beta z)}$，磁力线是环绕内导体的圆，场结构关于同轴线轴对称。

9.25　空气同轴线的尺寸为 $a=1$ cm，$b=4$ cm。

(1) 计算最低次波导模的截止波长；为保证只传输 TEM 模，工作波长至少应该是多少？

(2) 若工作波长为 10 cm，求 TE_{11} 模和 TEM 模的相速度。

解　(1) $\lambda_{c_{\mathrm{TE}_{11}}}\approx\pi(b+a)=5\pi$ cm

$$\lambda>5\pi\ \mathrm{cm}$$

(2) 对于 TEM 模

$$v_{\mathrm{p}}=v_{\mathrm{g}}=v=\frac{c}{\sqrt{\varepsilon_{\mathrm{r}}}}=c$$

对于 TE_{11} 模

$$k_{c_{11}}=\frac{2}{a+b}=40$$

$$\beta=\sqrt{k^2-k_c^2}=\sqrt{\left(\frac{2\pi}{\lambda}\right)^2-k_c^2}=48.45$$

$$k_c=\frac{2\pi}{\lambda_c}\Rightarrow\lambda_c=\frac{2\pi}{k_c}=15.7\ \mathrm{cm}$$

$$G=\sqrt{1-\left(\frac{\lambda}{\lambda_c}\right)^2}=\sqrt{1-\left(\frac{10}{15.7}\right)^2}=0.771$$

$$v_{\mathrm{p}}=\frac{c}{G}=\frac{3\times10^8}{0.771}=3.89\times10^8\ \mathrm{m/s}$$

9.26　同轴线尺寸选择的依据是什么？为什么？已知工作波长为 10 cm，传输功率为 300 kW，计算此同轴线的尺寸。

解　(1) 为了保证只传输 TEM 模，必须满足条件：$\lambda>\lambda_{c_{\mathrm{TE}_{11}}}\approx\pi(a+b)$。通常要求 $\lambda_{\min}\geqslant1.05\lambda_{c_{\mathrm{TE}_{11}}}$，因此可得到 $b+a\leqslant\dfrac{\lambda_{\min}}{1.05\pi}$。

(2) 功率容量最大的条件是 $\dfrac{b}{a}=1.649$。

(3) 损耗最小的条件是 $\dfrac{b}{a}=3.591$。

(4) 若兼顾功率和损耗要求，则一般取 $\dfrac{b}{a}=2.303$。

9.27　设计一同轴线，其传输的最短工作波长为 10 cm，要求其特性阻抗为 50 Ω，计算硬的(空气填充)和软的(聚乙烯填充)两种同轴线的尺寸。

解 $\lambda_{\min}=10\ \text{cm}$

$$Z_0=\frac{V_{ab}}{I_a}=\frac{60}{\sqrt{\varepsilon_r}}\ln\frac{b}{a}$$

硬的同轴线的尺寸：

$$\begin{cases}50=60\ln\dfrac{b}{a}\\10>\pi(b+a)\end{cases}\Rightarrow\begin{cases}\dfrac{b}{a}=e^{\frac{5}{6}}=2.301\\a+b<\dfrac{10}{1.05\pi}=3.0315\end{cases}\Rightarrow\begin{cases}a=0.918\\b=2.755\end{cases}$$

软的同轴线的尺寸：

$$\begin{cases}50=\dfrac{60}{2.25}\ln\dfrac{b}{a}\\10>\pi(b+a)\end{cases}\Rightarrow\begin{cases}\dfrac{b}{a}=e^{1.875}=6.5208\\a+b<\dfrac{10}{1.05\pi}=3.0315\end{cases}\Rightarrow\begin{cases}a=0.403\\b=1.209\end{cases}$$

9.28 发射机工作波长范围是 10～20 cm，用同轴线馈电，要求损耗最小，计算同轴线的尺寸。

解 10 cm<λ<20 cm，$\lambda_{\min}=10\ \text{cm}$，$\lambda_{\max}=20\ \text{cm}$。

要求损耗最小：

$$\begin{cases}\dfrac{b}{a}=3.591\\a+b<\dfrac{10}{1.05\pi}\end{cases}\Rightarrow\begin{cases}a<0.66\\b<2.37\end{cases}$$

同轴线 TEM 模单模传输条件：

$$\lambda_{\min}>\lambda_{c_{TE_{11}}}\approx\pi(a+b)$$

则

$$a+b\leqslant\frac{\lambda_{\min}}{1.05\pi} \tag{1}$$

同轴线损耗最小条件：

$$\frac{d\alpha_c}{da}=0$$

则

$$\frac{b}{a}=3.591 \tag{2}$$

联立(1)、(2)两式，得

$$\begin{cases}a\leqslant 0.66\ \text{cm}\\b\leqslant 2.37\ \text{cm}\end{cases}$$

自测试题

试题一

一、填空题

1. 恒定电流产生的磁场，称之为________。

2. $\boldsymbol{J}=\sigma\boldsymbol{E}$ 称之为________定律的微分形式。

3. 在良导体中磁场比电场相位________45°。

4. 满足给定边界条件的拉普拉斯方程或泊松方程的解是________的。

5. 法拉第电磁感应定律的微分形式为________。

6. 标量位 ϕ 的达朗贝尔方程为________________。

7. 衰减常数 α 的量纲为 Np/m，电磁波衰减 1 Np 是指振幅衰减为初值的________。

8. 横磁波可表示为________。

9. $\boldsymbol{E}$ 和 $\boldsymbol{H}$ 振幅比值为 η，称为介质的________。

10. 电容的量纲为________。

二、选择题

1. 真空中静电场的 ε_0 其数值是(   )。

A. 8.85×10^{-12} F/m　　B. 8.85×10^{-10} F/m

C. 8.85×10^{-8} F/m　　D. 8.85×10^{-9} F/m

2. 电位移矢量 $\boldsymbol{D}=\varepsilon_0\boldsymbol{E}+\boldsymbol{P}$，在真空中 $\boldsymbol{P}$ 的大小值为(   )。

A. 零　　B. 正　　C. 负　　D. 无法确定

3. 由电位计算电场强度的公式是(   )。

A. $\boldsymbol{E}=\nabla\phi$　　B. $\boldsymbol{E}=-\nabla\phi$　　C. $\boldsymbol{E}=\nabla\cdot\phi$　　D. $\boldsymbol{E}=\nabla\times\phi$

4. 关于电通密度矢量 $\boldsymbol{D}$，描述不正确的是(   )。

A. 也称为电位移矢量　　B. $\boldsymbol{D}=\varepsilon_0\boldsymbol{E}+\boldsymbol{P}$

C. 量纲为 C/m^3　　D. 对于线性各向同性的媒质 $\boldsymbol{D}=\varepsilon\boldsymbol{E}$

5. 在 $\nabla\cdot\boldsymbol{D}=\rho$、$\nabla\times\boldsymbol{E}=\boldsymbol{0}$ 的基础上附加(   )条件可以推出静电场的泊松方程 $\nabla^2\phi=-\rho/\varepsilon$。

A. 线性媒质　　B. 线性各向同性媒质

C. 各向同性均匀媒质　　D. 线性各向同性均匀媒质

6. 磁通连续性原理的积分形式可以表示为(   )。

A. $\oint_S \boldsymbol{B}\times d\boldsymbol{S}=0$　　B. $\oint_S \boldsymbol{B}\cdot d\boldsymbol{S}=0$

C. $\oint\!\!\!\oint_S \boldsymbol{H}\cdot d\boldsymbol{S}=0$　　D. $\oint\!\!\!\oint_S \boldsymbol{B}d\boldsymbol{S}=0$

7. 导电媒质中恒定电场的基本方程为(　　)。

A. $\nabla\cdot\boldsymbol{J}=-\partial\rho/\partial t$, $\nabla\cdot\boldsymbol{D}=\rho$　　B. $\nabla\cdot\boldsymbol{J}=0$, $\nabla\times\boldsymbol{E}=0$

C. $\nabla\cdot\boldsymbol{J}=\partial\rho/\partial t$, $\nabla\cdot\boldsymbol{E}=0$　　D. $\nabla\times\boldsymbol{J}=0$, $\nabla\cdot\boldsymbol{E}=0$

8. 恒定电场的边界条件为(　　)。

A. $\boldsymbol{J}_{1t}=\boldsymbol{J}_{2t}$, $\boldsymbol{D}_{1n}=\boldsymbol{D}_{2n}$　　B. $\boldsymbol{J}_{1t}=\boldsymbol{J}_{2t}$, $\boldsymbol{E}_{1n}=\boldsymbol{E}_{2n}$

C. $\boldsymbol{J}_{1n}=\boldsymbol{J}_{2n}$, $\boldsymbol{E}_{1t}=\boldsymbol{E}_{2t}$　　D. $\boldsymbol{J}_{1n}=\boldsymbol{J}_{2n}$, $\boldsymbol{D}_{1t}=\boldsymbol{D}_{2t}$

9. 下列选项中，(　　)不是描述磁感应强度的。

A. 磁通密度　　B. 单位 A/m　　C. 单位 Wb/m^2　　D. 单位 T

10. 在恒定磁场中，已知 $\boldsymbol{H}=a(y\boldsymbol{e}_x-x\boldsymbol{e}_y)$，则电流密度 $\boldsymbol{J}$ 等于(　　)。

A. $-2a\boldsymbol{e}_y$　　B. $-2a\boldsymbol{e}_z$　　C. $2a\boldsymbol{e}_z$　　D. $2a\boldsymbol{e}_x$

11. N 个回路系统的总磁能为(　　)。

A. $W_m=\frac{1}{2}\sum_{k=1}^{N}I_k\psi_k$　　B. $W_m=\frac{1}{4}\sum_{k=1}^{N}I_k\psi_k$

C. $W_m=\frac{1}{2}\sum_{k=1}^{N}I_k^2\psi_k$　　D. $W_m=\frac{1}{4}\sum_{k=1}^{N}I_k^2\psi_k$

12. 点电荷 q 位于$(0, 0, h)$，在 $z=0$ 处有一个无限大理想导电平面，$z>0$ 处的电位为(　　)。

A. $\frac{q}{4\pi\varepsilon_0\sqrt{x^2+y^2+(z-h)^2}}+\frac{-q}{4\pi\varepsilon_0\sqrt{x^2+y^2+(z+h)^2}}$

B. $\frac{q}{4\pi\varepsilon_0\sqrt{x^2+y^2+(z+h)^2}}+\frac{-q}{4\pi\varepsilon_0\sqrt{x^2+y^2+(z-h)^2}}$

C. $\frac{q^2}{4\pi\varepsilon_0\sqrt{x^2+y^2+(z-h)^2}}+\frac{-q^2}{4\pi\varepsilon_0\sqrt{x^2+y^2+(z+h)^2}}$

D. $\frac{q^2}{4\pi\varepsilon_0\sqrt{x^2+y^2+(z+h)^2}}+\frac{-q^2}{4\pi\varepsilon_0\sqrt{x^2+y^2+(z-h)^2}}$

13. 在线性的各向同性媒质中，对于正弦电磁场下面方程不正确的是(　　)。

A. $\nabla\times\boldsymbol{H}=\boldsymbol{J}+j\omega\varepsilon\boldsymbol{E}$　　B. $\nabla\times\boldsymbol{E}=-j\omega\varepsilon\boldsymbol{H}$

C. $\nabla\cdot\boldsymbol{D}=\rho$　　D. $\nabla\cdot\boldsymbol{B}=0$

14. 对极化强度为 $\boldsymbol{P}$ 的电介质，极化面电荷密度为(　　)。

A. $-\nabla\cdot\boldsymbol{P}$　　B. $\nabla\cdot\boldsymbol{P}$　　C. $-\boldsymbol{P}\cdot\boldsymbol{e}_n$　　D. $\boldsymbol{P}\cdot\boldsymbol{e}_n$

15. 关于位移电流和传导电流的描述正确的是(　　)。

A. 它们都是电子定向移动的结果　　B. 它们都可以产生磁场

C. 它们都是电荷定向移动的结果　　D. 它们都可以产生焦耳热

16. 时变电磁场中由矢量位 $\boldsymbol{A}$ 和标量位 ϕ 求出 $\boldsymbol{B}$ 和 $\boldsymbol{E}$ 的公式是(　　)。

A. $\boldsymbol{B}=\nabla\times\boldsymbol{A}$, $\boldsymbol{E}=\nabla\phi$　　B. $\boldsymbol{B}=\nabla\times\boldsymbol{A}$, $\boldsymbol{E}=-\nabla\phi$

C. $\boldsymbol{B}=\nabla\times\boldsymbol{A}$, $\boldsymbol{E}=-\nabla\phi-\frac{\partial\boldsymbol{A}}{\partial t}$　　D. $\boldsymbol{B}=\nabla\times\boldsymbol{A}$, $\boldsymbol{E}=\nabla\phi+\frac{\partial\boldsymbol{A}}{\partial t}$

17. 真空中均匀平面波的波阻抗为(　　)。

A. 337 Ω　　B. 237 Ω　　C. 277 Ω　　D. 377 Ω

18. 电磁波以入射角 $\theta_i=\arcsin\sqrt{\varepsilon_2/(\varepsilon_1+\varepsilon_2)}$ 斜入射到媒质交界面时，有(　　)。

A. $r_{/\!/}=0$　　B. $t_{/\!/}=0$　　C. $r_{\perp}=0$　　D. $t_{\perp}=0$

19. 由波导横截面场分布(如题图 1.1 所示)可判断出矩形波导中传输的是(　　)模。

A. TM_{30}　　B. TM_{03}

C. TE_{30}　　D. TE_{03}

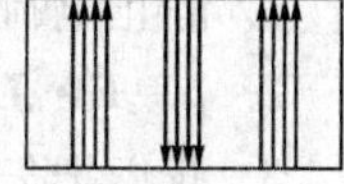

题图 1.1

20. 矩形波导的宽为 a，窄边为 b，则下述不正确的是(　　)。

A. $k_c=\sqrt{\left(\frac{m\pi}{a}\right)^2+\left(\frac{n\pi}{b}\right)^2}$　　B. $f_c=\frac{1}{2\sqrt{\varepsilon\mu}}\sqrt{\left(\frac{m}{a}\right)^2+\left(\frac{n}{b}\right)^2}$

C. $\lambda_c=\frac{2}{\sqrt{\left(\frac{a}{m}\right)^2+\left(\frac{b}{n}\right)^2}}$　　D. 都对

三、分析题

1. 画图说明电偶极子，并写出电偶极矩。

2. 写出时变电磁场中磁场的边界条件。

3. 写出电场能量密度的场强表达式。

4. 写出圆波导的单模传输条件。

5. 在什么情况下传播媒质可以近似看成理想介质。

四、计算题

1. 半径为 a 的介质球，介电常数为 ε，均匀带电，电荷密度为 ρ，求空间各点的电场强度 $\boldsymbol{E}$ 和介质表面的极化面电荷分布 ρ_{Sp}。

2. 半径为 a 的无限长圆柱上分布着电流密度 $\boldsymbol{J}=\begin{cases}\frac{r^2}{a}\boldsymbol{e}_z & r\leqslant a\\ 0 & r>a\end{cases}$ 的电流，求空间各点的磁场强度 $\boldsymbol{H}$。

3. 已知入射波电场为 $\boldsymbol{E}_i(z)=e^{-j20\pi z}\boldsymbol{e}_x-je^{-j20\pi z}\boldsymbol{e}_y$，由真空垂直投射到 $\varepsilon_r=4$，$\mu_r=1$ 的介质面上，如题图 1.2，求：

(1) 电磁波的频率；

(2) 入射波的磁场强度；

(3) 判断入射电磁波的极化方式；

(4) 反射波的电场强度与极化方式；

(5) 透射波的电场强度与极化方式；

(6) $\bar{\boldsymbol{S}}_i$、$\bar{\boldsymbol{S}}_r$、$\bar{\boldsymbol{S}}_t$。

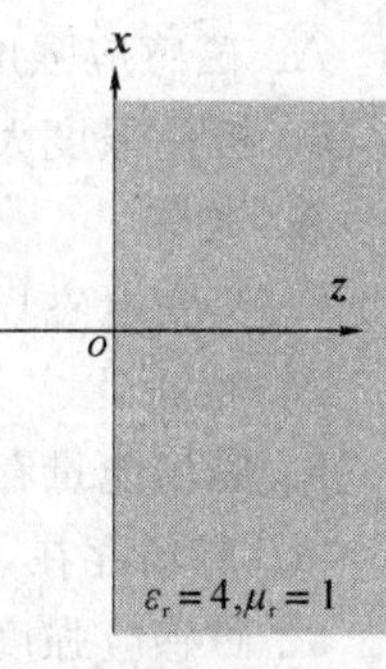

题图 1.2

4. 已知 BJ-40 波导的截面尺寸为 $a=5.82$ cm，$b=2.91$ cm。

(1) 当工作频率为 6 GHz 时波导中能够传输什么模？

(2) 求工作频率为 4 GHz 时，矩形波导传输电磁波的相速度、群速度、波阻抗。

试题二

一、填空题

1. 静止电荷产生的电场，称之为________。

2. $\boldsymbol{p}=\boldsymbol{E}\cdot\boldsymbol{J}$ 称之为________定律的微分形式。

3. 我们把矢量磁位的旋度定义为________。

4. 电偶极子是电量相等，极性________且靠得很近的电荷对。

5. 位移电流密度可表示为 $\boldsymbol{J}_D=$________。

6. 写出矢量位 $\boldsymbol{A}$ 的达朗贝尔方程________。

7. 趋肤深度定义为波在导电媒质中振幅衰减为初值的________时，电磁波传播的距离。

8. 横电波可表示为________。

9. 矩形波导 TM_{11} 模的截止波长为________。

10. 电感的量纲为________。

二、选择题

1. 静电场中试验电荷受到的作用力与试验电荷电量成(　　)关系。

A. 正比　　B. 反比　　C. 平方　　D. 平方根

2. 导体在静电平衡下，其内部电场强度(　　)。

A. 为常数　　B. 为零　　C. 不为零　　D. 不确定

3. 假设电磁波沿 Z 轴传播，$E_z\neq 0$ 和 $H_z=0$ 的导模称为(　　)。

A. TE　　B. TM　　C. TEM　　D. 都不对

4. 磁通 Φ 的单位为(　　)。

A. 特斯拉　　B. 韦伯　　C. 库仑　　D. 安匝

5. 矢量磁位的旋度($\nabla\times A$)是(　　)。

A. 磁感应强度　　B. 电位移矢量　　C. 磁场强度　　D. 电场强度

6. 极化强度大小与电场强度大小成正比的电介质称为(　　)介质。

A. 均匀　　B. 各向同性　　C. 线性　　D. 可极化

7. 交变电磁场中，回路感应电动势与材料的电导率(　　)。

A. 成正比　　B. 成反比　　C. 成平方关系　　D. 无关

8. 磁场能量存在于(　　)的区域。

A. 磁场存在　　B. 电流源存在　　C. 电流存在　　D. 电场存在

9. 磁感应强度大小与磁场强度大小的一般关系为(　　)。

A. $\boldsymbol{H}=\mu\boldsymbol{B}$　　B. $\boldsymbol{H}=\mu_0\boldsymbol{B}$　　C. $\boldsymbol{B}=\mu\boldsymbol{H}$　　D. $\boldsymbol{B}=\mu_0\boldsymbol{H}$

10. 当频率趋近于截止频率时，波趋近于截止状态，群速度趋近于(　　)。

A. 无穷大　　B. 零　　C. 稳定　　D. 光速

11. $\boldsymbol{B}$ 中运动的电荷会受到洛仑磁力 $\boldsymbol{F}$ 的作用，$\boldsymbol{F}$ 与 $\boldsymbol{B}$(　　)。

A. 同向平行　　B. 反向平行　　C. 相互垂直　　D. 无确定关系

12. 平面电磁波波矢量 $\boldsymbol{k}$ 的方向是(　　)。

A. 电磁波传播方向　　B. 电场的方向

C. 磁场的方向　　D. 磁感应强度的方向

13. 矩形波导不存在(　　)模。

A. TE_{10}　　B. TE_{01}　　C. TM_{30}　　D. TM_{11}

14. 下列媒质表面边界条件中，(　　)是对的。

A. $\boldsymbol{E}_{1n}=\boldsymbol{E}_{2n}$　　B. $\boldsymbol{E}_{1t}=\boldsymbol{E}_{2t}$　　C. $\boldsymbol{D}_{1n}-\boldsymbol{D}_{2n}=\boldsymbol{J}_S$　　D. $\boldsymbol{D}_{1n}-\boldsymbol{D}_{2n}=0$

15. 磁化强度 $\boldsymbol{M}$ 和磁场强度 $\boldsymbol{H}$ 的关系 $\boldsymbol{M}=\chi_m\boldsymbol{H}$ 成立的条件是(　　)。

A. 各向同性介质　　B. 线性介质

C. 各向同性线性介质　　D. 均匀各向同性介质

16. 关于静电能，下面不正确的是(　　)。

A. $W_e=\dfrac{q^2}{2C}$　　B. $W_e=\dfrac{1}{2}\sum\limits_{i=1}^{N}q_i\phi_i$

C. $W_e=\dfrac{1}{2}\iiint\limits_V\boldsymbol{D}\cdot\boldsymbol{E}\mathrm{d}V$　　D. $W_e=\dfrac{\varepsilon_r}{2}\iiint\limits_V|E|^2\mathrm{d}V$

17. 真空中恒定电场的泊松方程为(　　)。

A. $\nabla^2\phi=-\rho/\varepsilon_0$　　B. $\nabla^2\phi=\rho/\varepsilon_0$　　C. $\nabla^2\phi=-\varepsilon_0\rho$　　D. $\nabla^2\phi=\varepsilon_0\rho$

18. 均匀平面电磁波在导电媒质中的趋肤深度是(　　)。

A. $\sqrt{2/\omega\mu\sigma}$　　B. $\sqrt{\omega\mu\sigma/2}$　　C. $\sqrt{2/\omega\varepsilon\sigma}$　　D. $\sqrt{\omega\varepsilon\sigma/2}$

19. 对于电场强度 $\boldsymbol{E}=3\boldsymbol{e}_y\sin(\omega t-3x)$ 的电磁波，下列描述正确的是(　　)。

A. 该电磁波是沿 $\boldsymbol{e}_z$ 传播的均匀平面电磁波

B. 该电磁波是沿 $\boldsymbol{e}_x$ 传播的非均匀平面电磁波

C. 该电磁波是沿 $\boldsymbol{e}_x$ 传播的均匀平面电磁波

D. 该电磁波是沿 $\boldsymbol{e}_z$ 传播的非均匀平面电磁波

20. 在矩形波导中，宽边中央沿纵向开缝，关于该波导，下列说法中(　　)是正确的。

A. 是有辐射缝　　B. 是无辐射缝

C. 切断大量电流　　D. 有时辐射，有时不辐射

三、分析题

1. 画图说明磁偶极子，并写出磁偶极矩。
2. 写出时变电磁场中电场的边界条件。
3. 写出磁场能量密度的场强表达式。
4. 对于静电场，写出理想导体表面的边界条件。
5. 在什么情况下传播媒质可以近似看成良导体?

四、计算题

1. 已知半径为 a，体电荷密度 $\rho=\rho_0[1-(r^2/a^2)]$ 的带电体被一内半径为 $b(b>a)$，外半径为 c 的同心导体球壳所包围。求空间各点处的电场强度。

2. 一内导体半径为 a，外导体半径分别为 b 和 c 的无限长同轴线，其内外导体分别通以相反方向的电流 I，如题图 2.1 所示。求同轴线内、外各点处的磁感应强度。

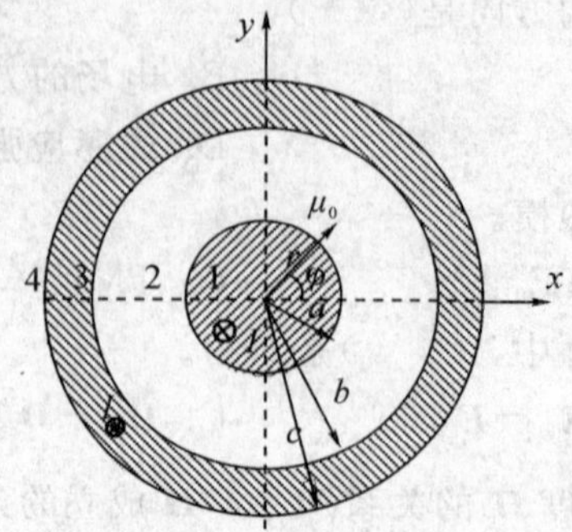

题图 2.1

3. 已知入射波电场为 $\boldsymbol{E}_i(y)=e^{j80\pi y}\boldsymbol{e}_x+je^{j80\pi y}\boldsymbol{e}_z$，由真空垂直投射到 $\varepsilon_r=16$，$\mu_r=1$ 的介质面上。

(1) 试求波的频率和波长；

(2) 写出入射波磁场的瞬时表达式和入射波的极化形式；

(3) 写出反射波的电场的瞬时表达式和反射波的极化形式；

(4) 写出透射波的电场的瞬时表达式和透射波的极化形式；

(5) 试求真空中总的电场和磁场。

4. 已知 BJ-48 波导，$a=4.75$ cm，$b=2.21$ cm。

(1) 当工作频率为 7 GHz 时，波导中能够传输什么模？

(2) 求工作频率为 5 GHz 时，矩形波导传输电磁波的相速度、群速度、波阻抗。

试 题 三

一、填空题

1. 已知 $\boldsymbol{A}=\boldsymbol{a}_x-2\boldsymbol{a}_y+3\boldsymbol{a}_z$，$\boldsymbol{B}=-3\boldsymbol{a}_x+5\boldsymbol{a}_y-4\boldsymbol{a}_z$，$\boldsymbol{C}=2\boldsymbol{a}_x+\boldsymbol{a}_z$，则
$\boldsymbol{A}\cdot\boldsymbol{B}=$ ______，$\boldsymbol{A}\times\boldsymbol{B}=$ ______，$(\boldsymbol{A}\times\boldsymbol{B})\cdot\boldsymbol{C}=$ ________，$(\boldsymbol{A}\times\boldsymbol{B})\times\boldsymbol{C}=$ ________。

2. 矢量场函数 $\boldsymbol{A}$ 的散度在体积 V 上的体积分 $\int_V \nabla\cdot\boldsymbol{A}\mathrm{d}V=$ ________。

3. 理想介质分界面上没有自由电荷，分界面两侧的电场与法线的夹角分别为 θ_1，θ_2，介电常数为 ε_1，ε_2，此时折射角之间应满足：________。

4. 在理想介质中的均匀平面电磁波，其电场方向与磁场方向相互________，其振幅之比等于________。

5. 坡印廷定理的表达式为：________。

6. 麦克斯韦方程组的微分形式为________、________、________和________。表达的含义是：变化的电场产生磁场、变化的磁场产生电场。该表达式意味着电磁波的时空变换特性。

7. 对磁化强度为 $\boldsymbol{M}$ 的电介质，磁化面电荷密度为________，磁化体电荷密度为________。

8. 由______产生的电场称库仑电场。

9. 导电媒质中恒定电场的基本方程是______、______。

10. 时变电磁场中，在洛伦兹规范下，由矢量位 $\boldsymbol{A}$ 和标量位 ϕ 可求出 $\boldsymbol{B}$ 和 $\boldsymbol{E}$ 的公式分别为______、______。

二、选择题

1. 若一个矢量函数的旋度恒为零，则此矢量可以表示为某一个(　　)函数。

A. 矢量的散度　　B. 矢量的旋度　　C. 标量的梯度

2. 在线性、均匀、各向同性的无耗媒质中的均匀平面波中，电场 $\boldsymbol{E}$ 和磁场 $\boldsymbol{H}$ 的相位(　　)。

A. 相等　　B. 不相等　　C. 相差 $\pi/3$　　D. 相差 $\pi/2$

3. 在相同场源条件下，电介质中的电场强度是真空中电场强度的(　　)。

A. ε_r 倍　　B. $1/\varepsilon_r$ 倍　　C. ε_0 倍　　D. $1/\varepsilon_0$ 倍

4. 空间电位分布为 $\phi=x^2-4y+z^2$ 的电场中，其电场强度为(　　)。

A. $\boldsymbol{E}=2x\boldsymbol{e}_x-4\boldsymbol{e}_y+2z\boldsymbol{e}_z$　　B. $\boldsymbol{E}=2x\boldsymbol{e}_x+4\boldsymbol{e}_y+2z\boldsymbol{e}_z$

C. $\boldsymbol{E}=-2x\boldsymbol{e}_x+4\boldsymbol{e}_y+2z\boldsymbol{e}_z$　　D. $\boldsymbol{E}=-2x\boldsymbol{e}_x+4\boldsymbol{e}_y-2z\boldsymbol{e}_z$

5. 圆波导三个常用模式是(　　)。

A. TE_{11}、TE_{10}、TM_{01}　　B. TE_{11}、TE_{01}、TM_{10}

C. TE_{11}、TE_{01}、TM_{01}　　D. TM_{10}、TE_{11}、TM_{10}

6. 导电媒质中的电磁波不具有以下哪种性质(假设媒质无限大)(　　)。

A. 电场与磁场相互垂直　　B. 振幅沿传播方向衰减

C. 电场与磁场同相　　D. 电磁波以平面波形式传播

7. 均匀平面波 $\boldsymbol{E}=\boldsymbol{a}_xE_0\sin(\omega t-\beta z)+\boldsymbol{a}_yE_0\sin(\omega t-\beta z)$ 的极化方式为(　　)。

A. 直线极化　　B. 圆极化　　C. 左旋圆极化　　D. 右旋圆极化

8. 一平面波垂直入射到理想导体上，将产生反射，此时，媒质中将形成(　　)。

A. 行波　　B. 驻波　　C. TE 波　　D. TM 波

9. 平面电磁波 $\boldsymbol{E}=E_0\cos(\omega t-x+2y-6z)$ 的传播方向与(　　)矢量的方向一致。

A. $\boldsymbol{e}_x+2\boldsymbol{e}_y-6\boldsymbol{e}_z$　　B. $-\boldsymbol{e}_x+2\boldsymbol{e}_y-6\boldsymbol{e}_z$

C. $\boldsymbol{e}_x-2\boldsymbol{e}_y+6\boldsymbol{e}_z$　　D. $-\boldsymbol{e}_x-2\boldsymbol{e}_y-6\boldsymbol{e}_z$

10. 电荷守恒定律的微分形式为(　　)。

A. $\nabla\cdot\boldsymbol{J}=\frac{\partial\rho}{\partial t}$　　B. $\nabla\cdot\boldsymbol{J}=-\frac{\partial\rho}{\partial t}$

C. $\nabla\times\boldsymbol{J}=\frac{\partial\rho}{\partial t}$　　D. $\nabla\times\boldsymbol{J}=-\frac{\partial\rho}{\partial t}$

11. 在时变电磁场中，矢量位 $\boldsymbol{A}$ 和标量位 ϕ 满足的洛伦兹规范是(　　)。

A. $\nabla\cdot\boldsymbol{A}+\varepsilon\mu\frac{\partial\phi}{\partial t}=0$　　B. $\nabla\cdot\boldsymbol{A}-\varepsilon\mu\frac{\partial\phi}{\partial t}=0$

C. $\nabla\times\boldsymbol{A}+\varepsilon\mu\frac{\partial\phi}{\partial t}=0$　　D. $\nabla\times\boldsymbol{A}-\varepsilon\mu\frac{\partial\phi}{\partial t}=0$

12. 已知均匀平面电磁波电场的表达式为 $\boldsymbol{E}=10(\mathrm{j}\boldsymbol{e}_y+2\boldsymbol{e}_z)\mathrm{e}^{\mathrm{j}20x}$，则该平面波的极化方式是(　　)。

A. 左旋圆极化　　B. 右旋圆极化
C. 左旋椭圆极化　　D. 右旋椭圆极化

13. (　　)是欧姆定律。

A. $p=\boldsymbol{E}\cdot\boldsymbol{J}$　　B. $\boldsymbol{J}=\sigma\boldsymbol{E}$
C. $\boldsymbol{J}=\sigma^2\boldsymbol{E}$　　D. $\nabla\cdot\boldsymbol{J}=-\partial\rho/\partial t$

14. 已知 $\boldsymbol{B}=(2z-3y)\boldsymbol{e}_x+(3x-z)\boldsymbol{e}_y+(y-2x)\boldsymbol{e}_z$，则相应的 $\boldsymbol{J}$ 等于(　　)。

A. $2\boldsymbol{e}_x-4\boldsymbol{e}_y-6\boldsymbol{e}_z$　　B. $(2\boldsymbol{e}_x+4\boldsymbol{e}_y+6\boldsymbol{e}_z)\mu$
C. $2\boldsymbol{e}_x+4\boldsymbol{e}_y+6\boldsymbol{e}_z$　　D. $(2\boldsymbol{e}_x+4\boldsymbol{e}_y+6\boldsymbol{e}_z)/\mu$

15. 在静电场中产生电场强度 $\boldsymbol{E}$ 的源是(　　)。

A. 仅自由电荷　　B. 极化电荷与自由电荷
C. 仅极化电荷　　D. 自由电荷和极化面电荷

16. 通有恒定电流的导体，其内部的电场强度(　　)。

A. 随时间不变　　B. 随空间恒定　　C. 不变　　D. 等于零

17. 恒定电场的电流连续方程的积分形式是(　　)。

A. $\oint_S\boldsymbol{J}\cdot\mathrm{d}\boldsymbol{S}=0$　　B. $\oint_S\boldsymbol{E}\cdot\mathrm{d}\boldsymbol{l}=0$
C. $\oint_S\boldsymbol{E}\cdot\mathrm{d}\boldsymbol{S}=0$　　D. $\oint_l\boldsymbol{J}\cdot\mathrm{d}\boldsymbol{l}=0$

18. 恒定电场中电位函数 ϕ，下面哪个不正确(　　)。

A. $\phi_1=\phi_2$　　B. $\sigma_1\dfrac{\partial\phi_1}{\partial n}=\sigma_2\dfrac{\partial\phi_2}{\partial n}$
C. $\phi_{1n}=\phi_{2n}$　　D. $\sigma_1\dfrac{\partial\phi_1}{\partial t}=\sigma_2\dfrac{\partial\phi_2}{\partial t}$

19. 已知均匀平面电磁波电场的表达式为 $\boldsymbol{E}=10(\mathrm{j}\boldsymbol{e}_y+\boldsymbol{e}_z)\mathrm{e}^{\mathrm{j}50x}$，则该平面波的极化方式为(　　)。

A. 左旋圆极化　　B. 右旋圆极化
C. 左旋椭圆极化　　D. 右旋椭圆极化

20. 由波导横截面场分布如题图 3.1 所示，可判断出矩形波导中传输的是(　　)模。

题图 3.1

A. TE_{30}　　B. TE_{03}
C. TM_{30}　　D. TM_{03}

三、分析题

1. 从 Maxwell 积分方程出发，推导时变电磁场中电场满足的边界条件。
2. 简要说明镜像法的基本思想及镜像电荷选择的原则。
3. 什么是矩形波导的模式兼并，请举例说明。
4. 请阐述亥姆霍兹定理的主要内容。
5. 什么是色散效应？

四、计算题

1. 在半径为 a 的球体内均匀分布着电荷，总电荷量为 q，求各点的电场 $\boldsymbol{E}(r)$，并计算 $\boldsymbol{E}(r)$的散度和旋度。

2. 已知矩形空气波导尺寸为 $a\times b=8\ \text{cm}\times 4\ \text{cm}$，求：(1) TE_{10}、TE_{20}、TE_{01}、TE_{11} 和 TM_{11} 各模式的截止波长；(2)当 $f=3$ GHz 时，波导中可传输哪几个模式？

3. 已知媒质参数 $\mu=\mu_0$、$\varepsilon=4\varepsilon_0$ 的完纯介质中传输均匀平面波，电场强度为 $E_x=E_m\cos(6\pi\times10^8 t-\beta z)$，$t$ 的单位为秒。求：(1)相速 v；(2)工作波长 λ；(3)相移常数 β；(4)波阻抗 η；(5)磁场 H_y。

4. 已知入射波电场为 $\boldsymbol{E}_i(x)=e^{-j60\pi x}\boldsymbol{e}_y-je^{-j60\pi x}\boldsymbol{e}_z$，由真空垂直投射到 $\varepsilon_r=4$，$\mu_r=1$ 的介质面上，如题图 3.2 所示。求：

(1) 电磁波的频率；

(2) 入射波的磁场强度；

(3) 判断入射电磁波的极化方式；

(4) 反射波的电场强度与极化方式；

(5) 透射波的电场强度与极化方式。

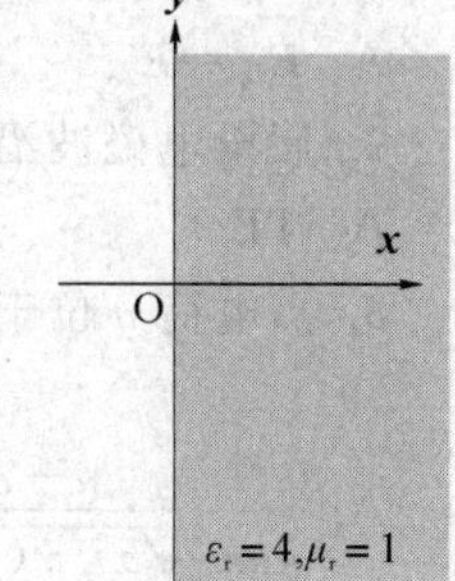

题图 3.2

试题四

一、填空题

1. 真空中，ε_0 的值是________，μ_0 的值是______。

2. 束缚电荷密度 ρ_p 与极化强度 $\boldsymbol{P}$ 的关系是______。

3. 将载有电流的小圆环可以看作一个______极子。

4. 单位正电荷从负极板通过电源移动到正极板，______所作的功称电源的电动势。

5. 带电量 q 速度 v 的点电荷，在外电磁场($\boldsymbol{E}$, $\boldsymbol{B}$)中所受力 $\boldsymbol{F}$ 等于______。

6. 电荷以发散的形式产生电场，它是电场的______源。

7. 横磁波又称______波。

8. 均匀平面电磁波是 TEM 波，$\boldsymbol{E}$、$\boldsymbol{H}$、$\boldsymbol{k}$ 三者相互正交，并满足______法则。

9. 平面电磁波在良导体中传播时，磁场能量比电场能量______。

10. 矩形波导 TE_{mn} 中 n 的含义是____________。

二、选择题

1. 电介质中的电荷，只能在分子或原子范围内作微小位移，故称之为(　　)。

A. 自由电荷　　B. 表面电荷　　C. 束缚电荷　　D. 自由电子

2. 时变电磁场的电磁感应定律微分表达式，当媒质静止时为(　　)。

A. $\nabla\times\boldsymbol{E}=\dfrac{\partial\boldsymbol{B}}{\partial t}$　　B. $\nabla\times\boldsymbol{B}=\mu_0\boldsymbol{J}$

C. $\nabla\times\boldsymbol{E}=\dfrac{-\partial\boldsymbol{B}}{\partial t}$　　D. $\nabla\times\boldsymbol{H}=\boldsymbol{J}+\dfrac{\partial\boldsymbol{D}}{\partial t}$

3. 在静电场中电位的引入是基于方程(　　)。

A. $\nabla \cdot \boldsymbol{D}=\rho$　　B. $\nabla \times \boldsymbol{H}=\boldsymbol{J}$　　C. $\nabla \times \boldsymbol{E}=0$　　D. $\nabla \cdot \boldsymbol{B}=0$

4. 圆波导中 TE_{01} 波的截止波长为(　　)。

A. $1.64R$　　B. $3.41R$　　C. $2.61R$　　D. $1.57R$

5. 关于 $\boldsymbol{H}$、$\boldsymbol{B}$ 和 $\boldsymbol{M}$，下列选项中，(　　)描述不正确。

A. $\boldsymbol{M}$ 是磁化强度，真空中 $\boldsymbol{M}=0$　　B. $\boldsymbol{B}=\mu_0(\boldsymbol{H}-\boldsymbol{M})$

C. $\boldsymbol{H}$ 磁场强度，单位：A/m　　D. $\boldsymbol{B}$ 磁感应强度，单位：N/(A×m)

6. 下列介质表面边界条件中(　　)是对的。

A. $\boldsymbol{E}_{1n}=\boldsymbol{E}_{2n}$　　B. $\boldsymbol{D}_{1t}-\boldsymbol{D}_{2t}=\boldsymbol{J}_S$　　C. $\boldsymbol{E}_{1t}=\boldsymbol{E}_{2t}$　　D. $\boldsymbol{D}_{1t}-\boldsymbol{D}_{2t}=0$

7. 假设电磁波沿 z 轴传播，$E_z=0$ 和 $H_z\neq 0$ 的导模称为(　　)。

A. TE　　B. TM　　C. TEM　　D. 都不对

8. 点电荷 q 位于(0, b, 0)，在 $y=0$ 处有一个无限大理想导电平面，$y>0$ 处的电位为(　　)。

A. $\dfrac{-q^2}{4\pi\varepsilon_0\sqrt{x^2+(y-b)^2+z^2}}+\dfrac{q^2}{4\pi\varepsilon_0\sqrt{x^2+(y+b)^2+z^2}}$

B. $\dfrac{-q^2}{4\pi\varepsilon_0\sqrt{x^2+(y+b)^2+z^2}}+\dfrac{q^2}{4\pi\varepsilon_0\sqrt{x^2+(y-b)^2+z^2}}$

C. $\dfrac{-q}{4\pi\varepsilon_0\sqrt{x^2+(y-b)^2+z^2}}+\dfrac{q}{4\pi\varepsilon_0\sqrt{x^2+(y+b)^2+z^2}}$

D. $\dfrac{-q}{4\pi\varepsilon_0\sqrt{x^2+(y+b)^2+z^2}}+\dfrac{q}{4\pi\varepsilon_0\sqrt{x^2+(y-b)^2+z^2}}$

9. 关于静电能，下面描述不正确的是(　　)。

A. $W_e=\dfrac{q^2}{2C}$　　B. $W_e=\dfrac{1}{2}\iiint_V \boldsymbol{D}\cdot\boldsymbol{E}\mathrm{d}V$

C. $W_e=\dfrac{1}{2}\sum_{i=1}^{N}q_i\phi_i$　　D. $W_e=\dfrac{\varepsilon_r}{2}\iiint_V |\boldsymbol{E}|^2\mathrm{d}V$

10. 两种不同导电媒质分界面处，电场强度的切线分量(　　)。

A. 一定连续　　B. 一定不连续

C. 满足一定条件时连续　　D. 恒为零

11. k_c 称为导波的截止波数，对于截止波数的描述下面哪个不正确(　　)。

A. $k_c=\dfrac{2\pi}{\lambda_c}$　　B. $k_c^2=k^2-\beta^2$　　C. $f_c=\dfrac{k_c}{2\pi\sqrt{\mu\varepsilon}}$　　D. 都不对

12. 某矩形波导宽边中央垂直于纵向开缝，对于波导的描述，下列选项中(　　)是正确的。

A. 是有辐射缝　　B. 是无辐射缝

C. 不切断大量电流　　D. 有时辐射，有时不辐射

13. 题图 4.1 描述的矩形波导横向场分布是(　　)模。

A. TM_{02}　　B. TE_{02}

C. TM_{20}　　D. TE_{20}

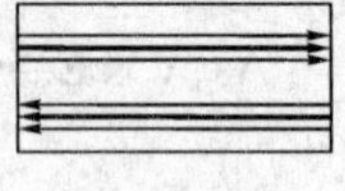

题图 4.1

14. 主模是 TEM 波的传输线为(　　)。

A. 矩形波导　　B. 脊波导　　C. 圆波导　　D. 同轴线

15. 圆波导中(　　)。

A. $\lambda_{c_{TE_{11}}}=3.41R$　　B. $\lambda_{c_{TE_{01}}}=2.62R$

C. TM_{01} 损耗随频率升高增大　　D. TM_{01} 模是最低模

16. 电场强度的方向与正试验电荷的受力方向(　　)。

A. 同向　　B. 反向　　C. 不确定　　D. 无关

17. 真空中坐标原点处点电荷 q 产生的电位为(　　)。

A. $\phi=\frac{q}{4\pi\varepsilon_0 r^2}$　　B. $\phi=-\frac{q}{4\pi\varepsilon_0 r^2}$

C. $\phi=\frac{q}{4\pi\varepsilon_0 r}$　　D. $\phi=-\frac{q}{4\pi\varepsilon_0 r}$

18. 二维边值问题中 $\phi|_{x=0}=\phi|_{x=a}=0$，$\phi|_{y\to\infty}=0$，则分离变量法通解形式为(　　)。

A. $\sin\left(\frac{n\pi x}{a}\right)e^{\frac{-n\pi y}{a}}$　　B. $\cos\left(\frac{n\pi x}{a}\right)e^{\frac{-n\pi y}{a}}$

C. $\mathrm{ch}\left(\frac{n\pi x}{a}\right)e^{\frac{-n\pi y}{a}}$　　D. $\sinh\left(\frac{n\pi x}{a}\right)e^{\frac{-n\pi y}{a}}$

19. 设一个矢量场中 $\boldsymbol{A}=x\boldsymbol{e}_x+2y\boldsymbol{e}_y+3z\boldsymbol{e}_z$，则其散度为(　　)。

A. 0　　B. 2　　C. 3　　D. 6

20. 电位移矢量的量纲是(　　)。

A. V/m　　B. C/m　　C. C/m^2　　D. C/m^3

三、分析题

1. 写出毕奥-沙伐定律的数学表达式并说明它揭示了哪些物理量间的关系。

2. 写出库仑定律的表达式并解释其物理量间的关系。

3. 推导无源区电场的波动方程。

4. 写出对于静电场，理想介质表面的边界条件。

5. 任意极化的平面波以布鲁斯特角入射到介质分界面上，则反射波是什么形式的极化波？为什么？

四、计算题

1. 内、外半径分别为 a、b 的无限长的空心圆柱中均匀分布着轴向电流 I，求柱内、外的磁感应强度。

2. 有一带电系统如题图 4.2 所示，介质球壳的相对介电常数为 ε_r，球壳中心所带电量为 q，求空间各点的电场和极化电荷分布。

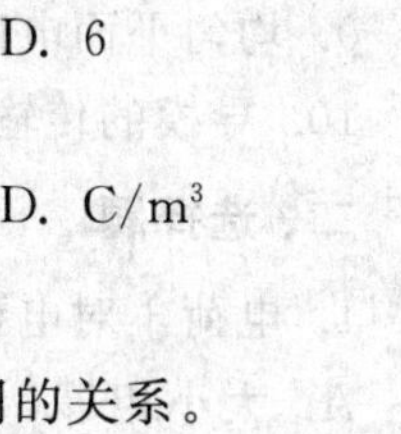

题图 4.2

3. 一均匀平面波由 $z<0$ 的空气域垂直入射到位于 $z>0$ 的理想导体表面，已知入射场的磁场为 $\boldsymbol{H}_i(z)=H_0(\boldsymbol{e}_x-j\boldsymbol{e}_y)e^{-j120\pi z}$，试求：(1) 波的频率和波长；(2) 导体表面电流密度；(3) 反射波复磁场；(4) 入射波的极化特性和反射波的极化特性；(5) 空气中合成磁场。

4. 一个空气矩形波导的截面尺寸为 $a\times b(b<a<2b)$，以主模工作在 3 GHz，若要求工作频率至少高于主模截至频率的 20%和至少低于第一高次模截至频

率的20%。

(1) 给出a和b的典型设计；

(2) 按照你的设计，计算在工作频率时的β、v_p、λ_g和波阻抗。

试题五

一、填空题

1. 两点电荷之间电场力的大小与各自的电量成________比。

2. 静电场中，电场强度沿任意闭合曲线积分为________。

3. 在理想导体表面，磁场强度的切向分量不连续，$H_t=$________。

4. 对于一般媒质，磁化强度的量纲为________。

5. 无源区电场满足的波动方程为________。

6. 一般工程上，$\dfrac{\sigma}{\omega\varepsilon}>$________近似认为是良导体媒质。

7. 假设电磁波的传播方向为z方向，$E_z=0$，$H_z\neq0$，则该电磁波应该为________波。

8. 平均坡印廷矢量的表达式为________，即为平均能流密度。

9. 均匀平面电磁波在理想媒质中无衰减传播，$\boldsymbol{E}$和$\boldsymbol{H}$的相位________。

10. 导模的传输条件是λ________λ_c。

二、选择题

1. 电荷1对电荷2的作用力为$\boldsymbol{F}_{21}$，电荷2对电荷1的作用为$\boldsymbol{F}_{12}$，这两个力(　　)。

A. 大小相等，方向相同　　B. 大小不等，方向相同

C. 大小相等，方向相反　　D. 大小不等，方向相反

2. 电荷分布在有限体积V'内，则空间P点电位为(　　)。

A. $\phi_P=\int_r^\infty \boldsymbol{E}\cdot \mathrm{d}\boldsymbol{l}$　　B. $\phi_P=\int_\infty^r \boldsymbol{E}\cdot \mathrm{d}\boldsymbol{l}$

C. $\phi_P=\int_r^\infty \boldsymbol{E}\times \mathrm{d}\boldsymbol{l}$　　D. $\phi_P=\int_\infty^r \boldsymbol{E}\times \mathrm{d}\boldsymbol{l}$

3. 两种不同导电媒质分界面处，电流密度$\boldsymbol{J}$的法线分量(　　)。

A. 一定连续　　B. 一定不连续

C. 满足一定条件时连续　　D. 恒为零

4. 恒定磁场中$\boldsymbol{H}$、$\boldsymbol{B}$和$\boldsymbol{M}$的关系为(　　)。

A. $\boldsymbol{B}=\mu_0(\boldsymbol{H}+\boldsymbol{M})$　　B. $\boldsymbol{B}=\mu_0(\boldsymbol{H}-\boldsymbol{M})$

C. $\boldsymbol{B}=\mu_0\boldsymbol{H}+\boldsymbol{M}$　　D. $\boldsymbol{B}=\mu_0\boldsymbol{H}-\boldsymbol{M}$

5. 一平面波垂直入射到理想导体上，将产生反射，此时，媒质中将形成(　　)。

A. TE波　　B. TM波　　C. 行波　　D. 驻波

6. 平面电磁波$\boldsymbol{E}=\boldsymbol{E}_0\cos(\omega t-x+2y-6z)$的传播方向与(　　)矢量的方向一致。

A. $\boldsymbol{e}_x+2\boldsymbol{e}_y-6\boldsymbol{e}_z$　　B. $-\boldsymbol{e}_x+2\boldsymbol{e}_y-6\boldsymbol{e}_z$

C. $\boldsymbol{e}_x-2\boldsymbol{e}_y+6\boldsymbol{e}_z$　　D. $-\boldsymbol{e}_x-2\boldsymbol{e}_y-6\boldsymbol{e}_z$

7. 电荷守恒定律的微分形式为(　　)。

A. $\nabla \cdot \boldsymbol{J}=\dfrac{\partial \rho}{\partial t}$　　B. $\nabla \cdot \boldsymbol{J}=-\dfrac{\partial \rho}{\partial t}$

C. $\nabla \times \boldsymbol{J}=\dfrac{\partial \rho}{\partial t}$　　D. $\nabla \times \boldsymbol{J}=-\dfrac{\partial \rho}{\partial t}$

8. 在时变电磁场中，矢量位 $\boldsymbol{A}$ 和标量位 ϕ 满足的洛仑兹规范是(　　)。

A. $\nabla \cdot \boldsymbol{A}+\varepsilon\mu \dfrac{\partial \phi}{\partial t}=0$　　B. $\nabla \cdot \boldsymbol{A}-\varepsilon\mu \dfrac{\partial \phi}{\partial t}=0$

C. $\nabla \times \boldsymbol{A}+\varepsilon\mu \dfrac{\partial \phi}{\partial t}=0$　　D. $\nabla \times \boldsymbol{A}-\varepsilon\mu \dfrac{\partial \phi}{\partial t}=0$

9. 已知均匀平面电磁波电场的表达式为 $\boldsymbol{E}=10(\mathrm{j}\boldsymbol{e}_y+2\boldsymbol{e}_z)\mathrm{e}^{-\mathrm{j}20x}$，则该平面波的极化方式为(　　)。

A. 左旋圆极化　　B. 右旋圆极化

C. 左旋椭圆极化　　D. 右旋椭圆极化

10. 已知自由空间中 $\boldsymbol{E}=E_{\mathrm{m}}\sin(\omega t-\beta z)\boldsymbol{e}_y$，则 $\boldsymbol{B}$ 为(　　)。

A. $\beta E_{\mathrm{m}}\cos(\omega t-\beta z)\boldsymbol{e}_x$　　B. $\left(\dfrac{\beta E_{\mathrm{m}}}{\omega}\right)\sin(\omega t-\beta z)\boldsymbol{e}_x$

C. $-\beta E_{\mathrm{m}}\cos(\omega t-\beta z)\boldsymbol{e}_x$　　D. $\left(\dfrac{-\beta E_{\mathrm{m}}}{\omega}\right)\sin(\omega t-\beta z)\boldsymbol{e}_x$

11. 理想电介质交界处应满足的公式为(　　)。

A. $\varepsilon_1 \dfrac{\partial \phi}{\partial n}=\varepsilon_2 \dfrac{\partial \phi}{\partial n}$，$\phi_1=\phi_2$　　B. $D_{1n}-D_{2n}=J_S$，$\phi_1=\phi_2$

C. $D_{1n}-D_{2n}=0$，$J_{1n}-J_{2n}=\rho_S$　　D. $E_{1n}-E_{2n}=\rho_S$，$\phi_1=\phi_2$

12. 线性各向同性媒质中磁感应强度与磁场强度的一般关系为(　　)。

A. $\boldsymbol{H}=\mu\boldsymbol{B}$　　B. $\boldsymbol{H}=\mu_0\boldsymbol{B}$　　C. $\boldsymbol{B}=\mu\boldsymbol{H}$　　D. $\boldsymbol{B}=\mu_0\boldsymbol{H}$

13. 空间存在面积为 S 的小电流环，该磁场的磁偶极矩为(　　)。

A. $\boldsymbol{m}=\boldsymbol{IS}$　　B. $\boldsymbol{m}=I^2\boldsymbol{S}$　　C. $\boldsymbol{m}=\boldsymbol{I}S$　　D. $\boldsymbol{m}=\boldsymbol{I}S^2$

14. 位移电流的引入与(　　)有关。

A. $p=\boldsymbol{E}\cdot\boldsymbol{J}$　　B. $\boldsymbol{J}=\sigma\boldsymbol{E}$　　C. $\nabla\cdot\boldsymbol{J}=\boldsymbol{0}$　　D. $\nabla\cdot\boldsymbol{J}=\dfrac{-\partial\rho}{\partial t}$

15. 填充介质矩形波导相对空心波导的描述不对的是(　　)。

A. 波导波长减小　　B. 群速度增大

C. 相速度减小　　D. 群速度减小

16. 对于线性各向同性均匀媒质，关于静电能，下面不正确的是(　　)。

A. $W_{\mathrm{e}}=\dfrac{1}{2}\sum\limits_{i=1}^{N}q_i\phi_i$　　B. $W_{\mathrm{m}}=\dfrac{1}{2}\sum\limits_{i=1}^{N}I_i\psi_i$

C. $W_{\mathrm{e}}=\dfrac{\varepsilon}{2}\iiint\limits_V|\boldsymbol{D}|^2\mathrm{d}V$　　D. $W_{\mathrm{m}}=\dfrac{1}{2}\iiint\limits_V\boldsymbol{H}\cdot\boldsymbol{B}\mathrm{d}V$

17. 矢量磁位 $\boldsymbol{A}$ 的达郎贝尔方程是(　　)。

A. $\nabla^2\boldsymbol{A}-\dfrac{\varepsilon\mu\partial^2\boldsymbol{A}}{\partial^2 t}=-\mu\boldsymbol{J}$　　B. $\nabla^2\boldsymbol{A}+\dfrac{\varepsilon\mu\partial^2\boldsymbol{A}}{\partial^2 t}=-\mu\boldsymbol{J}$

C. $\nabla^2 \boldsymbol{A}-\frac{\varepsilon\mu\partial^2 \boldsymbol{A}}{\partial^2 t}=\mu\boldsymbol{J}$　　D. $\nabla^2 \boldsymbol{A}+\frac{\varepsilon\mu\partial^2 \boldsymbol{A}}{\partial^2 t}=\mu\boldsymbol{J}$

18. 电磁波在 $\sigma/\omega\varepsilon \gg 1$ 的媒质中传播时，(　　)不正确。

A. 电磁场电位相差 $\frac{\pi}{4}$　　B. 可以近似看成良导体

C. 衰减常数大致相等　　D. 趋肤深度为 $\sqrt{\frac{2}{\omega\sigma\varepsilon}}$

19. 均匀平面电磁波垂直投射到两种不同的媒质交界面时(　　)。

A. 两种媒质 ε 相等无反射　　B. 两种媒质 μ 相等无反射

C. 两种媒质 η 相等无反射　　D. 不存在无反射的情况

20. $\boldsymbol{H}=\mathrm{e}^{\mathrm{j}kz}\boldsymbol{e}_x+\mathrm{j}\mathrm{e}^{-\mathrm{j}kz}\boldsymbol{e}_y$，可表示(　　)。

A. 电磁波是圆极化波　　B. 电磁波是椭圆极化波

C. 电磁波是行波　　D. 电磁波是驻波

三、分析题

1. 写出 Maxwell 方程组的积分形式。

2. 什么是亥姆霍兹定理?

3. 写出电磁场在理想导体表面的边界条件。

4. 写出波阻抗的概念及其定义式。

5. 写出矩形波导单模传输条件。

四、计算题

1. 真空中有一半径为 a 的均匀带电无限长圆柱，其上体电荷密度为 ρ。求其在空间产生的电场强度分布。

2. 如题图 5.1 所示，无限长直导线中通电流 I，矩形 $ABCD$ 与之共平面，尺寸如图所示，应用安培环路定律，求出穿过矩形面 $ABCD$ 的磁通 Φ。

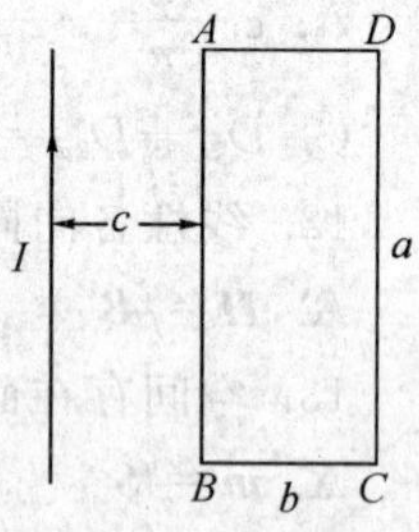

题图 5.1

3. 已知入射波电场为 $\boldsymbol{E}_{\mathrm{i}}(y)=\mathrm{e}^{-\mathrm{j}40\pi y}\boldsymbol{e}_x+\mathrm{j}\mathrm{e}^{-\mathrm{j}40\pi y}\boldsymbol{e}_z$，由真空垂直投射到 $\varepsilon_{\mathrm{r}}=9$，$\mu_{\mathrm{r}}=1$ 的介质面上，如题图 5.2 所示，求：

(1) 电磁波的频率；

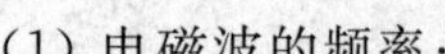

(2) 入射波的磁场强度；

(3) 判断入射电磁波的极化方式；

(4) 反射波的电场强度与极化方式；

(5) 透射波的电场强度与极化方式。

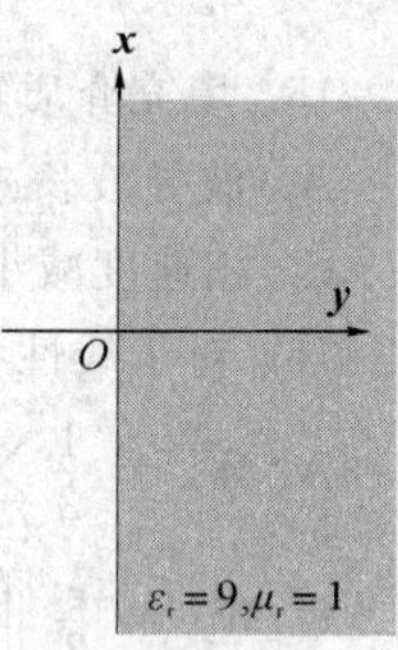

题图 5.2

4. 一个空气矩形波导的截面尺寸为 $a\times b(b<a<2b)$，以主模工作在 2 GHz，若要求工作频率至少高于主模截至频率的 20% 和至少低于第一高次模截至频率的 20%。

(1) 给出 a 和 b 的典型设计；

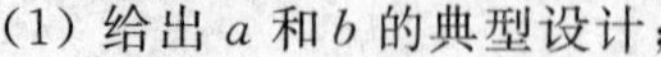

(2) 按照你的设计，计算在工作频率时的 β、v_{p}、λ_{g} 和波阻抗。

试题六

一、填空题(每空 2 分,共 40 分)

1. 矢量场函数 $\boldsymbol{F}$ 的散度在体积 V 的体积分 $\iiint_V \nabla\cdot \boldsymbol{F}\mathrm{d}V =$ ________。

2. 已知磁感应强度 $\boldsymbol{B}=\boldsymbol{e}_x 3x+\boldsymbol{e}_y(3y-2z)-\boldsymbol{e}_z(y+mz)$,则 $m=$ ________。

3. 矢量位 $\boldsymbol{A}$ 的达朗贝尔方程为________。

4. 位移电流密度可表示为 $\boldsymbol{J}_D=$ ________。

5. 当两平面夹角是 90°时,位于这两平面间的点电荷将有________个镜像电荷。

6. 麦克斯韦方程组的微分形式为________、________、________和________。该方程组表达的含义是:随时间变化的电场产生磁场、随时间变化的磁场产生电场,它们意味着电磁波的时空变换特性。

7. 对极化强度为 $\boldsymbol{P}$ 的电介质,极化面电荷密度为____________,极化体电荷密度为____________。

8. 平均能流密度的表达式为________。

9. 损耗媒质的本征阻抗为________数,表明损耗媒质中电场和磁场在空间同一位置存在________。

10. 已知真空中时谐电磁场的动态矢位 $\boldsymbol{A}=\boldsymbol{a}_x A_\mathrm{m}\mathrm{e}^{-\mathrm{j}kz}$,其中 A_m、k 是已知常数,则动态标位 $\phi=$ ________,电场复矢量 $\boldsymbol{E}=$ ________,磁场复矢量 $\boldsymbol{B}=$ ________。

11. 矩形波导的主模为____________,圆波导的主模为____________,同轴线的主模为____________。

二、选择题(下列各题只有一个正确答案,请将正确答案选出填于各题括号中,每小题 4 分,共 20 分)

1. 时变电磁场中,在理想导体表面,( )。

A. 电场与磁场的方向都垂直于导体表面

B. 电场的方向垂直于导体表面,磁场的方向都平行于导体表面

C. 电场的方向平行于导体表面,磁场的方向垂直于导体表面

D. 电场与磁场的方向都平行于导体表面

2. N 个点电荷组成的系统的能量 $W=\dfrac{1}{2}\sum_{i=1}^{N}q_i\phi_i$,其中 ϕ_i 是( )产生的电位。

A. 所有点电荷　　　　B. 除 i 电荷外的其他电荷

C. i 电荷本身　　　　D. 都不正确

3. 在线性、均匀、各向同性的无耗媒质中的均匀平面波,电场 $\boldsymbol{E}$ 和磁场 $\boldsymbol{H}$ 的相位( )。

A. 相等　　B. 不相等　　C. 相差 $\dfrac{\pi}{3}$　　D. 相差 $\dfrac{\pi}{2}$

4. 自由空间上的 $\boldsymbol{E}=3x\boldsymbol{e}_x+6y\boldsymbol{e}_y$(V/m)，则体电荷密度为(　　)。

A. 9 $\mathrm{C/m^3}$　　　　B. 3 $\mathrm{C/m^3}$

C. $9\times36\pi\times10^9$ $\mathrm{C/m^3}$　　　　D. $9/(36\pi\times10^9)$ $\mathrm{C/m^3}$

5. 均匀平面波 $\boldsymbol{E}(z,t)=E_0\boldsymbol{e}_x\sin\left(\omega t+kz+\frac{\pi}{4}\right)+E_0\boldsymbol{e}_y\cos\left(\omega t+kz-\frac{\pi}{4}\right)$的极化方式为(　　)。

A. 直线极化　　B. 圆极化　　C. 左旋圆极化　　D. 椭圆极化

三、简答题(每小题 6 分，共 30 分)

1. 在两种媒质的交界面处，试写出电磁场边界条件的一般形式。它们是由什么形式 Maxwell 方程推导出来的？理想导体表面电磁场边界条件是什么？

2. 请阐述圆波导中的三个主要导模 $\mathrm{TE_{11}}$、$\mathrm{TM_{01}}$ 和 $\mathrm{TE_{01}}$ 的特点及其应用。

3. 写出矢量位、动态矢量位与动态标量位的表达式，并简要说明洛仑兹规范的意义。

4. 请阐述亥姆霍兹定理的内容。

5. 均匀平面电磁波的特点有哪些？

四、计算题(每小题 15 分，共 60 分)

1. 有一个半径为 a 的无限长的带电介质柱，介电常数为 ε_1，该导体上的体电荷密度为 ρ，与带电介质圆柱同轴放置另一介质圆柱套，介电常数为 ε_2，内外半径分别为 b、c，截面如题图 6.1 所示，求：

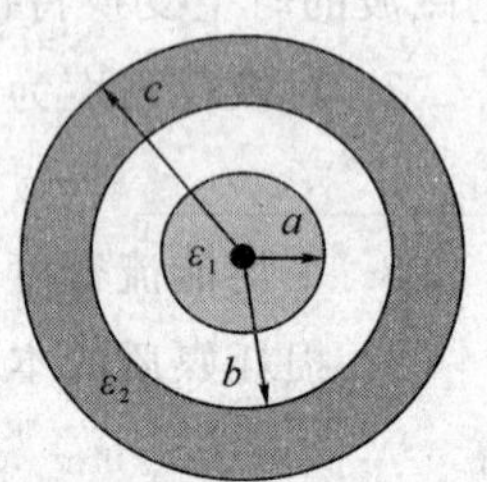

题图 6.1

(1) 空间各点的电场 $\boldsymbol{E}$；

(2) $r=c$ 和 $r=b$ 处的极化面电荷密度。

2. 设同轴线的内导线半径是 a，外导体的内半径是 b，外导体厚度忽略不计，内、外导体形成闭合回路，并通有恒定电流 I。求磁场强度和磁感应强度。

3. 已知电场强度 $\boldsymbol{E}=E_{\mathrm{m}}(\mathrm{j}\boldsymbol{e}_x+\boldsymbol{e}_y)\mathrm{e}^{-\mathrm{j}20\pi z}$ 的正弦平面电磁波由理想介质($\varepsilon_{\mathrm{r}}=9$，$\mu_{\mathrm{r}}=1$)沿 $+z$ 轴方向垂直入射到 $z=0$ 处的无限大理想导电平面上，试求：

(1) 介质中平面电磁波的波数、波长、相速度和波阻抗；

(2) 反射波电场和磁场的复数形式，并说明其极化方式；

(3) 导体表面的面电流密度；

(4) 入射波平均坡印廷矢量。

4. 如题图 6.2 所示，一个沿 z 轴很长且中空的金属管，其横截面为矩形，边长分别为 a、b。管子三边电位为零，第四边与其它三边绝缘，且随 x 正弦变化，$\varphi(0\leqslant x\leqslant a,\ b)=U_0\sin\frac{\pi x}{a}$，金属管内区域无电荷。

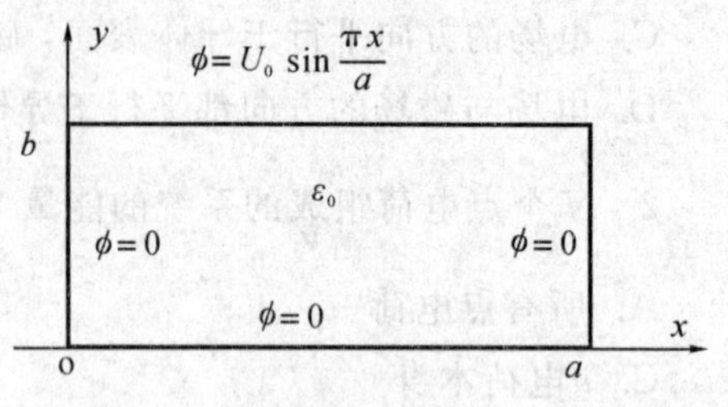

题图 6.2

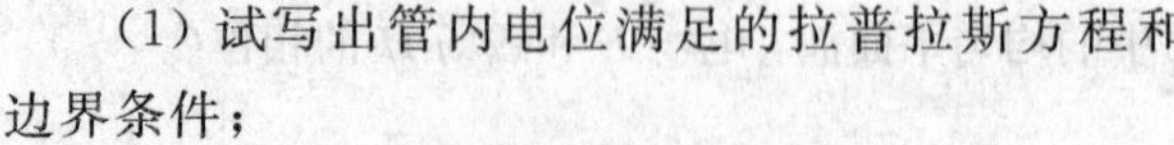
(1) 试写出管内电位满足的拉普拉斯方程和边界条件；

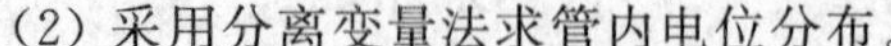
(2) 采用分离变量法求管内电位分布。

试题七

一、填空题(每空2分，20空共40分)

1. 已知$\boldsymbol{A}=\boldsymbol{a}_x+2\boldsymbol{a}_y-3\boldsymbol{a}_z$，$\boldsymbol{B}=-4\boldsymbol{a}_x+\boldsymbol{a}_z$，$\boldsymbol{C}=5\boldsymbol{a}_x-2\boldsymbol{a}_z$，求$\boldsymbol{A}\cdot\boldsymbol{B}=$________，$\boldsymbol{A}\times\boldsymbol{B}=$________，$(\boldsymbol{A}\times\boldsymbol{B})\cdot\boldsymbol{C}=$________，$(\boldsymbol{A}\times\boldsymbol{B})\times\boldsymbol{C}=$________。

2. 已知静电场中电位函数$\varphi(x, y, z)=2x^2+5y^2z$，则电场强度$\boldsymbol{E}=$________。

3. 写出标量位φ的达朗贝尔方程________。

4. 当一束无固定极化方向的电磁波以________入射角向边界投入时，其反射波中仅剩下垂直极化波。

5. 已知真空中时谐电磁场的矢量位$\boldsymbol{A}=\boldsymbol{a}_xA_{\mathrm{m}}\mathrm{e}^{-\mathrm{j}kz}$，其中$A_{\mathrm{m}}$、$k$是已知常数，则标量位$\varphi=$________、电场$\boldsymbol{E}=$________、磁场$\boldsymbol{B}=$________。

6. 麦克斯韦方程组的积分形式为________、________、________和________。该方程组表达的含义是：变化的电场产生磁场、变化的磁场产生电场，它们意味着电磁波的时空变换特性。

7. 对磁化强度为$\boldsymbol{M}$的磁介质，磁化面电流密度为________，磁化体电流密度为________。

8. $z>0$的半空间为介电常数$\varepsilon=2\varepsilon_0$的电介质，$z<0$的半空间为空气，已知空气中的静电场$\boldsymbol{E}_0=2\boldsymbol{a}_x+6\boldsymbol{a}_z$，则电介质中的静电场为________。

9. 趋肤深度定义为波在导电媒质中振幅衰减为初值的________时，电磁波传播的距离。

10. 亥姆霍兹定理表明，对于无界空间，任一矢量场只要满足$\boldsymbol{F}\propto 1/|\boldsymbol{r}-\boldsymbol{r}'|^{1+\delta}$ $(\delta>0)$，则该矢量场由它的________和________唯一确定。

二、选择题(请将正确答案填于各题括号中，每小题4分，共20分)

1. 在静电场中产生电场强度$\boldsymbol{E}$的源是(　　)。

A. 仅自由电荷　　B. 极化电荷与自由电荷

C. 仅极化电荷　　D. 自由电荷和极化面电荷

2. 空间P点电位的计算公式是(　　)。

A. $\phi=-\int_{P_0}^{P}\boldsymbol{E}\cdot\mathrm{d}\boldsymbol{l}$　　B. $\phi=-\int_{P}^{P_0}\boldsymbol{E}\cdot\mathrm{d}\boldsymbol{l}$

C. $\phi=\int_{P}^{P_0}\boldsymbol{E}\cdot\mathrm{d}\boldsymbol{l}$　　D. $\phi=\int_{P_0}^{P}\boldsymbol{E}\cdot\mathrm{d}\boldsymbol{l}$

3. 用镜像法求解边值问题时，判断镜像电荷的选取是否正确的根据是(　　)。

A. 镜像电荷是否对称　　B. 电位ϕ满足的方程是否改变

C. 边界条件是否保持不变　　D. 同时选择B和C

4. 下列选项中，关于在良导体中传播的均匀平面电磁波的说法正确的是(　　)。

A. 磁场的相位比电场超前　　B. 磁场的相位比电场滞后

C. 磁场与电场同相　　D. 电磁场与相位没有关系

5. 均匀平面波 $\boldsymbol{E}=\boldsymbol{a}_x E_0\sin(\omega t-\beta z)+\boldsymbol{a}_y E_0\sin(\omega t-\beta z)$ 的极化方式为(　　)。

A. 直线极化　　B. 圆极化　　C. 左旋圆极化　　D. 椭圆极化

三、简答题(每小题各 6 分，共 30 分)

1. 从 Maxwell 积分方程出发，推导时变电磁场中电场满足的边界条件。

2. 在无界空间中，若源分布在有限区域 V 内，空间任意一点 $\boldsymbol{r}$ 处的矢量位 $\boldsymbol{A}(\boldsymbol{r},t)$ 可表示为

$$\boldsymbol{A}(\boldsymbol{r},t)=\frac{\mu_0}{4\pi}\iiint_{V'}\frac{\boldsymbol{J}(\boldsymbol{r}')\mathrm{e}^{\mathrm{j}\omega\left(t-\frac{R}{C}\right)}}{R}\mathrm{d}V'$$

式中 C 为光速，R 是源点到场点间的距离。试阐述矢量位 $\boldsymbol{A}(\boldsymbol{r},t)$ 的物理意义。

3. 电磁波在传输线中传播时，可能有色散，也可能无色散，请问什么叫色散，并写出两种色散传输线和两种非色散传输线。

4. 试述电磁波极化方式的分类，并说明它们各自有什么样的特点。

5. 什么是矩形波导的模式兼并，请举例说明。

四、计算题(第 1、2 题每题 15 分，第 3、4 题每题 20 分，共 70 分)

1. 真空中半径为 a 的球形区域分布有 $\rho(r)=\rho_0\left(1-\frac{r^2}{a^2}\right)$ 的体电荷，试求：

(1) 球内、外任意一点的电场强度 $\boldsymbol{E}(r)$ 和电位 $\Phi(r)$；

(2) 电场强度 $\boldsymbol{E}(r)$ 取最大值时，$r=$？

2. 已知在半径为 a 的无限长圆柱导体内有恒定电流 I 沿轴向方向，假设导体内、外分别充有磁导率为 μ_1、μ_2 的均匀磁介质，求导体内、外的磁场强度、磁感应强度以及导体的磁化电流分布。

3. 一均匀平面电磁波由空气入射至理想导体表面 $z=0$ 处，已知其入射电场矢量为 $\boldsymbol{E}_{\mathrm{i}}=10\mathrm{e}^{-\mathrm{j}(6x+8z)}\boldsymbol{a}_y$ (V/m)，试求：

(1) 入射波的频率 f 和波长 λ_0；

(2) 写出入射波电磁场的瞬时表示式 $\boldsymbol{E}_{\mathrm{i}}(x,z,t)$、$\boldsymbol{H}_{\mathrm{i}}(x,z,t)$；

(3) 求入射波的入射角 θ_{i}；

(4) 求反射波电磁场的表示式 $\boldsymbol{E}_{\mathrm{r}}$、$\boldsymbol{H}_{\mathrm{r}}$；

(5) 导体表面的面电流密度。

4. 如图 7.1 所示，二维静电边值为：$\Phi(0,y)=0$，$\Phi(a,y)=0$，$\Phi(x,0)=0$，$\Phi(x,b)=V_0\sin(\pi x/a)$，且区域内无电荷分布，试求：

(1) 区域内电位；

(2) $x=a/2$，$y=b/2$ 处的电场强度。

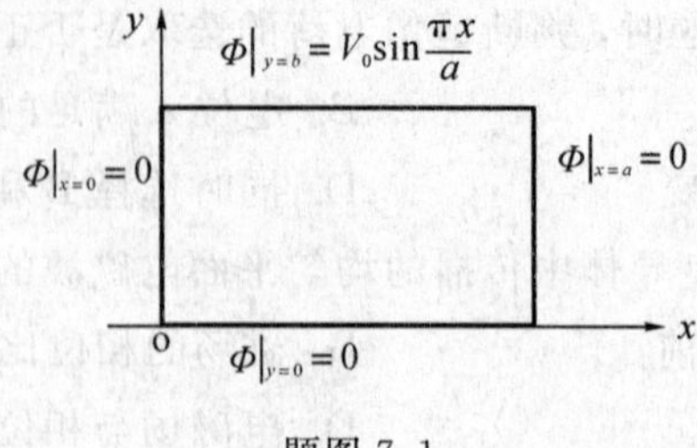

题图 7.1

试题八

一、填空题(每空 2 分，20 空共 40 分)

1. 已知 $\boldsymbol{A}=2e^x y^2 z^3 \boldsymbol{a}_x + x^3 y^2 \boldsymbol{a}_y + x^3 \sin y \boldsymbol{a}_z$，求 $\nabla \cdot \boldsymbol{A}=$________，$\nabla \cdot (\nabla \times \boldsymbol{A})=$________。

2. 对于均匀介质，若极化系数为 χ_e，电场为 $\boldsymbol{E}$，则极化强度 $\boldsymbol{P}$ 等于________，极化面电荷密度为________，极化体电荷密度________。

3. 静电场基本方程的微分形式为________、________，静电场的能量密度为(用场量表示)________。

4. 空气中某区域的静电场电位为 $\phi=\dfrac{V_0}{a^2}(x^2+yz)$，其中 V_0 和 a 为常数，则其对应的电场强度等于________，电荷密度等于________。

5. 在恒定磁场中，磁感应强度 $\boldsymbol{B}$ 和矢量磁位 $\boldsymbol{A}$ 之间的相互关系为________。磁感应强度穿过任意一闭合曲面的积分等于________，因此恒定磁场是________场。

6. 一平面电磁波以角度 θ_i 入射到两种无耗介质平面的分界面上，此时反射角 θ_r 和透射角 θ_t 由斯涅尔定律决定。斯涅尔反射定律和折射定律分别为________、________(设入射波矢量为 $\boldsymbol{e}_i k_i$，透射波矢量为 $\boldsymbol{e}_t \boldsymbol{k}_t$)。当圆极化波以布儒斯特角入射到两种不同电介质的分界面上时，反射波是________极化波。

7. 电场矢量 $\boldsymbol{E}=E_0\sin(\omega t+kz)\boldsymbol{e}_x+E_0\cos(\omega t+kz)\boldsymbol{e}_y$，该波是________极化的电磁波。

8. 已知空间中一平面波的电场强度的瞬时表达式为 $\boldsymbol{E}(t)=\boldsymbol{a}_x 3\times10^{-3}\cos(10^9\pi t-kz)+\boldsymbol{a}_y 4\times10^{-3}\sin(10^9\pi t-kz-\pi/3)$，则此平面波的电场强度的复数表达式为________。

9. 坡印廷矢量的定义 $\boldsymbol{S}=$________，其单位为________。

二、选择题(下列各题只有一个正确答案，请将正确答案选出填于各题括号中，每小题 4 分，共 20 分)

1. 已知磁感应强度 $\boldsymbol{B}=\boldsymbol{e}_x 3x+\boldsymbol{e}_y(3y-2z)-\boldsymbol{e}_z(y+mz)$，则 m 的值为(　　)。

A. $m=2$　　B. $m=3$　　C. $m=6$　　D. $m=8$

2. 对于均匀、线性、各向同性的媒质，关于 $\boldsymbol{E}$、$\boldsymbol{D}$、$\boldsymbol{P}$ 的描述中，(　　)不正确。

A. $\boldsymbol{D}$ 的单位是：库/米　　B. $\boldsymbol{E}$、$\boldsymbol{D}$、$\boldsymbol{P}$ 三者方向一致

C. $\boldsymbol{E}$、$\boldsymbol{D}$ 的大小的比值为常数　　D. $\boldsymbol{D}$、$\boldsymbol{P}$ 的单位是一致的

3. 下列关于静电场的描述中，(　　)的说法不正确。

A. 静电场是保守场　　B. $\oint_l \boldsymbol{E}\cdot \mathrm{d}\boldsymbol{l}=0$

C. 电力线可以是封闭曲线　　D. 静电场的源是电荷

4. 导电媒质中的电磁波不具有以下哪种性质(假设媒质无限大)(　　)。

A. 电场与磁场垂直　　B. 振幅沿传播方向衰减

C. 电场与磁场同相　　D. 以平面波形式传播

5. 某均匀导电媒质(电导率为 σ、介电常数为 ε)中的电场强度为 $\boldsymbol{E}$，则该导电媒质中的传导电流 $\boldsymbol{J}_c$ 与位移电流 $\boldsymbol{J}_d$ 的相位(　　)。

A. 相同　　B. 相反　　C. 相差 45°　　D. 相差 90°

三、简答题(每小题 6 分，共 30 分)

1. 写出时变电磁场方程的微分形式，并从方程出发，说明时变电磁场的性质。

2. 写出电磁场边界条件的普遍形式和两种理想介质分界面上的边界条件。

3. 试比较静电场、恒定磁场、恒定电场、感应电场的特点，并说明是否存在一种既无散又无旋的场，若存在，写出这种场的基本方程并说明其特点。

4. 由 Maxwell 积分方程出发推导时变电磁场的磁场满足的边界条件。

5. 简要说明镜像法的理论依据、需要解决的关键问题以及解决这个关键问题的方法。

四、计算题(每小题 15 分，共 60 分)

1. 如题图 8.1 所示，两同心导体球壳半径分别为 a，b，两导体之间有两层介质，介电常数为 ε_1、ε_2，介质界面半径为 c，求两导体球壳之间的电容。

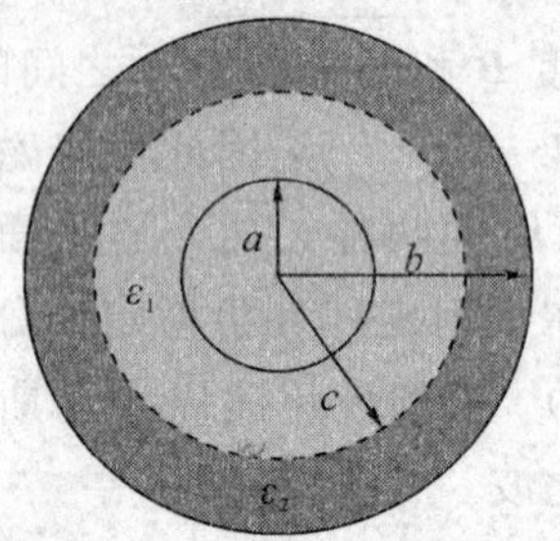

题图 8.1

2. 已知在半径为 a 的无限长圆柱导体内分布着电流密度为 $\boldsymbol{J}=\dfrac{r^2}{a}\boldsymbol{e}_z$ 的电流，求导体内外的磁场强度。设导体的磁导率为 μ_1，其外充满磁导率为 μ_2 的均匀磁介质，求导体内外的磁场强度、磁感应强度及磁化面电流分布。

3. 已知入射波电场为 $\boldsymbol{E}(z)=E_0\mathrm{e}^{-\mathrm{j}20\pi z}\boldsymbol{e}_x+E_0\mathrm{e}^{-\mathrm{j}\left(20\pi z-\frac{\pi}{2}\right)}\boldsymbol{e}_y$，由真空垂直投射到无限大理想导电平面上。

(1) 求电磁波的频率；

(2) 求入射波的磁场强度；

(3) 判断入射电磁波的极化方式；

(4) 求反射波的电场强度并说明其极化方式；

(5) 求反射波的平均能流密度矢量。

4. 一个截面如题图 8.2 所示的长槽，向 y 方向无限延伸，两侧的电位是零，底部的电位为 $\phi(x,\ 0)=U_0\sin\dfrac{3\pi x}{a}$。

(1) 试写出槽内电位满足的拉普拉斯方程和边界条件；

(2) 采用分离变量法求槽内电位分布。

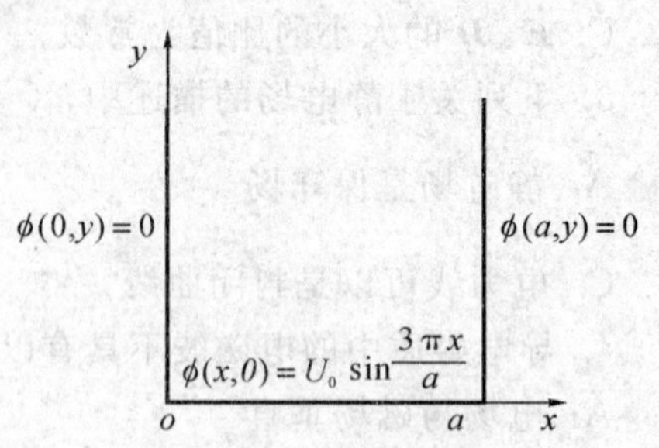

题图 8.2

试 题 九

一、填空题(每空2分，20空共40分)

1. 对于线性均匀的磁介质，若磁化率为χ_m，则磁场$\boldsymbol{H}$与磁化强度$\boldsymbol{M}$的关系为________，磁化面电流密度为________，磁化体电流密度为________。

2. 恒定磁场基本方程的微分形式为________、________，恒定磁场的能量密度(用场量表示)为________。

3. 欧姆定律的微分形式为________，恒定电流连续性方程的积分形式为________，焦耳定律的微分形式为________。

4. 在静电场中，电场强度$\boldsymbol{E}$和标量电位φ之间的相互关系为________。电场强度沿任意一闭合曲线积分等于________，因此静电场是________场。

5. 理想介质分界面上没有自由电荷，分界面两侧的电场与法线的夹角为θ_1，θ_2，介电常数为ε_1，ε_2，此时折射角之间应满足：________。

6. 无限大的均匀带电平板，已知表面电荷密度为ρ_s，真空介电常数为ε_0，则平板上方($z>0$)处，电场强度为________，平板下方($z<0$)处，电场强度为________。

7. 如果磁介质的相对磁导率为μ_r，则磁介质内部的磁化电流是传导电流的________倍。

8. 电场矢量$\boldsymbol{E}=E_0\sin\left(\omega t+kz-\frac{\pi}{2}\right)\boldsymbol{e}_x+E_0\cos(\omega t+kz)\boldsymbol{e}_y$，该波是________极化的电磁波。

9. 已知$\boldsymbol{B}=(2z-3y)\boldsymbol{e}_x+(3x-z)\boldsymbol{e}_y+(y-2x)\boldsymbol{e}_z$，则相应的$\boldsymbol{J}$等于________。

10. 平均坡印廷矢量的定义$S_{av}=$________，其单位为________。

二、选择题(下列各题只有一个正确答案，请将正确答案选出填于各题括号中，每小题4分，共20分)

1. 以下矢量函数中，只有矢量函数(　　)才可能表示磁感应强度。

A. $\boldsymbol{B}=\boldsymbol{e}_x y+\boldsymbol{e}_y x$　　B. $\boldsymbol{B}=\boldsymbol{e}_x x+\boldsymbol{e}_y y$

C. $\boldsymbol{B}=\boldsymbol{e}_x x^2+\boldsymbol{e}_y y^2$　　D. $\boldsymbol{B}=\boldsymbol{e}_x x+\boldsymbol{e}_y 2y$

2. 关于$\boldsymbol{H}$、$\boldsymbol{B}$、$\boldsymbol{M}$的描述中，(　　)不正确。

A. $\boldsymbol{M}$是磁化强度，真空中的$\boldsymbol{M}=0$

B. $\boldsymbol{B}$是磁感应强度，单位：牛/(安培×米)

C. $\boldsymbol{H}$是磁场强度，单位：安培/米

D. $\boldsymbol{B}=\mu_0(\boldsymbol{H}-\boldsymbol{M})$

3. 时变电磁场的激发源是(　　)。

A. 电荷和电流　　B. 变化的电场

C. 变化的磁场　　D. 以上三项

4. 两个相互平行的导体平板构成一个电容器，其电容与(　　)无关。

A. 导体板上的电荷　　B. 导体板间的介质

C. 导体板的几何形状　　D. 两个导体板的相对位置

5. 在时变电磁场中，矢量位 $\boldsymbol{A}$ 和标量位 ϕ 满足的洛伦兹规范是(　　)。

A. $\nabla\cdot\boldsymbol{A}+\varepsilon\mu\dfrac{\partial\phi}{\partial t}=0$　　　　B. $\nabla\cdot\boldsymbol{A}-\varepsilon\mu\dfrac{\partial\phi}{\partial t}=0$

C. $\nabla\times\boldsymbol{A}+\varepsilon\mu\dfrac{\partial\phi}{\partial t}=0$　　　　D. $\nabla\times\boldsymbol{A}-\varepsilon\mu\dfrac{\partial\phi}{\partial t}=0$

三、简答题(每小题 6 分，共 30 分)

1. 写出非限定形式下麦克斯韦方程组的积分形式。

2. 写出电磁场边界条件的普遍形式和理想导体表面上的边界条件。

3. 已知$\nabla\times(\nabla\times\boldsymbol{A})=\nabla(\nabla\cdot\boldsymbol{A})-\nabla^2\boldsymbol{A}$，推导无源区电场的波动方程。

4. 电磁波的极化有哪几种形式，各自形成的条件是什么？说明左旋极化与右旋极化的判断方法。

5. 写出矢量位、动态矢量位与动态标量位的表达式，并简要说明洛仑兹规范的意义。

四、计算题(每小题 15 分，共 60 分)

1. 已知真空中一个内外半径分别为 a、b 的介质球壳，介电常数为 ε，球心处放一电量为 q 的点电荷：

(1) 用介质中的高斯定理求电场强度；

(2) 求介质中的极化强度和介质表面的极化面电荷分布 ρ_{Sp}。

2. 如题图 9.1 所示，一同轴线的内导体半径为 a，外导体内外半径分别为 b 和 c，通有电流 I，电流在内外导体两端形成闭合回路。已知同轴线所用材料的磁导率为 μ_0，求：

(1) 同轴线各个区域的磁场强度；

(2) 同轴线单位长度的储能。

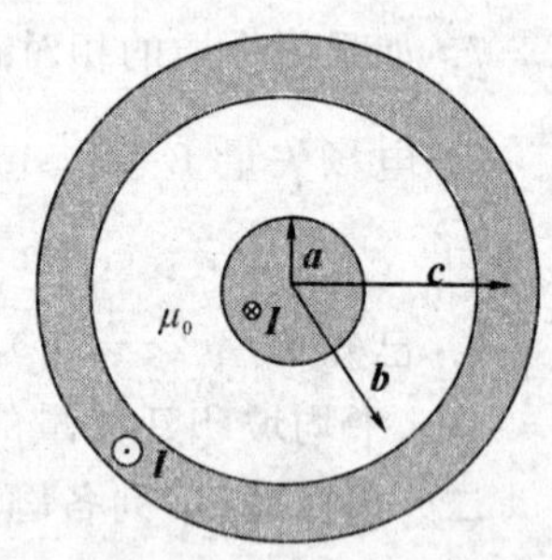

题图 9.1

3. 已知入射波电场为 $\boldsymbol{E}_i(y)=\mathrm{e}^{-\mathrm{j}40\pi y}\boldsymbol{e}_x+\mathrm{j}\mathrm{e}^{-\mathrm{j}40\pi y}\boldsymbol{e}_z$，由真空垂直投射到 $\varepsilon_r=9$，$\mu_r=1$ 的介质面上。

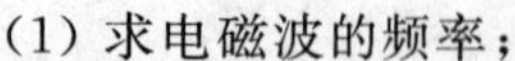

(1) 求电磁波的频率；

(2) 求入射波的磁场强度；

(3) 判断入射电磁波的极化方式；

(4) 求反射波的电场强度并说明其极化方式；

(5) 求透射波的电场强度并说明其极化方式。

4. 一个截面如题图 9.2 所示的长槽，向 y 方向无限延伸，两侧的电位是零，底部的电位为 $\phi(x,0)=U_0$。

(1) 试写出槽内电位满足的拉普拉斯方程和边界条件；

(2) 采用分离变量法求槽内电位分布。

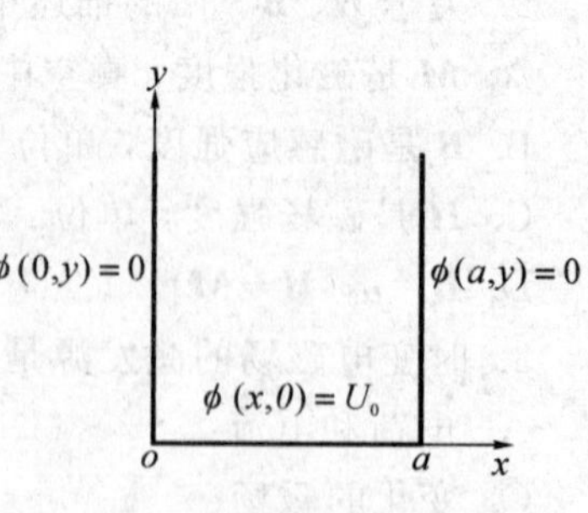

题图 9.2

自测试题参考答案

试题一参考答案

一、填空题

1. 恒定磁场
2. 欧姆
3. 落后
4. 唯一
5. $\nabla\times\boldsymbol{E}=\frac{-\partial\boldsymbol{B}}{\partial t}$
6. $\nabla^2\phi-\varepsilon\mu\frac{\partial^2\phi}{\partial t^2}=-\frac{\rho}{\varepsilon}$或$\left(\nabla^2\phi+k^2\phi=-\frac{\rho}{\varepsilon}\right)$
7. 1/e
8. TM (E)
9. 本征阻抗
10. 法拉

二、选择题

1. A　2. A　3. B　4. C　5. D　6. B　7. B　8. C　9. B
10. B　11. A　12. A　13. B　14. D　15. B　16. C　17. D
18. A　19. C　20. C

三、分析题

1. 答：电偶极矩相距为 d 的正负电荷对，如题解图 1.1 所示。

$\boldsymbol{P}=q\boldsymbol{d}$
⊖　⊕
$\leftarrow d \rightarrow$

题解图 1.1

2. $\boldsymbol{e}_n\cdot(\boldsymbol{B}_1-\boldsymbol{B}_2)=0$；　$B_{1n}-B_{2n}=0$；
$\boldsymbol{e}_n\cdot(\boldsymbol{B}_2-\boldsymbol{B}_1)=0$；　$B_{2n}-B_{1n}=0$。

注：写出上式中任何一个即算正确。

$\boldsymbol{e}_n\times(\boldsymbol{H}_1-\boldsymbol{H}_2)=\boldsymbol{J}_S$；　$H_{1t}-H_{2t}=J_S$；

$\boldsymbol{e}_n\times(\boldsymbol{H}_2-\boldsymbol{H}_1)=\boldsymbol{J}_S$；　$H_{2t}-H_{1t}=J_S$。

注：写出上式中任何一个即算正确。

3. $w_e=\dfrac{1}{2}\boldsymbol{E}\cdot\boldsymbol{D}$。

4. $2.62R<\lambda<3.41R$。

5. $\dfrac{\sigma}{\omega\varepsilon}\ll 1$。

四、计算题

1. 以带电体球心为原点建立球坐标系，如题解图 1.2，可列出方程

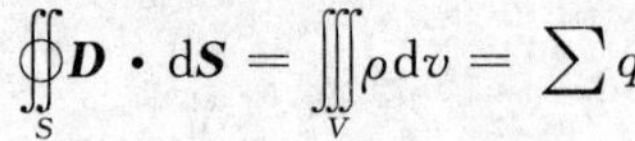

$$\oint_S \boldsymbol{D}\cdot d\boldsymbol{S}=\iiint_V \rho dv=\sum q$$

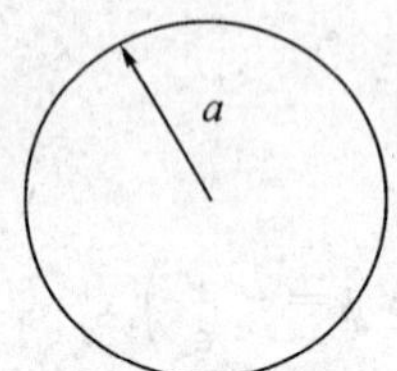

题解图 1.2

(1) 在 $r<a$ 处，做半径为 r 的球面，可得

$$\oint_S \boldsymbol{D}\cdot d\boldsymbol{S}=4\pi r^2 D_r=\frac{4\pi}{3}r^3\rho$$

$$D_r=\frac{1}{3}r\rho\Rightarrow\boldsymbol{D}=\frac{\boldsymbol{r}}{3}\rho=\frac{r}{3}\rho\,\boldsymbol{e}_r$$

$$\boldsymbol{E}=\frac{\boldsymbol{r}}{3\varepsilon}\rho$$

(2) 在 $r>a$ 处，可得

$$\oint_S \boldsymbol{D}\cdot d\boldsymbol{S}=4\pi r^2 D_r=\frac{4\pi}{3}a^3\rho$$

$$D_r=\frac{a^3}{3r^2}\rho\Rightarrow\boldsymbol{D}=\frac{a^3\boldsymbol{r}}{3r^3}\rho\Rightarrow\boldsymbol{E}=\frac{a^3\boldsymbol{r}}{3r^3\varepsilon_0}\rho$$

(3) 在 $r<a$ 处的极化强度为

$$\boldsymbol{D}=\varepsilon_0\boldsymbol{E}+\boldsymbol{P}\Rightarrow\boldsymbol{P}=\boldsymbol{D}-\varepsilon_0\boldsymbol{E}=\boldsymbol{E}(\varepsilon-\varepsilon_0)$$

$$\boldsymbol{P}=\frac{\boldsymbol{r}}{3\varepsilon}\rho(\varepsilon-\varepsilon_0)$$

$$\rho_{Sp}=\boldsymbol{e}_n\cdot\frac{a\boldsymbol{e}_r}{3\varepsilon}\rho(\varepsilon-\varepsilon_0)=\frac{a}{3\varepsilon}\rho(\varepsilon-\varepsilon_0)$$

2. 以导电柱轴线为轴建立柱坐标系，如题解图 1.3，可列出方程

$$\oint_l \boldsymbol{H} \cdot \mathrm{d}\boldsymbol{l} = \iint_S \boldsymbol{J} \cdot \mathrm{d}\boldsymbol{S} = \sum I$$

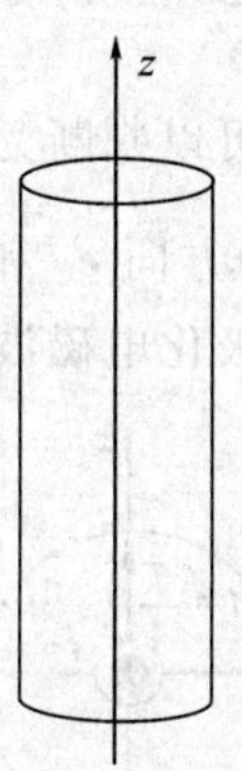

题解图 1.3

(1) 在 $r<a$ 处，做半径为 r 的圆环，可得

$$\oint_l \boldsymbol{H} \cdot \mathrm{d}\boldsymbol{l} = 2\pi r H_\varphi$$

$$\iint_S \boldsymbol{J} \cdot \mathrm{d}\boldsymbol{s} = \int_0^{2\pi} \mathrm{d}\varphi \int_0^r \frac{r^2}{a} r \,\mathrm{d}r = \frac{2\pi}{4a} r^4$$

$$H_\varphi = \frac{r^3}{4a} \Leftrightarrow \boldsymbol{H} = \frac{r^3}{4a} \boldsymbol{e}_\varphi$$

(2) 在 $r>a$ 处，可得

$$\oint_l \boldsymbol{H} \cdot \mathrm{d}\boldsymbol{l} = 2\pi r H_\varphi$$

$$\iint_S \boldsymbol{J} \cdot \mathrm{d}\boldsymbol{S} = \int_0^{2\pi} \mathrm{d}\varphi \int_0^a \frac{r^2}{a} r \,\mathrm{d}r = \frac{2\pi}{4a} a^4 = \frac{\pi}{2} a^3$$

$$\boldsymbol{H} = \frac{1}{4r} a^3 \boldsymbol{e}_\varphi$$

3. (1) 根据 $\boldsymbol{E}_\mathrm{i}(x)$ 的表达式，可以知道

$$k_\mathrm{i} = 20\pi = \frac{2\pi}{\lambda}$$

$$\lambda = \frac{1}{10}\ \mathrm{m}$$

$$f = \frac{c}{\lambda} = \frac{3\times 10^8}{\dfrac{1}{10}} = 3\ \mathrm{GHz}$$

(2) $$\boldsymbol{H}_\mathrm{i} = \frac{1}{\eta_\mathrm{i}} k_\mathrm{i}^0 \times \boldsymbol{E}_\mathrm{i} = \frac{1}{120\pi} \boldsymbol{e}_x \times (\mathrm{e}^{-\mathrm{j}20\pi x} \boldsymbol{e}_y - \mathrm{j}\mathrm{e}^{-\mathrm{j}20\pi x} \boldsymbol{e}_z)$$

$$= \frac{1}{120\pi} (\boldsymbol{e}_z + \mathrm{j}\boldsymbol{e}_y) \mathrm{e}^{-\mathrm{j}20\pi x}$$

$$= \frac{1}{120\pi} \left[\cos\left(\omega t - 20\pi x + \frac{\pi}{2}\right) \boldsymbol{e}_z + \cos\left(\omega t - 20\pi x + \frac{\pi}{2}\right) \boldsymbol{e}_y \right]$$

(3) 由入射波电场复数形式可以得到电场的瞬时值为

$$\boldsymbol{E}_{\mathrm{i}}(x)=\mathrm{e}^{-\mathrm{j}20\pi x}\boldsymbol{e}_y-\mathrm{j}\mathrm{e}^{-\mathrm{j}20\pi x}\boldsymbol{e}_z$$

$$\Rightarrow E_{\mathrm{i}}(y,t)=\cos(\omega t-20\pi x)\boldsymbol{e}_y+\cos\left(\omega t-20\pi x-\frac{\pi}{2}\right)\boldsymbol{e}_z$$

首先由振幅相等，相位相差$\frac{\pi}{2}$这个条件可以判断为圆极化电磁波。

在 $x=0$ 处观察，标出电磁波的传播方向 $\boldsymbol{e}_x$ 和不同时刻的振动方向，如题解图 1.4 所示，由此可判断出入射电磁波为右旋圆极化电磁波。

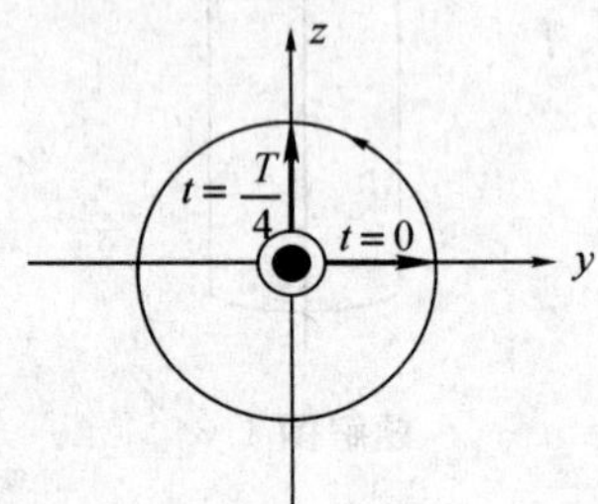

题解图 1.4

(4) $\eta_1=120\pi,\eta_2=60\pi$。

反射系数

$$r=\frac{\eta_2-\eta_1}{\eta_2+\eta_1}=\frac{60\pi-120\pi}{60\pi+120\pi}=-\frac{1}{3}$$

$$\boldsymbol{E}_{\mathrm{r}}(x)=-\frac{1}{3}(\boldsymbol{e}_y-\mathrm{j}\boldsymbol{e}_z)\mathrm{e}^{+\mathrm{j}20\pi x}$$

因此反射波为圆极化，且其旋转方向不变，而电磁波的传播方向发生变化，所以很容易判断出，反射波的极化方式为左旋圆极化波。

(5) $t=1+r=\frac{2}{3}$

$$\boldsymbol{E}_{\mathrm{t}}(x)=\frac{2}{3}(\boldsymbol{e}_y-\mathrm{j}\boldsymbol{e}_z)\mathrm{e}^{-\mathrm{j}20\pi x}$$

因为此透射波为圆极化，且其旋转方向不变，而且电磁波的传播方向也不变，所以很容易判断出反射波的极化方式为右旋圆极化波。

(6)

$$\bar{\boldsymbol{S}}=\frac{1}{2}\mathrm{Re}(\boldsymbol{E}\times\boldsymbol{H}^*)=\frac{1}{2\eta}|E|^2\boldsymbol{k}^0$$

$$\bar{\boldsymbol{S}}_{\mathrm{i}}=\frac{1}{2}\mathrm{Re}(\boldsymbol{E}_{\mathrm{i}}\times\boldsymbol{H}_{\mathrm{i}}^*)=\frac{1}{2\eta_{\mathrm{i}}}|E_i|^2\boldsymbol{k}^0=\frac{1}{120\pi}\boldsymbol{e}_x$$

$$\bar{\boldsymbol{S}}_{\mathrm{r}}=\frac{1}{2}\mathrm{Re}(\boldsymbol{E}_{\mathrm{r}}\times\boldsymbol{H}_{\mathrm{r}}^*)=\frac{1}{2\eta_{\mathrm{r}}}|E_{\mathrm{r}}|^2\boldsymbol{k}_{\mathrm{r}}^0=\frac{r^2}{120\pi}(-\boldsymbol{e}_x)=\frac{1}{1080\pi}(-\boldsymbol{e}_x)$$

$$\bar{\boldsymbol{S}}_{\mathrm{t}}=\frac{1}{2}\mathrm{Re}(\boldsymbol{E}_{\mathrm{t}}\times\boldsymbol{H}_{\mathrm{t}}^*)=\frac{1}{2\eta_{\mathrm{t}}}|E_{\mathrm{t}}|^2\boldsymbol{k}_{\mathrm{t}}^0=(1-r^2)\bar{\boldsymbol{S}}_{\mathrm{i}}=\frac{8}{1080\pi}\boldsymbol{e}_x$$

4. (1) 工作频率对应的工作波长为

$$\lambda=\frac{c}{f}=\frac{3\times10^8}{6\times10^9}=5\ \mathrm{cm}$$

$$\lambda_c=\frac{2}{\sqrt{\left(\frac{m}{a}\right)^2+\left(\frac{n}{b}\right)^2}}$$

$$\lambda_{c_{TE_{10}}}=2a=11.64\text{ cm}$$

$$\lambda_{c_{TE_{20}}}=a=5.82\text{ cm}$$

$$\lambda_{c_{TE_{01}}}=2b=5.82\text{ cm}$$

$$\lambda_{c_{TE_{11}}}=\frac{2}{\sqrt{\left(\frac{1}{a}\right)^2+\left(\frac{1}{b}\right)^2}}=\frac{2}{\sqrt{\left(\frac{1}{5.82}\right)^2+\left(\frac{1}{2.91}\right)^2}}=5.2\text{ cm}$$

所以当工作频率 6 GHz 时，矩形波导能传输 TE_{10}、TE_{20}、TE_{01}、TE_{11}、TM_{11}五种模。

(2) 当工作频率为 4 GHz 时，工作波长为

$$\lambda=\frac{c}{f}=7.5\text{ cm}$$

此时矩形波导只能够单模传输 TE_{10}模。

$$v_p=\frac{v}{\sqrt{1-\left(\frac{\lambda}{\lambda_c}\right)^2}}=\frac{v}{\sqrt{1-\left(\frac{\lambda}{2a}\right)^2}}$$

波导因子为

$$\sqrt{1-\left(\frac{\lambda}{2a}\right)^2}=\sqrt{1-\left(\frac{7.5}{11.64}\right)^2}=0.765$$

$$v_p=\frac{v}{\sqrt{1-\left(\frac{\lambda}{2a}\right)^2}}=\frac{3\times10^8}{0.765}=3.92\times10^8\text{ m/s}$$

$$v_g=v\sqrt{1-\left(\frac{\lambda}{\lambda_c}\right)^2}=v\sqrt{1-\left(\frac{\lambda}{2a}\right)^2}$$

$$v_g v_p=v^2$$

$$v_g=v\sqrt{1-\left(\frac{\lambda}{\lambda_c}\right)^2}=3\times10^8\times0.765=2.295\times10^8\text{ m/s}$$

$$Z_{TE_{10}}=\frac{\eta}{\sqrt{1-\left(\frac{\lambda}{2a}\right)^2}}$$

$$Z_{TE_{10}}=\frac{\eta}{\sqrt{1-\left(\frac{\lambda}{2a}\right)^2}}=\frac{120\pi}{0.765}=156.86\pi,\ \Omega=492.8\ \Omega$$

试题二参考答案

一、填空题

1. 静电场
2. 焦耳
3. 磁感应强度

4. 相反

5. $\partial \boldsymbol{D}/\partial t$

6. $\nabla^2 \boldsymbol{A} - \varepsilon\mu \dfrac{\partial^2 \boldsymbol{A}}{\partial t^2} = -\mu \boldsymbol{J}$

7. 1/e

8. TE(H)波

9. $2/\sqrt{(1/a)^2+(1/b)^2}$

10. 亨利

二、选择题

1. A　2. B　3. B　4. B　5. A　6. C　7. D　8. C　9. C
10. B　11. C　12. A　13. C　14. BD　15. C　16. D　17. A
18. A　19. C　20. B

三、分析题

1. 磁偶极矩为载有高频电流的小环，如题解图 2.1 所示，其中 $m=IS$。

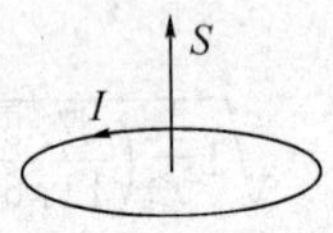

题解图 2.1

2. $\boldsymbol{e}_n \cdot (\boldsymbol{D}_1 - \boldsymbol{D}_2) = \rho_s$，　$D_{1n} - D_{2n} = \rho_s$，　$\boldsymbol{e}_n \cdot (\boldsymbol{D}_2 - \boldsymbol{D}_1) = \rho_s$，　$D_{2n} - D_{1n} = \rho_s$。

注：写出上式中任何一个即算正确。

$\boldsymbol{e}_n \times (\boldsymbol{E}_1 - \boldsymbol{E}_2) = 0$，　$E_{1t} - E_{2t} = 0$，　$\boldsymbol{e}_n \times (\boldsymbol{E}_2 - \boldsymbol{E}_1) = 0$，　$E_{2t} - E_{1t} = 0$。

注：写出上式中任何一个即算正确。

3. $w_{\mathrm{m}} = \dfrac{1}{2}\boldsymbol{H} \cdot \boldsymbol{B}$

4. $E_t = 0$；　$D_n = \rho_s$；　$B_n = 0$；　$H_t = J_s$。

5. $\dfrac{\sigma}{\omega\varepsilon} \gg 1$。

四、计算题

1. 当 $r<a$ 时，

$$q_1 = \iiint_V \rho \mathrm{d}V = \int_0^r \rho_0 \left[1 - \left(\frac{R^2}{a^2}\right)\right] \times 4\pi R^2 \mathrm{d}R = 4\pi\rho_0 \left[\frac{r^3}{3} - \frac{r^5}{5a^2}\right]$$

$$\oiint_S \boldsymbol{E} \cdot \mathrm{d}\boldsymbol{S} = \frac{q}{\varepsilon_0}, \quad E \cdot 4\pi r^2 = \frac{4\pi\rho_0 \left[\dfrac{r^3}{3} - \dfrac{r^5}{5a^2}\right]}{\varepsilon_0}$$

$$\boldsymbol{E}_1 = \frac{\rho_0 \left[\dfrac{r}{3} - \dfrac{r^3}{5a^2}\right]}{\varepsilon_0} \boldsymbol{e}_r$$

当 $a<r<b$ 时，

$$q_2=\int_0^a \rho_0\left[1-\left(\frac{R^2}{a^2}\right)\right]\times 4\pi R^2\,\mathrm{d}R=\frac{8\pi\rho_0 a^3}{15}$$

$$E\cdot 4\pi r^2=\frac{\dfrac{8\pi\rho_0 a^3}{15}}{\varepsilon_0}\Rightarrow \boldsymbol{E}=\frac{2\rho_0 a^3}{15\varepsilon_0 r^2}\boldsymbol{e}_r$$

当 $b<r<c$ 时，由于导体内表面上必然感应出与带电球等量异种的电荷，因此

$$\boldsymbol{E}_3=0\quad(\text{导体内部无电场})$$

当 $r>c$ 时，

$$\boldsymbol{E}=\frac{2\rho_0 a^3}{15\varepsilon_0 r^2}\boldsymbol{e}_r$$

$$\boldsymbol{E}=\begin{cases}\boldsymbol{E}_1=\dfrac{\rho_0\left[\dfrac{r}{3}-\dfrac{r^3}{5a^2}\right]}{\varepsilon_0}\boldsymbol{e}_r, & r<a\\ 0, & b<r<c\\ \boldsymbol{E}=\dfrac{2\rho_0 a^3}{15\varepsilon_0 r^2}\boldsymbol{e}_r, & r>c \text{ 或 } a<r<b\end{cases}$$

2. 在题图 2.1 中建立圆柱坐标系，z 轴方向垂直纸面向外。

当 $r<a$ 时，

$$\oint_l \boldsymbol{H}\cdot\mathrm{d}\boldsymbol{l}=I$$

$$H\cdot 2\pi r=\frac{I}{\pi a^2}\cdot\pi r^2$$

$$\boldsymbol{H}=\frac{Ir}{2\pi a^2}(-\boldsymbol{e}_\varphi)$$

$$\boldsymbol{B}=-\frac{\mu_0 Ir}{2\pi a^2}\boldsymbol{e}_\varphi$$

当 $a<r<b$ 时，

$$\oint_l \boldsymbol{H}\cdot\mathrm{d}\boldsymbol{l}=I$$

$$H\cdot 2\pi r=I\Rightarrow \boldsymbol{H}=\frac{I}{2\pi r}(-\boldsymbol{e}_\varphi)$$

$$\boldsymbol{B}=-\frac{\mu_0 I}{2\pi r}\boldsymbol{e}_\varphi$$

当 $b<r<c$ 时，

$$\oint_l \boldsymbol{H}\cdot\mathrm{d}\boldsymbol{l}=I\quad(\text{净电流依然流向纸内})$$

$$H\cdot 2\pi r=I-\frac{I}{\pi c^2-\pi b^2}(\pi r^2-\pi b^2)=\frac{I(c^2-r^2)}{c^2-b^2}$$

$$\boldsymbol{H}=\frac{I(c^2-r^2)}{2\pi r(c^2-b^2)}(-\boldsymbol{e}_\varphi)$$

$$\boldsymbol{B}=-\frac{\mu_0 I(c^2-r^2)}{2\pi r(c^2-b^2)}\boldsymbol{e}_\varphi$$

当 $r>c$ 时，

$$\boldsymbol{H}=0\Rightarrow\boldsymbol{B}=0\quad（净电流为 0）$$

$$\boldsymbol{B}=\begin{cases}-\dfrac{\mu_0 Ir}{2\pi a^2}\boldsymbol{e}_\varphi,\ r<a\\[2ex]-\dfrac{\mu_0 I}{2\pi r}\boldsymbol{e}_\varphi,\ a<r<b\\[2ex]-\dfrac{\mu_0 I(c^2-r^2)}{2\pi r(c^2-b^2)}\boldsymbol{e}_\varphi,\ b<r<c\\[2ex]0,\ r>c\end{cases}$$

3. (1) 根据 $\boldsymbol{E}_\mathrm{i}(y)$ 的表达式，可以知道

$$k_\mathrm{i}=80\pi=\frac{2\pi}{\lambda}$$

$$\lambda=\frac{1}{40}\ \mathrm{m}$$

$$f=\frac{c}{\lambda}=\frac{3\times10^8}{1/40}=12\ \mathrm{GHz}$$

(2)
$$\eta_1=\sqrt{\frac{\mu_0}{\varepsilon_0}}=120\pi;\quad \eta_2=\sqrt{\frac{\mu}{\varepsilon}}=30\pi$$

入射波磁场的瞬时表达式为

$$\begin{aligned}\boldsymbol{H}_\mathrm{i}&=\frac{1}{\eta_1}\boldsymbol{k}_\mathrm{i}^0\times\boldsymbol{E}_\mathrm{i}=\frac{1}{120\pi}(-\boldsymbol{e}_y)\times(\mathrm{e}^{\mathrm{j}80\pi y}\boldsymbol{e}_x+\mathrm{j}\mathrm{e}^{\mathrm{j}80\pi y}\boldsymbol{e}_z)\\&=\frac{1}{120\pi}(\boldsymbol{e}_z-\mathrm{j}\boldsymbol{e}_x)\mathrm{e}^{\mathrm{j}80\pi y}\end{aligned}$$

写出时变场

$$\boldsymbol{H}_\mathrm{i}=\frac{1}{120\pi}\left[\cos(\omega t+80\pi y)\boldsymbol{e}_z+\cos\left(\omega t+80\pi y-\frac{\pi}{2}\right)\boldsymbol{e}_x\right]$$

入射波极化形式为

$$\varphi_x=-90^\circ$$
$$\varphi_z=0^\circ$$
$$\varphi_x-\varphi_z=-90^\circ$$

四指指向 x 方向，拇指沿 $-y$ 方向。(满足左手螺旋)

由此可判断出入射电磁波为左旋圆极化电磁波。

(3)
$$\eta_1=\sqrt{\frac{\mu_0}{\varepsilon_0}}=120\pi$$

$$\eta_2=\sqrt{\frac{\mu}{\varepsilon}}=30\pi$$

反射系数

$$r=\frac{\eta_2-\eta_1}{\eta_2+\eta_1}=\frac{30\pi-120\pi}{30\pi+120\pi}=-\frac{3}{5}$$

$$\boldsymbol{E}_\mathrm{r}(y)=-\frac{3}{5}(\boldsymbol{e}_x+\mathrm{j}\boldsymbol{e}_z)\mathrm{e}^{-\mathrm{j}80\pi y}$$

写出时变场

$$\boldsymbol{E}_{\mathrm{r}}(t)=-\frac{3}{5}\left[\cos(\omega t-80\pi y)\boldsymbol{e}_x+\cos\left(\omega t-80\pi y+\frac{\pi}{2}\right)\boldsymbol{e}_z\right]$$

由于反射波为圆极化，且其旋转方向不变，而电磁波的传播方向发生变化，所以很容易判断出反射波的极化方式为右旋圆极化波。

(4)
$$t=\frac{2\eta_2}{\eta_1+\eta_2}=1+r=\frac{2}{5}$$

$$k_{\mathrm{t}}=k\sqrt{\varepsilon_{\mathrm{r}}\mu_{\mathrm{r}}}=320\pi$$

$$\boldsymbol{E}_{\mathrm{t}}(y)=\frac{2}{5}(\boldsymbol{e}_x+\mathrm{j}\boldsymbol{e}_z)\mathrm{e}^{\mathrm{j}320\pi y}$$

写出时变场

$$\boldsymbol{E}_{\mathrm{t}}(t)=\frac{2}{5}\left[\cos(\omega t+320\pi y)\boldsymbol{e}_x+\cos\left(\omega t+320\pi y+\frac{\pi}{2}\right)\boldsymbol{e}_z\right]$$

由于此透射波为圆极化，且其旋转方向不变，而且电磁波的传播方向也不变，所以很容易判断出透射波的极化方式还是为左旋圆极化波。

(5) 真空中总的电场和磁场为

$$\boldsymbol{H}_{\mathrm{r}}=\frac{1}{\eta_1}\boldsymbol{k}_{\mathrm{r}}^0\times\boldsymbol{E}_{\mathrm{r}}$$

反射波磁场为

$$\frac{1}{120\pi}\boldsymbol{e}_y\times\left[-\frac{2}{5}(\boldsymbol{e}_x+\mathrm{j}\boldsymbol{e}_z)\mathrm{e}^{-\mathrm{j}80\pi y}\right]=\frac{1}{300\pi}(\boldsymbol{e}_z-\mathrm{j}\boldsymbol{e}_x)\mathrm{e}^{-\mathrm{j}80\pi y}$$

写成时变场

$$\boldsymbol{H}_{\mathrm{r}}(t)=\frac{1}{300\pi}\left[\cos(\omega t-80\pi y)\boldsymbol{e}_z+\cos\left(\omega t-80\pi y-\frac{\pi}{2}\right)\boldsymbol{e}_x\right]$$

真空中总的电场为

$$\begin{aligned}\boldsymbol{E}(y)=\boldsymbol{E}_{\mathrm{i}}(y)+\boldsymbol{E}_{\mathrm{r}}(y)&=\mathrm{e}^{\mathrm{j}80\pi y}\boldsymbol{e}_x+\mathrm{j}\mathrm{e}^{\mathrm{j}80\pi y}\boldsymbol{e}_z-\frac{2}{5}(\boldsymbol{e}_x+\mathrm{j}\boldsymbol{e}_z)\mathrm{e}^{-\mathrm{j}80\pi y}\\&=\left(\mathrm{e}^{\mathrm{j}80\pi y}-\frac{2}{5}\mathrm{e}^{-\mathrm{j}80\pi y}\right)\boldsymbol{e}_x+\left(\mathrm{e}^{\mathrm{j}80\pi y}-\frac{2}{5}\mathrm{e}^{-\mathrm{j}80\pi y}\right)\mathrm{j}\boldsymbol{e}_z\\&=\left(\mathrm{e}^{\mathrm{j}80\pi y}-\frac{2}{5}\mathrm{e}^{-\mathrm{j}80\pi y}\right)(\boldsymbol{e}_x+\mathrm{j}\boldsymbol{e}_z)\end{aligned}$$

真空中总的磁场为

$$\begin{aligned}\boldsymbol{H}(y)=\boldsymbol{H}_{\mathrm{i}}(y)+\boldsymbol{H}_{\mathrm{r}}(y)&=\frac{1}{120\pi}(\boldsymbol{e}_z-\mathrm{j}\boldsymbol{e}_x)\mathrm{e}^{\mathrm{j}80\pi y}+\frac{1}{300\pi}(\boldsymbol{e}_z-\mathrm{j}\boldsymbol{e}_x)\mathrm{e}^{-\mathrm{j}80\pi y}\\&=\frac{1}{60\pi}\left[\left(\frac{1}{2}\mathrm{e}^{\mathrm{j}80\pi y}+\frac{1}{5}\mathrm{e}^{-\mathrm{j}80\pi y}\right)\boldsymbol{e}_z-\left(\frac{1}{2}\mathrm{e}^{\mathrm{j}80\pi y}+\frac{1}{5}\mathrm{e}^{-\mathrm{j}80\pi y}\right)\mathrm{j}\boldsymbol{e}_x\right]\\&=\frac{1}{60\pi}\left(\frac{1}{2}\mathrm{e}^{\mathrm{j}80\pi y}+\frac{1}{5}\mathrm{e}^{-\mathrm{j}80\pi y}\right)(\boldsymbol{e}_z-\mathrm{j}\boldsymbol{e}_x)\end{aligned}$$

4. (1) 工作频率对应的工作波长为

$$\lambda=\frac{c}{f}=\frac{3\times10^8}{7\times10^9}=4.29\ \mathrm{cm}$$

$$\lambda_c=\frac{2}{\sqrt{\left(\frac{m}{a}\right)^2+\left(\frac{n}{b}\right)^2}}$$

$$\lambda_{c_{TE_{10}}}=2a=9.5\ \text{cm},\quad \lambda_{c_{TE_{20}}}=a=4.75\ \text{cm},\quad \lambda_{c_{TE_{01}}}=2b=4.42\ \text{cm}$$

$$\lambda_{c_{TE_{11}}}=\frac{2}{\sqrt{\left(\frac{1}{a}\right)^2+\left(\frac{1}{b}\right)^2}}=\frac{2}{\sqrt{\left(\frac{1}{4.75}\right)^2+\left(\frac{1}{2.21}\right)^2}}=4\ \text{cm}$$

所以，当工作频率 7 GHz 时，矩形波导能传输 TE_{10}、TE_{20}、TE_{01} 三种模。

(2) 当工作频率为 5 GHz 时，工作波长为

$$\lambda=\frac{c}{f}=6\ \text{cm}$$

此时矩形波导只能够单模传输 TE_{10} 模。

$$v_p=\frac{v}{\sqrt{1-\left(\frac{\lambda}{\lambda_c}\right)^2}}=\frac{v}{\sqrt{1-\left(\frac{\lambda}{2a}\right)^2}}$$

波导因子为

$$\sqrt{1-\left(\frac{\lambda}{2a}\right)^2}=\sqrt{1-\left(\frac{6}{9.5}\right)^2}=0.775$$

$$v_p=\frac{v}{\sqrt{1-\left(\frac{\lambda}{2a}\right)^2}}=\frac{3\times10^8}{0.775}=3.87\times10^8\ \text{m/s}$$

$$v_g=v\sqrt{1-\left(\frac{\lambda}{\lambda_c}\right)^2}=v\sqrt{1-\left(\frac{\lambda}{2a}\right)^2}$$

$$v_g v_p=v^2$$

$$v_g=v\sqrt{1-\left(\frac{\lambda}{\lambda_c}\right)^2}=3\times10^8\times0.775=2.325\times10^8\ \text{m/s}$$

$$Z_{TE_{10}}=\frac{\eta}{\sqrt{1-\left(\frac{\lambda}{2a}\right)^2}}$$

$$Z_{TE_{10}}=\frac{\eta}{\sqrt{1-\left(\frac{\lambda}{2a}\right)^2}}=\frac{120\pi}{0.775}=154.8\pi\ \Omega=486.4\ \Omega$$

试题三参考答案

一、填空题

1. -25，$7\boldsymbol{a}_x+5\boldsymbol{a}_y+\boldsymbol{a}_z$，0，$-5\boldsymbol{a}_x+5\boldsymbol{a}_y+10\boldsymbol{a}_z$

2. $\oint\!\!\!\oint_S \boldsymbol{A}\cdot d\boldsymbol{S}$

3. $\sin\theta_1/\sin\theta_2=\sqrt{\varepsilon_2/\varepsilon_1}$

4. 垂直　波阻抗

5. $\mathrm{Re}(\boldsymbol{E}\times\boldsymbol{H}^{*})/2$

6. $\nabla\times\boldsymbol{H}=\boldsymbol{J}+\dfrac{\partial\boldsymbol{D}}{\partial t}$，$\nabla\times\boldsymbol{E}=-\dfrac{\partial\boldsymbol{B}}{\partial t}$，$\nabla\cdot\boldsymbol{D}=\rho$，$\nabla\cdot\boldsymbol{B}=0$

7. $\boldsymbol{M}\times\boldsymbol{e}_n$，$\nabla\times\boldsymbol{M}$

8. 点电荷

9. $\nabla\times\boldsymbol{E}=0$，$\nabla\cdot\boldsymbol{J}=0$

10. $\boldsymbol{B}=\nabla\times\boldsymbol{A}$，$\boldsymbol{E}=-\nabla\phi-\dfrac{\partial\boldsymbol{A}}{\partial t}$

二、选择题

1. C　2. A　3. B　4. D　5. A　6. C　7. A　8. B　9. C
10. B　11. C　12. D　13. B　14. C　15. A　16. A　17. A
18. D　19. B　20. B

三、分析题

1. (1) 由 $\oint_S\boldsymbol{D}\cdot\mathrm{d}\boldsymbol{S}=\iiint_V\rho\mathrm{d}V$ 可知，在 $\Delta h\to 0$ 的情形下，左端为 $(D_{2n}-D_{1n})\Delta S$；

右端为高斯圆柱面内的总自由电荷 $q=\rho\Delta h\Delta S=\rho_s\Delta S$，其中 $\rho_s=\lim\limits_{\Delta h\to 0}\rho\Delta h$ 为界面上的自由电荷密度。

故有：$D_{2n}-D_{1n}=\rho_s$，或 $\boldsymbol{e}_n\cdot(\boldsymbol{D}_2-\boldsymbol{D}_1)=\rho_s$。

(2) 将 $\oint_l\boldsymbol{E}\cdot\mathrm{d}\boldsymbol{l}=-\iint_S\dfrac{\partial\boldsymbol{B}}{\partial t}\cdot\mathrm{d}\boldsymbol{S}$ 应用到矩形回路上，考虑到 $\dfrac{\partial\boldsymbol{B}}{\partial t}$ 在界面上为有限值，在 $\Delta h\to 0$ 的情况下，$E_{2t}-E_{1t}=0$ 或 $\boldsymbol{e}_n\times(\boldsymbol{E}_2-\boldsymbol{E}_1)=0$。

2. (1) 基本思想：用放置在所求场域之外的假想电荷替代导体表面上的感应电荷(或极化电荷)对场分布的影响，从而将实际的边值问题代之以无边界的问题；

(2) 选择原则：镜像电荷必须位于所求解的场域之外，镜像电荷的个数、位置以及电荷量必须满足求解区域边界条件。

3. 矩形波导的模式兼并是指场的表达式不同，但对于给定的一组 m、n 值，TE_{mn} 与 TM_{mn} 具有相同的截止波长，这两种模便为模式兼并。例如：TE_{11} 与 TM_{11}。

4. 在有限的区域 V 内，任一矢量场由它的散度、旋度和边界条件唯一确定。

5. TE 波和 TM 波的相速度和群速度是频率的函数，波速随频率的变化而变化的现象称为波的色散。

四、计算题

1. 由于电荷分布的球对称性，电场 $\boldsymbol{E}(r)$ 只有沿 r 方向的分量，并且与带电球同心的球面上电场值处处相同。因此可以采用高斯定理计算电场 $\boldsymbol{E}$。

在 $r>a$ 的区域内取半径为 r 的同心球面为高斯面，高斯面上各点的电场 $\boldsymbol{E}$ 与面元 $\mathrm{d}\boldsymbol{S}$ 的方向相同。根据高斯定理有

$$\oint_S \boldsymbol{E}\cdot \mathrm{d}\boldsymbol{S} = E_r\oint_S \mathrm{d}S = E_r 4\pi r^2 = \frac{q}{\varepsilon_0}$$

所以

$$E_r=\frac{q}{4\pi\varepsilon_0 r^2} \quad r>a$$

在 $r<a$ 的区域，

同样作半径为 r 的高斯面，有

$$\oint_S \boldsymbol{E}\cdot \mathrm{d}\boldsymbol{S} = E_r\oint_S \mathrm{d}S = E_r 4\pi r^2 = \frac{q'}{\varepsilon_0}$$

$$q'=\frac{4}{3}\pi r^3\rho_v=\frac{4}{3}\pi r^3\left(\frac{q}{\frac{4}{3}\pi a^3}\right)=\frac{qr^3}{a^3}$$

所以

$$E_r=\frac{qr}{4\pi\varepsilon_0 a^3}$$

在 $r>a$ 区域内，

$$\nabla\cdot\boldsymbol{E}=\frac{q}{4\pi\varepsilon_0}\nabla\cdot\frac{\boldsymbol{r}}{r^3}=0$$

$$\nabla\times\boldsymbol{E}=\frac{q}{4\pi\varepsilon_0}\nabla\times\frac{\boldsymbol{r}}{r^3}=0$$

在 $r<a$ 区域，

$$\nabla\cdot\boldsymbol{E}=\frac{q}{4\pi\varepsilon_0 a^3}\nabla\cdot\boldsymbol{r}=\frac{3q}{4\pi\varepsilon_0 a^3}$$

$$\nabla\times\boldsymbol{E}=\frac{q}{4\pi\varepsilon_0 a^3}\nabla\times\boldsymbol{r}=0$$

2. (1) $\lambda_c=\dfrac{2}{\sqrt{\left(\dfrac{m}{a}\right)^2+\left(\dfrac{n}{b}\right)^2}}$

各模式的截止波长为

$$\mathrm{TE}_{10}:\ \lambda_c=2a$$

$$\mathrm{TE}_{20}:\ \lambda_c=a$$

$$\mathrm{TE}_{01}:\ \lambda_c=2b=\frac{2}{3}a$$

$$\mathrm{TE}_{11}、\mathrm{TM}_{11}:\ \lambda_c=\frac{\sqrt{10}}{5}a$$

(2) 波导中电波传播条件为

$$f>f_c(\lambda<\lambda_c)$$

当频率 $f=3$ GHz 时，$\lambda=10$ cm，所以波导中可以传输 TE_{10} 模式。

3. (1) $v=\dfrac{1}{\sqrt{\mu\varepsilon}}=\dfrac{1}{2}\dfrac{1}{\sqrt{\mu_0\varepsilon_0}}=1.5\times10^8$ m/s；

(2) $f=\dfrac{\omega}{2\pi}=3\times10^8$ Hz，$\lambda=\dfrac{v}{f}=0.5$ m；

(3) $\beta=\frac{2\pi}{\lambda}=4\pi\ \text{rad/m}$；

(4) $\eta=\sqrt{\frac{\mu}{\varepsilon}}=\frac{1}{2}\eta_0=60\pi\ \Omega$；

(5) $H_y=\frac{1}{\eta}E_x=\frac{1}{60\pi}E_m\cos(6\pi\times10^8t-\beta z)$。

4. (1) 由题可知入射波波矢量为

$$\boldsymbol{k}_i=60\pi\boldsymbol{e}_x$$

则波数为

$$k_i=60\pi$$

波长为

$$\lambda=\frac{2\pi}{k_i}=\frac{1}{30}$$

频率为

$$f=\frac{c}{\lambda}=9\ \text{GHz}$$

(2) 入射波磁场强度为

$$\boldsymbol{H}_i(x)=\frac{1}{\eta}\boldsymbol{k}^0\times\boldsymbol{E}_i(x)=\frac{1}{120\pi}\boldsymbol{e}_x\times\boldsymbol{E}_i(x)=\frac{1}{120\pi}\mathrm{e}^{-\mathrm{j}60\pi x}\boldsymbol{e}_z+\frac{\mathrm{j}}{120\pi}\mathrm{e}^{-\mathrm{j}60\pi x}\boldsymbol{e}_y$$

瞬时值为

$$\boldsymbol{H}_i(x,\ t)=\frac{1}{120\pi}\cos(\omega t-60\pi x)\boldsymbol{e}_z+\frac{1}{120\pi}\cos\left(\omega t-60\pi x+\frac{\pi}{2}\right)\boldsymbol{e}_y$$

(3) 入射波沿 $\boldsymbol{e}_x$ 方向传播，因此

$$\theta=\varphi_y-\varphi_z=\frac{\pi}{2}$$

所以入射波为右旋圆极化波。

(4) 介质的波阻抗为

$$\eta_2=60\pi$$

因此反射系数为

$$r=\frac{\eta_2-\eta_1}{\eta_2+\eta_1}=-\frac{1}{3}$$

透射系数为

$$t=\frac{2\eta_2}{\eta_2+\eta_1}=\frac{2}{3}$$

反射波的波矢量为

$$\boldsymbol{k}_r=-60\pi\boldsymbol{e}_x$$

因此反射波电场强度为

$$\boldsymbol{E}_i(x)=-\frac{1}{3}\mathrm{e}^{\mathrm{j}60\pi x}\boldsymbol{e}_y+\frac{\mathrm{j}}{3}\mathrm{e}^{\mathrm{j}60\pi x}\boldsymbol{e}_z$$

$$\boldsymbol{E}_i(x,\ t)=\frac{1}{3}\cos(\omega t+60\pi x+\pi)\boldsymbol{e}_y+\frac{1}{3}\cos\left(\omega t+60\pi x+\frac{\pi}{2}\right)\boldsymbol{e}_z$$

反射波的极化方式为左旋圆极化波。

(5) 透射波的波矢量为

$$\boldsymbol{k}_t = 120\pi \boldsymbol{e}_x$$

因此透射波电场强度为

$$\boldsymbol{E}_i(x) = \frac{2}{3}e^{-j120\pi x}\boldsymbol{e}_y - \frac{2j}{3}e^{-j120\pi x}\boldsymbol{e}_z$$

$$\boldsymbol{E}_i(x,t) = \frac{2}{3}\cos(\omega t - 120\pi x)\boldsymbol{e}_y + \frac{2}{3}\cos\left(\omega t - 120\pi x - \frac{\pi}{2}\right)\boldsymbol{e}_z$$

透射波极化方式为右旋圆极化波。

试题四参考答案

一、填空题

1. $\frac{1}{36\pi}\times 10^{-9}$ F/m$=8.85418\times 10^{-12}$ F/m，$4\pi\times 10^{7}$ H/m
2. $\rho_p = -\nabla\cdot\boldsymbol{P}$
3. 磁偶
4. 电荷克服电场力
5. $q(\boldsymbol{v}\times\boldsymbol{B}+\boldsymbol{E})$
6. 发散
7. TM(E)
8. 右手螺旋
9. 大
10. 场强沿波导短边方向分布的半波数

二、选择题

1. C　2. C　3. C　4. A　5. B　6. C　7. A　8. D　9. D
10. A　11. D　12. A　13. B　14. D　15. A　16. A　17. C
18. A　19. D　20. C

三、分析题

1. 定律的表达式为 $B = \frac{\mu_0}{4\pi}\oint_{l_1}\frac{I_1 \mathrm{d}l_1 \times R}{R^3}$，它定量描述了电流和它产生的磁感应强度之间的关系。

2. $F = \frac{q'q}{4\pi\varepsilon_0 R^2}\boldsymbol{e}_R = \frac{q'q\boldsymbol{R}}{4\pi\varepsilon_0 R^3}$

该表达式定量描述了点电荷之间的相互作用力，力的大小与电荷量成正比，与距离的平方成反比；力的方向在电荷之间的连线上。

3. 对于无源区 $\rho=0$，$J=0$，那么麦克斯韦方程化简为

$$\nabla\times\boldsymbol{H} = \varepsilon\frac{\partial\boldsymbol{E}}{\partial t} \tag{1}$$

$$\nabla\times\boldsymbol{E}=-\mu_0\frac{\partial\boldsymbol{H}}{\partial t}\tag{2}$$

$$\nabla\cdot\boldsymbol{H}=0\tag{3}$$

$$\nabla\cdot\boldsymbol{E}=0\tag{4}$$

对(2)式两边取旋度，再带入(1)式得

$$\nabla\times(\nabla\times\boldsymbol{E})=-\mu_0\varepsilon_0\frac{\partial^2\boldsymbol{E}}{\partial t^2}\tag{5}$$

再利用矢量恒等式$\nabla\times(\nabla\times\mathbf{A})=\nabla(\nabla\cdot\mathbf{A})-\nabla^2\mathbf{A}$以及式(4)得

$$\nabla^2\boldsymbol{E}-\frac{1}{v^2}\frac{\partial^2\boldsymbol{E}}{\partial t^2}=0$$

其中$v=\dfrac{1}{\sqrt{\varepsilon_0\mu_0}}$。

4. 对于静电场，理想介质表面的边界条件为$D_{1n}=D_{2n}$，$E_{1t}=E_{2t}$。

5. 反射波是垂直极化线极化波。因为平行极化反射系数等于0，所以当任意极化波以布鲁斯特角入射到介质分界面时，平行极化波的反射系数为0，即不存在平行极化反射波，场的分量只有垂直极化波，故反射波是垂直极化的线极化波。

四、计算题

1. 以导线中心轴为z轴，建立圆柱坐标系，则有

$$\oint_l\boldsymbol{H}\cdot\mathrm{d}\boldsymbol{l}=\sum I$$

$r<a$时，

$$\oint_l\boldsymbol{H}\cdot\mathrm{d}\boldsymbol{l}=\sum I=0\Rightarrow\boldsymbol{H}=\boldsymbol{0}$$

$a<r<b$时，

$$\oint_l\boldsymbol{H}\cdot\mathrm{d}\boldsymbol{l}=\sum I\Rightarrow H\cdot 2\pi r=\frac{r^2-a^2}{b^2-a^2}I\Rightarrow H=\frac{r^2-a^2}{b^2-a^2}\cdot\frac{I}{2\pi r}$$

$r>b$时，

$$\oint_l\boldsymbol{H}\cdot\mathrm{d}\boldsymbol{l}=\sum I=I\Rightarrow H=\frac{I}{2\pi r}$$

综合之，

$$\boldsymbol{H}=\begin{cases}0, & r<a\\ \dfrac{r^2-a^2}{b^2-a^2}\cdot\dfrac{I}{2\pi r}\boldsymbol{e}_r, & a<r<b\\ \dfrac{I}{2\pi r}\boldsymbol{e}_r, & r>b\end{cases}$$

$$\boldsymbol{B}=\begin{cases}0, & r<a\\ \mu\dfrac{r^2-a^2}{b^2-a^2}\cdot\dfrac{I}{2\pi r}\boldsymbol{e}_r, & a\leqslant r\leqslant b\\ \mu_0\dfrac{I}{2\pi r}\boldsymbol{e}_r, & r>b\end{cases}$$

2. 如题图 4.1 所示，以球壳中心为坐标原点，建立球坐标系，则有

$$\oiint_S \boldsymbol{D}\cdot \mathrm{d}\boldsymbol{S} = \iiint_V \rho \mathrm{d}v = \sum q$$

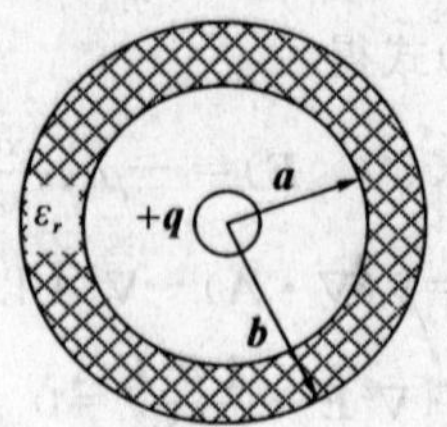

题解图 4.1

(1) 当 $r<a$ 或者 $r>b$ 时，在半径为 r 的球面上

$$\oiint_S \boldsymbol{D}\cdot \mathrm{d}\boldsymbol{S} = 4\pi r^2 D_r = q$$

$$\Rightarrow D_r = \frac{q}{4\pi r^2}$$

$$\Rightarrow \boldsymbol{E} = \frac{q}{4\pi r^2 \varepsilon_0}\boldsymbol{e}_r$$

(2) 当 $a<r<b$ 时，在半径为 r 的球面上

$$\oiint_S \boldsymbol{D}\cdot \mathrm{d}\boldsymbol{S} = 4\pi r^2 D_r = q$$

$$\Rightarrow D_r = \frac{q}{4\pi r^2}$$

$$\Rightarrow \boldsymbol{E} = \frac{q}{4\pi r^2 \varepsilon_0 \varepsilon_r}\boldsymbol{e}_r$$

综合之，

$$\boldsymbol{E} = \begin{cases} \dfrac{q}{4\pi r^2 \varepsilon_0}\boldsymbol{e}_r,\ r<a,\ r>b \\ \dfrac{q}{4\pi r^2 \varepsilon_0 \varepsilon_r}\boldsymbol{e}_r,\ a\leqslant r\leqslant b \end{cases}$$

$$\boldsymbol{P} = \boldsymbol{D} - \varepsilon_0 \boldsymbol{E} = \frac{q(\varepsilon-\varepsilon_0)}{4\pi r^2 \varepsilon}\boldsymbol{e}_r$$

所以，当 $r=a$ 时，

$$\rho_{\mathrm{SP}} = \boldsymbol{P}|_{r=a}\cdot(-\boldsymbol{e}_r) = -\frac{q}{4\pi a^2}\left(\frac{\varepsilon-\varepsilon_0}{\varepsilon}\right) = -\frac{q}{4\pi a^2}\left(\frac{\varepsilon_r-1}{\varepsilon_r}\right)$$

当 $r=b$ 时，

$$\rho_{\mathrm{SP}} = \boldsymbol{P}|_{r=b}\cdot \boldsymbol{e}_r = \frac{q}{4\pi b^2}\left(\frac{\varepsilon_r-1}{\varepsilon_r}\right)$$

由于球壳内外侧总的极化电荷相等，因此球壳内没有体极化电荷分布。

综合之，

$$\rho_{SP}=\begin{cases}-\dfrac{q}{4\pi a^2}\left(\dfrac{\varepsilon_r-1}{\varepsilon_r}\right), & r=a\\ \dfrac{q}{4\pi b^2}\left(\dfrac{\varepsilon_r-1}{\varepsilon_r}\right), & r=b\\ 0, & a<r<b\end{cases}$$

3.（1）由题可知 $k=120\pi$，波沿 z 方向传输。

$$k=\omega\sqrt{\varepsilon_0\mu_0}\Rightarrow\omega=\frac{k}{\sqrt{\varepsilon_0\mu_0}}=120\pi\times3\times10^8=3.6\pi\times10^{10}\ \text{rad/s}$$

$$\lambda=\frac{2\pi}{k}=\frac{2\pi}{120\pi}=\frac{1}{60}=0.01667\ \text{m}$$

$$f=\frac{c}{\lambda}=\frac{3\times10^8}{1/60}=1.8\times10^{10}\ \text{Hz}$$

（2）当电磁波垂直入射到导体上时，$r=-1$，$t=0$。

$$\begin{aligned}\boldsymbol{H}(z)&=\boldsymbol{H}_i(z)+\boldsymbol{H}_r(z)=H_0(\boldsymbol{e}_x-j\boldsymbol{e}_y)e^{-j120\pi z}-H_0(\boldsymbol{e}_x-j\boldsymbol{e}_y)e^{j120\pi z}\\&=-2jH_0\sin(120\pi z)(\boldsymbol{e}_x-j\boldsymbol{e}_y)=-2H_0\sin(120\pi z)(j\boldsymbol{e}_x+\boldsymbol{e}_y)\end{aligned}$$

$$\boldsymbol{J}_s=\boldsymbol{e}_n\times\boldsymbol{H}\big|_{z=0}=0\text{（将 }z=0\text{ 代入得）}$$

（3）
$$\boldsymbol{H}_r(z)=r\boldsymbol{H}_i(-z)=-H_0(\boldsymbol{e}_x-j\boldsymbol{e}_y)e^{j120\pi z}$$

（4）对于入射波的极化特性和反射波的极化特性，用电场判断和用磁场判断两种特性的法则是一样的，所以将磁场不必转化成电场，直接采用磁场判断的图形一样的。

$$\boldsymbol{H}_i(z)=H_0(\boldsymbol{e}_x-j\boldsymbol{e}_y)e^{-j120\pi z}$$

$\varphi_x=0°$，$\varphi_y=-90°$，$\varphi_x-\varphi_y=90°$，四指指向 y 方向，拇指沿 z 方向，满足右手螺旋。由此可判断出入射波的极化特性是右旋圆极化，反射波的极化特性是左旋圆极化。

（5）空气中合成磁场的计算过程为

$$\begin{aligned}\boldsymbol{H}(z)&=\boldsymbol{H}_i(z)+\boldsymbol{H}_r(z)=H_0(\boldsymbol{e}_x-j\boldsymbol{e}_y)e^{-j120\pi z}-H_0(\boldsymbol{e}_x-j\boldsymbol{e}_y)e^{j120\pi z}\\&=-2jH_0\sin(120\pi z)(\boldsymbol{e}_x-j\boldsymbol{e}_y)=-2H_0\sin(120\pi z)(j\boldsymbol{e}_x+\boldsymbol{e}_y)\end{aligned}$$

4.（1）矩形波导模式的截止波长计算公式为

$$\lambda_c=\frac{2}{\sqrt{\left(\dfrac{m}{a}\right)^2+\left(\dfrac{n}{b}\right)^2}}$$

对于 TE_{10}、TE_{20}、TE_{01} 的截止波长分别为

$$\lambda_{c_{TE_{10}}}=2a$$

$$\lambda_{c_{TE_{01}}}=2b$$

$$\lambda_{c_{TE_{20}}}=a$$

根据题意可知本题中主模为 TE_{10}，第一高次模为 TE_{01}。其对应的截止频率分别为

$$f_{c_{TE_{10}}}=\frac{c}{\lambda_{c_{TE_{10}}}}=\frac{c}{2a}$$

$$f_{c_{TE_{01}}}=\frac{c}{\lambda_{c_{TE_{01}}}}=\frac{c}{2b}$$

由以上可得矩形波导的单模传输条件为

$$\lambda_{c_{TE_{01}}} < \lambda < \lambda_{c_{TE_{10}}}$$

即

$$2b < \lambda < 2a$$

对应频率为

$$f_{c_{TE_{10}}} < f < f_{c_{TE_{01}}}$$

即

$$\frac{c}{2a} < f < \frac{c}{2b} \tag{1}$$

依题意可得

$$1.2 f_{c_{TE_{10}}} \leqslant f \leqslant 0.8 f_{c_{TE_{01}}}$$

即

$$1.2\frac{c}{2a} \leqslant f \leqslant 0.8\frac{c}{2b} \tag{2}$$

其中 f 是工作频率。

由(1)式和(2)式解得：

$$a > 0.06\ \text{m}$$
$$b < 0.04\ \text{m}$$

且 a、b 同时需要满足题中 $a<2b$ 的条件，所以

$$0.06\ \text{m} < a < 0.08\ \text{m}$$
$$0 < b < 0.04\ \text{m}$$

通常在此范围内的 a，b 典型设计值为 $a=72$ mm，$b=38$ mm(只要满足上述条件的就行)。

(2) 已知工作波长为

$$\lambda = \frac{c}{f} = \frac{3\times10^8}{3\times10^9} = 0.1\ \text{m}$$

因为在此频率下只能传 TE_{10} 模

$$\lambda_{c_{TE_{10}}} = 2a = 0.144\ \text{m}$$

则

$$G = \sqrt{1-\left(\frac{\lambda}{\lambda_{c_{TE_{10}}}}\right)^2}$$

$$v_p = \frac{c}{G} = \frac{3\times10^8}{\sqrt{1-\left(\frac{\lambda}{\lambda_{c_{TE_{10}}}}\right)^2}}$$

$$\lambda_g = \frac{\lambda}{G} = \frac{0.1}{\sqrt{1-\left(\frac{0.1}{0.1428}\right)^2}} \approx 0.14\ \text{m}$$

$$\beta = \sqrt{k^2-k_c^2} = \sqrt{\left(\frac{2\pi}{\lambda}\right)^2-\left(\frac{2\pi}{\lambda_c}\right)^2} \approx 44.83\ \text{rad/m}$$

$$Z_{TE_{10}} = \frac{\eta}{G} = \frac{120\pi}{\sqrt{1-\left(\frac{0.1}{0.1428}\right)^2}} \approx 527.66\ \Omega$$

试题五参考答案

一、填空题

1. 正

2. 零

3. J_s

4. A/m 或安/米

5. $\nabla^2 \boldsymbol{E} - \varepsilon\mu \dfrac{\partial^2 \boldsymbol{E}}{\partial t^2} = 0$

6. 100

7. TE

8. $\dfrac{1}{2}\mathrm{Re}(\boldsymbol{E} \times \boldsymbol{H}^*)$

9. 相等

10. $<$

二、选择题

1. C　2. A　3. A　4. A　5. D　6. C　7. B　8. A　9. D
10. D　11. A　12. C　13. A　14. D　15. D　16. C　17. A
18. D　19. C　20. C

三、分析题

1. Maxwell 方程组的积分形式为

$$\oint_C \boldsymbol{E} \cdot \mathrm{d}\boldsymbol{l} = -\frac{\partial}{\partial t}\int_S \boldsymbol{B} \cdot \mathrm{d}\boldsymbol{S}$$

$$\oint_C \boldsymbol{H} \cdot \mathrm{d}\boldsymbol{l} = \int_S \boldsymbol{J} \cdot \mathrm{d}\boldsymbol{S} + \frac{\partial}{\partial t}\int_S \boldsymbol{D} \cdot \mathrm{d}\boldsymbol{S}$$

$$\oint_S \boldsymbol{D} \cdot \mathrm{d}\boldsymbol{S} = \int_\tau \rho \mathrm{d}\tau$$

$$\oint_S \boldsymbol{B} \cdot \mathrm{d}\boldsymbol{S} = 0$$

2. 亥姆霍兹定理：有限区域 V 内的矢量场 $\boldsymbol{A}$ 由它的散度、旋度和区域边界面 S 上的分布唯一确定。

3. 电磁场在理想导体表面的边界条件为

$\boldsymbol{n} \times \boldsymbol{E} = 0$ 或 $E_t = 0$
$\boldsymbol{n} \cdot \boldsymbol{D} = \rho_s$ 或 $D_n = \rho_s$
$\boldsymbol{n} \cdot \boldsymbol{B} = 0$ 或 $B_n = 0$
$\boldsymbol{n} \times \boldsymbol{H} = \boldsymbol{J}_S$ 或 $H_t = J_S$

4. 导行系统中导模的横向电场与横向磁场之比称为该导模的波阻抗，即

$$Z=\frac{E_u}{H_v}=-\frac{E_v}{H_u}$$

5. 矩形波导单模传输条件为

$$\begin{cases}\lambda/2<a<\lambda\\ \lambda/2<b\end{cases}$$

四、计算题

1. 建立以圆柱轴心为 z 轴的柱坐标系。因为电荷分布具有对称性，所以

$$\boldsymbol{E}(r)=E_r(r)\boldsymbol{e}_r$$

取半径为 r，高度为 L 的圆柱形高斯面，应用高斯定理

$$\oiint_S \boldsymbol{E}(r)\cdot \mathrm{d}\boldsymbol{S}=\frac{1}{\varepsilon_0}\iiint_V \rho \mathrm{d}V$$

当 $r\leqslant a$ 时，

$$左侧=2\pi rLE_r$$

$$右侧=\frac{\pi r^2 L\rho}{\varepsilon_0}$$

所以可以得到

$$E_r=\frac{r\rho}{2\varepsilon_0}$$

$$\boldsymbol{E}(r)=\frac{r\rho}{2\varepsilon_0}\boldsymbol{e}_r$$

当 $r>a$ 时，

$$左侧=2\pi rLE_r$$

$$右侧=\frac{\pi a^2 L\rho}{\varepsilon_0}$$

所以可以得到

$$E_r=\frac{a^2\rho}{2\varepsilon_0 r}$$

$$\boldsymbol{E}(r)=\frac{a^2\rho}{2\varepsilon_0 r}\boldsymbol{e}_r$$

2.

$$\oint_l \boldsymbol{B}\cdot \mathrm{d}\boldsymbol{l}=\mu_0 I$$

$$\boldsymbol{B}=\frac{\mu_0 I}{2\pi r}\boldsymbol{e}_\phi$$

$$\Phi=\oiint_S \boldsymbol{B}\cdot \mathrm{d}\boldsymbol{S}$$

$$\Phi=\oiint_S \boldsymbol{B}\cdot \mathrm{d}\boldsymbol{S}=\oiint_S \frac{\mu_0 I}{2\pi r}\boldsymbol{e}_\phi\cdot \mathrm{d}\boldsymbol{S}=\int_c^{b+c}\frac{\mu_0 I}{2\pi r}a\,\mathrm{d}r$$

$$\Phi=\int_c^{b+c}\frac{\mu_0 I}{2\pi r}a\,\mathrm{d}r=\frac{\mu_0 Ia}{2\pi}\ln\frac{b+c}{c}$$

3. (1) 根据 $E_i(y)$ 的表达式，可以知道

$$k_i=40\pi=\frac{2\pi}{\lambda}$$

$$\lambda=\frac{1}{20}\ \mathrm{m}$$

$$f=\frac{c}{\lambda}=\frac{3\times10^8}{0.05}=6\ \mathrm{GHz}$$

(2)
$$\begin{aligned}\boldsymbol{H}_i&=\frac{1}{\eta_i}k_i^0\times\boldsymbol{E}_i\\&=\frac{1}{120\pi}\boldsymbol{e}_y\times(\mathrm{e}^{-\mathrm{j}40\pi y}\boldsymbol{e}_x+\mathrm{j}\mathrm{e}^{-\mathrm{j}40\pi y}\boldsymbol{e}_z)\\&=\frac{1}{120\pi}((-\boldsymbol{e}_z)+\mathrm{j}\boldsymbol{e}_x)\mathrm{e}^{-\mathrm{j}40\pi y}\\&=\frac{1}{120\pi}\left[\cos\left(\omega t-40\pi y+\frac{\pi}{2}\right)\boldsymbol{e}_x-\cos(\omega t-40\pi y)\boldsymbol{e}_z\right]\end{aligned}$$

(3) 由入射波电场复数形式可以得到电场的瞬时值

$$\boldsymbol{E}_i(y)=\mathrm{e}^{-\mathrm{j}40\pi y}\boldsymbol{e}_x+\mathrm{j}\mathrm{e}^{-\mathrm{j}40\pi y}\boldsymbol{e}_z$$

$$\Rightarrow\boldsymbol{E}_i(y,t)=\cos(\omega t-40\pi y)\boldsymbol{e}_x+\cos\left(\omega t-40\pi y+\frac{\pi}{2}\right)\boldsymbol{e}_z$$

首先，由振幅相等，相位相差 $\pi/2$ 可以判断该电磁波为圆极化电磁波。在 $y=0$ 处观察，标出电磁波的传播方向 $\boldsymbol{e}_y$ 和不同时刻的振动方向如题解图 5.1 所示，可判断出入射电磁波为右旋圆极化电磁波。

题解图 5.1

(4)
$$\eta_1=120\pi$$
$$\eta_2=40\pi$$

反射系数

$$r=\frac{\eta_2-\eta_1}{\eta_2+\eta_1}=\frac{40\pi-120\pi}{40\pi+120\pi}=-\frac{1}{2}$$

$$\boldsymbol{E}_r(y)=-\frac{1}{2}(\boldsymbol{e}_x+\mathrm{j}\boldsymbol{e}_z)\mathrm{e}^{+\mathrm{j}40\pi y}$$

由于该反射波为圆极化，且其旋转方向不变，而电磁波的传播方向发生变化，所以很容易判断该反射波的极化方式为左旋圆极化波。

(5)
$$t=1+r=\frac{1}{2}$$

$$\boldsymbol{E}_t(y)=\frac{1}{2}(\boldsymbol{e}_x+\mathrm{j}\boldsymbol{e}_z)\mathrm{e}^{-\mathrm{j}40\pi y}$$

由于该透射波为圆极化，其旋转方向不变，而且电磁波的传播方向也不变，所以很容易判断出透射波的极化方式还是为右旋圆极化波。

4. (1) 矩形波导模式的截止波长计算公式为

$$\lambda_c=\frac{2}{\sqrt{\left(\frac{m}{a}\right)^2+\left(\frac{n}{b}\right)^2}}$$

对于 TE_{10}、TE_{20}、TE_{01} 的截止波长分别为：$\lambda_{c_{TE_{10}}}=2a$，$\lambda_{c_{TE_{01}}}=2b$，$\lambda_{c_{TE_{20}}}=a$。根据题意可知本题中主模为 TE_{10}，第一高次模为 TE_{01}。其对应的截止频率分别为

$$f_{c_{TE_{10}}}=\frac{c}{\lambda_{c_{TE_{10}}}}=\frac{c}{2a}$$

$$f_{c_{TE_{01}}}=\frac{c}{\lambda_{c_{TE_{01}}}}=\frac{c}{2b}$$

由以上可得矩形波导的单模传输条件为

$$\lambda_{c_{TE_{01}}}<\lambda<\lambda_{c_{TE_{10}}}$$

即

$$2b<\lambda<2a$$

对应频率为

$$f_{c_{TE_{10}}}<f<f_{c_{TE_{01}}}$$

即

$$\frac{c}{2a}<f<\frac{c}{2b} \tag{1}$$

依题意可得

$$1.2f_{c_{TE_{10}}}\leqslant f\leqslant 0.8f_{c_{TE_{01}}}$$

即

$$1.2\frac{c}{2a}\leqslant f\leqslant 0.8\frac{c}{2b} \tag{2}$$

其中 f 是工作频率。

由(1)、(2)式解得：$a\geqslant 0.09$ m，$b\leqslant 0.06$ m 且满足 $a<2b$。

通常在此范围内的 a、b 典型设计值为

$$a=0.12\ \text{m},\quad b=0.06\ \text{m}$$

(2) 已知工作波长为

$$\lambda=\frac{c}{f}=\frac{3\times10^8}{3\times10^9}=0.1\ \text{m}$$

在此频率下只能传 TE_{10} 模，那么则有：

$$v_p=\frac{c}{G}=\frac{3\times10^8}{\sqrt{1-\left(\frac{0.1}{0.1428}\right)^2}}\approx 4.201\times10^8\ \text{m/s}$$

$$\lambda_g=\frac{\lambda}{G}=\frac{0.1}{\sqrt{1-\left(\frac{0.1}{0.1428}\right)^2}}\approx 0.14\ \text{m}$$

$$\beta=\sqrt{k^2-k_c^2}=\sqrt{\left(\frac{2\pi}{\lambda}\right)^2-\left(\frac{2\pi}{\lambda_c}\right)^2}\approx 44.83\ \text{rad/m}$$

$$Z_{TE_{10}}=\frac{\eta}{G}=\frac{120\pi}{\sqrt{1-\left(\frac{0.1}{0.1428}\right)^2}}\approx 527.66\ \Omega$$

试题六参考答案

一、填空题(每空 2 分，20 空共 40 分)

1. (1) $\oint_S \boldsymbol{F} \cdot \mathrm{d}\boldsymbol{S}$

2. (2) 6

3. (3) $\nabla^2 \boldsymbol{A} - \varepsilon\mu \dfrac{\partial^2 \boldsymbol{A}}{\partial t^2} = -\mu \boldsymbol{J}$

4. (4) $\dfrac{\partial \boldsymbol{D}}{\partial t}$

5. (5) 3

6. (6) $\nabla \times \boldsymbol{H} = \boldsymbol{J} + \dfrac{\partial \boldsymbol{D}}{\partial t}$； (7) $\nabla \times \boldsymbol{E} = -\dfrac{\partial \boldsymbol{B}}{\partial t}$； (8) $\nabla \cdot \boldsymbol{D} = \rho$； (9) $\nabla \cdot \boldsymbol{B} = 0$

7. (10) $\boldsymbol{P} \cdot \boldsymbol{e}_n$； (11) $-\nabla \cdot \boldsymbol{P}$

8. (12) $\mathrm{Re}(\boldsymbol{E} \times \boldsymbol{H}^*)/2$

9. (13) 复 (14) 相位差

10. (15) $-\dfrac{\nabla \cdot \boldsymbol{A}}{\mathrm{j}\omega\varepsilon\mu} = 0$； (16) $-\nabla\phi - \mathrm{j}\omega \boldsymbol{H} = -\mathrm{j}\omega A_{\mathrm{m}} \mathrm{e}^{-\mathrm{j}kz} \boldsymbol{a}_x$

(17) $\boldsymbol{B} = \nabla \times \boldsymbol{A} = -\mathrm{j}k A_{\mathrm{m}} \mathrm{e}^{-\mathrm{j}kz} \boldsymbol{a}_y$

11. (18) TE_{10}； (19) TE_{11}； (20) TEM

二、选择题(每小题 4 分，共 20 分)

1. B　2. B　3. D　4. A　5. C

三、简答题(30 分)

1. (1) 边界条件一般形式：$\boldsymbol{n} \times (\boldsymbol{H}_2 - \boldsymbol{H}_1) = \boldsymbol{J}_s$；$\boldsymbol{n} \times (\boldsymbol{E}_2 - \boldsymbol{E}_1) = 0$；$\boldsymbol{n} \cdot (\boldsymbol{B}_2 - \boldsymbol{B}_1) = 0$；$\boldsymbol{n} \cdot (\boldsymbol{D}_2 - \boldsymbol{D}_1) = \rho_s$。

(2) 由积分形式推导出来。

(3) 对于理想导体表面电磁场边界条件为：$\boldsymbol{n} \times \boldsymbol{H} = \boldsymbol{J}_s$；$\boldsymbol{n} \times \boldsymbol{E} = 0$；$\boldsymbol{n} \cdot \boldsymbol{B} = 0$；$\boldsymbol{n} \cdot \boldsymbol{D} = \rho_s$。

2. TE_{01}为低损耗模，无纵向管臂电流，损耗随频率升高降低，场分布具有轴对称性，用于高 Q 圆柱谐振腔和毫米波远距离通信；TE_{11}为主模，用于方圆波导转换；TM_{01}只有纵向管臂电流，场分布具有轴对称性，用于扫描天线的旋转关节。

3. 矢量位 $\boldsymbol{B} = \nabla \times \boldsymbol{A}$，$\nabla \cdot \boldsymbol{A} = 0$；动态矢量位 $\boldsymbol{E} = -\nabla\phi - \dfrac{\partial \boldsymbol{A}}{\partial t}$或$\boldsymbol{E} + \dfrac{\partial \boldsymbol{A}}{\partial t} = -\nabla\phi$。库仑规范与洛仑兹规范的作用都是限制 $\boldsymbol{A}$ 的散度，从而使 $\boldsymbol{A}$ 的取值具有唯一性；库仑规范用在静态场，洛仑兹规范用在时变场。

4. 在有限的区域 V 内，任一矢量场由它的散度、旋度和边界条件唯一确定。

5. (1) 电场、磁场、传输方向三者相互垂直，成右手螺旋关系；(2) 等相位面是平面，等相位面上振幅均匀一致；(3) 是 TEM 波，坡印廷矢量的方向与波的传播方向一致；(4) E、H 同相位，振幅比为波阻抗；(5) 电能密度和磁能密度相等。

四、计算题(每小题 15 分，共 60 分)

1. 由于电荷分布的对称性，可以判断 $\boldsymbol{E}=E(r)\boldsymbol{e}_r$。做柱状高斯面，高度为 h，对称轴与带电分布体的对称轴一致。

(1) 电场：

写出高斯定理

$$\oint_S \boldsymbol{D}\cdot \mathrm{d}\boldsymbol{S}=\sum q, \quad 或 \quad \oint_S \boldsymbol{E}\cdot \mathrm{d}\boldsymbol{S}=\sum \frac{q}{\varepsilon}$$

$r<a$ 处，$2\pi rhE=\dfrac{\pi r^2 h\rho}{\varepsilon_1}\Rightarrow \boldsymbol{E}=\dfrac{\rho \boldsymbol{r}}{2\varepsilon_1}$；

$a<r<b$ 处，$2\pi rhE=\dfrac{\pi a^2 h\rho}{\varepsilon_0}\Rightarrow \boldsymbol{E}=\dfrac{a^2\rho \boldsymbol{r}}{2\varepsilon_0 r^2}$；

$b<r<c$ 处，$2\pi rhE=\dfrac{\pi a^2 h\rho}{\varepsilon_2}\Rightarrow \boldsymbol{E}=\dfrac{a^2\rho \boldsymbol{r}}{2\varepsilon_2 r^2}$；

$c<r$ 处，$2\pi rhE=\dfrac{\pi a^2 h\rho}{\varepsilon_0}\Rightarrow \boldsymbol{E}=\dfrac{a^2\rho \boldsymbol{r}}{2\varepsilon_0 r^2}$。

(2) 极化面电荷密度：

$b\leqslant r\leqslant c$ 处的极化强度

$$\boldsymbol{P}=\varepsilon_0(\varepsilon_{r2}-1)\boldsymbol{E}=\frac{a^2\rho}{2r^2}\left(1-\frac{\varepsilon_0}{\varepsilon_2}\right)\boldsymbol{r}$$

$r=c$ 处，$\sigma_{ps}=\boldsymbol{n}\cdot\boldsymbol{P}|_{r=C}=\boldsymbol{e}_r\cdot\dfrac{a^2\rho}{2c}\left(1-\dfrac{\varepsilon_0}{\varepsilon_2}\right)\boldsymbol{e}_r=\dfrac{a^2\rho}{2c}\left(1-\dfrac{\varepsilon_0}{\varepsilon_2}\right)$；

$r=b$ 处，$\sigma_{ps}=\boldsymbol{n}\cdot\boldsymbol{P}|_{r=b}=(-\boldsymbol{e}_r)\cdot\dfrac{a^2\rho}{2b}\left(1-\dfrac{\varepsilon_0}{\varepsilon_2}\right)\boldsymbol{e}_r=-\dfrac{a^2\rho}{2b}\left(1-\dfrac{\varepsilon_0}{\varepsilon_2}\right)$。

2. 建立圆柱坐标系，z 轴方向垂直纸面向外，设内导体电流流入纸面，外导体流出纸面。

当 $r<a$ 时

$$\oint_l \boldsymbol{H}\cdot \mathrm{d}\boldsymbol{l}=I$$

$$2\pi rH_\varphi=\pi r^2 J=\pi r^2\frac{I}{\pi a^2}$$

$$\Rightarrow \boldsymbol{H}=\frac{Ir}{2\pi a^2}\boldsymbol{e}_\varphi,\ \boldsymbol{B}=\mu_0\boldsymbol{H}=\frac{\mu_0 Ir}{2\pi a^2}\boldsymbol{e}_\varphi$$

当 $a<r<b$ 时

$$\oint_l \boldsymbol{H}\cdot \mathrm{d}\boldsymbol{l}=I;\ 2\pi rH_\varphi=I$$

$$\Rightarrow \boldsymbol{H}=\frac{I}{2\pi r}\boldsymbol{e}_\varphi$$

$$\boldsymbol{B}=\mu_0\boldsymbol{H}=\frac{\mu_0 I}{2\pi r}\boldsymbol{e}_\varphi$$

当 $r>b$ 时

$$\boldsymbol{H}=0\Rightarrow\boldsymbol{B}=0\quad(净电流为 0)。$$

3. (1) 介质中的波数、波长、相速度和波阻抗：

$$\begin{cases} \boldsymbol{k}=20\pi\boldsymbol{e}_z \\ k=\dfrac{2\pi}{\lambda} \end{cases} \Rightarrow \begin{cases} k=20\pi \\ \lambda=0.1\ \text{m} \end{cases}$$

$$v_{\rm p}=\sqrt{\frac{1}{\varepsilon\mu}}=10^8\ \text{m/s}$$

$$\eta=\sqrt{\frac{\mu}{\varepsilon}}=40\pi$$

(2) 反射波电场和磁场的复数形式：

$$\begin{cases} \boldsymbol{E}_{\rm i}=E_{\rm m}(\mathrm{j}\boldsymbol{e}_x+\boldsymbol{e}_y)\mathrm{e}^{-\mathrm{j}20\pi z} \\ t=-1 \end{cases} \Rightarrow \begin{cases} \boldsymbol{E}_{\rm r}=-E_{\rm m}(\mathrm{j}\boldsymbol{e}_x+\boldsymbol{e}_y)\mathrm{e}^{+\mathrm{j}20\pi z} \\ \boldsymbol{H}_{\rm r}=\dfrac{1}{\eta}(-\boldsymbol{e}_z)\times\boldsymbol{E}_r=\dfrac{E_m}{40\pi}(\mathrm{j}\boldsymbol{e}_y-\boldsymbol{e}_x)\mathrm{e}^{+\mathrm{j}20\pi z} \end{cases}$$

入射波是右旋圆极化波，反射波是左旋圆极化波。

(3) 导体表面的面电流：

$$\begin{Bmatrix} \boldsymbol{E}_{\rm i}=E_{\rm m}(\mathrm{j}\boldsymbol{e}_x+\boldsymbol{e}_y)\mathrm{e}^{-\mathrm{j}20\pi z} \\ \boldsymbol{H}_{\rm i}=\dfrac{1}{\eta}(\boldsymbol{e}_z)\times\boldsymbol{E}_i=\dfrac{E_{\rm m}}{40\pi}(\mathrm{j}\boldsymbol{e}_y-\boldsymbol{e}_x)\mathrm{e}^{-\mathrm{j}20\pi z} \end{Bmatrix} + \begin{Bmatrix} \boldsymbol{E}_{\rm r}=-E_{\rm m}(\mathrm{j}\boldsymbol{e}_x+\boldsymbol{e}_y)\mathrm{e}^{+\mathrm{j}20\pi z} \\ \boldsymbol{H}_{\rm r}=\dfrac{1}{\eta}(-\boldsymbol{e}_z)\times\boldsymbol{E}_r=\dfrac{E_{\rm m}}{40\pi}(\mathrm{j}\boldsymbol{e}_y-\boldsymbol{e}_x)\mathrm{e}^{+\mathrm{j}20\pi z} \end{Bmatrix}$$

$$\begin{aligned} \boldsymbol{H}_1 &= \frac{E_{\rm m}}{40\pi}[(\mathrm{j}\boldsymbol{e}_y-\boldsymbol{e}_x)\mathrm{e}^{-\mathrm{j}20\pi z}]+\left[\frac{E_{\rm m}}{40\pi}(\mathrm{j}\boldsymbol{e}_y-\boldsymbol{e}_x)\mathrm{e}^{+\mathrm{j}20\pi z}\right] \\ &= \frac{E_{\rm m}}{40\pi}[\mathrm{j}\boldsymbol{e}_y(\mathrm{e}^{-\mathrm{j}20\pi z}+\mathrm{e}^{+\mathrm{j}20\pi z})-\boldsymbol{e}_x(\mathrm{e}^{-\mathrm{j}20\pi z}+\mathrm{e}^{+\mathrm{j}20\pi z})] \\ &= \frac{E_{\rm m}}{40\pi}\times2\times\cos(20\pi z)[\mathrm{j}\boldsymbol{e}_y-\boldsymbol{e}_x] \end{aligned}$$

$$\dot{\boldsymbol{J}}_S\big|_{z=0}=\boldsymbol{e}_n\times\boldsymbol{H}_1\big|_{z=0}=(-\boldsymbol{e}_z)\times\frac{E_{\rm m}}{20\pi}(\mathrm{j}\boldsymbol{e}_y-\boldsymbol{e}_x)=\frac{E_{\rm m}}{20\pi}[\mathrm{j}\boldsymbol{e}_x+\boldsymbol{e}_y]$$

$$\boldsymbol{J}_S\big|_{z=0}=\frac{E_{\rm m}}{20\pi}\left[\boldsymbol{e}_x\cos\left(\omega t+\frac{\pi}{2}\right)+\boldsymbol{e}_y\cos(\omega t)\right]$$

(4) 入射波平均坡印廷矢量：

$$\bar{\boldsymbol{S}}=\frac{|\dot{\boldsymbol{E}}|^2}{2\eta}\boldsymbol{k}^0=\frac{E_{\rm m}^2}{\eta}\boldsymbol{e}_z$$

4. 拉普拉斯方程为

$$\frac{\partial^2\phi}{\partial x^2}+\frac{\partial^2\phi}{\partial y^2}=0$$

边界条件为

$$\phi(0,y)=0,\ \phi(a,y)=0,\ \phi(x,0)=0$$

$$\phi(x,b)=U_0\sin\frac{\pi x}{a}$$

满足该方程边值问题的通解为

$$\phi=\sum_{n=1}^{\infty}A_n\sin\left(\frac{n\pi}{a}x\right)\sinh\left(\frac{n\pi}{a}y\right)$$

根据边界条件

$$\phi(x,b)=U_0\sin\frac{\pi x}{a}$$

$$U_0\sin\frac{\pi x}{a}=\sum_{n=1}^{\infty}A_n\sin\left(\frac{n\pi}{a}x\right)\sinh\left(\frac{n\pi}{a}b\right)$$

两边同时 $\sin\left(\frac{m\pi}{a}x\right)$，并在(0～a)区间上积分可得

$$\int_0^a U_0\sin\frac{\pi x}{a}\sin\left(\frac{m\pi}{a}x\right)\mathrm{d}x=\int_0^a\sum_{n=1}^{\infty}A_n\sin\left(\frac{n\pi}{a}x\right)\sinh\left(\frac{n\pi}{a}b\right)\sin\left(\frac{m\pi}{a}x\right)\mathrm{d}x$$

利用三角函数的正交性可得

$$\frac{a}{2}U_0=A_1\sinh\left(\frac{1\times\pi}{a}b\right)\frac{a}{2}\Rightarrow A_1=\frac{U_0}{\sinh\left(\frac{1\times\pi}{a}b\right)}(n\text{ 只能为 }1)$$

$$\phi=\frac{U_0}{\sinh\left(\frac{\pi}{a}b\right)}\sin\left(\frac{\pi}{a}x\right)\sinh\left(\frac{\pi}{a}y\right)$$

试题七参考答案

一、填空题(每空 2 分，20 空共 40 分)

1.（1）-11；（2）$-10\boldsymbol{a}_x-\boldsymbol{a}_y-4\boldsymbol{a}_z$；（3）$-42$；（4）$55\boldsymbol{a}_x-44\boldsymbol{a}_y-11\boldsymbol{a}_z$

2.（5）$-(4x\boldsymbol{a}_x+10yz\boldsymbol{a}_y+5y^2\boldsymbol{a}_z)$

3.（6）$\nabla^2\phi-\varepsilon\mu\frac{\partial^2\phi}{\partial t^2}=-\frac{\rho}{\varepsilon}\ \left(\nabla^2\phi+k^2\phi=-\frac{\rho}{\varepsilon}\right)$

4.（7）布儒斯特角

5.（8）$\phi-0$；（9）$\boldsymbol{E}=-\nabla\varphi-\mathrm{j}\omega\boldsymbol{A}=-\mathrm{j}\omega A_m\mathrm{e}^{-\mathrm{j}kz}\boldsymbol{a}_x$；（10）$\boldsymbol{B}=\nabla\times\boldsymbol{A}=-\mathrm{j}kA_m\mathrm{e}^{-\mathrm{j}kz}\boldsymbol{a}_y$

6.（11）$\oint_l\boldsymbol{H}\cdot\mathrm{d}\boldsymbol{l}=\iint_S\left(\boldsymbol{J}+\frac{\partial\boldsymbol{D}}{\partial t}\right)\mathrm{d}\boldsymbol{S}$；（12）$\oint_l\boldsymbol{E}\cdot\mathrm{d}\boldsymbol{l}=-\frac{\partial}{\partial t}\iint_S\boldsymbol{B}\cdot\mathrm{d}\boldsymbol{S}$

（13）$\oiint_S\boldsymbol{B}\cdot\mathrm{d}\boldsymbol{S}=0$；（14）$\oiint_S\boldsymbol{D}\cdot\mathrm{d}\boldsymbol{S}=q$

7.（15）$\boldsymbol{M}\times\boldsymbol{e}_n$；（16）$\nabla\times\boldsymbol{M}$

8.（17）$\boldsymbol{E}=2\boldsymbol{e}_x+3\boldsymbol{e}_z$

9.（18）1/e

10.（19）散度，(20) 旋度

二、选择题(每小题 4 分，共 20 分)

1. B　2. A　3. D　4. B　5. A

三、简答题(30 分)

1.（1）由 $\oiint_S\boldsymbol{D}\cdot\mathrm{d}\boldsymbol{S}=\iiint_V\rho\mathrm{d}V$ 可知，在 $\Delta h\to0$ 的情形下，左端为$(D_{2n}-D_{1n})\Delta S$；右端为高斯圆柱面内的总自由电荷 $q=\rho\Delta h\Delta S=\rho_s\Delta S$，其中 $\rho_s=\lim\limits_{\Delta h\to0}\rho\Delta h$ 为界面上的自由电荷密度。故有：$D_{2n}-D_{1n}=\rho_s$，或 $\boldsymbol{e}_n\cdot(\boldsymbol{D}_2-\boldsymbol{D}_1)=\rho_s$。

（2）把 $\oint_l\boldsymbol{E}\cdot\mathrm{d}\boldsymbol{l}=-\iint_S\frac{\partial\boldsymbol{B}}{\partial t}\cdot\mathrm{d}\boldsymbol{S}$ 应用到矩形回路上，考虑到$\frac{\partial\boldsymbol{B}}{\partial t}$在界面上为有限值，在 Δh

$\to 0$ 的情况下，$E_{2t}-E_{1t}=0$ 或 $\boldsymbol{e}_n\times(\boldsymbol{E}_2-\boldsymbol{E}_1)=0$。

2. 该式说明 t 时刻 r 处的场不是 t 时刻 r' 处的源产生的，而是 $t-R/C$ 时刻 r' 处的源产生的；换言之，观察点 r 处场的变化滞后于源的变化，滞后的时间 R/C 正好是电磁波从 r' 传到 r 处所需的时间，故称 A 为滞后位。

3. 在导电媒质中，电磁波的传播速度(相速)随频率改变的现象，称为色散效应。矩形波导，圆波导为色散传输线，同轴线、双导线均为非色散传输线。

4. 波的极化方式的分为圆极化、直线极化、椭圆极化三种。圆极化的特点 $E_{xm}=E_{ym}$，且 E_{xm}，E_{ym} 的相位差为 $\pm\frac{\pi}{2}$，直线极化的特点 E_{xm}，E_{ym} 的相位差为 0 或 π，椭圆极化的特点 $E_{xm}\neq E_{ym}$，且 E_{xm}，E_{ym} 的相位差不为 $\pm\frac{\pi}{2}$ 及 0 或 π。

5. 矩形波导的模式兼并是指场的表达式不同，但对于给定的一组 m，n 值，TE_{mn} 与 TM_{mn} 具有相同的截止波长，称这两种模为模式兼并。例如 TE_{11} 与 TM_{11}。

四、计算题(第 1、2 每小题 15 分，第 3、4 每小题 20 分，共 70 分)

1. 利用高斯定理可得：

$$\boldsymbol{E}(\boldsymbol{r})=\frac{\rho_0}{3\varepsilon_0}\left(r-\frac{r^3}{a^2}\right)e_r$$

$$\boldsymbol{\Phi}(\boldsymbol{r})=\frac{\rho_0}{6\varepsilon_0}\left(r^2-\frac{r^4}{2a^2}\right)$$

$$r=\frac{a}{\sqrt{3}}$$

2. 沿圆柱轴向建立圆柱坐标系，z 轴垂直纸面向外，电流流向纸外。

当 $r\leqslant a$ 时

$$\oint_l \boldsymbol{H}\cdot \mathrm{d}\boldsymbol{l}=I$$

$$H_1\cdot 2\pi r=\frac{I}{\pi a^2}\cdot \pi r^2$$

$$\boldsymbol{H}_1=\frac{Ir}{2\pi a^2}\boldsymbol{e}_\varphi$$

$$\boldsymbol{B}_1=\mu_1\boldsymbol{H}_1=\frac{\mu_1 Ir}{2\pi a^2}\boldsymbol{e}_\varphi$$

当 $r>a$ 时

$$\oint_l \boldsymbol{H}\cdot \mathrm{d}\boldsymbol{l}=I$$

因为 $H\cdot 2\pi r=I$，$\boldsymbol{H}_2=\frac{I}{2\pi r}\boldsymbol{e}_\varphi$，$\boldsymbol{B}_2=\frac{\mu_2 I}{2\pi r}\boldsymbol{e}_\varphi$，所以

$$\boldsymbol{H}=\begin{cases}\frac{Ir}{2\pi a^2}\boldsymbol{e}_\varphi & (r<a)\\ \frac{I}{2\pi r}\boldsymbol{e}_\varphi & (r>a)\end{cases},\quad \boldsymbol{B}=\begin{cases}\frac{\mu_1 Ir}{2\pi a^2}\boldsymbol{e}_\varphi \\ \frac{\mu_2 I}{2\pi r}\boldsymbol{e}_\varphi\end{cases}$$

$$\boldsymbol{M}=\frac{\boldsymbol{B}_1}{\mu_0}-\boldsymbol{H}_1=\frac{\mu_1 Ir}{\mu_0 2\pi a^2}\boldsymbol{e}_\varphi-\frac{Ir}{2\pi a^2}\boldsymbol{e}_\varphi=\frac{(\mu_1-\mu_0)Ir}{\mu_0 2\pi a^2}\boldsymbol{e}_\varphi$$

所以，磁化体电流密度

$$\boldsymbol{J}_{\rm m}=\nabla\times\boldsymbol{M}=\frac{(\mu_1-\mu_0)I}{\mu_0\pi a^2}\boldsymbol{e}_z$$

面电流密度

$$\boldsymbol{J}_{\rm sm}=\boldsymbol{M}\times\boldsymbol{e}_n=\frac{(\mu_1-\mu_0)Ir}{\mu_0 2\pi a^2}\boldsymbol{e}_\varphi\times\boldsymbol{e}_n=-\frac{(\mu_1-\mu_0)Ir}{\mu_0 2\pi a^2}\boldsymbol{e}_z$$

3. (1) 由

$$\boldsymbol{k}\cdot\boldsymbol{r}=6x+8z=k_x\boldsymbol{a}_x+k_y\boldsymbol{a}_y+k_z\boldsymbol{a}_z$$

得

$$|\boldsymbol{k}|=\sqrt{k_x^2+k_z^2}=10=k$$

$$\lambda=\frac{2\pi}{k}=0.628\ \text{m}$$

$$w=\frac{k}{\sqrt{\mu_0\varepsilon_0}}=kc=3\times10^9\ \text{rad}$$

$$f=\frac{w}{2\pi}=4.8\times10^8\ \text{Hz}$$

(2) $E_{\rm i}(x,z,t)=a_y10\cos(\omega t-\boldsymbol{k}\cdot\boldsymbol{r})=a_y10\cos(2\pi ft-\boldsymbol{k}\cdot\boldsymbol{r})$

$=a_y10\cos(3\times10^9t-6x-8z)$ (V/m)

$$\boldsymbol{H}_{\rm i}=\frac{1}{\eta}a_k\times E=\frac{-1}{20\pi}{\rm e}^{{\rm j}(6x+8z)}\boldsymbol{a}_z+\frac{1}{15\pi}{\rm e}^{{\rm j}(6x+8z)}\boldsymbol{a}_x$$

$$\boldsymbol{H}_{\rm i}(\boldsymbol{r},t)=\frac{-1}{20\pi}\cos(3\times10^9t+6x+8z)\boldsymbol{a}_z+\frac{1}{15\pi}\cos(3\times10^9t+6x+8z)\boldsymbol{a}_x$$

$$=\frac{1}{377}(-8\boldsymbol{a}_x+6\boldsymbol{a}_z)\cos(3\times10^9t-6x-8z)\ (\text{A/m})$$

(3) $\theta_{\rm i}=\arctan\left(\frac{8}{6}\right)=53.13°$

(4) 反射波传播矢量

$$k_{\rm r}=-6a_x+8a_z$$

要想在导体表面处合成电场切向分量为零，即要求

$$\boldsymbol{E}_0=\boldsymbol{E}_{\rm i}+\boldsymbol{E}_{\rm r}=0$$

考虑到

$$\boldsymbol{E}_{\rm i}=\boldsymbol{a}_yE_y$$

$\boldsymbol{E}_{\rm r}$ 方向为 $-\boldsymbol{a}_y$ 方向，所以

$$\boldsymbol{E}_{\rm r}(x,z)=-\boldsymbol{a}_y10{\rm e}^{-{\rm j}(\boldsymbol{k}\cdot\boldsymbol{r})}=-\boldsymbol{a}_y10{\rm e}^{-{\rm j}(-6x+8z)}\ (\text{V/m})$$

$$\boldsymbol{H}_{\rm r}(x,z)=\frac{1}{\eta_0}\frac{k_{\rm r}}{|k_r|}\times\boldsymbol{E}_{\rm r}(x,z)=\frac{1}{377}\frac{-6\boldsymbol{a}_x+8\boldsymbol{a}_z}{10}\times(-\boldsymbol{a}_y10){\rm e}^{-{\rm j}(-6x+8z)}$$

$$=\frac{1}{377}(8\boldsymbol{a}_x+6\boldsymbol{a}_z){\rm e}^{-{\rm j}(-6x+8z)}\ (\text{A/m})$$

(5) $\dot{\boldsymbol{J}}_{\rm S}\big|_{z=0}=\boldsymbol{e}_n\times(\boldsymbol{H}_{\rm i}+\boldsymbol{H}_{\rm r})\big|_{z=0}$

4. 根据边界条件 $\Phi(0,\ y)=0$，$\Phi(a,\ y)=0$，$\Phi(x,\ 0)=0$，
该边值问题的通解形式为

$$\Phi=\sum_{n=1}^{\infty}A_n\sin\left(\frac{n\pi}{a}x\right)\sinh\left(\frac{n\pi}{a}y\right)$$

根据边界条件

$$\Phi(x,b)=V_0\sin\frac{\pi x}{a}$$

$$V_0\sin\frac{\pi x}{a}=\sum_{n=1}^{\infty}A_n\sin\left(\frac{n\pi}{a}x\right)\sinh\left(\frac{n\pi}{a}b\right)$$

两边同时乘 $\sin\left(\frac{m\pi}{a}x\right)$，并在(0～a)区间上积分，可得

$$\int_0^a V_0\sin\frac{\pi x}{a}\sin\left(\frac{m\pi}{a}x\right)\mathrm{d}x=\int_0^a\sum_{n=1}^{\infty}A_n\sin\left(\frac{n\pi}{a}x\right)\sinh\left(\frac{n\pi}{a}b\right)\sin\left(\frac{m\pi}{a}x\right)\mathrm{d}x$$

利用三角函数的正交性可得

$$\frac{a}{2}V_0=A_1\sinh\left(\frac{1\times\pi}{a}b\right)\frac{a}{2}\Rightarrow A_1=\frac{V_0}{\sinh\left(\frac{1\times\pi}{a}b\right)}\quad(n\text{ 只能为 }1)$$

$$\Phi=\frac{V_0}{\sinh\left(\frac{\pi}{a}b\right)}\sin\left(\frac{\pi}{a}x\right)\sinh\left(\frac{\pi}{a}y\right)$$

$$\boldsymbol{E}=-\nabla\Phi=-\nabla\left[\frac{V_0}{\sinh\left(\frac{\pi}{a}b\right)}\sin\left(\frac{\pi}{a}x\right)\sinh\left(\frac{\pi}{a}y\right)\right]$$

$$\boldsymbol{E}=-\frac{V_0}{\sinh\left(\frac{\pi}{a}b\right)}\times\frac{\pi}{a}\left[\cos\left(\frac{\pi}{a}x\right)\sinh\left(\frac{\pi}{a}y\right)\boldsymbol{e}_x+\sin\left(\frac{\pi}{a}x\right)\cosh\left(\frac{\pi}{a}y\right)\boldsymbol{e}_y\right]$$

$$\begin{cases}\boldsymbol{E}\left(\frac{a}{2},\ \frac{b}{2}\right)=-\frac{V_0}{\sinh\left(\frac{\pi}{a}b\right)}\times\frac{\pi}{a}\cosh\left(\frac{b\pi}{2a}\right)\boldsymbol{e}_y=-\frac{\pi}{2a}\frac{V_0}{\sinh\left(\frac{\pi}{2a}b\right)}\\ \sinh 2x=2\sinh x\cosh x\end{cases}$$

试题八参考答案

一、填空题(每空 2 分，20 空共 40 分)

1. (1) $2e^xy^2z^3+2x^3y$； (2) 0

2. (3) $\boldsymbol{P}=\varepsilon_0\chi_eE$； (4) $\boldsymbol{P}\cdot\boldsymbol{e}_n$； (5) $-\nabla\cdot\boldsymbol{P}$

3. (6) $\nabla\cdot\boldsymbol{D}=\rho$； (7) $\nabla\times\boldsymbol{E}=0$； (8) $\frac{1}{2}\boldsymbol{D}\cdot\boldsymbol{E}$

4. (9) $-\frac{V_0}{a^2}(2x\boldsymbol{e}_x+z\boldsymbol{e}_y+y\boldsymbol{e}_z)$； (10) $-\frac{2V_0\varepsilon_0}{a^2}$

5. (11) $\boldsymbol{B}=\nabla\times\boldsymbol{A}$； (12) 0； (13) 无源场/无散场/管形场

6. (14) $\theta_i=\theta_r$； (15) $\frac{\sin\theta_i}{\sin\theta_t}=\frac{k_t}{k_i}\left(\text{或}\frac{\sin\theta_i}{\sin\theta_t}=\frac{\sqrt{\varepsilon_2\mu_2}}{\sqrt{\varepsilon_1\mu_1}}=\frac{n_2}{n_1}=n_{21}\right)$； (16) 垂直

7. (17) 圆

8. (18) $\dot{\boldsymbol{E}}=4\times10^{-3}\times\left[\dfrac{3}{4}\mathrm{e}^{-\mathrm{j}kz}\boldsymbol{a}_x-\mathrm{e}^{-\mathrm{j}\left(kz-\frac{\pi}{6}\right)}\boldsymbol{a}_y\right]$

9. (19) $\boldsymbol{E}\times\boldsymbol{H}$; (20) $\mathrm{W/m^2}$

二、选择题(每小题 4 分，共 20 分)

1. C　2. A　3. C　4. C　5. D

三、简答题(30 分)

1. 时变电磁场方程的微分形式为

$$\begin{cases}\nabla\times\boldsymbol{E}=-\dfrac{\partial\boldsymbol{B}}{\partial t} & (1)\\[2mm] \nabla\times\boldsymbol{H}=\boldsymbol{J}+\dfrac{\partial\boldsymbol{D}}{\partial t} & (2)\\[2mm] \nabla\cdot\boldsymbol{B}=0 & (3)\\ \nabla\cdot\boldsymbol{D}=\rho & (4)\end{cases}$$

(1) 式称为电磁感应定律，表示变化的磁场是电场的旋度源，即变化的磁场可以产生电场；(2) 式称为时变场的安培环路定律，物理意义为传导电流与变化的电场是磁场的旋度源，即变化的磁场可以产生电场；(3) 式称为磁通连续性原理，表示磁力线是无头无尾的，磁场是无散场；(4) 式称为高斯定理，表示电荷是电场的散度源。

2. 普遍形式的边界条件：

$$\boldsymbol{e}_n\cdot(\boldsymbol{D}_2-\boldsymbol{D}_1)=\rho_S\text{(或 }\boldsymbol{D}_{2n}-\boldsymbol{D}_{1n}=\rho_S\text{)}$$
$$\boldsymbol{e}_n\cdot(\boldsymbol{B}_2-\boldsymbol{B}_1)=0\text{(或 }\boldsymbol{B}_{2n}=\boldsymbol{B}_{1n}\text{)}$$
$$\boldsymbol{e}_n\times(\boldsymbol{H}_2-\boldsymbol{H}_1)=\boldsymbol{J}_S\text{(或 }\boldsymbol{H}_{2t}-\boldsymbol{H}_{1t}=\boldsymbol{J}_S\text{)}$$
$$\boldsymbol{e}_n\times(\boldsymbol{E}_2-\boldsymbol{E}_1)=0\text{(或 }\boldsymbol{E}_{2t}=\boldsymbol{E}_{1t}\text{)}$$

在理想介质分界面上的边界条件：

$$\boldsymbol{n}\cdot(\boldsymbol{D}_1-\boldsymbol{D}_2)=0\text{(或 }\boldsymbol{D}_{1n}=\boldsymbol{D}_{2n}\text{)}$$
$$\boldsymbol{n}\cdot(\boldsymbol{B}_1-\boldsymbol{B}_2)=0\text{(或 }\boldsymbol{B}_{1n}=\boldsymbol{B}_{2n}\text{)}$$
$$\boldsymbol{n}\times(\boldsymbol{H}_1-\boldsymbol{H}_2)=0\text{(或 }\boldsymbol{H}_{1t}=\boldsymbol{H}_{2t}\text{)}$$
$$\boldsymbol{n}\times(\boldsymbol{E}_1-\boldsymbol{E}_2)=0\text{(或 }\boldsymbol{E}_{1t}=\boldsymbol{E}_{2t}\text{)}$$

3. 静电场是有源场，恒定磁场是有旋场，恒定电场既是无散场又是无旋场，感应电场是随时间变化的磁通产生的场。

恒定电流场既是无散场又是无源场。

场的基本方程为

$\nabla\cdot\boldsymbol{J}=0$，$\nabla\times\boldsymbol{E}=0$。

特点：(1) 电流线是连续的；

(2) 距离导线等距离处的势函数相同。

4. (1) $\oiint_S\boldsymbol{B}\cdot\mathrm{d}\boldsymbol{S}=0$，$\boldsymbol{e}_n\times(\boldsymbol{B}_2-\boldsymbol{B}_1)=0$ 或 $B_{1n}=B_{2n}$。

(2) 由 $\oint_l \boldsymbol{H}\cdot\mathrm{d}\boldsymbol{l}=\int_S(\boldsymbol{J}+\partial\boldsymbol{D}/\partial t)\cdot\mathrm{d}\boldsymbol{S}$ 可知，作闭合回路，在 $\Delta h\to 0$ 情况下，左端为 $(H_{2t}-H_{1t})\Delta l$；右端第一项 $\boldsymbol{J}\cdot\Delta\boldsymbol{S}=\boldsymbol{J}\cdot\Delta h\Delta l\boldsymbol{e}_{sn}=\boldsymbol{J}_S\cdot\boldsymbol{e}_{sn}\Delta l$，其中 $\boldsymbol{J}_S=\lim\limits_{\Delta h\to 0}\boldsymbol{J}\Delta h$ 是界面上的面电流密度。第二项中，由于回路所围的面积趋于零，而 $\partial\boldsymbol{D}/\partial t$ 为有限值，故在 $\Delta h\to 0$ 时，$\int_S(\partial\boldsymbol{D}/\partial t)\cdot\mathrm{d}\boldsymbol{S}\to 0$，所以 $H_{2t}-H_{1t}=J_S$ 或 $\boldsymbol{e}_n\times(\boldsymbol{H}_2-\boldsymbol{H}_1)=\boldsymbol{J}_S$。

5. 利用镜像法求解静电场边值问题的理论的根据是静态场的唯一性定理，需要解决的关键问题是确定镜像电荷的数目、电量和位置，解决这个关键问题的方法是先假定镜像电荷的个数、电量和位置，在它们与场源电荷的共同作用下，使边界条件得到满足，即可解决这个问题。

四、计算题(每小题 15 分，共 60 分)

1. 设内球壳所带电量为 q，取同心球面为高斯面。

$$\oint\!\!\!\oint_S \boldsymbol{D}\cdot\mathrm{d}\boldsymbol{S}=q=4\pi r^2\cdot D\quad(a\leqslant r\leqslant b)$$

$$\boldsymbol{D}=\frac{q}{4\pi r^2}\boldsymbol{e}_r$$

$$\boldsymbol{E}=\begin{cases}\dfrac{q}{4\pi\varepsilon_1 r^2}\boldsymbol{e}_r,\ (a<r<c)\\[2ex]\dfrac{q}{4\pi\varepsilon_2 r^2}\boldsymbol{e}_r,\ (c<r<b)\end{cases}$$

$$U=\int_a^c\frac{q}{4\pi\varepsilon_1 r^2}\mathrm{d}r+\int_c^b\frac{q}{4\pi\varepsilon_2 r^2}\mathrm{d}r=\frac{q}{4\pi\varepsilon_1}\left(-\frac{1}{r}\right)\bigg|_a^c+\frac{q}{4\pi\varepsilon_2}\left(-\frac{1}{r}\right)\bigg|_c^b$$

$$=q\frac{\varepsilon_2 b(c-a)+\varepsilon_1 a(b-c)}{4\pi\varepsilon_1\varepsilon_2 abc}$$

$$C=\frac{q}{U}=\frac{4\pi\varepsilon_1\varepsilon_2 abc}{\varepsilon_2 b(c-a)+\varepsilon_1 a(b-c)}$$

2. 当 $r\leqslant a$ 时

$$\oint_l \boldsymbol{H}\cdot\mathrm{d}\boldsymbol{l}=I$$

$$H_1\cdot 2\pi r=\int_S\boldsymbol{J}\cdot\mathrm{d}\boldsymbol{S}=\int_0^{2\pi}\int_0^r\frac{r^2}{a}r\,\mathrm{d}\varphi\mathrm{d}r=\frac{\pi}{2a}r^4$$

$$\boldsymbol{H}_1=\frac{r^3}{4a}\boldsymbol{e}_\varphi$$

$$\boldsymbol{B}_1=\mu_1\boldsymbol{H}_1=\frac{\mu_1 r^3}{4a}\boldsymbol{e}_\varphi$$

当 $r>a$ 时

$$\oint\boldsymbol{H}\cdot\mathrm{d}\boldsymbol{l}=I$$

$$H_2\cdot 2\pi r=\int_S\boldsymbol{J}\cdot\mathrm{d}\boldsymbol{S}=\int_0^{2\pi}\int_0^a\frac{r^2}{a}r\,\mathrm{d}\varphi\mathrm{d}r=\frac{\pi}{2}a^3$$

$$\boldsymbol{H}_2=\frac{a^3}{4r}\boldsymbol{e}_\varphi$$

$$\boldsymbol{B}_2=\frac{\mu_2 a^3}{4r}\boldsymbol{e}_\varphi$$

$$\boldsymbol{M}_1=\frac{\boldsymbol{B}_1}{\mu_0}-\boldsymbol{H}_1=\frac{r^3}{4a}\frac{\mu_1-\mu_0}{\mu_0}\boldsymbol{e}_\varphi$$

$$\boldsymbol{M}_2=\frac{\boldsymbol{B}_2}{\mu_0}-\boldsymbol{H}_2=\frac{a^3}{4r}\frac{\mu_2-\mu_0}{\mu_0}\boldsymbol{e}_\varphi$$

$$\boldsymbol{J}_{\mathrm{sm}}=\boldsymbol{M}_1\times\boldsymbol{e}_n+\boldsymbol{M}_2\times\boldsymbol{e}_n=\boldsymbol{M}_1\times\boldsymbol{e}_r-\boldsymbol{M}_2\times\boldsymbol{e}_r$$

$$=\left(-\frac{r^3}{4a}\frac{\mu_1-\mu_0}{\mu_0}+\frac{a^3}{4r}\frac{\mu_2-\mu_0}{\mu_0}\right)\boldsymbol{e}_z$$

3. (1) $\lambda=\frac{2\pi}{k}=\frac{2\pi}{20\pi}=0.1\ \mathrm{m}$

$$f=\frac{c}{\lambda}=3\times10^9\ \mathrm{Hz}=3\ \mathrm{GHz}$$

(2) $H_{\mathrm{i}}=\frac{1}{\eta_{\mathrm{i}}}k_{\mathrm{i}}^0\times E_{\mathrm{i}}$

$$=\frac{1}{120\pi}\boldsymbol{e}_z\times(E_0\mathrm{e}^{-\mathrm{j}20\pi z}\boldsymbol{e}_x+E_0\mathrm{e}^{-\mathrm{j}\left(20\pi z-\frac{\pi}{2}\right)}\boldsymbol{e}_y)$$

$$=\frac{E_0}{120\pi}(\boldsymbol{e}_y-\mathrm{j}\boldsymbol{e}_x)\mathrm{e}^{-\mathrm{j}20\pi z}$$

(3) $\boldsymbol{E}(z,t)=E_0\cos(\omega t-20\pi z)\boldsymbol{e}_x+E_0\cos\left(\omega t-20\pi z+\frac{\pi}{2}\right)\boldsymbol{e}_y$

在 $z=0$ 处观察可得

$$\boldsymbol{E}(0,t)=E_0\cos\omega t\boldsymbol{e}_x+E_0\cos\left(\omega t+\frac{\pi}{2}\right)\boldsymbol{e}_y$$

由于该电磁波振幅相等，相位相差 $\pi/2$，故判断入射电磁波为左旋圆极化电磁波。

(4) 投射到无限大理想导电平面，反射系数 $r=-1$，$\boldsymbol{E}_{\mathrm{r}}(y)=-E_0(\boldsymbol{e}_x+\mathrm{j}\boldsymbol{e}_y)\mathrm{e}^{+\mathrm{j}20\pi z}$；反射波为圆极化，旋转方向不变，但电磁波的传播方向发生变化，所以反射波的极化方式为右旋圆极化波。

(5) $\boldsymbol{S}=\frac{1}{2\eta_0}|\boldsymbol{E}_{\mathrm{r}}|^2\boldsymbol{k}_{\mathrm{r}}^0$

$$=\frac{1}{2\times120\pi}\times E_0^2[((\boldsymbol{e}_x+\mathrm{j}\boldsymbol{e}_y)\mathrm{e}^{+\mathrm{j}20\pi z})\cdot((\boldsymbol{e}_x-\mathrm{j}\boldsymbol{e}_y)\mathrm{e}^{-\mathrm{j}20\pi z})](-\boldsymbol{e}_z)$$

$$=\frac{E_0^2}{120\pi}(-\boldsymbol{e}_z)$$

4. (1) 拉普拉斯方程为$\nabla^2\phi=0$。

边界条件为 $\phi(0,y)=0$，$\phi(a,y)=0$，$\phi(x,0)=U_0\sin\frac{3\pi x}{a}$，$\phi(x,\infty)=0$。

(2) 根据边界条件 $\phi(0,y)=0$，$\phi(a,y)=0$，

$$X_n=\sin\left(\frac{n\pi}{a}x\right)$$

由于 $y\to\infty$，$\phi\to0$，所以 $Y_n=\mathrm{e}^{-\frac{n\pi y}{a}}$。所以该边值问题的通解形式为

$$\phi = \sum_{n=1}^{\infty} C_n \sin\left(\frac{n\pi}{a}x\right) e^{-\frac{n\pi y}{a}}$$

根据边界条件 $\phi(x,0)=U_0\sin\dfrac{3\pi x}{a}$，

$$U_0\sin\frac{3\pi x}{a} = \sum_{n=1}^{\infty} C_n \sin\left(\frac{n\pi}{a}x\right)$$

利用正弦级数展开唯一性，可知 $n=3$ 时，$C_3=U_0$，其余 $C_n=0$，所以

$$\phi=U_0\sin\left(\frac{3\pi}{a}x\right)e^{-\frac{3\pi y}{a}}$$

试题九参考答案

一、填空题(每空 2 分，20 空共 40 分)

1. (1) $\boldsymbol{M}=\chi_m\boldsymbol{H}$； (2) $\boldsymbol{M}\times\boldsymbol{e}_n$； (3) $\nabla\times\boldsymbol{M}$

2. (4) $\nabla\cdot\boldsymbol{B}=0$； (5) $\nabla\times\boldsymbol{H}=\boldsymbol{J}$； (6) $\dfrac{1}{2}\boldsymbol{B}\cdot\boldsymbol{H}$

3. (7) $\boldsymbol{J}=\sigma\boldsymbol{E}$； (8) $\oint_S\boldsymbol{J}\cdot d\boldsymbol{s}=0$； (9) $p=\boldsymbol{J}\cdot\boldsymbol{E}$

4. (10) $\boldsymbol{E}=-\nabla\phi$； (11) 0； (12) 无旋场/保守场

5. (13) $\tan\theta_1/\tan\theta_2=\dfrac{\varepsilon_1}{\varepsilon_2}$

6. (14) $\boldsymbol{E}=\dfrac{\rho_s}{2\varepsilon_0}\boldsymbol{e}_z$； (15) $\boldsymbol{E}=-\dfrac{\rho_s}{2\varepsilon_0}\boldsymbol{e}_z$

7. (16) μ_r-1

8. (17) 线

9. (18) $(2\boldsymbol{e}_x+4\boldsymbol{e}_y+6\boldsymbol{e}_z)/\mu$

10. (19) $\dfrac{1}{2}\text{Re}[\boldsymbol{E}\times\boldsymbol{H}^*]$； (20) W/m^2

二、选择题(每小题 4 分，共 20 分)

1. A 2. D 3. D 4. A 5. D

三、简答题(30 分)

1. 非限定形式下麦克斯韦方程组的积分形式为

$$\oint_l\boldsymbol{E}\cdot d\boldsymbol{l}=-\frac{\partial}{\partial t}\iint_S\boldsymbol{B}\cdot d\boldsymbol{S}$$

$$\oint_l\boldsymbol{H}\cdot d\boldsymbol{l}=\iint_S\boldsymbol{J}\cdot d\boldsymbol{S}+\frac{\partial}{\partial t}\iint_S\boldsymbol{D}\cdot d\boldsymbol{S}$$

$$\oiint_S\boldsymbol{D}\cdot d\boldsymbol{S}=q$$

$$\oiint_S\boldsymbol{B}\cdot d\boldsymbol{S}=0$$

2. 普遍形式的边界条件为

$$\boldsymbol{e}_n \cdot (\boldsymbol{D}_2 - \boldsymbol{D}_1) = \rho_S \quad (\text{或 } \boldsymbol{D}_{2n} - \boldsymbol{D}_{1n} = \rho_S)$$

$$\boldsymbol{e}_n \cdot (\boldsymbol{B}_2 - \boldsymbol{B}_1) = 0 \quad (\text{或 } \boldsymbol{B}_{2n} = \boldsymbol{B}_{1n})$$

$$\boldsymbol{e}_n \times (\boldsymbol{H}_2 - \boldsymbol{H}_1) = \boldsymbol{J}_S \quad (\text{或 } \boldsymbol{H}_{2t} - \boldsymbol{H}_{1t} = \boldsymbol{J}_S)$$

$$\boldsymbol{e}_n \times (\boldsymbol{E}_2 - \boldsymbol{E}_1) = 0 \quad (\text{或 } \boldsymbol{E}_{2t} = \boldsymbol{E}_{1t})$$

在理想介质分界面上的边界条件为

$$\boldsymbol{n} \cdot \boldsymbol{D} = \rho_S \quad (\text{或 } \boldsymbol{D}_n = \rho_S)$$

$$\boldsymbol{n} \cdot \boldsymbol{B} = 0 \quad (\text{或 } \boldsymbol{B}_n = 0)$$

$$\boldsymbol{n} \times \boldsymbol{H} = \boldsymbol{J}_S \quad (\text{或 } \boldsymbol{H}_t = \boldsymbol{J}_S)$$

$$\boldsymbol{n} \times \boldsymbol{E} = 0 \quad (\text{或 } \boldsymbol{E}_t = 0)$$

3. 无源区域的麦克斯韦方程为

$$\nabla \times \boldsymbol{H} = \varepsilon \frac{\partial \boldsymbol{E}}{\partial t} \tag{1}$$

$$\nabla \times \boldsymbol{E} = -\mu_0 \frac{\partial \boldsymbol{H}}{\partial t} \tag{2}$$

$$\nabla \cdot \boldsymbol{H} = 0 \tag{3}$$

$$\nabla \cdot \boldsymbol{E} = 0 \tag{4}$$

对式(2)取旋度，再将(1)式代入可得

$$\nabla \times (\nabla \times \boldsymbol{E}) = -\mu \frac{\partial}{\partial t}(\nabla \times \boldsymbol{H}) = -\mu\varepsilon \frac{\partial^2 \boldsymbol{E}}{\partial t^2}$$

再利用矢量恒等式

$$\nabla \times (\nabla \times \boldsymbol{A}) = \nabla(\nabla \cdot \boldsymbol{A}) - \nabla^2 \boldsymbol{A}$$

可得电场所满足的波动方程为

$$\nabla^2 \boldsymbol{E} - \frac{1}{v^2} \frac{\partial^2 \boldsymbol{E}}{\partial t^2} = 0$$

其中

$$v = \frac{1}{\sqrt{\mu\varepsilon}}$$

4. 波的极化方式的分为线极化、圆极化、椭圆极化三种，各自的合成条件如下：

线极化形成条件：E_x，E_y 的相位差为 0 或 $\pm\pi$；

圆极化形成条件：$E_{xm} = E_{ym}$，且 E_x，E_y 的相位差为 $\pm 0.5\pi$；

椭圆极化形成条件：E_x，E_y 的相位差不为 0 或 $\pm\pi$，并且不满足 $E_{xm} = E_{ym}$，且 E_x，E_y 的相位差为 $\pm 0.5\pi$。

判断方法：当拇指指向波的传播方向，四指指向电场旋转的方向时，与右手吻合的为右旋圆极化，与左手相吻合的称为左旋圆极化。

5. 矢量位的表达式为 $\boldsymbol{B} = \nabla \times \boldsymbol{A}$，$\nabla \cdot \boldsymbol{A} = 0$；

动态矢量位的表达式为 $\boldsymbol{E} = -\nabla\phi - \dfrac{\partial \boldsymbol{A}}{\partial t}$ 或 $\boldsymbol{E} + \dfrac{\partial \boldsymbol{A}}{\partial t} = -\nabla\phi$；

动态标量位的表达式为 $\nabla \cdot \boldsymbol{A} + \varepsilon\mu \dfrac{\partial \phi}{\partial t} = 0$。

库仑规范与洛仑兹规范的作用都是限制 $\boldsymbol{A}$ 的散度，从而使 $\boldsymbol{A}$ 的取值具有唯一性；库仑规范用在静态场，洛仑兹规范用在时变场。

四、计算题(每小题 15 分，共 60 分)

1. 以球心为原点建立球坐标系，作一半径为 r 的高斯球面

(1) 当 $a<r<b$ 时，

$$\oiint \boldsymbol{D} \cdot \mathrm{d}\boldsymbol{S} = q \Rightarrow D \cdot 4\pi r^2 = q$$

所以

$$\boldsymbol{E}=\frac{q}{4\pi r^2 \varepsilon}\boldsymbol{e}_r$$

(2) $\boldsymbol{P}=\boldsymbol{D}-\varepsilon_0\boldsymbol{E}=\dfrac{q}{4\pi r^2}\cdot\dfrac{\varepsilon-\varepsilon_0}{\varepsilon}\boldsymbol{e}_r$

束缚电荷面密度：

$$\rho_{S_p}=\boldsymbol{P}_{r=a}\cdot(-\boldsymbol{e}_r)=-\frac{q}{4\pi a^2}\cdot\frac{\varepsilon-\varepsilon_0}{\varepsilon}$$

所以，束缚电荷：

$$Q=\rho_{S_p}\times 4\pi a^2=-q\cdot\frac{\varepsilon-\varepsilon_0}{\varepsilon}$$

2. (1) 同轴线通有电流 I，并在内外导体两端形成闭合回路，那么

$$\oint_l \boldsymbol{H} \cdot \mathrm{d}\boldsymbol{l} = I$$

当 $0\leqslant r\leqslant a$ 时，

$$H \cdot 2\pi r=\frac{I}{\pi a^2}\cdot \pi r^2 \Rightarrow \boldsymbol{H}_1=\frac{Ir}{2\pi a^2}\boldsymbol{e}_\varphi$$

当 $a\leqslant r\leqslant b$ 时，

$$H \cdot 2\pi r=I \Rightarrow \boldsymbol{H}_2=\frac{I}{2\pi r}\boldsymbol{e}_\varphi$$

当 $b\leqslant r\leqslant c$ 时，

$$H \cdot 2\pi r=I-\frac{I}{\pi(c^2-b^2)}\cdot \pi(r^2-b^2)$$

所以

$$\boldsymbol{H}_3=\frac{(c^2-r^2)I}{2\pi r(c^2-b^2)}\boldsymbol{e}_\varphi$$

当 $c<r$ 时，

$$H \cdot 2\pi r=0 \Rightarrow \boldsymbol{H}=0$$

(2) 单位长度上的储能为

$$w_1=\frac{1}{2}\boldsymbol{B}\cdot\boldsymbol{H}=\frac{1}{2}\mu_0 H^2$$

所以

$$W_m=\frac{1}{2}\iint_S \mu_0 H^2 \mathrm{d}S=\frac{1}{2}\int_0^a \mu_0 H_1^2 2\pi r\mathrm{d}r+\frac{1}{2}\int_a^b \mu_0 H_2^2 2\pi r\mathrm{d}r+\frac{1}{2}\int_b^c \mu_0 H_3^2 2\pi r\mathrm{d}r$$
$$=\frac{1}{2}\int_0^a \mu_0\left(\frac{Ir}{2\pi a^2}\right)^2\cdot 2\pi r\mathrm{d}r+\frac{1}{2}\int_a^b \mu_0\left(\frac{I}{2\pi r}\right)^2 2\pi r\mathrm{d}r+\frac{1}{2}\int_b^c \mu_0\left(\frac{(c^2-r^2)I}{2\pi r(c^2-b^2)}\right)^2 2\pi r\mathrm{d}r$$
$$=\frac{\mu_0 I^2}{16\pi}+\frac{\mu_0 I^2}{4\pi}\ln\frac{b}{a}+\frac{\mu_0 I^2}{4\pi(c^2-b^2)}\left[c^2\ln\frac{c}{b}-\frac{3}{4}c^4+c^2b^2-\frac{b^2}{4}\right]$$

3. (1)
$$\lambda=\frac{2\pi}{k}=\frac{2\pi}{40\pi}=0.05\ \mathrm{m}$$
$$f=\frac{c}{\lambda}=\frac{3\times10^8}{0.05}=6\times10^9\ \mathrm{Hz}=6\ \mathrm{GHz}$$

(2) $\boldsymbol{H}_\mathrm{i}=\frac{1}{\eta_\mathrm{i}}\boldsymbol{k}_\mathrm{i}^0\times\boldsymbol{E}_\mathrm{i}$

$=\frac{1}{120\pi}\boldsymbol{e}_y\times(\mathrm{e}^{-\mathrm{j}40\pi y}\boldsymbol{e}_x+\mathrm{j}\mathrm{e}^{-\mathrm{j}40\pi y}\boldsymbol{e}_z)$

$=\frac{1}{120\pi}(-\boldsymbol{e}_z+\mathrm{j}\boldsymbol{e}_x)\mathrm{e}^{-\mathrm{j}40\pi y}$

(3) 由入射波电场复数形式可以得到电场的瞬时值
$$\boldsymbol{E}_\mathrm{i}(y)=\mathrm{e}^{-\mathrm{j}40\pi y}\boldsymbol{e}_x+\mathrm{j}\mathrm{e}^{-\mathrm{j}40\pi y}\boldsymbol{e}_z$$
所以
$$\boldsymbol{E}_\mathrm{i}(y,t)=\cos(\omega t-40\pi y)\boldsymbol{e}_x+\cos\left(\omega t-40\pi y+\frac{\pi}{2}\right)\boldsymbol{e}_z$$
在 $y=0$ 处观察可得
$$\boldsymbol{E}(0,t)=\cos\omega t\boldsymbol{e}_x+\cos\left(\omega t+\frac{\pi}{2}\right)\boldsymbol{e}_z$$
由于入射电磁波振幅相等，相位相差 0.5π，可以判断为圆极化电磁波为
$$\begin{cases}\boldsymbol{E}=\boldsymbol{e}_x,\ t=0\\ \boldsymbol{E}=-\boldsymbol{e}_z,\ t=\frac{T}{4}\end{cases}$$
标出电磁波的传播方向 $\boldsymbol{e}_y$，标出不同时刻的振动方向，如题解图 9.1 所示，可判断出入射电磁波为右旋圆极化电磁波。

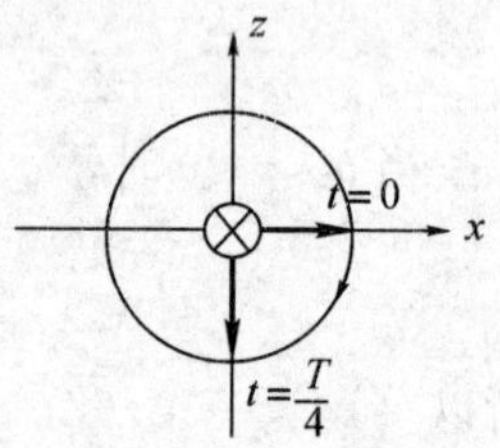

题解图 9.1

(4) $\eta_1=120\pi$
$$\eta_2=40\pi$$
$$r=\frac{\eta_2-\eta_1}{\eta_2+\eta_1}=\frac{40\pi-120\pi}{40\pi+120\pi}=-\frac{1}{2}$$
$$\boldsymbol{E}_\mathrm{r}(y)=-\frac{1}{2}(\boldsymbol{e}_x+\mathrm{j}\boldsymbol{e}_z)\mathrm{e}^{+\mathrm{j}40\pi y}$$

由于反射波为圆极化，旋转方向不变，但电磁波的传播方向发生变化，所以反射波的极化方式为左旋圆极化波。

(5) $t=1+r=\frac{1}{2}$
$$\boldsymbol{E}_\mathrm{t}(y)=\frac{1}{2}(\boldsymbol{e}_x+\mathrm{j}\boldsymbol{e}_z)\mathrm{e}^{-\mathrm{j}120\pi y}$$

由于透射波为圆极化，旋转方向不变，电磁波的传播方向也不变，所以透射波的极化方式还是为右旋圆极化波。

4. (1) 拉普拉斯方程为$\nabla^2\phi=0$；

边界条件为$\phi(0,y)=0$，$\phi(a,y)=0$，$\phi(x,0)=U_0$，$\phi(x,\infty)=0$。

(2) 根据边界条件$\phi(0,y)=0$，$\phi(a,y)=0$，

$$X_n=\sin\left(\frac{n\pi}{a}x\right)$$

由于$y\to\infty$，$\phi\to0\Rightarrow Y_n=\mathrm{e}^{-\frac{n\pi y}{a}}$，所以该边值问题的通解形式为

$$\phi=\sum_{n=1}^{\infty}C_n\sin\left(\frac{n\pi}{a}x\right)\mathrm{e}^{-\frac{n\pi y}{a}}$$

根据边界条件$\phi(x,0)=U_0$可知

$$U_0=\sum_{n=1}^{\infty}C_n\sin\left(\frac{n\pi}{a}x\right)$$

两边同时乘$\sin\left(\frac{m\pi}{a}x\right)$，并在(0, a)区间上积分，可得

$$\int_0^a U_0\sin\left(\frac{m\pi}{a}x\right)\mathrm{d}x=\int_0^a\sum_{n=1}^{\infty}C_n\sin\left(\frac{n\pi}{a}x\right)\sin\left(\frac{m\pi}{a}x\right)\mathrm{d}x$$

利用三角函数的正交性，可知

$$C_n\frac{a}{2}=\int_0^a U_0\sin\left(\frac{n\pi}{a}x\right)\mathrm{d}x=\frac{aU_0}{n\pi}(1-\cos n\pi)$$

当n为奇数时，

$$C_n=\frac{4U_0}{n\pi}$$

当n为偶数时，

$$C_n=0$$

$$\phi=\sum_{n=1}^{\infty}\frac{4U_0}{n\pi}\sin\left(\frac{n\pi}{a}x\right)\mathrm{e}^{-\frac{n\pi y}{a}}$$

参考文献

[1] 曹祥玉，高军，等．电磁场与电磁波．2版．西安：西安电子科技大学出版社，2017.
[2] 谢处方，饶克谨．电磁场与电磁波．北京：人民教育出版社，1979.
[3] 毕德显．电磁场理论．北京：电子工业出版社，1985.
[4] 冯恩信，张安学．电磁场与电磁波学习辅导．2版．西安：西安交通大学出版社，2006.
[5] 牛中奇，朱满座，卢志远，等．电磁场与电磁波简明教程．西安：西安电子科技大学出版社，1998.
[6] 马西奎，刘补生，邱捷，等．电磁场重点难点及典型题精解．西安：西安交通大学出版社，2000.
[7] 杨儒贵，刘运林．电磁场与波简明教程．北京：科学出版社，2012.
[8] 王家礼，朱满座，路宏敏．电磁场与电磁波．2版．西安：西安电子科技大学出版社，2004.
[9] 周希朗．电磁场理论与微波技术基础解题指导．南京：东南大学出版社，2005.
[10] 戴晴．电磁场与电磁波：典型题解析与实战模拟．长沙：国防科技大学出版社，2005.
[11] 焦其祥，李莉，高泽华，等．电磁场与电磁波，北京：科学出版社，2006.
[12] 沈熙宁．电磁场与电磁波．北京：科学出版社，2006.
[13] 张惠娟．工程电磁场与电磁波基础．北京：机械工业出版社，2012.
[14] Bhag Singh Guru，Hiziroglu Huseyin R．电磁场与电磁波．2版．周克定，译．北京：机械工业出版社，2006.
[15] 郭业才．电磁场与电磁波学习指导与习题详解．北京：清华大学出版社，2012.
[16] 张洪欣．电磁场与电磁波教学、学习与考研指导．北京：清华大学出版社，2013.